康复机器人运动控制技术

孙平　常洪彬　著

化学工业出版社
·北京·

内容简介

本书系统讨论了康复机器人运动控制问题，给出了提高人机系统跟踪精度和保障人机系统安全的技术方案。在研究康复机器人系统模型建立方法的基础上，分别从有限时间控制、数据驱动控制、强化学习控制视角，解决了死区补偿和人机合作环境对跟踪性能的影响问题，再从迭代学习控制、速度约束跟踪控制视角出发，解决了康复机器人运动速度感知、主动训练意图轨迹识别和主被动训练模式切换问题，并分析了人机跟踪误差系统的稳定性条件，研究了康复机器人精确跟踪控制和安全控制的关键技术。本书中提出的创新理论和方法，为康复机器人运动控制理论的发展和实际技术应用提供了有效途径。

本书控制技术新颖、内容实用、表述清晰、结合实际解决问题，主要供从事康复医疗机器人研究的科研人员参考，也可作为高等学校相关专业研究生的参考书。

图书在版编目（CIP）数据

康复机器人运动控制技术 / 孙平，常洪彬著 . 北京：化学工业出版社，2025. 11. -- ISBN 978-7-122-48895-4

Ⅰ. TP242. 3

中国国家版本馆 CIP 数据核字第 2025G038H3 号

责任编辑：邢　涛　　文字编辑：李亚楠

责任校对：王鹏飞　　装帧设计：韩　飞

出版发行：化学工业出版社

（北京市东城区青年湖南街 13 号　邮政编码 100011）

印　　装：北京云浩印刷有限责任公司

710mm×1000mm　1/16　印张 16¼　字数 263 千字

2025 年 11 月北京第 1 版第 1 次印刷

购书咨询：010-64518888　　售后服务：010-64518899

网　　址：http : //www.cip.com.cn

凡购买本书，如有缺损质量问题，本社销售中心负责调换。

定　　价：99.00 元

前言

康复步行训练机器人可以帮助下肢运动功能障碍患者得到及时有效的治疗，不仅能使患者快速恢复行走能力，而且缓解了医护资源不足的问题，成为研究人员关注的热点。在实际应用中，康复机器人通常需要跟踪医生指定的训练轨迹，因此提高人机系统的跟踪精度和安全性是非常关键的技术。本书从运动控制视角出发，建立人机系统数学模型，在死区补偿的有限时间控制、人机合作环境估计的数据驱动控制、强化学习跟踪控制、人机速度协调的迭代学习跟踪控制、主动训练意图轨迹识别的速度约束跟踪控制、主被动切换训练的跟踪控制等方面开展了研究，提出了若干跟踪控制关键技术，丰富了康复机器人运动控制研究成果。本书主要内容如下：

① 研究了康复机器人运动速度和运动轨迹的关系，建立了运动学模型；同时，分析运动加速度和控制输入力的关系，建立了动力学模型；进一步，考虑人机合作环境对机器人运动的影响，建立了人机系统数据驱动模型。

② 研究了康复机器人死区补偿的有限时间控制技术，提出死区宽度估计方法，并设计有限时间补偿控制器，抑制死区对人机系统跟踪精度的影响；提出内干扰力观测方法和随机配置网络死区估计方法，并构建死区补偿控制器，使人机系统在有限时间内实现稳定，为提高康复机器人跟踪精度提供了方法。

③ 研究了人机系统合作环境估计的数据驱动控制技术，分别提出安全轨迹数据驱动控制方法、人机合作环境补偿的跟踪控制方法、

人机系统数据驱动安全控制方法。通过巧妙地设计触发条件，保证了人机运动轨迹的安全；并估计人机合作环境，设计数据驱动观测器补偿环境变化对跟踪精度的影响；进一步，同时约束运动速度和控制输入力，并设计数据驱动安全控制器，保证了人机运动速度的安全，为提高人机系统安全性提供了方法。

④ 研究了康复机器人强化学习跟踪控制技术，提出了强化学习跟踪控制方法和安全运动速度强化学习最优跟踪控制方法。通过设计强化学习跟踪控制器，实现了人机系统的稳定运动；进一步，约束机器人的运动速度，并设计跟踪性能指标，保障了人机系统在安全速度下实现步行训练，为获得康复机器人安全运动速度提供了方法。

⑤ 研究了人机系统运动速度协调的迭代学习控制技术，提出了速度感知的限时迭代学习控制方法和运动速度约束的部分记忆信息迭代学习控制方法。利用强化学习方法实现训练者速度感知，并设计限时学习控制器，提高人机系统稳定性；提出运动速度约束模型预测方法，利用受约束的运动速度和人机系统数学模型，建立跟踪误差系统，设计部分记忆信息的学习控制，实现人机系统安全稳定运动，为康复机器人跟踪控制提供了智能方法。

⑥ 研究了康复机器人主动训练模式下意图轨迹识别的速度约束跟踪控制技术，提出了意图轨迹模糊识别方法和运动速度约束跟踪控制方法。利用压力传感器数据信息模糊推理训练者的运动意图方向，在此基础上规划运动意图轨迹；设计 BLF（障碍李雅普诺夫函数）速度约束控制器，跟踪规划的运动轨迹，并实现康复机器人各轴运动速度约束，为主动训练模式下约束康复机器人运动速度提供了方法。

⑦ 研究了康复机器人主动训练和被动训练切换的跟踪控制技术，提出了被动训练到主动训练直接切换的控制方法、被动训练和主动训练循环切换的控制方法。通过设计被动训练速度约束补偿控制器和主动训练有限时间学习控制器，实现训练模式直接切换；进一步，提出主被动训练新模式，并利用平均训练时间，实现训练模式循环切换，同时保证了切换训练跟踪误差系统的稳定性，为满足康复者对不同训

练模式的需求提供了控制新技术。

本书是在作者多年研究成果的基础上编写而成的，在此衷心感谢日本高知工科大学王硕玉教授，感谢他多年的悉心指导和支持。

本书的编写参阅了大量的参考文献，在此对这些资料的作者一并表示感谢。

由于编写水平有限，本书的不足之处在所难免，恳请广大读者批评指正。

孙　平

2025 年 2 月

目 录

第 1 章 绪论

自 20 世纪 90 年代以来，机器人辅助康复训练已成为可行的治疗手段。目前，机器人在老年人和运动障碍患者康复中得到了日益广泛的应用。与传统治疗方法相比，康复机器人可帮助患者在不同康复时期完成不同强度的训练任务，从而使患者更快地恢复运动功能；并且，康复机器人有效缓解了医护人员短缺问题，通过记录患者康复训练过程中的数据信息，医生便可评估患者康复情况，从而制定更加科学的训练方案。康复机器人在实际应用中通常需要跟踪医生指定的训练轨迹，随着机器人机构本体设计及系统性能要求的不断提高，现有跟踪控制方法和技术难以满足实际需求，因此，亟须发展康复机器人运动控制关键技术，使其适应运动环境变化并满足人机交互的安全性。

1.1 康复机器人国内外发展现状

康复机器人属于医疗与机器人技术相结合的高端康复医疗产品，能够帮助运动功能障碍患者重新获得运动功能，适用于肌肉损伤和骨科疾病甚至神经性损伤等引发的上、下肢运动功能缺失[1]。目前，针对人体不同部分的运动机能恢复，已经研发了多种康复机器人，如下肢康复机器人[2]、手指康复机器人[3]、肩关节康复机器人[4]、踝关节康复机器人[5]、颈部训练机器人[6]等。

另外，步行功能对人类实现日常自主生活具有非常重要的作用，通过康复训练，运动功能障碍患者能够重获自主生活能力。近年来，下肢康复训练机器人得到了广泛关注[7-9]。如Kine Assist康复机器人[10]（图1-1）和Andago康复机器人[11]（图1-2），患者利用体重支撑系统连接在机器人框架上，在机器人辅助下实现在地面上行走，进行步行功能的康复训练；ReWalk康复机器人[12]（图1-3）和HAL康复机器人[13]（图1-4），通过外骨骼支撑来提高患者步行运动的安全性，外骨骼可与患者下肢的几个主要部位相接触，通过电机驱动关节引导下肢实现跟踪运动。由于其没有体重支撑系统，患者在康复训练过程中体力消耗过大；同时，由于没有悬架支撑系统，大大减少了占用空间，提高了康复训练的灵活性。

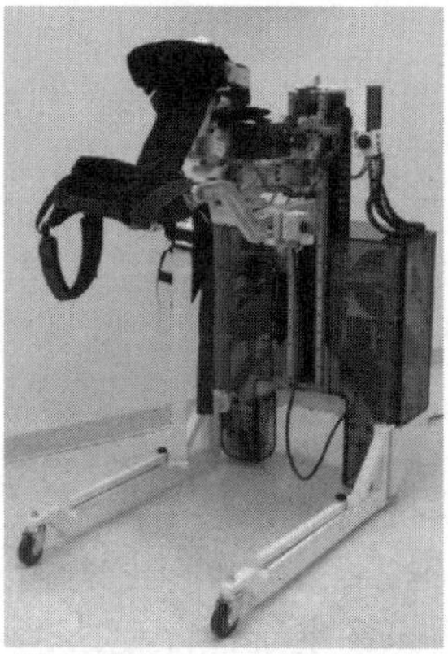

图1-1 Kine Assist康复机器人

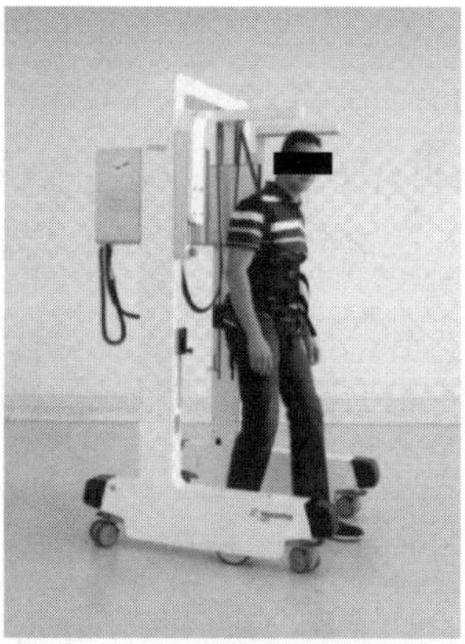

图1-2 Andago康复机器人

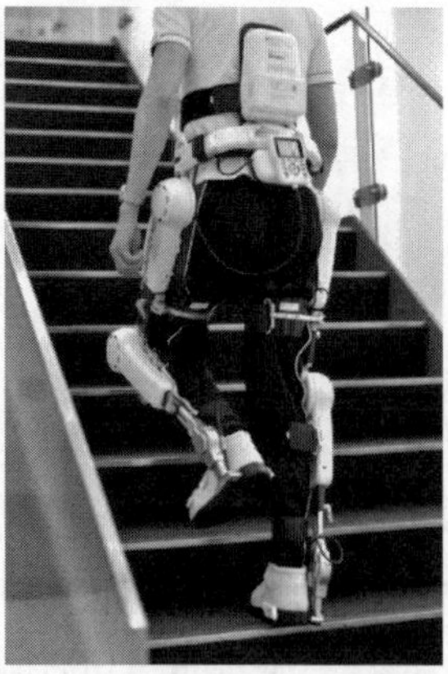

图1-3 ReWalk康复机器人

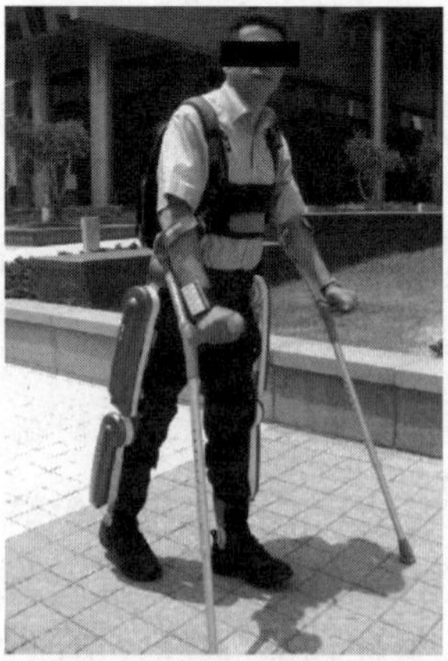

图1-4 HAL康复机器人

Lokomat 康复机器人[14]（图 1-5），在训练开始前通过其减重机构帮助康复者稳定地站在步行运动台上，当设备正确穿戴并精确校正关节位置后，Lokomat 机械腿利用驱动机构，为康复训练者髋关节和膝关节提供力量支持，帮助患者进行康复训练。AIRGAIT 康复训练系统（图 1-6），采用多个气动人工肌肉作为驱动源，并在髋关节、膝关节间增设了双关节机构，从而显著增强了步行训练的柔顺性[15]。

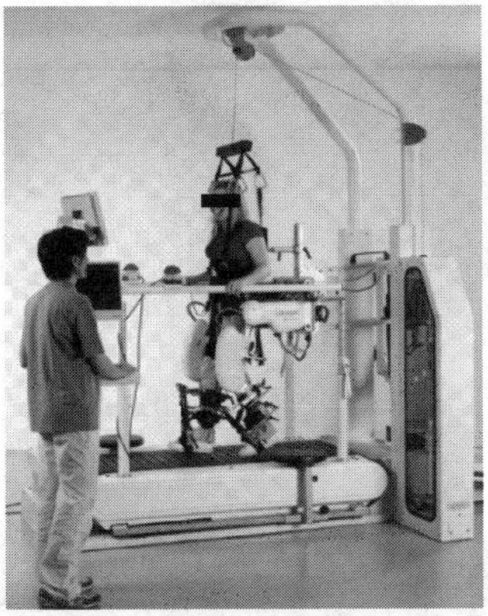

图 1-5　Lokomat 康复机器人

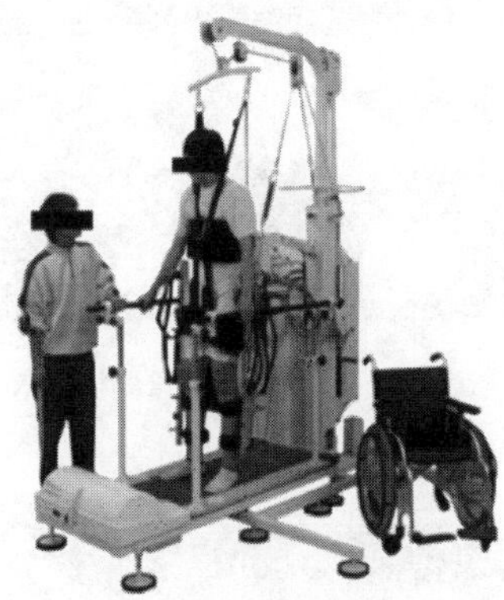

图 1-6　AIRGAIT 康复训练系统

跑步机式外骨骼机器人[16, 17]（图 1-7），由体重支撑系统、下肢外骨骼、跑步机框架三部分构成。体重系统通过悬吊方式减少下肢的承受重量，外骨骼在行走过程中给予患者帮助，跑步机框架为患者提供训练模式。在康复过程中采用计算机控制，以确保下肢外骨骼与跑步机的速度精确同步，其优势在于可以减少患者的体力消耗，避免康复过程中由于过度运动而造成二次伤害。脚踏板式康复机器人[18, 19]（图 1-8），与跑步机式外骨骼机器人相比，用两个脚踏板代替跑步机的履带，可以更真实地模拟步态，如步行、爬楼梯、爬坡等，并且利用上肢向导机构确保康复训练过程中手臂摆动与下肢运动同步。由于其没有为下肢提供助力的外骨骼，患者站立阶段需要医护人员的手动协助。

平台式末端执行器康复机器人[20, 21]（图 1-9），主要针对踝关节进行康复训练，与其他康复机器人相比，患者可以保持静止，只需将下肢固定在平台上进行指定的动作训练，其具有结构简单、适应性强、易于控制等特点。外骨骼康复机器人[22, 23]（图 1-10），与跑步机式外骨骼机器人相比，由于没有跑步机框架而大大减少了占用的空间，提高了康复训练的灵活性；由于没有体重支撑系统，患者在康复训练过程中体力消耗过大，往往需要在医护人员的陪护下进行康复训练，以保证患者训练的安全性。

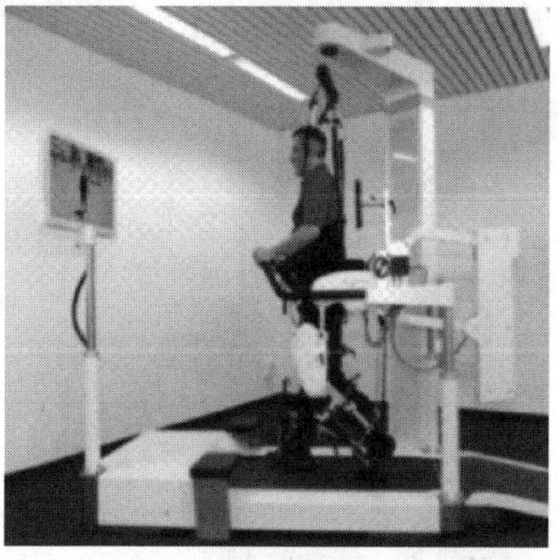

图 1-7　跑步机式外骨骼机器人

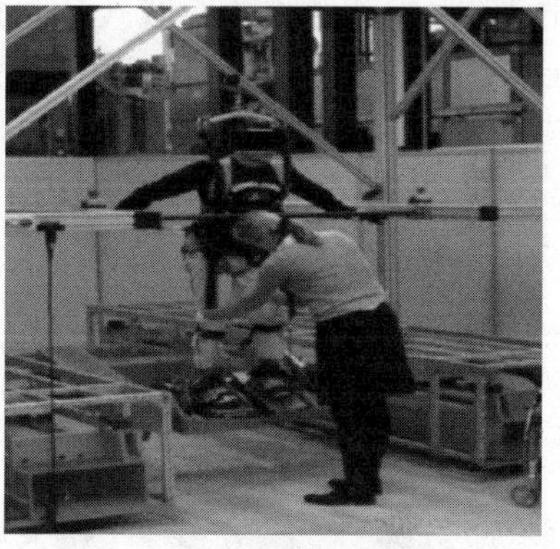

图 1-8　脚踏板式康复机器人

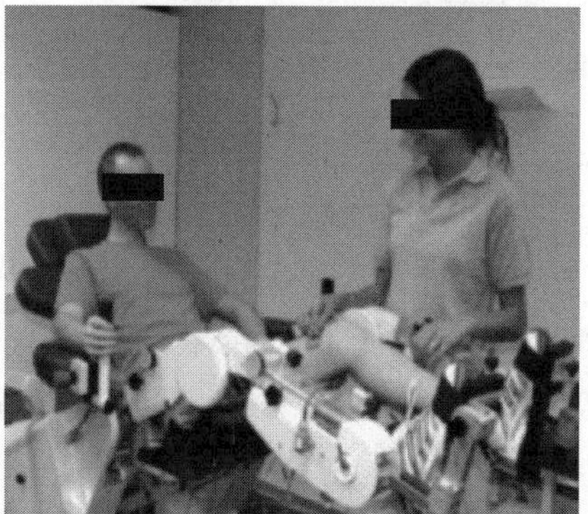

图 1-9　平台式末端执行器康复机器人

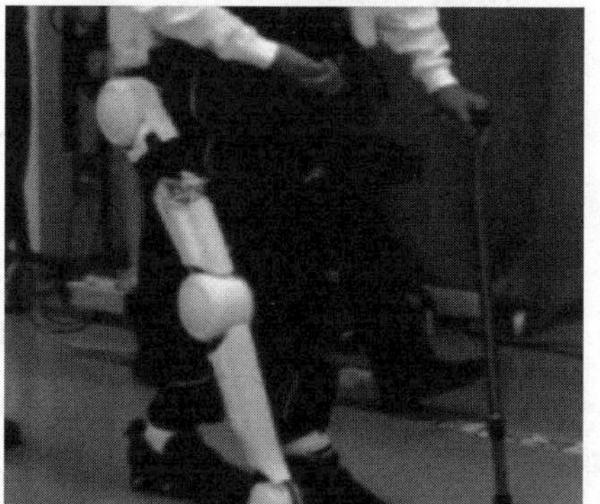

图 1-10　外骨骼康复机器人

我国在康复机器人领域的研究起步相对较晚。随着人口老龄化及步行障碍患者逐年增多，对下肢康复机器人的需求大量增加，国家也将医疗康复工程项目研究作为重要的科技发展任务，近年来国内高校和研究机构在下肢康复机器人领域取得了一些研究成果，涌现了一大批应用效果较好的下肢康复机器人。

华中科技大学开发了一款步行训练机器人[24]（图 1-11），利用两个矫正器和一个减重系统，帮助患者以地面正常行走方式训练。哈尔滨工程大学研发的双曲柄助行康复机器人[25, 26]（图 1-12），依据人体步行运动机理，助行单元由左右两侧机构组成，单侧机构为单电机驱动的双曲柄摇杆，可同时控制髋关节、膝关节两个自由度屈伸，并给出助力协调控制策略，针对不同步行能力等级提供相应行走训练，为下肢力量弱的老年人提供行走助力。沈阳工业大学研发了可实现全方向移动的康复步行训练机器人[27]（图 1-13），利用前臂扶板支撑训练者身体重量，使用四个全向驱动轮，摆脱了正前方、正后方的单一步行训练方式，对于左右方向、斜侧方向、原地回转等多种步行动作都能进行全方位训练，可逐步恢复患者的独立行走能力。

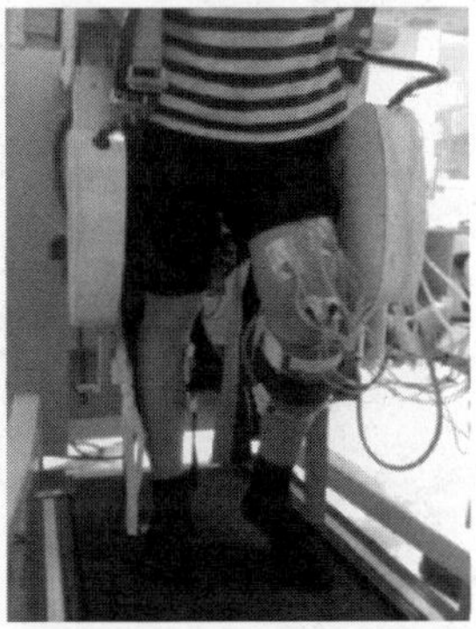

图 1-11 步行训练机器人

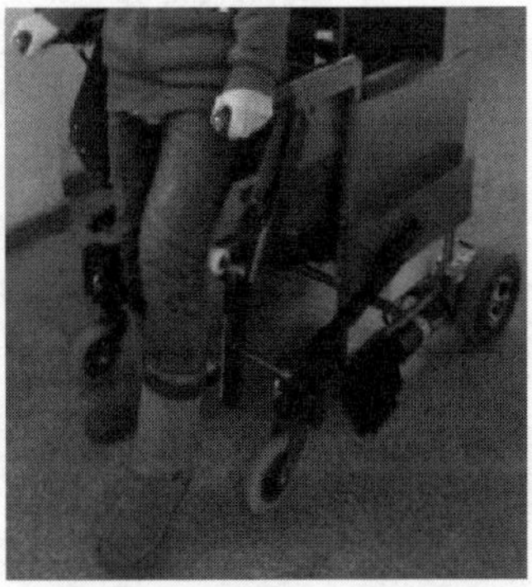

图 1-12 双曲柄助行康复机器人

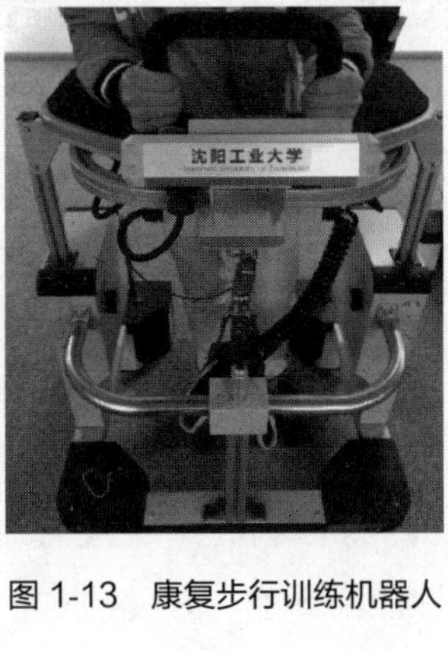

图 1-13 康复步行训练机器人

另外，还有上海交通大学研制的外骨骼式下肢康复机器人[28, 29]，根据人体关节的特点，在膝关节、髋关节还有踝关节分别设有一个自由度，并且在该机器人内部设计一个弹性驱动器装置，利用直流伺服电机驱动。考虑患者进行康复训练时的稳定性和安全性，还设计了一款与该机器人相配合的拐杖，拐杖除了可以提高患者行走的稳定性外，还可以作为开关，控制外骨骼康复机器人的运动系统，从而更好地帮助患者安全地进行康复训练。北京航空航天大学研发了外骨骼康复机器人 AiLegs 艾动（图 1-14）与 AiWalker 艾康（图 1-15），其中 AiLegs 艾动在北京 2022 年冬残奥会火炬传递时成功助力高位截瘫患者传递火炬[30]。

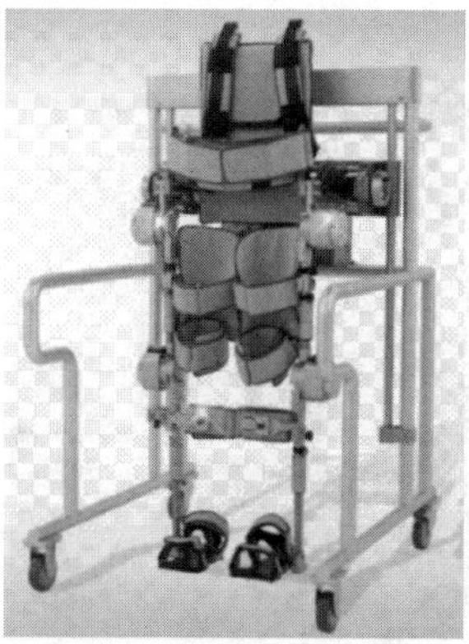

图 1-14 AiLegs 艾动康复机器人

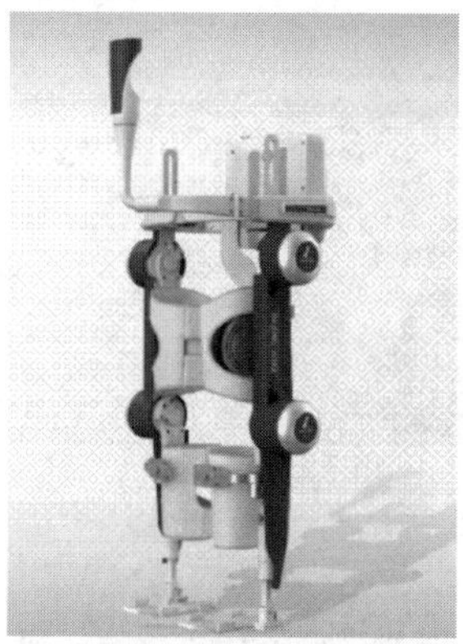

图 1-15 AiWalker 艾康康复机器人

1.2 康复机器人不确定合作环境下跟踪控制的研究现状

康复步行训练机器人通常需要跟踪医生指定的运动轨迹，辅助患者进行康复训练，因此轨迹跟踪控制一直是康复训练机器人研究的热点。近年来，研究者们提出了多种跟踪控制方法，取得了很多研究成果，如针对执行器故障问题的冗余可靠跟踪控制[31, 32]、提高步态轨迹跟踪精度的解耦控制[33]、考虑负载变化和重心偏移的自适应控制方法[34-36]、识别用户方向意图适应个体差异的模糊学习控制[37]、运动状态约束控制[38-40]等。然而，这些成果大多没有考虑人机合作环境对机器人跟踪性能的影响。

实际应用中，被控机械系统通常受到各种不确定干扰的影响。有系统内部产生的干扰，如系统模型参数变化问题[41]、机械摩擦力[42]等；也有系统外部的干扰，如随机噪声干扰[43]等。机械系统在实际工作中，几乎都会受到不确定性因素的影响，因此解决系统不确定性对跟踪性能的影响是控制领域面临的挑战之一。尤其对于人机合作的康复机器人，患者位于整个闭环系统内部，与康复机器人合作完成训练任务，对机器人跟踪性能的影响比较大，会产生一些不确定人机合作环境。当不同患者使用康复机器人时，文献［44］对未知质量参数进行了估计并设计补偿控制器，以提高跟踪精度；文献［45］针对患者质量不同引起人机系统重心变化问题，研究了鲁棒跟踪控制方法；文献［46］分析了患者质心变化的运动规律，从而抑制患者质量变化对机器人跟踪性能的影响，提高跟踪训练的精度。

此外，在康复训练过程中，由于患者与机器人的相互接触，会产生包括压力、主动步行力、推力等不确定人机合作环境。当机器人跟踪指定的训练轨迹时，运动环境的变化将大大降低跟踪精度。如果在控制器设计过程中忽略这一重要的不确定环境因素，那么在实际应用中将会导致跟踪精度不理想，并且在工程应用上会遇到很大的局限性。

近年来，环境变化对机械系统的影响引起了研究者的极大关注，已经取得了一些研究成果，如人机交互控制[47, 48]、人与机器人交互的自适应阻抗控制[49]、人机交互运动估计器的阻抗控制[50]、康复机器人交互力估计[51, 52]等。实际上，患者与机器人是一个统一的整体，不确定人机合作环境对跟踪性能的影响，相当于对人机合作系统的干扰。因此，从人机合作环境对跟踪性能影响的机理出发，研究具有不确定合作环境变化的系统模型，从而设计跟踪控制器抑制环境对跟踪性能的影响，对提高康复机器人的跟踪精度具有重要作用。

1.3　康复机器人提高稳定性能控制方法的研究现状

机器人的轨迹跟踪控制对提高康复训练效果和患者安全性极为关键，目前已有多种方法抑制系统受到的各种干扰，以满足不同场景和需求，从而实现机器人的精确跟踪控制，如滑模控制[53]、自适应控制[54]、神经网络控制[55]、最优控制[56]、模型预测控制[57]等；在实现人机系统稳定性研究方面主要包括渐近稳定控制[58]、有限时间稳定控制[59]、固定时间稳定控制[60]等。

关于渐近稳定跟踪控制方法的研究，文献［61］给出了一种分布式事件触发自适应控制方法，旨在减少机器人的通信能量消耗，同时利用 Lyapunov 理论分析了跟踪误差的渐近收敛性；文献［62］提出了一种数据驱动迭代学习控制方法，用于踝关节伸展康复训练，控制器设计采用动态线性化方法，能适应不同轨迹的康复训练要求，并保证了跟踪误差系统的渐近稳定性；文献［63］设计了一个双环控制系统，通过 Lyapunov 函数方法，得到了期望角速度虚拟外环控制器，进而采用非奇异积分终端滑模控制方法设计内环控制器，实现角速度渐近稳定跟踪；文献［64］提出了一种迭代学习控制方法，利用前一步迭代产生的跟踪误差修正机器人的运动位置，从而不断消除系统轨迹跟踪误差，提高机器人跟踪精度。

关于有限时间稳定跟踪控制方法的研究，与渐近稳定跟踪不同，有限时间跟踪可以保证系统快速到达稳定状态，控制器能使系统的收敛时间更短。文献［65］提出了一种自适应有限时间轨迹跟踪控制算法，用于解决轨迹跟踪的时间和空间限制问题，该算法通过自适应估计器实时补偿未知干扰，使轨迹跟踪误差在有限时间内达到预定的精度；文献［66］采用自适应在线估计器，解决轨迹跟踪控制中的动态不确定性和未知时变干扰问题，利用有限时间理论快速减小跟踪误差，增强系统的抗干扰能力；文献［67］提出了 ATNTSM 控制方法，解决机器人轨迹跟踪问题，可使轨迹跟踪误差从任意初始状态在有限时间内收敛到原点；文献［68］基于终端滑模面和非奇异动态终端滑模控制器，研究了移动机器人有限时间轨迹跟踪控制方法，并且引入双曲正切函数减小抖动，从而使有限时间控制器的收敛时间更短。

关于固定时间稳定跟踪控制方法的研究，消除了有限时间控制方法依赖系统初始状态的局限性。文献［69］提出了一种不确定机器人的轨迹跟踪控制方法，通过构造近似固定时间预设性能滑模面，解决了模型参数未知变化影响跟踪性能的问题，通过固定时间稳定性理论分析，可使机器人在固定时间内轨迹跟踪误差满足指定性能要求；文献［70］提出了一种固定时间跟踪控制算法，通过设计滑模面实现轨迹快速跟踪，并实现跟踪误差系统固定时间稳定，从而提高机器人系统的跟踪精度。

实际应用中，康复步行训练机器人跟踪医生指定的训练轨迹，人机系统稳定时间直接影响着康复机器人的性能[71, 72]。如果机器人暂态运动时间过长，将不断调整其运动位置，机器人可能产生较大的跟踪误差而发生碰撞危险。因此，研究康复机器人的跟踪控制方法，使其在有限时间内实现稳定，对提高人机系统稳定跟踪性能具有重要意义。

1.4 康复机器人安全运动状态跟踪控制的研究现状

为了防止康复机器人辅助老年人行走过程中速度过大造成安全问题，需要对其速度进行一定的约束。此外，康复机器人运动过程中训练者位姿变化等不确定因素，难免导致其速度发生突然变化，或者产生较大轨迹跟踪误差而发生碰撞危险。不同于其他工业机器人系统，必须保证康复机器人速度和轨迹运动状态的安全性[73, 74]。实际上，通过约束状态提高系统安全性的研究，已应用于多个领域，如高速列车[75]、水下机器人[76]、永磁同步电机[77]、四旋翼无人机[78]等。

事实上，系统状态约束问题的研究是一个活跃领域，其中模型预测控制通过在线约束系统状态，经过非线性优化方法求解控制器，在炼油、化工、电力等复杂工业过程控制中取得了成功应用[79]。然而，模型预测控制计算负担很大，通过约束状态求解的控制器，一旦计算上出现误差，状态超出约束范围，控制器反过来有没有能力限制系统状态，当前研究对此没有提及。这一点在康复步行训练机器人的速度状态限制中是要考虑的，因为尽管医生规划了平缓的运动轨迹，但受到运动环境变化、突发故障等因素影响，非线性机械系统平滑运动是很困难的，速度可能会发生突变[80, 81]。因此，控制器具有限制速度状态的性能非常重要。当系统状态超过指定范围，饱和函数[38]、障碍李雅普诺夫函数（Barrier Lyapunov Function，BLF）[39, 82]也是实现状态限制的技术手段，但这种被动限制状态的方式必须结合其他控制方法才能防止系统性能下降，其控制器设计复杂且不具有状态限制的性能。

实际应用中，机器人系统可以通过高精度位置检测装置获得精确的位置信息，而速度信息的获得除易受到噪声干扰之外，附加的测速传感器使其变得“臃肿”，降低了系统可靠性，而没有安装测速传感器的速度信号一般通过直接对位置信号进行微分来获得，这样得到的速度信号往往掺杂较大测量噪声，容易引起系统颤振[83]，因此基于观测器输出反馈轨迹跟踪控制避免了速度信号误差，提高了跟踪精度[84]。如果系统速度状态受到限制，控制器性能将会受到影响，实现轨迹跟踪将变得非常困难。目前还没有相关研究结果，进行此方面研究具有重要理论意义和应用价值。

另外，现有关于轨迹跟踪控制的研究大多集中于讨论系统的稳态跟踪性能[85，86]，而涉及暂态跟踪的研究却很少。暂态调整时间短暂，一旦发生事故就是迅速的。当康复训练机器人较大幅度偏离医生指定轨迹，碰到周围物体或墙壁对训练中的康复者极为危险，尤其是在任意初始条件下，暂态过大的超调量容易使系统陷入极限环或不稳定状态[87]。研究者们逐渐意识到提高暂态性能的意义[88]，提出了有限时间鲁棒控制方法[89]、全局跟踪有界反馈控制方法[90]，试图快速让系统进入稳定状态，从而提高跟踪精度。然而，对康复步行训练机器人来讲，为保证患者安全，其速度已经受到限制，无法在有限时间内进入稳态，而且任意初始位置可能导致较大初始误差，连系统稳定性都难以保证，在有限时间内进入稳态就变得更加困难。文献［91］提出自适应鲁棒跟踪控制方法，能以较小稳态误差和快速暂态响应跟踪指定轨迹，未涉及初始跟踪误差讨论。假设初始跟踪误差在指定范围内，通过滤除高频振荡，基于递归线性矩阵不等式（Recursive Linear Matrix Inequality）得到了不完整信息反馈跟踪控制结果[92]。

尽管康复步行训练机器人跟踪控制已经取得了一些成果，但大多是在系统状态未受到限制的情况下得到的，而实际上正是系统运动过程中速度状态、位置状态威胁着患者安全。尤其是暂态阶段保证康复步行训练机器人安全稳定运动非常重要，否则将会严重偏离训练轨迹，无法进入稳态。追求暂态跟踪精度需要初始位置、运动速度等条件，对于从任意位置出发且速度受到限制的康复步行训练机器人，能保证患者暂态阶段安全稳定训练更加重要，从而顺利进入稳态精确跟踪训练轨迹，这样整个跟踪过程的位置状态才能保证训练者安全。

近年来，虽然研究者们通过约束康复机器人的运动速度和运动轨迹，提高了人机系统运动状态的安全性[93，94]，然而，随着对机器人安全性能要求的不断提升，同时还要考虑实际训练中人机合作环境的变化，无疑增加了系统运动状态安全跟踪控制方法设计的难度。利用康复机器人数学模型，描述人机运动环境，并实现运动速度、运动轨迹的约束，从控制系统设计视角研究人机系统运动状态的安全性，具有重要理论意义和实际应用价值。

1.5 康复机器人运动意图识别的研究现状

康复机器人通常需要与患者合作完成训练任务，随着患者腿部力量的增强，其有积极参与主动训练的愿望，因此，正确识别患者的运动意图，机器人才能准确决策运动动作，帮助患者进行步行训练。对康复机器人运动意图识别的研究受到了广泛关注[95, 96]。

为了识别患者主动训练的步行速度，文献［97］利用脑电信号研究了基于意图识别的机器人状态控制方法，增加了康复机器人的人机交互功能，并在此基础上设计混合辅助肢体步态机器人，实现了患者速度意图的捕捉；文献［98］将支持向量机与灰狼优化算法相结合，解决下肢康复机器人运动意图识别问题，增加了机器人识别患者速度意图的功能；文献［99］将多层神经网络作为分类模型，并对下肢双通道 sEMG 数据集进行模型训练、优化和部署，实现了主动康复训练模式下的速度意图识别；文献［100］为了提高下肢外骨骼机器人及其穿戴者行走的流畅性和人机相互协调性，提出了基于惯性传感器信号的穿戴者行走步速识别方法，采用支持向量机与隐马尔科夫模型实现了穿戴者步速识别；文献［101］对 EEG 信号进行小波变换，并结合时域、频域、时频域以及样本熵等多种特征信息，对患者速度运动模式进行了识别；文献［102］利用卷积神经网络分析表面肌电信号，对患者运动意图进行了分类识别，并验证了康复机器人意图识别策略的可行性。

关于速度感知模型的建立问题，文献［103］针对不同驾驶员分别建立了期望轨迹和期望速度的决策目标函数，在约束条件方面，考虑了车辆特性、道路情况及人体感受等因素，利用了滚动时域方法对模型进行优化求解，增强了系统对动态不确定环境因素的反应能力；文献［104］提出了一种基于核超限学习机的自主速度决策建模和预测方法，通过采集典型数据集，设计核超限学习机进行监督学习训练，对驾驶员的速度决策机制进行了学习和建模，提高了自主驾驶车辆面对不同场景时的应变能力；为了应对地面粗糙程度，文献［105］在设计运动速度决策算法时，采集驾驶员的训练数据，并通过监督学习算法得出所需参数，改进了运动速度预测算法，实现了运动速度感知。

虽然上述研究在步行速度识别和自主驾驶速度感知方面取得了一定成果，然而目前关于康复训练机器人已有的研究成果中，大多没有考虑运动速度感知问题。实际上，训练者的主动步行速度体现了康复训练效果，如果机器人能适应训练者的步行速度，可以增加患者的训练兴趣并提升人机合作协调运动的安全性。因此，研究康复训练机器人的运动速度感知方法，对提高系统的智能性和安全性具有重要意义。

事实上，目前康复机器人系统亟须发展患者运动意图识别功能，尤其对于下肢步行能力恢复较好的患者，更希望主动规划训练路径，而不再仅仅依赖医生指定的路径进行康复训练[106]。然而，现有关于训练者主动运动路径规划的研究结果较少。

为了识别患者的主动训练意图，文献［107］提出了一种基于障碍Lyapunov函数的神经网络自适应导纳控制策略，在相同训练任务下可实现不同强度的主动康复训练；文献［108］针对穿戴式康复机器人，研究了直接力控制和阻抗控制方法，实现了患者的主动康复训练；文献［109］针对神经损伤导致下肢运动功能障碍患者，通过建立人机系统动力学模型，并利用拉力传感器识别患者施加的人机交互力，提出了一种基于弹簧阻尼模型的下肢康复机器人主动柔顺控制方案；文献［110］为了提高绳索驱动下肢康复机器人在主动训练过程中的加载精度与速度，利用绳索动力学模型设计了主动力控制策略，提高了跟踪系统的动态性能；文献［111］对膝关节力矩进行了精确估计，应用力传感器识别患者的运动意图，采用最优阻抗控制方法，实现了患者的主动康复训练。

上述研究结果应用力反馈机制实时捕捉患者的运动状态信息，并调整患者受到的接触力，从而保证了人机接触过程中患者的安全性。然而，除了保障人机接触安全之外，人机系统运动状态的安全性也极为重要。现有主动训练模式下的研究结果，还没有解决患者意图轨迹规划以及约束康复机器人的速度问题。因此，识别患者的主动运动意图并规划康复训练轨迹，同时约束机器人运动速度保证患者运动的安全性，需要进一步深入研究。

参考文献

［1］Sun P，Shan R，Wang S Y. An intelligent rehabilitation robot with passive and active direct switching training [J]. IEEE Robotics & Automation Magazine，2023，30（1）：72-83.

［2］卢浩，王洪波，冯永飞 . 下肢康复机器人人机耦合动力学建模和主动柔顺控制 [J]. 机械工

程学报，2022，58（7）：32-43.
[3] 钟明伟，冯永飞，陈哲铭，等 . 渐进式手指康复机器人结构设计及控制系统设计 [J]. 机械设计，2022，39（10）：27-33.
[4] 张顺程，郭亮，姜爱民 . 六自由度肩关节康复机器人设计与仿真 [J]. 机床与液压，2022，50（5）：38-41.
[5] 卢宗兴，苏永生，东辉，等 . 基于足底力反馈的踝关节主被动康复策略 [J]. 机械工程学报，2022，58（21）：50-59.
[6] 戚世家 . 基于并联机构的颈椎康复机器人设计 [D]. 北京：北京交通大学，2021.
[7] Sun P，Huang L S，Wang S Y，et al. Data-driven safety control with velocity and input force constraints for a rehabilitation walker considering human-robot training environment [J]. International Journal of Control，2024，98（8）：1981-1998.
[8] 孙平，单芮，王硕玉 . 人机不确定的康复步行训练机器人部分记忆迭代学习限速控制 [J]. 机器人，2021，43（4）：502-512.
[9] Alias N A，Huq M，Ibrahim B，et al. The efficacy of state-of-the-art overground gait rehabilitation robotics：a bird's eye view [J]. Procedia Computer Science，2017，105：365-370.
[10] Hurt C，Burgess J，Brown D A. Limb contribution to increased self-selected walking speeds during body weight support in individuals poststroke [J]. Gait & Posture，2015，41（3）：857-859.
[11] Esquenazi A，Talaty M. Robotics for lower limb rehabilitation [J]. Physical Medicine and Rehabilitation Clinics of North America，2019，30（2）：385-397.
[12] Lancini M，Serpelloni M，Pasinetti S，et al. Healthcare sensor system exploiting instrumented crutches for force measurement during assisted gait of exoskeleton users [J]. IEEE Sensors Journal，2016，16（23）：8228-8237.
[13] Tsukahara A，Hasegawa Y，Eguchi K，et al. Restoration of gait for spinal cord injury patients using HAL with intention estimator for preferable swing speed [J]. IEEE Transactions on Neural Systems and Rehabilitation Engineering，2015，23（2）：308-318.
[14] Hussain F，Goecke R，Mohammadian M. Exoskeleton robots for lower limb assistance：A review of materials，actuation，and manufacturing methods [J]. Journal of Engineering in Medicine，2021，235（12）：1375-1385.
[15] Dao Q T，Yamamoto S I. Assist-as-needed control of a robotic orthosis actuated by pneumatic artificial muscle for gait rehabilitation [J]. Applied Sciences-Basel，2018，8(4)：

1-15.

[16] Van Asseldonk EHF, van der Kooij H. Robot-aided gait training with LOPES [M]. //Reinkensmeyer DJ, Dietz V. Neurorehabilitation Technology. 2nd ed. Switzer tand : Springer. 2016.

[17] Chen G, Chan K, Guo Z, et al. A review of lower extremity assistive robotic exoskeletons in rehabilitation therapy [J]. Critical Reviews in Biomedical Engineering, 2013, 41 (4/5): 343-363.

[18] Díaz I, Gil J, Sánchez E. Lower-limb robotic rehabilitation : literature review and challenges [J]. Journal of Robotics, 2011, 10: 11-22.

[19] Schmidt H, Werner C, Bernhardt R, et al. Gait rehabilitation machines based on programmable footplates [J]. Journal of Neuroengineering and Rehabilitation, 2007, 4 (1): 1-7.

[20] Xie S, Jamwal K. An iterative fuzzy controller for pneumatic muscle driven rehabilitation robot [J]. Expert Systems with Applications, 2011, 38 (7): 8128-8137.

[21] Vaida C, Birlescu I, Pisla A, et al. Systematic design of a parallel robotic system for lower limb rehabilitation [J]. IEEE Access, 2020, 8: 34522-34537.

[22] Spungen M, Asselin K, Fineberg B, et al. Exoskeletal-assisted walking for persons with motor-complete paraplegia [J]. Nato Science and Technology Organization, 2013, 6: 15-17.

[23] Talaty M, Esquenazi A, Briceño E. Differentiating ability in users of the rewalk powered exoskeleton : An analysis of walking kinematics [C]. 2013 IEEE 13th International Conference on Rehabilitation Robotics, 2013: 1-5.

[24] Huang J, Xu W X, Mohammed S, et al. Posture estimation and human support using wearable sensors and walking-aid robot [J]. Robotics and Autonomous Systems, 2015, 73: 24-43.

[25] 张立勋，张晓超. 下肢康复训练机器人步态规划及运动学仿真 [J]. 哈尔滨工程大学学报，2009，30（2）：187-191.

[26] 伊蕾 . 助行康复机器人控制策略研究 [D]. 哈尔滨：哈尔滨工程大学，2012.

[27] 王硕玉，杨俊友 . 福祉机器人基础研究与系统开发及展望 [J]. 沈阳工业大学学报，2024，46（5）：514-525.

[28] 饶玲军. 下肢外骨骼行走康复机器人研究 [D]. 上海：上海交通大学，2012.

[29] 饶玲军，谢叻，朱小标. 下肢外骨骼行走康复机器人研究与设计 [J]. 机械设计与研究，2012，28（3）：24-26.

［30］丁逸苇，涂利娟，刘怡希，等 . 可穿戴式下肢外骨骼康复机器人研究进展 [J]. 机器人，2022，44（5）：522-532.

［31］Sun P，Wang S Y. Self-safety tracking control for redundant actuator omnidirectional rehabilitative training walker [J]. ICIC Express Letters，2015，9（2）：357-363.

［32］Sun P，Wang S Y. Redundant input safety tracking control for omnidirectional rehabilitative training walker with control constraints [J]. Asian Journal of Control，2017，19（1）：116-130.

［33］Li F，Wu Z，Qian J. An adaptive controller design based on invertibility decoupling for lower extremity rehabilitation robot [J]. Sensors and Transducers，2013，161（12）：192-197.

［34］Tan R P，Wang S X，Jiang Y L. Adaptive control method for path-tracking control of an omnidirectional walker compensating for center-of-gravity shifts and load changes [J]. International Journal of Innovative Computing，Information and Control，2011，7（7）：4423-4434.

［35］孙平，单芮，王殿辉，等 . 基于 SCN 系统偏移量辨识的坐垫机器人限时学习控制方法：202011363081.3 [P]. 2022-05-13.

［36］Lu L，Yao B. A performance oriented multi-loop constrained adaptive robust tracking control of one-degree-of-freedom mechanical systems：Theory and experiments [J]. Automatica，2014，50（4）：1143-1150.

［37］Jiang Y L，Wang S Y，Ishida K，et al. Directional control of an omnidirectional walking support walker：adaptation to individual differences with fuzzy learning [J]. Advanced Robotics，2014，28（7）：479-485.

［38］Li Y M，Tong S C，Li T S. Adaptive fuzzy output-feedback control for output constrained nonlinear systems in the presence of input saturation [J]. Fuzzy Sets and Systems，2014，248：138-155.

［39］Han S I，Lee J M. Output-tracking-error-constrained robust positioning control for a nonsmooth nonlinear dynamic system [J]. IEEE Transactions on Industrial Electronics，2014，61（12）：6882-6891.

［40］Wei G L，Wang Z D，Shen B. Error-constrained finite-horizon tracking control with incomplete measurements and bounded noises [J]. International Journal of Robust and Nonlinear Control，2012，22（2）：223-238.

［41］Chang H B，Sun P，Wang S Y. A robust adaptive tracking control method for a rehabilitative walker using random parameters [J]. International Journal of Control，2017，90（7）：1446-1456.

[42] Dong K H，Chang P H. Robust tracking of robot manipulator with nonlinear friction using time delay control with gradient estimator [J]. Journal of Mechanical Science and Technology，2010，24（8）：1743-1752.

[43] Liu Z G，Wu Y Q. Modeling and adaptive tracking control for flexible joint robots with random noises [J]. International Journal of Control，2014，87（12）：2499-2510.

[44] Wilkening A，Ivlev O. Estimation of mass parameters for cooperative human and soft-robots as basis for assistive control of rehabilitation devices [C]. IEEE International Conference on Robotics in Alpe-Adria-Danube Region，2014：1-6.

[45] Sun P，Wang S Y. Guaranteed cost non-fragile tracking control for omnidirectional rehabilitative training walker with velocity constraints [J]. International Journal of Control，Automation and Systems，2016，14（5）：1340-1351.

[46] 王志强，姜洪源，Roman K. 康复机器人辅助站立人体质心动量测试及模拟 [J]. 吉林大学学报（工学版），2015，45（3）：844-850.

[47] Yu H，Huang S，Chen G，et al. Human-robot interaction control of rehabilitation robots with series elastic actuators [J]. IEEE Transactions on Robotics，2015，31（5）：1089-1100.

[48] Zhang J，Cheah C C. Passivity and stability of human-robot interaction control for upper-limb rehabilitation robots [J]. IEEE Transactions on Robotics，2015，31（2）：233-245.

[49] Sharifi M，Behzadipour S，Vossoughi G.Nonlinear model reference adaptive impedance control for human-robot interactions [J]. Control Engineering Practice，2014，32：9-27.

[50] Mancisidor A，Zubizarreta A，Cabanes I，et al. Interaction force and motion estimators facilitating impedance control of the upper limb rehabilitation robot [C]. London，UK：IEEE International Conference on Rehabilitation Robotics，2017：561-566.

[51] Sun P，Wang S，Chang H. Tracking control and identification of interaction forces for a rehabilitative training walker whose centre of gravity randomly shifts [J]. International Journal of Control，2021，94（5）：1143-1155.

[52] 孙平，张文娇，孟奇，等. 康复步行训练机器人的人机互作用力辨识及控制方法：201310596476.1 [P]. 2017-05-03.

[53] Sekban H T，Basci A.Performing trajectory tracking control of an unmanned ground vehicle using fractional order terminal sliding mode controller [J]. International Journal of

Sustainable Aviation，2023，9（1）：73-88.

[54] 许万，周航 . 基于路径评价模型的自适应轨迹跟踪控制 [J]. 计算机工程与应用，2023，59（24）：336-344.

[55] 陈丰毅，解明扬，张民，等 . 基于自适应神经网络的四旋翼无人机轨迹跟踪控制 [J]. 控制工程，2023，30（7）：1267-1275.

[56] Wei Z，Du J.Reinforcement learning-based optimal trajectory tracking control of surface vessels under input saturations [J]. International Journal of Robust and Nonlinear Control，2023，33（6）：3807-3825.

[57] 黄浩乾，郑康健，马惊天 .基于模型预测的 AUV 轨迹跟踪滑模控制方法 [J]. 中国惯性技术学报，2024，32（2）：205-212.

[58] 王慧东，周来宏 . 四旋翼无人机反步积分自适应控制器设计 [J]. 兵工学报，2021，42（6）：1283-1289.

[59] Wang J，Liu J，Chen L，et al. Observer-based finite-time control for trajectory tracking of lower extremity exoskeleton [J]. Proceedings of the Institution of Mechanical Engineers，Part Ⅰ：Journal of Systems and Control Engineering，2022，236（2）：257-269.

[60] Zhang X，Shi R.Adaptive faster fixed-time trajectory tracking control for manipulator [J]. Neural Computing and Applications，2022，34（24）：21835-21847.

[61] Zhang A，Zhang J，Yang L.Distributed event-triggered adaptive coordinated trajectory tracking control of multi-USVs based on the aggregate tracking error [J]. IEEE Access，2021，9：26802-26810.

[62] Qian K，Li Z，Zhang Z，et al. Data-driven adaptive iterative learning control of a compliant rehabilitation robot for repetitive ankle training [J]. IEEE Robotics and Automation Letters，2022，8（2）：656-663.

[63] Wu Z，Peng H，Hu B，et al.Trajectory tracking of a novel underactuated AUV via nonsingular integral terminal sliding mode control [J]. IEEE Access，2021，9：103407-103418.

[64] Buelta A，Olivares A，Staffetti E. Iterative learning control for precise aircraft trajectory tracking in continuous climb and descent operations [J]. IEEE Transactions on Intelligent Transportation Systems，2022，23（8）：10481-10491.

[65] Cui Z，Ma B，Xu S，et al. Adaptive finite-time trajectory tracking control of unmanned aerial vehicles [C]. Chongqing，China：2023 IEEE 7th Information Technology and Mechatronics Engineering Conference，2023：1001-1006.

[66] Zhang Y，Tan W，Meng X，et al. Adaptive online approximator-based finite-time trajectory tracking control for the surface vessel [J]. IEEE Access，2022，10：104285-104294.

[67] Zhai J，Xu G.A novel non-singular terminal sliding mode trajectory tracking control for robotic manipulators [J]. IEEE Transactions on Circuits and Systems Ⅱ：Express Briefs，2021，68（1）：391-395.

[68] Yu H，Ai Z，Sheng N，et al. Finite-time trajectory tracking control of mobile robots based on dynamic terminal sliding mode [C]. Hefei，China：2022 34th Chinese Control and Decision Conference，2022：4421-4426.

[69] 杨谱．机器人固定时间预设性能轨迹跟踪控制 [D]. 西安：西安电子科技大学，2022.

[70] Vo A T，Truong T N，Kang H J.A novel fixed-time control algorithm for trajectory tracking control of uncertain magnetic levitation systems [J]. IEEE Access，2021，9：47698-47712.

[71] 孙平，丁雨姗．全方向康复步行训练机器人具有死区补偿的反步有限时间控制 [J]. 西安交通大学学报，2020，54（7）：1-8，74.

[72] Sun P，Shan R，Wang S Y，et al. Finite-time compensation control with dead-zone estimation for a rehabilitative walker considering internal disturbance forces [J]. ISA Transactions，2024，152：256-268.

[73] 孙平，张帅．康复步行训练机器人位置和速度跟踪误差同时约束的安全预测控制．电机与控制学报，2019，23（6）：119-128.

[74] Sun P，Zhang S，Wang S Y，et al. Nonfragile predictive control for an omnidirectional rehabilitative training walker with constraints on the tracking errors of position and velocity [J]. Optimal Control Applications and Methods，2020，41（5）：1749-1772.

[75] Liu Y，Liu R，Wei C，et al. Distributed model predictive control strategy for constrained high-speed virtually coupled train set [J]. IEEE Transactions on Vehicular Technology，2022，71（1）：171-183.

[76] Zhao H，Dai X，Zhao Y. Sliding-mode adaptive control for multiple high-speed trains with state constraints and input saturation [J]. International Journal of Control，Automation and Systems，2023，21（11）：3607-3616.

[77] He C，Hu J，Li Y. Predictive position control with system constraints for PMSM drives based on geometric optimization [J]. IEEE Transactions on Industrial Electronics，2023，70（8）：7773-7782.

[78] 赵畅．四旋翼无人机速度自适应运动规划研究 [D]. 济南：山东大学，2023.

[79] 孔小兵，刘向杰．永磁同步电机高效非线性模型预测控制 [J]. 自动化学报，2014，40

（9）：1958-1966.

[80] Wang Y S，Sun L，Zhou L，et al. Online minimum-acceleration trajectory planning with the kinematic constraints [J]. Acta Automatica Sinica，2014，40（7）：1328-1338.

[81] Sahu B K，Subudhi B.Adaptive tracking control of an autonomous underwater vehicle [J]. International Journal of Automation and Computing，2014，11（3）：299-307.

[82] Niu B，Zhao J. Output tracking control for a class of switched nonlinear systems with partial state constraints [J]. IET Control Theory and Applications，2013，7（4）：623-631.

[83] 田慧慧，苏玉鑫 . 机器人系统输出反馈重复学习轨迹跟踪控制 [J]. 控制与决策，2012，27（11）：1756-1760.

[84] 杨波，李惠光，沙晓鹏，等 . 基于 I &I 与 Hamiltonian 理论的机器人速度观测器设计 [J]. 自动化学报，2012，38（11）：1757-1764.

[85] Dong X X，Zhao J. Incremental passivity and output tracking of switched nonlinear systems [J]. International Journal of Control，2012，85（10）：1477-1485.

[86] 田慧慧，苏玉鑫 . 机器人系统非线性分散重复学习轨迹跟踪控制 [J]. 自动化学报，2011，37（10）：1264-1271.

[87] 严求真，孙明轩 . 一类非线性系统的误差轨迹跟踪鲁棒学习控制算法 [J]. 控制理论与应用，2013，30（1）：23-30.

[88] Sun P，Wang S Y.Redundant input guaranteed cost non-fragile tracking control for omnidirectional rehabilitative training walker [J]. International Journal of Control，Automation and Systems，2015，13（2）：454-462.

[89] Muñoz D A，Marquardt W.Robust control design of a class of nonlinear input and state constrained systems [J]. Annual Reviews in Control，2013，37（2）：232-245.

[90] Yucelen T，Torre G D，Johnson E N. Improving transient performance of adaptive control architectures using frequency-limited system error dynamics [J]. International Journal of Control，2014，87（11）：2383-2397.

[91] Turetsky V，Glizer V Y，Shinar J. Robust trajectory tracking：differential game/cheap control approach [J]. International Journal of Systems Science，2014，45（11）：2260-2274.

[92] Harmouche M，Laghrouche S，Chitour Y. Global tracking for under actuated ships with bounded feedback controllers [J]. International Journal of Control，2014，87（10）：2035-2043.

[93] 孙平 . 不确定康复训练机器人速度与加速度同时约束的跟踪控制 [J]. 北京理工大学学

报，2018，38（10）：1067-1072.

[94] 孙平，王鑫瑶，王殿辉，等 . 基于 SCN 步行力估计的康复机器人各轴速度直接约束控制：202011363054.6 [P]. 2024-5-3.

[95] 单芮，孙平，王硕玉 . 康复机器人具有速度决策的每步限时学习控制方法 [J]. 控制与决策，2024，39（8）：2679-2684.

[96] Sun P，Zhou P，Wang S Y，et al. Tracking control with active and passive training cycle switching for rehabilitation training walker [J]. Robotics and Autonomous Systems，2025，185：104887.

[97] Wall A，Borg J，Vreede K，et al. A randomized controlled study incorporating an electromechanical gait machine，the hybrid assistive limb，in gait training of patients with severe limitations in walking in the subacute phase after stroke [J]. PLoS One，2020，15（2）：1-19.

[98] 邹博识 . 基于肌电信号的下肢康复机器人控制系统设计与研究 [D]. 秦皇岛：燕山大学，2023.

[99] 高海翔 . 一种基于 sEMG 信号的下肢康复机器人系统设计与研究 [D]. 秦皇岛：燕山大学，2023.

[100] 胡冬，刘作军，陈玲玲，等 . 基于支持向量机隐马尔科夫模型的外骨骼穿戴者步速意图识别 [J]. 生物医学工程学杂志，2022，39（1）：84-91.

[101] 郑长坤，王海贤，顾凌云，等 . 基于脑电和肌电信号的下肢运动意图识别方法 [J]. 中国医疗设备，2021，36（5）：61-66.

[102] Tryon J，Trejos A L. Evaluating convolutional neural networks as a method of EEG-EMG fusion [J]. Frontiers in Neurorobotics，2021，15：1-20.

[103] 庄灿. 车辆行驶期望轨迹与期望速度协同决策模型研究 [D]. 天津：河北工业大学，2017.

[104] 吴相飞. 基于模型预测的自主驾驶车辆速度决策和运动规划方法研究 [D]. 长沙：国防科技大学，2017.

[105] 赵翾. 无人驾驶地下矿用汽车路径跟踪与速度决策研究 [D]. 北京：北京科技大学，2016.

[106] Liu G，Yu B，Huang L，et al. Human-interactive mapping method for indoor magnetic based on low-cost MARG sensors [J]. IEEE Transactions on Instrumentation and Measurement，2021，70：1-10.

[107] 吴青聪，张祖国 . 基于屏障 Lyapunov 函数的上肢康复机器人自适应主动交互训练控

制 [J]. 仪器仪表学报，2022，43（2）：216-224.

[108] 刘鹏，葛小青，李宇，等 . 上肢康复机器人主动康复训练控制策略 [J]. 中国科学院大学学报，2019，36（4）：570-576.

[109] Hu J，Meng Q，Zhu Y，et al. Spring damping based control for a novel lower limb rehabilitation robot with active flexible training planning [J]. Technology and Health Care，2023，31（2）：565-578.

[110] Zou Y，Wang N，Wang X，et al. Design and experimental research of movable cable-driven lower limb rehabilitation robot [J]. IEEE Access，2018，7：2315-2326.

[111] Meng W，Tian Z，Zhu C，et al. Optimized impedance control of a lightweight gait rehabilitation exoskeleton based on accurate knee joint torque estimation [J]. IEEE Transactions on Medical Robotics and Bionics，2024，6（4）：1648-1657.

第2章 康复机器人的模型建立

康复机器人在实际应用中需要与康复者合作跟踪医生指定的训练轨迹，研究者们基于康复机器人模型提出了多种跟踪控制方法，目的是提高轨迹跟踪精度，进而尽快提高康复者的腿部肌肉力量和平衡能力，使康复训练达到良好效果[1-3]。训练过程中由于康复者位姿变化、人机合作环境变化、未建模动态等因素的影响，产生轨迹跟踪误差和速度跟踪误差[4, 5]，不仅影响康复者步行功能的恢复，而且过大的轨迹跟踪误差可能导致机器人发生碰撞，过大的速度误差会导致人机运动不协调，严重影响康复者步行训练的安全。因此，为了提高人机系统跟踪性能，进行康复机器人数学模型研究是十分必要的[6, 7]。数学模型是控制方式的基础，是用数学的表现形式对实际过程或被控对象进行的描述，它是进行系统设计和研究的重要环节[8, 9]。所以，获得反映康复机器人人机合作本质特征，刻画运动过程的数学模型，对实施具体的控制方式至关重要。

2.1 康复机器人的人机合作系统

如图2-1所示，一种全方向康复步行训练机器人（Omnidirectional Rehabilitative Training Walker，简称ODW）的人机合作系统[10, 11]，由存储器、前臂扶板、防摔座、红外传感器、全向轮等主要结构组成。存储器内有各种训练模式，可根据训练者的康复情况进行选择；前臂扶板用于支撑身体重量，并利用把手保护训练者的安全；防摔座连接受力传感器，当训练者由于腿部力量不足，无法进行步行康复运动而坐在防摔座上时，传感器检测到作用力，ODW 立即停止运动，避免发生危险；红外传感器用于检测周围障碍物，防止人机合作运动中发生碰撞事故；全向轮组成 ODW 的运动机构，并由直流电机驱动，可实现全方向移动，即使在室内狭窄的空间环境下，也可以进行步行康复训练。

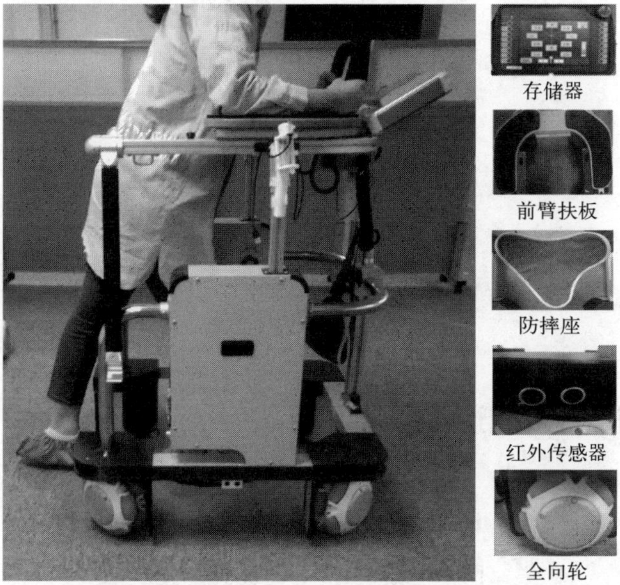

图 2-1　人机合作步行训练

在实际应用中，康复机器人需要与训练者合作完成康复训练任务。训练者只需跟随 ODW 运动，便可实现前、后、左、右、斜向、旋转等各个运动方向的步行训练。对训练者的步行能力进行了测试，经过几个月的康复运动训练，训练者的腿部肌肉量和平衡能力获得了大幅提升[12, 13]。

在人机合作运动中，康复者的位姿将会发生变化，这样人机系统的重心与中心往往不重合，而产生偏心距和偏心角，其结构坐标如图 2-2 所示。其中，xOy 和 $x'Cy'$ 分别表示 ODW 运动的全局坐标系和局部坐标系；v 表示机器人运动速度，v_i 表示每个全向轮的速度；f_i 表示 ODW 每个轮子的控制输入力；C 和 G 分别表示人机系统的运动中心和重心；r_0 表示中心到重心的偏心距，L

表示人机系统中心到全向轮的距离；l_i 表示机器人重心到每个轮子中心的距离；α 表示 x' 轴方向与速度 v 所在方向之间的夹角，β 表示 x' 轴方向与 r_0 之间的偏心角，θ_i 表示 x' 轴方向与每个轮子对应 L 之间的夹角，ϕ_i 表示 x' 轴方向与每个轮子对应 l_i 之间的夹角，i=1,2,3,4。由 ODW 运动机构的结构设计可知 $\theta_1=\theta$，$\theta_2=\theta+\dfrac{\pi}{2}$，$\theta_3=\theta+\pi$，$\theta_4=\theta+\dfrac{3\pi}{2}$。

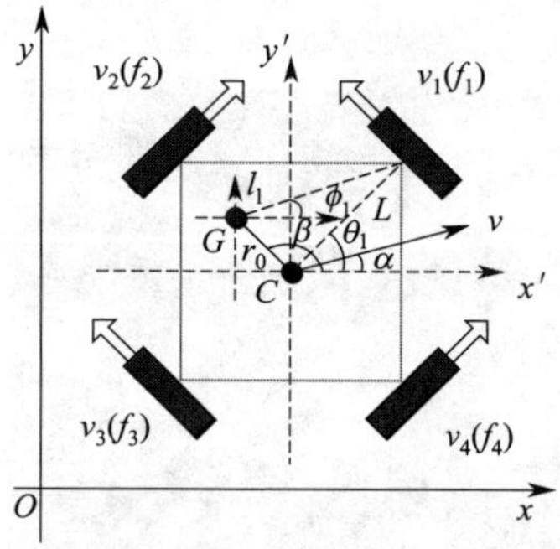

图 2-2　结构坐标

2.2　康复机器人的运动学模型

由图 2-2 可以看出，四个全向轮的运动速度满足如下关系：

$$\begin{cases} v_1 = -\dot{x}_c \sin\theta_1 + \dot{y}_c \cos\theta_1 + L\dot{\theta} \\ v_2 = \dot{x}_c \sin\theta_2 - \dot{y}_c \cos\theta_2 - L\dot{\theta} \\ v_3 = \dot{x}_c \sin\theta_3 - \dot{y}_c \cos\theta_3 - L\dot{\theta} \\ v_4 = -\dot{x}_c \sin\theta_4 + \dot{y}_c \cos\theta_4 + L\dot{\theta} \end{cases} \tag{2-1}$$

其中，$\dot{x}_c=v\cos\alpha$ 和 $\dot{y}_c=v\sin\alpha$ 分别表示速度 v 投影在 x 轴和 y 轴上的速度。

将式（2-1）写成如下形式：

$$\boldsymbol{V} = \boldsymbol{K}_C \dot{\boldsymbol{X}}(t) \tag{2-2}$$

其中，

$$\boldsymbol{V} = \begin{bmatrix} v_1 \\ v_2 \\ v_3 \\ v_4 \end{bmatrix},\quad \boldsymbol{K}_C = \begin{bmatrix} -\sin\theta_1 & \cos\theta_1 & L \\ \sin\theta_2 & -\cos\theta_2 & -L \\ \sin\theta_3 & -\cos\theta_3 & -L \\ -\sin\theta_4 & \cos\theta_4 & L \end{bmatrix},\quad \dot{\boldsymbol{X}}(t) = \begin{bmatrix} x \\ y \\ \theta \end{bmatrix}$$

当人机合作步行训练时，训练者位姿的变化，往往导致人机系统运动中心 C 发生重心偏移，产生偏心距 r_0 和偏心角 β，随着运动过程不断进行，中心偏移至重心 G 点时的运动学方程表示如下：

$$\boldsymbol{V}=\boldsymbol{K}_G\dot{\boldsymbol{X}}_G(t) \tag{2-3}$$

其中，

$$\boldsymbol{K}_G=\begin{bmatrix}-\sin\theta_1 & \cos\theta_1 & \lambda_1\\ \sin\theta_2 & -\cos\theta_2 & -\lambda_2\\ \sin\theta_3 & -\cos\theta_3 & -\lambda_3\\ -\sin\theta_4 & \cos\theta_4 & \lambda_4\end{bmatrix},\quad \dot{\boldsymbol{X}}_G(t)=\begin{bmatrix}x_G\\ y_G\\ \theta_G\end{bmatrix}$$

x_G、y_G 和 θ_G 分别表示中心偏移至重心 G 点时人机系统在 x 轴、y 轴和旋转角方向的运动位置。λ_i 表示 ODW 重心到每个轮子的距离，且由图 2-2 可以看出，λ_i 和 l_i 之间的关系可以表示为：

$$\begin{cases}\lambda_1=l_1\cos(\theta_1-\phi_1)\\ \lambda_2=l_2\cos(\theta_2-\phi_2)\\ \lambda_3=l_3\cos(\theta_3-\phi_3)\\ \lambda_4=l_4\cos(\theta_4-\phi_4)\end{cases} \tag{2-4}$$

其中，l_i 表示 ODW 系统重心到每个轮子中心的距离，且可得：

$$\begin{cases}l_1=\dfrac{L\sin\theta_1-y_G}{\sin\phi_1}\\ l_2=\dfrac{L\sin\theta_2-y_G}{\sin\phi_2}\\ l_3=\dfrac{L\cos\theta_3-x_G}{\cos\phi_3}\\ l_4=\dfrac{L\sin\theta_1-y_G}{\sin\phi_4}\end{cases} \tag{2-5}$$

$$\begin{cases}x_G=r_0\cos\beta\\ y_G=r_0\sin\beta\end{cases} \tag{2-6}$$

$$\tan\phi_i=\frac{L\sin\theta_i-y_G}{L\cos\theta_i-x_G} \tag{2-7}$$

结合式（2-2）和式（2-3）得到：

$$\dot{\boldsymbol{X}}_G(t)=(\boldsymbol{K}_G^{\mathrm{T}}\boldsymbol{K}_G)^{-1}\boldsymbol{K}_G^{\mathrm{T}}\boldsymbol{V}=(\boldsymbol{K}_G^{\mathrm{T}}\boldsymbol{K}_G)^{-1}\boldsymbol{K}_G^{\mathrm{T}}\boldsymbol{K}_C\dot{\boldsymbol{X}}(t) \tag{2-8}$$

其中，$(\boldsymbol{K}_G^{\mathrm{T}}\boldsymbol{K}_G)^{-1}\boldsymbol{K}_G^{\mathrm{T}}$ 表示 $\boldsymbol{K}_G$ 的伪逆矩阵，且利用 $\boldsymbol{K}_C$ 和 $\boldsymbol{K}_G$ 的表达式计算

可得：

$$(\boldsymbol{K}_G^{\mathrm{T}}\boldsymbol{K}_G)^{-1}\boldsymbol{K}_G^{\mathrm{T}}\boldsymbol{K}_C=\begin{bmatrix}1&0&p\\0&1&q\\0&0&1\end{bmatrix} \tag{2-9}$$

$$\begin{aligned}p&=\frac{1}{2}\left[\sin\theta(\lambda_1-\lambda_3)+\cos\theta(\lambda_2-\lambda_4)\right]\\q&=\frac{1}{2}\left[\sin\theta(\lambda_2-\lambda_4)-\cos\theta(\lambda_1-\lambda_3)\right]\end{aligned} \tag{2-10}$$

令 $\boldsymbol{K}(\theta)=(\boldsymbol{K}_G^{\mathrm{T}}\boldsymbol{K}_G)^{-1}\boldsymbol{K}_G^{\mathrm{T}}\boldsymbol{K}_C$，则由式（2-8）整理可得：

$$\dot{\boldsymbol{X}}_G(t)=\boldsymbol{K}(\theta)\dot{\boldsymbol{X}}(t) \tag{2-11}$$

这样由式（2-11）可知，当康复者位姿发生变化，使人机系统的重心发生偏移时，式（2-11）刻画了 ODW 系统重心 G 点和中心 C 点的运动速度关系，并且式（2-2）和式（2-3）分别建立了 ODW 系统重心无偏移和有偏移情形下的运动学模型。

2.3 康复机器人的动力学模型

采用拉格朗日方程法对 ODW 系统的动力学模型进行分析，拉格朗日方程表示如下：

$$\frac{\mathrm{d}}{\mathrm{d}t}\left[\frac{\partial \boldsymbol{L}_l}{\partial \dot{\boldsymbol{X}}(t)}\right]-\frac{\partial \boldsymbol{L}_l}{\partial \boldsymbol{X}(t)}=\boldsymbol{F} \tag{2-12}$$

其中，$\boldsymbol{X}(t)=[x\quad y\quad \theta]^{\mathrm{T}}$ 表示 ODW 的运动位置；$\boldsymbol{F}$ 表示广义输入力；$\boldsymbol{L}_l$ 表示拉格朗日函数，则有

$$\boldsymbol{L}_l=\boldsymbol{T}_l-\boldsymbol{P}_l \tag{2-13}$$

其中，$\boldsymbol{T}_l$ 表示人机系统动能，$\boldsymbol{P}_l$ 表示人机系统位能，并且动能 $\boldsymbol{T}_l$ 可以表示为

$$\begin{aligned}\boldsymbol{T}_l&=\begin{bmatrix}T_x & T_y & T_\theta\end{bmatrix}^{\mathrm{T}}\\&=\begin{bmatrix}\frac{1}{2}(M+m)\dot{x}^2 & \frac{1}{2}(M+m)\dot{y}^2 & \frac{1}{2}(I_0+mr_0^2)\dot{\theta}^2\end{bmatrix}^{\mathrm{T}}\\&=\frac{1}{2}\begin{bmatrix}M+m&0&0\\0&M+m&0\\0&0&I_0+mr_0^2\end{bmatrix}\begin{bmatrix}\dot{x}^2\\\dot{y}^2\\\dot{\theta}^2\end{bmatrix}\end{aligned} \tag{2-14}$$

其中，M 表示 ODW 的质量；m 表示康复者的质量；I_0 表示 ODW 转动惯量；mr_0^2 表示康复者转动惯量。

令 $\dot{\boldsymbol{X}}(t)=\begin{bmatrix}\dot{x} & \dot{y} & \dot{\theta}\end{bmatrix}^{\mathrm{T}}$ 表示 ODW 系统各轴的运动速度，则 ODW 系统动能可以表示为

$$\boldsymbol{T}_l=\frac{1}{2}\boldsymbol{M}_0\dot{\boldsymbol{X}}^2(t) \tag{2-15}$$

其中，

$$\boldsymbol{M}_0=\begin{bmatrix} M+m & 0 & 0 \\ 0 & M+m & 0 \\ 0 & 0 & I_0+mr_0^2 \end{bmatrix}$$

考虑 ODW 在水平地面上移动，其势能 $\boldsymbol{P}_l$ 近似为零，则有 $\boldsymbol{L}_l=\boldsymbol{T}_l$。于是可得

$$\begin{aligned}\frac{\mathrm{d}}{\mathrm{d}t}\left[\frac{\partial \boldsymbol{T}_l}{\partial \dot{\boldsymbol{X}}(t)}\right]&=\frac{1}{2}\boldsymbol{M}_0\frac{\mathrm{d}}{\mathrm{d}t}\left[\frac{\partial \dot{\boldsymbol{X}}^2(t)}{\partial \dot{\boldsymbol{X}}(t)}\right]\\&=\boldsymbol{M}_0\ddot{\boldsymbol{X}}(t)\end{aligned} \tag{2-16}$$

$$\frac{\partial \boldsymbol{T}_l}{\partial \boldsymbol{X}(t)}=\boldsymbol{0} \tag{2-17}$$

将式（2-16）和式（2-17）代入式（2-12），得到

$$\boldsymbol{M}_0\ddot{\boldsymbol{X}}(t)=\boldsymbol{F} \tag{2-18}$$

其中，$\boldsymbol{F}=[F_x \quad F_y \quad F_\theta]^{\mathrm{T}}$ 表示 ODW 在各轴的广义输入力。

接下来，继续分析 ODW 系统各轴的广义输入力 F_x、F_y 和 F_θ。由图 2-2 可以看出，当人机系统的重心和中心重合于 C 点时，将力 f_1 分解到 x 轴、y 轴和旋转角 θ 方向，可得如下表达形式：

$$\begin{cases} F_{1x}=-f_1\sin\theta_1 \\ F_{1y}=f_1\cos\theta_1 \\ F_{1\theta}=f_1 L \end{cases} \tag{2-19}$$

同理，分别得到力 f_2、f_3、f_4 在各轴分解的表达式如下：

$$\begin{cases} F_{2x}=f_2\sin\theta_2 \\ F_{2y}=-f_2\cos\theta_2 \\ F_{2\theta}=-f_2 L \end{cases} \tag{2-20}$$

$$\begin{cases} F_{3x}=f_3\sin\theta_3 \\ F_{3y}=-f_3\cos\theta_3 \\ F_{3\theta}=-f_3 L \end{cases} \tag{2-21}$$

$$\begin{cases} F_{4x} = -f_4 \sin\theta_4 \\ F_{4y} = f_4 \cos\theta_4 \\ F_{4\theta} = f_4 L \end{cases} \tag{2-22}$$

于是由式（2-19）～式（2-22）可知：

$$\begin{aligned} F_x &= F_{1x} + F_{2x} + F_{3x} + F_{4x} \\ &= -f_1 \sin\theta_1 + f_2 \sin\theta_2 + f_3 \sin\theta_3 - f_4 \sin\theta_4 \end{aligned} \tag{2-23}$$

$$\begin{aligned} F_y &= F_{1y} + F_{2y} + F_{3y} + F_{4y} \\ &= f_1 \cos\theta_1 - f_2 \cos\theta_2 - f_3 \cos\theta_3 + f_4 \cos\theta_4 \end{aligned} \tag{2-24}$$

$$\begin{aligned} F_\theta &= F_{1\theta} + F_{2\theta} + F_{3\theta} + F_{4\theta} \\ &= f_1 L - f_2 L - f_3 L + f_4 L \end{aligned} \tag{2-25}$$

这样由式（2-18）和式（2-23）～式（2-25）可得重心和中心重合于 C 点的动力学模型如下：

$$\begin{bmatrix} M+m & 0 & 0 \\ 0 & M+m & 0 \\ 0 & 0 & I_0 + m r_0^2 \end{bmatrix} \begin{bmatrix} \ddot{x} \\ \ddot{y} \\ \ddot{\theta} \end{bmatrix} = \begin{bmatrix} -\sin\theta_1 & \sin\theta_2 & \sin\theta_3 & -\sin\theta_4 \\ \cos\theta_1 & -\cos\theta_2 & -\cos\theta_3 & \cos\theta_4 \\ L & -L & -L & L \end{bmatrix} \begin{bmatrix} f_1 \\ f_2 \\ f_3 \\ f_4 \end{bmatrix} \tag{2-26}$$

进一步，在模型（2-26）的基础上得到人机系统重心和中心不重合，重心偏移到 G 点时的动力学模型如下：

$$\begin{cases} (M+m)\ddot{x}_G = -f_1 \sin\theta_1 + f_2 \sin\theta_2 + f_3 \sin\theta_3 - f_4 \sin\theta_4 \\ (M+m)\ddot{y}_G = f_1 \cos\theta_1 - f_2 \cos\theta_2 - f_3 \cos\theta_3 + f_4 \cos\theta_4 \\ (I_0 + m r_0^2)\ddot{\theta}_G = \lambda_1 f_1 - \lambda_2 f_2 - \lambda_3 f_3 + \lambda_4 f_4 \end{cases} \tag{2-27}$$

其中，f_i 表示各个全向轮的控制输入力。将式（2-27）简写为如下形式：

$$\boldsymbol{M}_0 \ddot{\boldsymbol{X}}_G(t) = \boldsymbol{K}_G^{\mathrm{T}} \boldsymbol{F} \tag{2-28}$$

对式（2-11）求导并代入式（2-28），可得 ODW 人机系统重心偏移的动力学模型如下：

$$\boldsymbol{M}_0 \boldsymbol{K}(\theta) \ddot{\boldsymbol{X}}(t) + \boldsymbol{M}_0 \dot{\boldsymbol{K}}(\theta) \dot{\boldsymbol{X}}(t) = \boldsymbol{B}(\theta) \boldsymbol{u}(t) \tag{2-29}$$

其中，

$$\boldsymbol{u}(t) = \boldsymbol{F} = \begin{bmatrix} f_1 \\ f_2 \\ f_3 \\ f_4 \end{bmatrix}, \quad \boldsymbol{K}(\theta) = \begin{bmatrix} 1 & 0 & p \\ 0 & 1 & q \\ 0 & 0 & 1 \end{bmatrix}, \quad \begin{aligned} p &= \frac{1}{2}[(\lambda_1 - \lambda_3)\sin\theta + (\lambda_2 - \lambda_4)\cos\theta] \\ q &= \frac{1}{2}[(\lambda_2 - \lambda_4)\sin\theta - (\lambda_1 - \lambda_3)\cos\theta] \end{aligned},$$

$$\boldsymbol{B}(\theta)=\boldsymbol{K}_G^{\mathrm{T}}=\begin{bmatrix}-\sin\theta_1 & \sin\theta_2 & \sin\theta_3 & -\sin\theta_4\\ \cos\theta_1 & -\cos\theta_2 & -\cos\theta_3 & \cos\theta_4\\ \lambda_1 & -\lambda_2 & -\lambda_3 & \lambda_4\end{bmatrix},\quad \begin{array}{l}\lambda_1=l_1\cos(\theta_1-\phi_1)\\ \lambda_2=l_2\cos(\theta_2-\phi_2)\\ \lambda_3=l_3\cos(\theta_3-\phi_3)\\ \lambda_4=l_4\cos(\theta_4-\phi_4)\end{array}$$

2.4　康复机器人的数据驱动模型

在人机合作康复运动过程中，康复者位姿的变化，直接影响 ODW 系统的运动环境，使模型的系数矩阵发生变化，导致建立精确的康复机器人数学模型是无法实现的。因此，研究 ODW 系统的数据驱动模型极为重要。

2.4.1　人机合作环境数据驱动模型

利用建立的 ODW 人机系统模型（2-29），可得：

$$\boldsymbol{M}_1\ddot{\boldsymbol{X}}(t)+\boldsymbol{M}_2\dot{\boldsymbol{X}}(t)=\boldsymbol{B}(\theta)\boldsymbol{u}(t) \tag{2-30}$$

其中，

$$\boldsymbol{M}_1=\begin{bmatrix}M+m & 0 & p(M+m)\\ 0 & M+m & q(M+m)\\ 0 & 0 & I_0+mr_0^2\end{bmatrix},\quad \boldsymbol{M}_2=\begin{bmatrix}0 & 0 & p(M+m)\\ 0 & 0 & q(M+m)\\ 0 & 0 & 0\end{bmatrix}$$

为了描述康复者对 ODW 系统运动的影响，分解模型（2-30）的系数矩阵 $\boldsymbol{M}_1$ 和 $\boldsymbol{B}(\theta)$ 为 $\boldsymbol{M}_1=\overline{\boldsymbol{M}}_1+\Delta\boldsymbol{M}_1$， $\boldsymbol{B}(\theta)=\boldsymbol{B}_0(\theta)+\Delta\boldsymbol{B}_0(\theta)$，于是得到：

$$\ddot{\boldsymbol{X}}(t)=\overline{\boldsymbol{M}}_1^{-1}\boldsymbol{B}_0(\theta)\boldsymbol{u}(t)+\overline{\boldsymbol{M}}_1^{-1}[\Delta\boldsymbol{B}_0(\theta)\boldsymbol{u}(t)-\Delta\boldsymbol{M}_1\ddot{\boldsymbol{X}}(t)-\boldsymbol{M}_2\dot{\boldsymbol{X}}(t)] \tag{2-31}$$

其中，

$$\overline{\boldsymbol{M}}_1=\begin{bmatrix}M & 0 & 0\\ 0 & M & 0\\ 0 & 0 & I_0\end{bmatrix},\quad \Delta\boldsymbol{M}_1=\begin{bmatrix}m & 0 & p(M+m)\\ 0 & m & q(M+m)\\ 0 & 0 & mr_0^2\end{bmatrix},$$

$$\boldsymbol{B}_0(\theta)=\begin{bmatrix}-\sin\theta_1 & \sin\theta_2 & \sin\theta_3 & -\sin\theta_4\\ \cos\theta_1 & -\cos\theta_2 & \cos\theta_3 & \cos\theta_4\\ L & -L & -L & L\end{bmatrix},$$

$$\Delta\boldsymbol{B}_0(\theta)=\begin{bmatrix}0&0&0&0\\0&0&0&0\\\lambda_1-L&-\lambda_2+L&-\lambda_3+L&\lambda_4-L\end{bmatrix}$$

令 $\boldsymbol{r}(t)=\overline{\boldsymbol{M}}_1^{-1}[\Delta\boldsymbol{B}_0(\theta)\boldsymbol{u}(t)-\Delta\boldsymbol{M}_1\ddot{\boldsymbol{X}}(t)-\boldsymbol{M}_2\dot{\boldsymbol{X}}(t)]$， $\boldsymbol{x}(t)=[\boldsymbol{X}(t)\quad \dot{\boldsymbol{X}}(t)]^{\mathrm{T}}$ 表示 ODW 系统的运动位置和运动速度。离散化模型（2-31）得到：

$$\boldsymbol{x}(k+1)=\boldsymbol{A}(k)\boldsymbol{x}(k)+\boldsymbol{B}(k)\boldsymbol{u}(k)+\boldsymbol{C}(k)\boldsymbol{r}(k) \tag{2-32}$$

其中

$$\boldsymbol{A}(k)=\left[\begin{array}{c|c}\boldsymbol{I}_3 & T\boldsymbol{I}_3\\\hline \boldsymbol{0}_{3?3} & \boldsymbol{I}_3\end{array}\right],\quad \boldsymbol{u}(k)=\begin{bmatrix}u_1(k) & u_2(k) & u_3(k) & u_4(k)\end{bmatrix}^{\mathrm{T}},$$

$$\boldsymbol{B}(k)=\left[\begin{array}{cccc}\multicolumn{4}{c}{\boldsymbol{0}_{3\times4}}\\\hline -\dfrac{T}{M}\sin\theta & \dfrac{T}{M}\cos\theta & -\dfrac{T}{M}\sin\theta & \dfrac{T}{M}\cos\theta\\ \dfrac{T}{M}\cos\theta & \dfrac{T}{M}\sin\theta & \dfrac{T}{M}\cos\theta & \dfrac{T}{M}\sin\theta\\ \dfrac{TL}{I_0} & -\dfrac{TL}{I_0} & -\dfrac{TL}{I_0} & \dfrac{TL}{I_0}\end{array}\right],\quad \boldsymbol{C}(k)=\left[\begin{array}{c}\boldsymbol{0}_{3\times3}\\\hline T\boldsymbol{I}_3\end{array}\right]$$

T 表示采样时间，$\boldsymbol{I}_3$ 表示单位矩阵。令 $\boldsymbol{R}(k)$=$\boldsymbol{C}(k)\boldsymbol{r}(k)$ 表示人机合作环境，并且根据 ODW 系统运动特征可知 $\boldsymbol{R}(k)$ 将会影响跟踪性能，产生轨迹跟踪误差和速度跟踪误差。因此，人机合作环境 $\boldsymbol{R}(k)$ 与跟踪误差 $\boldsymbol{e}(k)$ 的非线性关系模型如下：

$$\boldsymbol{R}(k+1)=\boldsymbol{\vartheta}(\boldsymbol{R}(k),\cdots,\boldsymbol{R}(k-n_H),\boldsymbol{e}(k),\cdots,\boldsymbol{e}(k-n_e)) \tag{2-33}$$

其中，$\boldsymbol{\vartheta}(\cdot)$=$(\vartheta_1(\cdot), \vartheta_2(\cdot),\cdots, \vartheta_6(\cdot))^{\mathrm{T}}\in\mathbb{R}^6$ 表示未知的非线性向量函数，n_H 和 n_e 是常数。$\boldsymbol{e}(k)$=$\boldsymbol{x}_{\mathrm{d}}(k)$−$\boldsymbol{x}(k)$，并且 $\boldsymbol{x}_{\mathrm{d}}(k)$ 和 $\boldsymbol{x}(k)$ 分别表示医生指定的 ODW 运动状态和实际运动状态。

假设 2.1　$\vartheta_j(\cdot)(j$=1,2,3,4,5,6) 对于输入 $\boldsymbol{e}(k)$ 的偏导数连续。

假设 2.2　对于任意 k，模型（2-33）满足 Lipschitz 条件，且当 $\Delta e(k)\neq0$ 时，下列不等式成立：

$$\Delta\boldsymbol{R}(k+1)\leqslant b\Delta\boldsymbol{e}(k) \tag{2-34}$$

其中，$\Delta\boldsymbol{R}(k+1)=\boldsymbol{R}(k+1)-\boldsymbol{R}(k)$，$\Delta\boldsymbol{e}(k)=\boldsymbol{e}(k)-\boldsymbol{e}(k-1)$，$b$ 表示一个正常数。

定理 2.1　考虑人机合作环境 $\boldsymbol{R}(k)$ 的非线性关系模型（2-33），存在伪雅可比矩阵（Pseudo Jacobian Matrix，PJM）$\boldsymbol{\varphi}(k)$，由模型（2-33）可建立 ODW 系统的人机合作环境数据驱动模型如下：

$$\boldsymbol{R}(k+1)=\boldsymbol{R}(k)+\boldsymbol{\varphi}(k)\Delta\boldsymbol{e}(k) \tag{2-35}$$

其中，$\boldsymbol{\varphi}(k)$ 表示未知的 PJM，并且其表达形式如下：

$$\boldsymbol{\varphi}(k)=\begin{bmatrix}\varphi_{11}(k) & \cdots & \varphi_{16}(k)\\ \vdots & \ddots & \vdots\\ \varphi_{61}(k) & \cdots & \varphi_{66}(k)\end{bmatrix} \tag{2-36}$$

证明：由模型（2-33）可得

$$\begin{aligned}\Delta\boldsymbol{R}(k+1)=\vartheta(&\boldsymbol{R}(k),\cdots,\boldsymbol{R}(k-n_H),\boldsymbol{e}(k),\cdots,\boldsymbol{e}(k-n_e))\\ &-\vartheta(\boldsymbol{R}(k-1),\cdots,\boldsymbol{R}(k-n_H-1),\boldsymbol{e}(k-1),\cdots,\boldsymbol{e}(k-n_e-1))\\ &+\vartheta(\boldsymbol{R}(k),\cdots,\boldsymbol{R}(k-n_H),\boldsymbol{e}(k-1),\cdots,\boldsymbol{e}(k-n_e))\\ &-\vartheta(\boldsymbol{R}(k),\cdots,\boldsymbol{R}(k-n_H),\boldsymbol{e}(k-1),\cdots,\boldsymbol{e}(k-n_e))\end{aligned} \tag{2-37}$$

根据柯西中值定理和假设 2.1，式（2-37）可以表达为如下形式：

$$\Delta\boldsymbol{R}(k+1)=\frac{\partial\boldsymbol{\vartheta}^*}{\partial\boldsymbol{e}(k)}\Delta\boldsymbol{e}(k)+\boldsymbol{E}(k) \tag{2-38}$$

其中，$\Delta\boldsymbol{R}(k+1)=\boldsymbol{R}(k+1)-\boldsymbol{R}(k)$，并且

$$\frac{\partial\boldsymbol{\vartheta}^*}{\partial\boldsymbol{e}(k)}=\begin{bmatrix}\dfrac{\partial\vartheta_1^*}{\partial e_1(k)} & \cdots & \dfrac{\partial\vartheta_1^*}{\partial e_6(k)}\\ \vdots & \ddots & \vdots\\ \dfrac{\partial\vartheta_6^*}{\partial e_1(k)} & \cdots & \dfrac{\partial\vartheta_6^*}{\partial e_6(k)}\end{bmatrix} \tag{2-39}$$

$$\begin{aligned}\boldsymbol{E}(k)=\vartheta(&\boldsymbol{R}(k),\cdots,\boldsymbol{R}(k-n_H),\boldsymbol{e}(k-1),\cdots,\boldsymbol{e}(k-n_e))\\ &-\vartheta(\boldsymbol{R}(k-1),\cdots,\boldsymbol{R}(k-n_H-1),\boldsymbol{e}(k-1),\cdots,\boldsymbol{e}(k-n_e-1))\end{aligned} \tag{2-40}$$

$\dfrac{\partial\boldsymbol{\vartheta}^*}{\partial\boldsymbol{e}(k)}$ 表示 $\vartheta_j(\cdot)$ 关于跟踪误差 $e_j(k)$ 的偏导数。并且，对于每个固定的 k 值，存在数值矩阵 $\boldsymbol{F}(k)$，可将式（2-40）转化为如下形式：

$$\boldsymbol{E}(k)=\boldsymbol{F}(k)\Delta\boldsymbol{e}(k) \tag{2-41}$$

由假设 2.2 可知，$\Delta\boldsymbol{e}(k)\neq\boldsymbol{0}$ 成立，这样方程（2-41）至少存在一个解 $\boldsymbol{F}^*(k)$，则存在 $\boldsymbol{\varphi}(k)=\dfrac{\partial\boldsymbol{\vartheta}^*}{\partial\boldsymbol{e}(k)}+\boldsymbol{F}^*(k)$，于是建立了人机合作环境数据驱动模型（2-35）。

2.4.2 运动轨迹数据驱动模型

由于 ODW 系统具有一个冗余自由度[14]，即 ODW 系统中四个控制输入力只有三个是独立的，不妨令 $f_2=f_4$，将模型（2-30）转化为如下形式：

$$\boldsymbol{M}_1\ddot{\boldsymbol{X}}(t)+\boldsymbol{M}_2\dot{\boldsymbol{X}}(t)=\boldsymbol{B}_0(\theta)\boldsymbol{u}_0(t) \tag{2-42}$$

其中，

$$\boldsymbol{B}_0(\theta)=\begin{bmatrix}-\sin\theta_1 & \sin\theta_2-\sin\theta_4 & \sin\theta_3\\ \cos\theta_1 & -\cos\theta_2+\cos\theta_4 & -\cos\theta_3\\ \lambda_1 & -\lambda_2+\lambda_4 & -\lambda_3\end{bmatrix}，\quad \boldsymbol{u}_0(t)=\begin{bmatrix}f_1\\ f_2\\ f_3\end{bmatrix}$$

由式（2-42）可以看出，ODW 系统运动轨迹与输入力的关系可视为如下的离散非线性模型：

$$\boldsymbol{X}(k+1)=\boldsymbol{\vartheta}\big(\boldsymbol{X}(k),\cdots,\boldsymbol{X}(k-n_X),\boldsymbol{u}_0(k),\cdots,\boldsymbol{u}_0(k-n_u)\big) \tag{2-43}$$

其中，$\boldsymbol{\vartheta}(\cdot)=[\vartheta_1(\cdot)\ \vartheta_2(\cdot)\ \vartheta_3(\cdot)]^{\mathrm{T}}\in\mathbb{R}^3$ 是一个未知的非线性向量函数，n_X 和 n_u 是未知常数。对系统模型（2-43）假设如下：

假设 2.3 $\vartheta_\gamma(\cdot)(\gamma=1,2,3)$ 对于输入 $\boldsymbol{u}_0(k)$ 的偏导数连续。

假设 2.4 对于任意 k，模型（2-43）满足 Lipschitz 条件，且当 $\Delta\boldsymbol{u}_0(k)\neq\boldsymbol{0}$ 时，下列不等式成立：

$$\Delta\boldsymbol{X}(k+1)\leqslant b\Delta\boldsymbol{u}_0(k) \tag{2-44}$$

其中，$\Delta\boldsymbol{X}(k+1)=\boldsymbol{X}(k+1)-\boldsymbol{X}(k)$，$\Delta\boldsymbol{u}_0(k)=\boldsymbol{u}_0(k)-\boldsymbol{u}_0(k-1)$，$b$表示一个正常数。

定理 2.2 考虑 ODW 系统运动轨迹模型（2-43），如果存在伪雅可比矩阵 $\boldsymbol{\varphi}(k)$，那么模型（2-43）可以转化为如下的数据驱动模型：

$$\boldsymbol{X}(k+1)=\boldsymbol{X}(k)+\boldsymbol{\varphi}(k)\Delta\boldsymbol{u}_0(k) \tag{2-45}$$

证明：由模型（2-43）可知

$$\begin{aligned}\Delta\boldsymbol{X}(k+1)=&\boldsymbol{\vartheta}\big(\boldsymbol{X}(k),\cdots,\boldsymbol{X}(k-n_X),\boldsymbol{u}_0(k),\cdots,\boldsymbol{u}_0(k-n_u)\big)\\&-\boldsymbol{\vartheta}\big(\boldsymbol{X}(k-1),\cdots,\boldsymbol{X}(k-n_X-1),\boldsymbol{u}_0(k-1),\cdots,\boldsymbol{u}_0(k-n_u-1)\big)\\&+\boldsymbol{\vartheta}\big(\boldsymbol{X}(k),\cdots,\boldsymbol{X}(k-n_X),\boldsymbol{u}_0(k-1),\boldsymbol{u}_0(k-1),\cdots,\boldsymbol{u}_0(k-n_u)\big)\\&-\boldsymbol{\vartheta}\big(\boldsymbol{X}(k),\cdots,\boldsymbol{X}(k-n_X),\boldsymbol{u}_0(k-1),\boldsymbol{u}_0(k-1),\cdots,\boldsymbol{u}_0(k-n_u)\big)\end{aligned} \tag{2-46}$$

根据柯西中值定理和假设 2.3，模型（2-46）转化为如下形式：

$$\Delta \boldsymbol{X}(k+1)=\frac{\partial \boldsymbol{\vartheta}^*}{\partial \boldsymbol{u}_0(k)}\Delta \boldsymbol{u}_0(k)+\boldsymbol{E}(k) \tag{2-47}$$

其中，

$$\frac{\partial \boldsymbol{\vartheta}^*}{\partial \boldsymbol{u}_0(k)}=\begin{bmatrix} \frac{\partial \vartheta_1^*}{\partial u_1(k)} & \frac{\partial \vartheta_1^*}{\partial u_2(k)} & \frac{\partial \vartheta_1^*}{\partial u_3(k)} \\ \frac{\partial \vartheta_2^*}{\partial u_1(k)} & \frac{\partial \vartheta_2^*}{\partial u_2(k)} & \frac{\partial \vartheta_2^*}{\partial u_3(k)} \\ \frac{\partial \vartheta_3^*}{\partial u_1(k)} & \frac{\partial \vartheta_3^*}{\partial u_2(k)} & \frac{\partial \vartheta_3^*}{\partial u_3(k)} \end{bmatrix} \tag{2-48}$$

$$\begin{aligned}\boldsymbol{E}(k)=&\boldsymbol{\vartheta}\big(\boldsymbol{X}(k),\cdots,\boldsymbol{X}(k-n_X),\boldsymbol{u}_0(k-1),\boldsymbol{u}_0(k-1),\cdots,\boldsymbol{u}_0(k-n_u)\big)\\ &-\boldsymbol{\vartheta}\big(\boldsymbol{X}(k-1),\cdots,\boldsymbol{X}(k-n_X-1),\boldsymbol{u}_0(k-1),\cdots,\boldsymbol{u}_0(k-n_u-1)\big)\end{aligned} \tag{2-49}$$

$\frac{\partial \boldsymbol{\vartheta}^*}{\partial \boldsymbol{u}_0(k)}$ 表示 $\vartheta_\gamma(\cdot)$ 对输入 $u_\gamma(\cdot)$ 的偏导数。并且，对于每个 k 值，存在矩阵 $\boldsymbol{F}(k)\in\mathbb{R}^{3\times3}$，式（2-49）可以写成如下形式：

$$\boldsymbol{E}(k)=\boldsymbol{F}(k)\Delta \boldsymbol{u}_0(k) \tag{2-50}$$

由假设 2.4 可知，$\Delta\boldsymbol{u}_0(k)\neq\boldsymbol{0}$，则式（2-50）至少有一个解 $\boldsymbol{F}^*(k)$，于是存在 $\boldsymbol{\varphi}(k)=\frac{\partial \boldsymbol{\vartheta}^*}{\partial \boldsymbol{u}_0(k)}+\boldsymbol{F}^*(k)$，这样便得到了 ODW 系统的运动轨迹数据驱动模型（2-45）。

2.4.3　运动速度数据驱动模型

对于 ODW 系统模型（2-42），控制输入力 $\boldsymbol{u}_0(t)$ 实质上是广义输入力 [15, 16]，其包含控制输入力 $\boldsymbol{u}_c(t)$ 和人机接触耗散力 $\boldsymbol{u}_r(t)$，分解 $\boldsymbol{u}_0(t)$ 将模型（2-42）转化为如下形式：

$$\boldsymbol{M}_1\ddot{\boldsymbol{X}}(t)+\boldsymbol{M}_2\dot{\boldsymbol{X}}(t)=\boldsymbol{B}_0(\theta)(\boldsymbol{u}_c(t)+\boldsymbol{u}_r(t)) \tag{2-51}$$

同时，在考虑人机合作环境模型（2-31）分解 $\boldsymbol{M}_1$ 的基础上，进一步分解 $\boldsymbol{B}_0(\theta)=\bar{\boldsymbol{B}}(\theta)+\Delta\boldsymbol{B}(\theta)$，其中 $\Delta\boldsymbol{B}(\theta)$ 表示人机系统不确定环境信息，并且

$$\bar{\boldsymbol{B}}(\theta)=\begin{bmatrix}-1&0&0\\0&1&0\\0&0&1\end{bmatrix},\quad \Delta\boldsymbol{B}(\theta)=\begin{bmatrix}-\sin\theta_1+1&\sin\theta_2-\sin\theta_4&\sin\theta_3\\\cos\theta_1&-\cos\theta_2+\cos\theta_4-1&-\cos\theta_3\\\lambda_1&-\lambda_2+\lambda_4&-\lambda_3-1\end{bmatrix}$$

由此利用模型（2-31）和 $\boldsymbol{B}_0(\theta)$ 的分解得到：

$$\ddot{\boldsymbol{X}}(t)=\bar{\boldsymbol{M}}_1^{-1}\bar{\boldsymbol{B}}(\theta)\boldsymbol{u}_c(t)+\boldsymbol{H}(t) \tag{2-52}$$

其中，$\boldsymbol{H}(t)=\bar{\boldsymbol{M}}_1^{-1}[\Delta\boldsymbol{B}(\theta)\boldsymbol{u}_c(t)-\Delta\boldsymbol{M}_1\ddot{\boldsymbol{X}}(t)-\boldsymbol{M}_2\dot{\boldsymbol{X}}(t)+\boldsymbol{B}_0(\theta)\boldsymbol{u}_r(t)]$，并且令 $\boldsymbol{V}(t)=\dot{\boldsymbol{X}}(t)$，由模型（2-52）可得：

$$\dot{\boldsymbol{V}}(t)=\bar{\boldsymbol{M}}_1^{-1}\bar{\boldsymbol{B}}(\theta)\boldsymbol{u}_c(t)+\boldsymbol{H}(t) \tag{2-53}$$

令采样时间为 T，对于 $kT\leqslant t<(k+1)T$，则有 $\boldsymbol{V}(t)=\boldsymbol{V}(kT)=\boldsymbol{V}(k)$，$\boldsymbol{u}(t)=\boldsymbol{u}(kT)=\boldsymbol{u}(k)$，并且 $\dot{\boldsymbol{V}}(t)=(\boldsymbol{V}(k+1)-\boldsymbol{V}(k))/T$。于是模型（2-53）转化为离散化ODW 运动速度描述形式如下：

$$\boldsymbol{V}(k+1)=\boldsymbol{V}(k)+\bar{\boldsymbol{M}}_1^{-1}\bar{\boldsymbol{B}}(\theta)T\boldsymbol{u}_c(k)+T\boldsymbol{H}(k) \tag{2-54}$$

由模型（2-54）可以看出，人机系统运动速度与 $\boldsymbol{u}_c(k)$ 和 $\boldsymbol{H}(k)$ 的非线性关系如下：

$$\boldsymbol{V}(k+1)=\vartheta(\boldsymbol{V}(k),\cdots,\boldsymbol{V}(k-n_V),\boldsymbol{u}_c(k),\cdots,\boldsymbol{u}_c(k-n_u),\boldsymbol{H}(k)) \tag{2-55}$$

其中，n_V 和 n_u 表示未知常数。

假设 2.5 $\vartheta_\gamma(\cdot)(\gamma=1,2,3)$ 对于输入 $\boldsymbol{u}_c(k)$ 和 $\boldsymbol{H}(k)$ 的偏导数连续。

假设 2.6 对于任意 k，模型（2-55）满足 Lipschitz 条件，且当 $\|\Delta\boldsymbol{u}(k)\|\neq 0$ 时，下列不等式成立：

$$\|\Delta\boldsymbol{V}(k+1)\|\leqslant b\|\Delta\boldsymbol{u}(k)\| \tag{2-56}$$

其中，b 表示一个正常数，并且

$$\Delta\boldsymbol{V}(k+1)=\boldsymbol{V}(k+1)-\boldsymbol{V}(k),\quad \Delta\boldsymbol{u}(k)=[\Delta\boldsymbol{u}_c(k)\quad \Delta\boldsymbol{H}(k)]^{\mathrm{T}}$$

$$\Delta\boldsymbol{u}_c(k)=\boldsymbol{u}_c(k)-\boldsymbol{u}_c(k-1),\quad \Delta\boldsymbol{H}(k)=\boldsymbol{H}(k)-\boldsymbol{H}(k-1)$$

定理 2.3 考虑 ODW 系统运动速度模型（2-55），对于任意 k，如果 $\Delta\boldsymbol{u}_c(k)\neq\boldsymbol{0}$，那么存在伪雅可比矩阵 $\boldsymbol{\varphi}(k)$ 和 $\boldsymbol{\varphi}_1(k)$，模型（2-55）可以转化为如下的数据驱动模型：

$$\Delta\boldsymbol{V}(k+1)=\boldsymbol{\varphi}(k)\Delta\boldsymbol{u}_c(k)+\boldsymbol{\varphi}_1(k)\Delta\boldsymbol{H}(k) \tag{2-57}$$

其中，

$$\boldsymbol{\varphi}(k)=\begin{bmatrix}\varphi_{11}(k) & \varphi_{12}(k) & \varphi_{13}(k)\\ \varphi_{21}(k) & \varphi_{22}(k) & \varphi_{23}(k)\\ \varphi_{31}(k) & \varphi_{32}(k) & \varphi_{33}(k)\end{bmatrix} \tag{2-58}$$

证明：由模型（2-55）可知

$$\begin{aligned}\Delta \boldsymbol{V}(k+1)=&\boldsymbol{\vartheta}(\boldsymbol{V}(k),\cdots,\boldsymbol{V}(k-n_V),\boldsymbol{u}_c(k),\cdots,\boldsymbol{u}_c(k-n_u),\boldsymbol{H}(k))\\ &-\boldsymbol{\vartheta}(\boldsymbol{V}(k-1),\cdots,\boldsymbol{V}(k-n_V-1),\boldsymbol{u}_c(k-1),\cdots,\boldsymbol{u}_c(k-n_u-1),\boldsymbol{H}(k-1))\\ &+\boldsymbol{\vartheta}(\boldsymbol{V}(k),\cdots,\boldsymbol{V}(k-n_V),\boldsymbol{u}_c(k-1),\boldsymbol{u}_c(k-1),\cdots,\boldsymbol{u}_c(k-n_u),\boldsymbol{H}(k))\\ &-\boldsymbol{\vartheta}(\boldsymbol{V}(k),\cdots,\boldsymbol{V}(k-n_V),\boldsymbol{u}_c(k-1),\boldsymbol{u}_c(k-1),\cdots,\boldsymbol{u}_c(k-n_u),\boldsymbol{H}(k))\\ &+\boldsymbol{\vartheta}(\boldsymbol{V}(k),\cdots,\boldsymbol{V}(k-n_V),\boldsymbol{u}_c(k-1),\boldsymbol{u}_c(k-1),\cdots,\boldsymbol{u}_c(k-n_u),\boldsymbol{H}(k-1))\\ &-\boldsymbol{\vartheta}(\boldsymbol{V}(k),\cdots,\boldsymbol{V}(k-n_V),\boldsymbol{u}_c(k-1),\boldsymbol{u}_c(k-1),\cdots,\boldsymbol{u}_c(k-n_u),\boldsymbol{H}(k-1))\end{aligned} \tag{2-59}$$

根据柯西中值定理和假设 2.5，模型（2-59）转化为如下形式：

$$\Delta \boldsymbol{V}(k+1)=\frac{\partial \boldsymbol{\vartheta}^*}{\partial \boldsymbol{u}_c(k)}\Delta \boldsymbol{u}_c(k)+\frac{\partial \boldsymbol{\vartheta}^*}{\partial \boldsymbol{H}(k)}\Delta \boldsymbol{H}(k)+\boldsymbol{E}(k) \tag{2-60}$$

其中

$$\frac{\partial \boldsymbol{\vartheta}^*}{\partial \boldsymbol{u}_c(k)}=\begin{bmatrix}\dfrac{\partial \vartheta_1^*}{\partial u_1(k)} & \dfrac{\partial \vartheta_1^*}{\partial u_2(k)} & \dfrac{\partial \vartheta_1^*}{\partial u_3(k)}\\ \dfrac{\partial \vartheta_2^*}{\partial u_1(k)} & \dfrac{\partial \vartheta_2^*}{\partial u_2(k)} & \dfrac{\partial \vartheta_2^*}{\partial u_3(k)}\\ \dfrac{\partial \vartheta_3^*}{\partial u_1(k)} & \dfrac{\partial \vartheta_3^*}{\partial u_2(k)} & \dfrac{\partial \vartheta_3^*}{\partial u_3(k)}\end{bmatrix} \tag{2-61}$$

$$\frac{\partial \boldsymbol{\vartheta}^*}{\partial \boldsymbol{H}(k)}=\begin{bmatrix}\dfrac{\partial \vartheta_1^*}{\partial H_1(k)} & \dfrac{\partial \vartheta_1^*}{\partial H_2(k)} & \dfrac{\partial \vartheta_1^*}{\partial H_3(k)}\\ \dfrac{\partial \vartheta_2^*}{\partial H_1(k)} & \dfrac{\partial \vartheta_2^*}{\partial H_2(k)} & \dfrac{\partial \vartheta_2^*}{\partial H_3(k)}\\ \dfrac{\partial \vartheta_3^*}{\partial H_1(k)} & \dfrac{\partial \vartheta_3^*}{\partial H_2(k)} & \dfrac{\partial \vartheta_3^*}{\partial H_3(k)}\end{bmatrix} \tag{2-62}$$

$$\begin{aligned}\boldsymbol{E}(k)=&\boldsymbol{\vartheta}(\boldsymbol{V}(k),\cdots,\boldsymbol{V}(k-n_V),\boldsymbol{u}_c(k-1),\boldsymbol{u}_c(k-1),\cdots,\boldsymbol{u}_c(k-n_u),\boldsymbol{H}(k-1))\\ &-\boldsymbol{\vartheta}(\boldsymbol{V}(k-1),\cdots,\boldsymbol{V}(k-n_V-1),\boldsymbol{u}_c(k-1),\cdots,\boldsymbol{u}_c(k-n_u-1),\boldsymbol{H}(k-1))\end{aligned} \tag{2-63}$$

其中，$\dfrac{\partial \vartheta^*}{\partial \boldsymbol{u}_c(k)}$ 和 $\dfrac{\partial \vartheta^*}{\partial \boldsymbol{H}(k)}$ 分别表示 $\vartheta_\gamma(\cdot)$ 对 $u_\gamma(\cdot)$ 和 $H_\gamma(\cdot)$ 的偏导数。并且，对于每个 k 值，存在矩阵 $\boldsymbol{F}(k)\in\mathbb{R}^{3\times3}$，式（2-63）可以写成如下形式：

$$\boldsymbol{E}(k)=\boldsymbol{F}(k)\Delta\boldsymbol{u}_c(k) \tag{2-64}$$

由于 $\Delta\boldsymbol{u}_c(k)\neq\boldsymbol{0}$，则式（2-64）至少有一个解 $\boldsymbol{F}^*(k)$，于是存在 $\boldsymbol{\varphi}(k)=\dfrac{\partial \vartheta^*}{\partial \boldsymbol{u}_c(k)}+\boldsymbol{F}^*(k)$ 和 $\boldsymbol{\varphi}_1(k)=\dfrac{\partial \vartheta^*}{\partial \boldsymbol{H}(k)}$，这样便得到了 ODW 系统的运动速度数据驱动模型（2-57）。

2.5　本章小结

本章给出了康复机器人的结构设计，并对其模型进行了数学分析。利用结构特点建立了运动学模型，在此基础上利用拉格朗日方法建立了动力学模型，考虑了人机系统重心偏移对模型参数的影响；进一步，对人机合作运动环境进行了分析，根据环境对跟踪性能的影响，建立了数据驱动模型；同时，分析了人机系统运动轨迹和运动速度与控制输入力的非线性关系，分别建立了康复机器人系统运动轨迹和运动速度的数据驱动模型，为提高人机系统跟踪性能奠定了模型基础。

参考文献

[1] Sun P，Huang L S，Wang S Y，et al. Data-driven safety control with velocity and input force constraints for a rehabilitation walker considering human-robot training environment [J]. International Journal of Control，2024：1-18.

[2] 孙平，张帅．康复步行训练机器人位置和速度跟踪误差同时约束的安全预测控制 [J]. 电机与控制学报，2019，23（6）：119-128.

[3] Qin F，Zhao H，Zhen S，et al. Lyapunov based robust control for tracking control of lower limb rehabilitation robot with uncertainty [J]. International Journal of Control，Automation and Systems，2020，18（1）：76-84.

[4] Sun P，Zhang W，Wang S，et al. Interaction forces identification modeling and tracking control for rehabilitative training walker [J]. Journal of Advanced Computational Intelligence and Intelligent Informatics，2019，23（2）：183-195.

[5] 孙平，单芮，王硕玉．人机不确定条件下康复步行训练机器人的部分记忆迭代学习限速

控制 [J]. 机器人，2021，43（4）：502-512.

[6] Tan R，Wang S，Jiang Y，et al. Adaptive controller for omnidirectional walker：improvement of dynamic model [C]. 2011 IEEE International Conference on Mechatronics and Automation，2011：325-330.

[7] Sun P，Wang S Y. Improvement model for omnidirectional rehabilitative training walker and tracking control [C]. Proceedings of 2014 IEEE International Conference on Mechatronics and Automation，2014：1359-1364.

[8] Chang Y C. Robust adaptive neural tracking control for a class of electrically driven robots with time delays [J]. International Journal of Systems Science，2014，45（11）：2418-2434.

[9] Yang F，Wang C L. Adaptive stabilization for nonholonomic mobile robots with uncertain dynamics and unknown visual parameters [J]. Transactions of the Institute of Measurement and Control，2015，37（2）：282-288.

[10] Tan R，Wang S，Jiang Y，et al. Adaptive control method for path-tracking control of an omnidirectional walker compensating for center-of-gravity shifts and load changes [J]. International Journal of Innovative Computing Information and Control，2011，7（7）：4423-4434.

[11] 单芮，孙平，王硕玉．康复机器人具有速度决策的每步限时学习控制方法 [J]. 控制与决策，2024，39（8）：2679-2685.

[12] Wang Y S，Inoue H，Kawata K，et al. Developing the omnidirectional mobile walker and verifying its effect of increase in the muscle power [J]. JSME Symposium on Walfare Engineering，2007：176-177. [In Japanese]

[13] Sun P，Shan R，Wang S Y. An intelligent rehabilitation robot with passive and active direct switching training [J]. IEEE Robotics & Automation Magazine，2023，30（1）：72-83.

[14] Sun P，Wang S Y. Redundant input guaranteed cost non-fragile tracking control for omnidirectional rehabilitative training walker [J]. International Journal of Control，Automation，and Systems，2015，13（2）：454-462.

[15] Sun P，Wang S，Chang H B. Tracking control and identification of interaction forces for a rehabilitative training walker whose centre of gravity randomly shifts [J]. International Journal of Control，2021，94（5）：1143-1155.

[16] Sun P，Shan R，Wang S Y，et al. Finite-time compensation control with dead-zone estimation for a rehabilitative walker considering internal disturbance forces [J]. ISA Transactions，2024，152：256-268.

第3章 康复机器人死区补偿的有限时间控制

随着高龄人口增多，康复训练机器人得到了快速发展[1-3]。康复机器人通常需要跟踪医生指定的训练轨迹，帮助患者进行步行训练，近年来研究者们提出了多种跟踪控制方法，如模糊自适应控制[4]、鲁棒控制[5]、阻抗控制[6]等。然而，上述方法均没有考虑死区特性对系统跟踪性能的影响。

实际上，由于驱动器或传感器等物理器件对某些小信号的不灵敏性，机器人系统存在着死区特性，它是影响系统动态性能和稳态精度的重要因素，甚至可能使系统发生极限环振荡[7, 8]。目前，关于系统死区问题已经得到了一些研究成果，如文献［9］针对参数已知的死区，提出了一种自适应控制方法，补偿了死区对系统性能的影响；文献［10］利用死区模型，设计了状态反馈控制器，但当死区参数发生变化时，会使系统的伺服性能受到一定影响；文献［11］提出了Backstepping（反步）控制方法，抑制了参数对称的死区对系统性能的影响。然而，关于死区参数变化的情形，相关研究结果较少。

事实上，康复机器人不同于一般的机械系统。康复者在闭环系统中，保证其安全性至关重要。对康复机器人系统来讲，死区特性不仅劣化了跟踪精度，还会导致过大的跟踪误差，使机器人碰撞周围的障碍物；而且可能引发极限环振荡，使人机运动不协调，严重威胁患者的安全[12]。因此，解决康复机器人的死区特性问题具有重要意义。

另外，有关康复机器人控制的结果大多解决的是渐近跟踪问题。渐近稳定的系统状态会随时间增长趋向平衡点，这样可能导致机器人在暂态阶段产生较大的跟踪误差而碰撞周围的物体。因此，在有限时间内使系统收敛至平衡点对提高机器人的安全性也是必不可少的。与渐近稳定控制技术相比，有限时间稳定控制具有更快的响应速度、更高的跟踪精度、更好的干扰抑制能力[13]。近年来，利用有限时间控制不仅解决了高阶非线性系统的稳定问题，而且在实际应用中也得到了满意的有限时间跟踪性能[14]。如文献［15］设计了一种不确定机器人有限时间控制器，利用自适应神经网络近似系统的结构不确定并进行补偿，使闭环系统在有限时间内稳定到平衡点。文献［16］提出了机器人系统的鲁棒有限时间控制方法，通过引入辅助滤波变量获得参数估计误差，基于误差得到自适应律，并利用滑模技术使系统实现有限时间内收敛。文献［17］针对具有执行器故障的不确定机器人，通过在线估计故障信息提出了一种鲁棒自适应有限时间容错控制方法，使系统实现了强鲁棒性和快速有限时间稳定性。然而，上述结果都忽视了不确定的死区特性对系统跟踪性能的影响。

在实际康复训练过程中，康复者与机器人通常需要合作完成康复训练任务，由此产生人机接触力，影响机器人的正常运动。近年来，康复系统的人机接触问题已成为研究热点，如人机交互控制[18, 19]、自适应阻抗控制[20]、膝关节外骨骼的人机交互[21, 22]等。上述人与机器人的接触大多是通过传感器来测量的，但它们忽略了人与机器人接触所产生的力会降低机器人的跟踪性能。人机接触力主要包括压力、阻碍力和主动运动力，它们通常被认为是系统的不确定外部扰动[23, 24]。目前，已有一些利用观测器对接触力进行研究的结果，但需要假设这些力是缓慢变化的[25-27]，并且最为关键的问题是忽略了这些力对跟踪性能的影响[28, 29]。由于人机系统是一个整体，康复者与机器人之间的接触产生了一种内部干扰力，不能简单地将其视为外部干扰[30]。显然，这一问题对康复机器人控制方法的研究提出了根本性挑战。

本章研究了 ODW 系统的死区补偿有限时间控制问题，针对系统未知死区，提出了死区宽度自适应估计方法，从而获得死区信息并抑制其对系统跟踪性能的影响，提出了一种 Backstepping 有限时间控制方法，基于 Lyapunov 理论验证了跟踪误差系统的有限时间稳定性；进一步，考虑了人机接触的内部干扰力，并提出了一种新颖的扩张状态有限时间观测器来获得系统的内部扰动力，同时采用随机配置网络（Stochastic Configuration

Networks，SCN）估计死区误差，进而提出有限时间补偿控制器来抑制死区对跟踪性能的影响，为解决人机系统内部干扰力和死区特性提供了处理技术。

3.1 死区补偿有限时间控制

3.1.1 有限时间补偿控制器设计

文献［31］中建立了 ODW 运动学模型，并得到了各轮运动速度之间的约束关系，即 $v_1+v_2=v_3+v_4$，由此可知 ODW 系统具有一个冗余自由度，即系统（2-30）中四个控制输入力只有三个是独立的，不妨令 $f_4=f_2$，于是系统动力学模型转化为如下形式：

$$\boldsymbol{M}_1\ddot{\boldsymbol{X}}(t)+\boldsymbol{M}_2\dot{\boldsymbol{X}}(t)=\bar{\boldsymbol{B}}(\theta)\boldsymbol{\tau} \tag{3-1}$$

其中，

$$\bar{\boldsymbol{B}}(\theta)=\begin{bmatrix}-\sin\theta & 2\cos\theta & -\sin\theta\\ \cos\theta & 2\sin\theta & \cos\theta\\ \lambda_1 & \lambda_4-\lambda_2 & -\lambda_3\end{bmatrix},\quad \boldsymbol{\tau}=\begin{bmatrix}f_1\\ f_2\\ f_3\end{bmatrix}$$

在步行障碍患者康复训练过程中，机器人会受到死区特性的影响，当输入信号进入死区作用范围时就会有一部分损失，这样将导致控制出现较大的偏差，从而使系统跟踪性能下降。为了提高系统跟踪精度，接下来将分析系统的死区特性，并对其进行补偿。

考虑康复训练机器人不对称死区模型如下：

$$\boldsymbol{\tau}=\boldsymbol{\tau}_{\mathrm{d}}-\mathbf{sat}(\boldsymbol{\tau}_{\mathrm{d}}) \tag{3-2}$$

其中，$\mathbf{sat}(\boldsymbol{\tau}_{\mathrm{d}})=[\mathrm{sat}_1(\tau_{\mathrm{d}1})\quad \mathrm{sat}_2(\tau_{\mathrm{d}2})\quad \mathrm{sat}_3(\tau_{\mathrm{d}3})]^{\mathrm{T}}$，且

$$\mathrm{sat}_j(\tau_{\mathrm{d}j})=\begin{cases}d_{j+}, & \tau_{\mathrm{d}j}\geqslant d_{j+}\\ \tau_{\mathrm{d}j}, & -d_{j-}<\tau_{\mathrm{d}j}<d_{j+}\\ -d_{j-}, & \tau_{\mathrm{d}j}\leqslant -d_{j-}\end{cases} \tag{3-3}$$

其如图 3-1 所示。

设ODW控制力死区输入为$\boldsymbol{\tau}_{\mathrm{d}}=[\tau_{\mathrm{d1}}\quad \tau_{\mathrm{d2}}\quad \tau_{\mathrm{d3}}]^{\mathrm{T}}$，死区输出为$\boldsymbol{\tau}=[\tau_1\quad \tau_2\quad \tau_3]^{\mathrm{T}}$。未知死区宽度$\boldsymbol{D}=[\boldsymbol{d}_+\quad \boldsymbol{d}_-]^{\mathrm{T}}$，$\boldsymbol{d}_+=\mathrm{diag}(d_{1+},\ d_{2+},\ d_{3+})$，$\boldsymbol{d}_-=\mathrm{diag}(d_{1-},\ d_{2-},\ d_{3-})$ 分别表示死区有界的左右宽度，j=1，2，3，且 $d_{j+}>0$，$d_{j-}>0$。

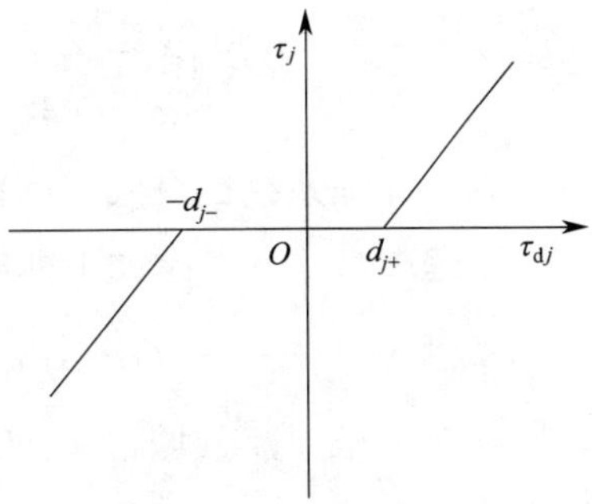

图 3-1　不对称死区模型

为了抑制死区特性对 ODW 跟踪性能的影响，设计具有补偿形式的 $\boldsymbol{\tau}_{\mathrm{d}}$ 如下：

$$\boldsymbol{\tau}_{\mathrm{d}}=\bar{\boldsymbol{u}}(t)+\hat{\boldsymbol{D}}^{\mathrm{T}}\bar{\boldsymbol{\mu}} \tag{3-4}$$

其中，$\bar{\boldsymbol{\mu}}=[\mu_1\quad \mu_2\quad \mu_3\quad \mu_1-1\quad \mu_2-1\quad \mu_3-1]^{\mathrm{T}}$，且

$$\mu_j=\begin{cases}1, & \bar{u}_j\geqslant 0\\ 0, & \bar{u}_j<0\end{cases}$$

$\bar{\boldsymbol{u}}(t)$ 表示进入死区前的系统输入，$\hat{\boldsymbol{D}}=\left[\hat{\boldsymbol{d}}_+\quad \hat{\boldsymbol{d}}_-\right]^{\mathrm{T}}$ 表示未知死区宽度 $\boldsymbol{D}$ 的估计。

进一步，根据死区模型（3-2）和式（3-4），得到作用于 ODW 系统的输入力 $\boldsymbol{\tau}$ 如下：

$$\begin{aligned}\boldsymbol{\tau}&=\bar{\boldsymbol{u}}(t)+\hat{\boldsymbol{D}}^{\mathrm{T}}\bar{\boldsymbol{\mu}}-\mathbf{sat}\left(\bar{\boldsymbol{u}}(t)+\hat{\boldsymbol{D}}^{\mathrm{T}}\bar{\boldsymbol{\mu}}\right)\\&=\bar{\boldsymbol{u}}(t)-\tilde{\boldsymbol{D}}^{\mathrm{T}}\bar{\boldsymbol{\mu}}+\tilde{\boldsymbol{D}}^{\mathrm{T}}\boldsymbol{\delta}\end{aligned} \tag{3-5}$$

其中，$\boldsymbol{\delta}$ 表示死区模型（3-2）与 ODW 系统实际死区之间的偏差，且有 $\|\boldsymbol{\delta}\|\leqslant\sqrt{n}$，这里 n 表示控制输入力的个数，$\tilde{\boldsymbol{D}}=\boldsymbol{D}-\hat{\boldsymbol{D}}$ 表示死区宽度估计误差。

本节研究的主要目的是设计具有死区补偿的有限时间控制器，使 ODW 实际运行轨迹 $\boldsymbol{X}(t)$ 在有限时间内跟踪医生指定的训练轨迹 $\boldsymbol{X}_{\mathrm{d}}(t)$，从而避免暂态阶段过大的跟踪误差影响康复者的安全；同时抑制死区特性对系统跟踪性能的影响，提高跟踪精度。定义轨迹跟踪误差和速度跟踪误差分别为 $\boldsymbol{e}(t)=\boldsymbol{X}(t)-\boldsymbol{X}_{\mathrm{d}}(t)$，$\dot{\boldsymbol{e}}(t)=\dot{\boldsymbol{X}}(t)-\dot{\boldsymbol{X}}_{\mathrm{d}}(t)$，并且定义向量 $\boldsymbol{Sig}(\cdot)^{\alpha}$ 如下：

$$\boldsymbol{Sig}(\boldsymbol{y})^{\alpha}=\left[|y_1|^{\alpha}\operatorname{sgn}(y_1)\cdots|y_n|^{\alpha}\operatorname{sgn}(y_n)\right]^{\mathrm{T}} \tag{3-6}$$

其中，$\boldsymbol{y}=[y_1\cdots y_n]^{\mathrm{T}}\in\mathbb{R}^n$，$0<\alpha<1$。

令 $\boldsymbol{x}_1=\boldsymbol{e}(t)$，$\boldsymbol{x}_2=\dot{\boldsymbol{x}}_1=\dot{\boldsymbol{e}}(t)$，则模型（3-1）可表示为

$$\begin{cases}\dot{\boldsymbol{x}}_1=\boldsymbol{x}_2\\ \dot{\boldsymbol{x}}_2=-\boldsymbol{M}_1^{-1}\boldsymbol{M}_2\dot{\boldsymbol{X}}(t)+\boldsymbol{M}_1^{-1}\overline{\boldsymbol{B}}(\theta)\boldsymbol{\tau}-\ddot{\boldsymbol{X}}_{\mathrm{d}}(t)\end{cases}\tag{3-7}$$

为了保证系统在有限时间内达到稳定，引入如下引理。

引理 3.1[32] 考虑如下非线性系统：

$$\dot{\boldsymbol{x}}=f(\boldsymbol{x},\boldsymbol{u}),\quad f(\mathbf{0},\mathbf{0})=\mathbf{0},\quad \boldsymbol{x}\in\mathbb{R}^n,\quad \boldsymbol{u}\in\mathbb{R}^m\tag{3-8}$$

如果存在一个原点领域$\boldsymbol{U}=\mathbb{R}^n$上的函数 $V(\boldsymbol{x})$，且 $V(\boldsymbol{x})$ 是正则和 C^1 光滑的，同时存在实数 $0<\mu<1$ 和 $c>0$，使$\dot{V}(\boldsymbol{x})+cV^{\mu}(\boldsymbol{x})\leqslant\mathbf{0}$，$\forall\boldsymbol{x}\in\boldsymbol{U}\setminus\{\mathbf{0}\}$成立，则系统（3-8）是全局有限时间稳定的；且在初始状态 $\boldsymbol{x}(0)=\boldsymbol{x}_0$ 条件下的稳定时间为

$$T_{\boldsymbol{x}}(\boldsymbol{x}_0)\leqslant\frac{V(\boldsymbol{x}_0)^{1-\mu}}{c(1-\mu)}\tag{3-9}$$

接下来，基于 Backstepping 方法设计有限时间控制器。首先，引入辅助量$\varphi(\boldsymbol{x}_1)\in\mathbb{R}^n$，且$\varphi(\mathbf{0})=\mathbf{0}$。定义误差$\boldsymbol{z}=\boldsymbol{x}_2-\varphi(\boldsymbol{x}_1)$，则式（3-7）可表示为

$$\begin{cases}\dot{\boldsymbol{x}}_1=\varphi(\boldsymbol{x}_1)+\boldsymbol{z}\\ \dot{\boldsymbol{z}}=-\boldsymbol{M}_1^{-1}\boldsymbol{M}_2\dot{\boldsymbol{X}}(t)+\boldsymbol{M}_1^{-1}\overline{\boldsymbol{B}}(\theta)\boldsymbol{\tau}-\dot{\varphi}(\boldsymbol{x}_1)-\ddot{\boldsymbol{X}}_{\mathrm{d}}(t)\end{cases}\tag{3-10}$$

定义 Lyapunov 函数 V_1 为

$$V_1=\frac{1}{2}\boldsymbol{x}_1^{\mathrm{T}}\boldsymbol{x}_1\tag{3-11}$$

沿系统（3-10）求其导数得

$$\dot{V}_1=\boldsymbol{x}_1^{\mathrm{T}}\dot{\boldsymbol{x}}_1=\boldsymbol{x}_1^{\mathrm{T}}(\varphi(x_1)+\boldsymbol{z})\tag{3-12}$$

令辅助量$\varphi(\boldsymbol{x}_1)\in\mathbb{R}^n$且满足

$$\varphi(\boldsymbol{x}_1)=-\boldsymbol{L}_1\boldsymbol{Sig}(\boldsymbol{x}_1)^{\alpha}\tag{3-13}$$

其中 $\boldsymbol{L}_1$=diag(l_{11}, l_{12}, l_{13})，$l_{1g}>0$，g=1, 2, 3。将式（3-13）代入式（3-12）可得

$$\dot{V}_1=-\boldsymbol{x}_1^{\mathrm{T}}\boldsymbol{L}_1\boldsymbol{Sig}(\boldsymbol{x}_1)^{\alpha}+\boldsymbol{x}_1^{\mathrm{T}}\boldsymbol{z}\tag{3-14}$$

且有

$$\begin{aligned}-\boldsymbol{x}_1^{\mathrm{T}}\boldsymbol{L}_1\boldsymbol{Sig}(\boldsymbol{x}_1)^{\alpha}&=-\sum_{g=1}^{3}l_{1g}\left|x_{1g}\right|^{1+\alpha}\\&\leqslant-\tilde{l}_1\left(\frac{1}{2}\sum_{g=1}^{3}x_{1g}^2\right)^{\frac{1+\alpha}{2}}\\&=-\tilde{l}_1V_1^{\mu}\end{aligned}\tag{3-15}$$

其中，$\tilde{l}_1 = 2^{\mu} l_{1\min}$，$l_{1\min} = \min\left\{l_{1g}\right\}$，$\mu = \dfrac{1+\alpha}{2}$，$\dfrac{1}{2} < \mu < 1$。

进一步，定义 Lyapunov 函数 V_2 为

$$V_2 = \frac{1}{2}\boldsymbol{z}^{\mathrm{T}}\boldsymbol{z} + V_1 \tag{3-16}$$

沿系统（3-10）对 V_2 求导，并将式（3-12）代入得

$$\begin{aligned}\dot{V}_2 &= \dot{V}_1 + \boldsymbol{z}^{\mathrm{T}}\dot{\boldsymbol{z}} \\ &= -\boldsymbol{x}_1^{\mathrm{T}}\boldsymbol{L}_1\boldsymbol{Sig}(\boldsymbol{x}_1)^{\alpha} + \boldsymbol{x}_1^{\mathrm{T}}\boldsymbol{z} + \boldsymbol{z}^{\mathrm{T}}\left[-\boldsymbol{M}_1^{-1}\boldsymbol{M}_2\dot{\boldsymbol{X}}(t) + \boldsymbol{M}_1^{-1}\overline{\boldsymbol{B}}(\theta)\boldsymbol{\tau} - \dot{\varphi}(\boldsymbol{x}_1) - \ddot{\boldsymbol{X}}_{\mathrm{d}}(t)\right] \\ &= -\boldsymbol{x}_1^{\mathrm{T}}\boldsymbol{L}_1\boldsymbol{Sig}(\boldsymbol{x}_1)^{\alpha} + \boldsymbol{z}^{\mathrm{T}}\left[\boldsymbol{x}_1 - \boldsymbol{M}_1^{-1}\boldsymbol{M}_2\dot{\boldsymbol{X}}(t) + \boldsymbol{M}_1^{-1}\overline{\boldsymbol{B}}(\theta)\boldsymbol{\tau} - \dot{\varphi}(\boldsymbol{x}_1) - \ddot{\boldsymbol{X}}_{\mathrm{d}}(t)\right]\end{aligned} \tag{3-17}$$

设计 ODW 系统控制输入力 $\boldsymbol{\tau}$ 如下：

$$\begin{aligned}\boldsymbol{\tau} = \overline{\boldsymbol{B}}(\theta)^{-1}\boldsymbol{M}_1\Big(&\ddot{\boldsymbol{X}}_{\mathrm{d}}(t) + \dot{\varphi}(\boldsymbol{x}_1) - \boldsymbol{x}_1 - 2\boldsymbol{L}_2\boldsymbol{Sig}(\boldsymbol{z})^{\alpha} + \\ &\widehat{\boldsymbol{z}}^{\mathrm{T}}\mathrm{tr}\left(\tilde{\boldsymbol{D}}^{\mathrm{T}}\boldsymbol{\Gamma}^{-1}\dot{\tilde{\boldsymbol{D}}}\right) + \boldsymbol{M}_1^{-1}\boldsymbol{M}_2\dot{\boldsymbol{X}}(t)\Big) - \tilde{\boldsymbol{D}}^{\mathrm{T}}\overline{\boldsymbol{\mu}} + \tilde{\boldsymbol{D}}^{\mathrm{T}}\boldsymbol{\delta}\end{aligned} \tag{3-18}$$

其中，$\boldsymbol{L}_2=\mathrm{diag}(l_{21}, l_{22}, l_{23})$，$l_{2g} > 0$，$\widehat{\boldsymbol{z}} = \boldsymbol{z}^{\mathrm{T}}(\boldsymbol{z}\boldsymbol{z}^{\mathrm{T}})^{-1}$ 为 $\boldsymbol{z}$ 的伪逆矩阵。

在式（3-18）中，为了避免 $\varphi(\boldsymbol{x}_1)$ 的导数产生奇异，对其修正如下：

$$\dot{\varphi}_g(\boldsymbol{x}_1) = \begin{cases} -l_{1g}\alpha\left|x_{1g}\right|^{\alpha-1}\dot{x}_{1g}, & x_{1g} \neq 0 且 \dot{x}_{1g} \neq 0 \\ -l_{1g}\alpha\left|\varDelta_g\right|^{\alpha-1}\dot{x}_{1g}, & x_{1g} = 0 且 \dot{x}_{1g} \neq 0 \\ 0, & \dot{x}_{1g} = 0 \end{cases} \tag{3-19}$$

其中，$\varphi_g(x_1)=[\varphi_1(x_1)\quad \varphi_2(x_1)\quad \varphi_3(x_1)]^{\mathrm{T}}$；$\alpha$ 表示区间（0.6，0.8）内的常数；$\varDelta_g$ 表示任意选取的很小正数。

3.1.2 死区宽度估计及有限时间稳定性分析

由于控制器中含有未知项 $\tilde{\boldsymbol{D}}$，无法进行实际应用，因此下面将对 $\tilde{\boldsymbol{D}}$ 进行自适应估计，同时证明控制器［式（3-18）］可使误差系统［式（3-10）］有限时间稳定。

定理 3.1 对于控制器［式（3-18）］，设计死区宽度自适应律为

$$\dot{\hat{\boldsymbol{D}}} = -\dot{\tilde{\boldsymbol{D}}} = -\boldsymbol{\Gamma}\,\overline{\boldsymbol{\mu}}\boldsymbol{z}^{\mathrm{T}} - k\boldsymbol{\Gamma}\hat{\boldsymbol{D}}\|\boldsymbol{z}\| \tag{3-20}$$

其中，$k > 0$，$\boldsymbol{\Gamma}=\mathrm{diag}(r_1, r_2, \cdots, r_6)$，$r_\beta > 0$，$\beta$=1，2，⋯，6。如果存在死区宽度

上界 $\boldsymbol{D}_M$，且满足 $\boldsymbol{D}_M \leqslant \dfrac{\sqrt{4\left(\frac{1}{2}\right)^{\mu} k\tilde{l}_2 \|\boldsymbol{z}\|^{2\mu-1}} - \sqrt{3}}{k}$，则控制器［式(3-18)］可使误差系统(3-10)有限时间稳定。

证明：将控制器［式(3-18)］代入式(3-17)可得

$$\begin{aligned}
\dot{V}_2 &= \dot{V}_1 + \boldsymbol{z}^{\mathrm{T}}\dot{\boldsymbol{z}} \\
&= -\boldsymbol{x}_1^{\mathrm{T}}\boldsymbol{L}_1\boldsymbol{Sig}(\boldsymbol{x}_1)^{\alpha} - 2\boldsymbol{z}^{\mathrm{T}}\boldsymbol{L}_2\boldsymbol{Sig}(\boldsymbol{z})^{\alpha} + \boldsymbol{z}^{\mathrm{T}}\left(\tilde{\boldsymbol{D}}^{\mathrm{T}}\boldsymbol{\delta} - \tilde{\boldsymbol{D}}^{\mathrm{T}}\bar{\boldsymbol{\mu}}\right) + \mathrm{tr}\left(\tilde{\boldsymbol{D}}^{\mathrm{T}}\boldsymbol{\Gamma}^{-1}\dot{\tilde{\boldsymbol{D}}}\right) \\
&= -\boldsymbol{x}_1^{\mathrm{T}}\boldsymbol{L}_1\boldsymbol{Sig}(\boldsymbol{x}_1)^{\alpha} - 2\boldsymbol{z}^{\mathrm{T}}\boldsymbol{L}_2\boldsymbol{Sig}(\boldsymbol{z})^{\alpha} + \mathrm{tr}\left(\tilde{\boldsymbol{D}}^{\mathrm{T}}\left[(\boldsymbol{\delta} - \bar{\boldsymbol{\mu}})\boldsymbol{z}^{\mathrm{T}} + \boldsymbol{\Gamma}^{-1}\dot{\tilde{\boldsymbol{D}}}\right]\right) \\
&= -\boldsymbol{x}_1^{\mathrm{T}}\boldsymbol{L}_1\boldsymbol{Sig}(\boldsymbol{x}_1)^{\alpha} - 2\boldsymbol{z}^{\mathrm{T}}\boldsymbol{L}_2\boldsymbol{Sig}(\boldsymbol{z})^{\alpha} + \mathrm{tr}\left(\tilde{\boldsymbol{D}}^{\mathrm{T}}\left[\boldsymbol{\delta}\boldsymbol{z}^{\mathrm{T}} + k\left(\boldsymbol{D} - \tilde{\boldsymbol{D}}\right)\|\boldsymbol{z}\|\right]\right) \\
&\leqslant -\boldsymbol{x}_1^{\mathrm{T}}\boldsymbol{L}_1\boldsymbol{Sig}(\boldsymbol{x}_1)^{\alpha} - 2\boldsymbol{z}^{\mathrm{T}}\boldsymbol{L}_2\boldsymbol{Sig}(\boldsymbol{z})^{\alpha} + \sqrt{3}\|\tilde{\boldsymbol{D}}\|\|\boldsymbol{z}\| + k\boldsymbol{D}_M\|\tilde{\boldsymbol{D}}\|\|\boldsymbol{z}\| - k\|\tilde{\boldsymbol{D}}\|^2\|\boldsymbol{z}\| \\
&= -\boldsymbol{x}_1^{\mathrm{T}}\boldsymbol{L}_1\boldsymbol{Sig}(\boldsymbol{x}_1)^{\alpha} - 2\boldsymbol{z}^{\mathrm{T}}\boldsymbol{L}_2\boldsymbol{Sig}(\boldsymbol{z})^{\alpha} - \left(-c_0\|\tilde{\boldsymbol{D}}\| + k\|\tilde{\boldsymbol{D}}\|^2\right)\|\boldsymbol{z}\| \\
&= -\boldsymbol{x}_1^{\mathrm{T}}\boldsymbol{L}_1\boldsymbol{Sig}(\boldsymbol{x}_1)^{\alpha} - \boldsymbol{z}^{\mathrm{T}}\boldsymbol{L}_2\boldsymbol{Sig}(\boldsymbol{z})^{\alpha} - \left[\left(\frac{1}{2}\right)^{\mu}\tilde{l}_2\|\boldsymbol{z}\|^{2\mu-1} - c_0\|\tilde{\boldsymbol{D}}\| + k\|\tilde{\boldsymbol{D}}\|^2\right]\|\boldsymbol{z}\|
\end{aligned} \tag{3-21}$$

式(3-21)中，令 $\sqrt{3}\|\tilde{\boldsymbol{D}}\|\|\boldsymbol{z}\| + k\boldsymbol{D}_M\|\tilde{\boldsymbol{D}}\|\|\boldsymbol{z}\| = c_0\|\tilde{\boldsymbol{D}}\|\|\boldsymbol{z}\|$，进一步整理可得 $c_0 = \sqrt{3} + k\boldsymbol{D}_M$。

由于 $\boldsymbol{D}_M \leqslant \dfrac{\sqrt{4\left(\frac{1}{2}\right)^{\mu} k\tilde{l}_2 \|\boldsymbol{z}\|^{2\mu-1}} - \sqrt{3}}{k}$，从而可得

$$k\|\tilde{\boldsymbol{D}}\|^2 - c_0\|\tilde{\boldsymbol{D}}\| + \left(\frac{1}{2}\right)^{\mu}\tilde{l}_2\|\boldsymbol{z}\|^{2\mu-1} > 0 \tag{3-22}$$

于是由式(3-21)和式(3-22)，得到

$$\begin{gathered}
\dot{V}_2 \leqslant -\boldsymbol{x}_1^{\mathrm{T}}\boldsymbol{L}_1\boldsymbol{Sig}(\boldsymbol{x}_1)^{\alpha} - \boldsymbol{z}^{\mathrm{T}}\boldsymbol{L}_2\boldsymbol{Sig}(\boldsymbol{z})^{\alpha} \leqslant -\tilde{l}_1 V_1^{\mu} - \\
\tilde{l}_2\left(\frac{1}{2}\sum_{g=1}^{3} z_g^2\right)^{\mu} \leqslant -\tilde{l} V_2^{\mu}
\end{gathered} \tag{3-23}$$

其中，$\tilde{l}_2 = 2^{\mu} l_{2\min}$，$l_{2\min} = \min\left\{l_{2g}\right\}$，$\tilde{l} = \min\left\{\tilde{l}_1, \tilde{l}_2\right\}$。

进一步，利用式(3-23)可知系统在初始状态下的调整时间为：

$$T_2(\boldsymbol{x}) \leqslant \frac{1}{\tilde{l}(1-\mu)} V_2(\boldsymbol{x}_0)^{1-\mu} \tag{3-24}$$

因此，根据引理 3.1 和式（3-23）可知，由自适应律［式（3-20）］实现的控制器［式（3-18）］可使系统［式（3-10）］在有限时间内达到稳定。

由上述定理 3.1 的证明可知，经过死区补偿的控制输入力 $\boldsymbol{\tau}_{\mathrm{d}}$ 进入具有死区的 ODW 系统后，得到作用于系统的控制输入力 $\boldsymbol{\tau}$，控制器［式（3-18）］有效补偿了死区对系统跟踪性能的影响，并且在有限时间内可保证系统收敛至平衡点。整个系统控制结构框图如图 3-2 所示。

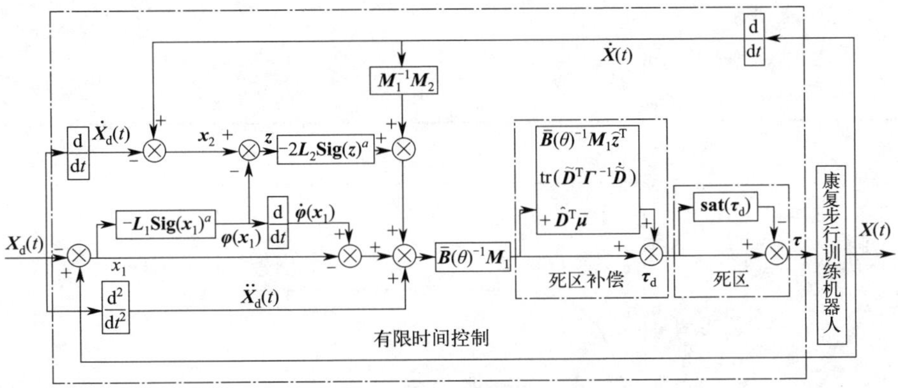

图 3-2　有限时间补偿控制结构框图

3.1.3　仿真分析

为了验证提出的具有死区补偿有限时间控制方法的有效性，对医生指定的如下直线训练轨迹 $\boldsymbol{X}_{\mathrm{d}}(t)$ 进行了跟踪。

$$\begin{cases} x_{\mathrm{d}}(t)=10(1-\mathrm{e}^{-0.5t}) \\ y_{\mathrm{d}}(t)=10(1-\mathrm{e}^{-0.5t}) \\ \theta_{\mathrm{d}}(t)=\pi/4 \end{cases}$$

仿真研究中，ODW 初始运动位置 $\boldsymbol{x}_0=[0\quad 0\quad \pi/5]^{\mathrm{T}}$，死区宽度 $\boldsymbol{d}_+=\boldsymbol{d}_-=\mathrm{diag}(6,6,6)$，偏差 $\boldsymbol{\delta}=[0.25\quad 0.25\quad 0.25\quad 0.25\quad 0.25\quad 0.25]^{\mathrm{T}}$，控制器参数 $\alpha=0.7$，$\boldsymbol{L}_1=\boldsymbol{L}_2=\mathrm{diag}(10,10,10)$，$\boldsymbol{\Gamma}=\mathrm{diag}(2,2,2,2,2,2)$，$k=0.2$，ODW 物理参数如表 3-1 所示。

为了说明本节提出的具有死区补偿有限时间控制方法的有效性，与文献 [33] 进行仿真对比。文献 [33] 仅考虑了具有速度和加速度同时约束的轨迹跟踪控制（简称为同时约束控制），忽略了系统死区对跟踪性能的影响，将文献 [33] 的控制器应用于本节具有死区特性［式（3-2）］的 ODW 系统，仿真对比结果如图 3-3 ～图 3-7 所示。

表 3-1 ODW 物理参数值

物理参数	取值
ODW 质量 M/kg	58
中心到各轮距离 L/m	0.4
转动惯量 I_0/（kg · m^2）	27.7
康复者质量 m/kg	60
偏心距 r_0/m	0.16
偏心角 β/rad	π/4

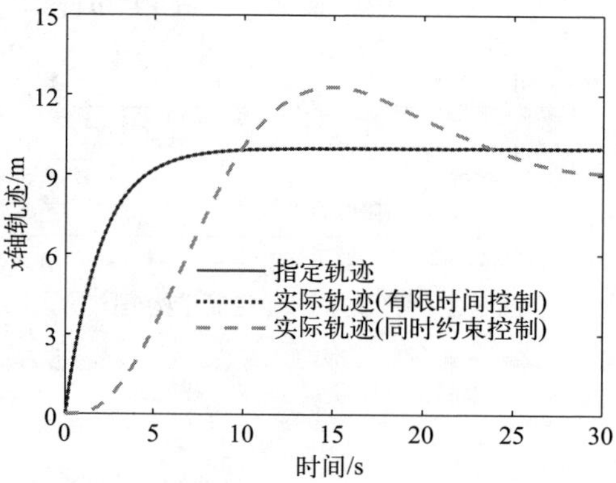

图 3-3 x 轴轨迹跟踪

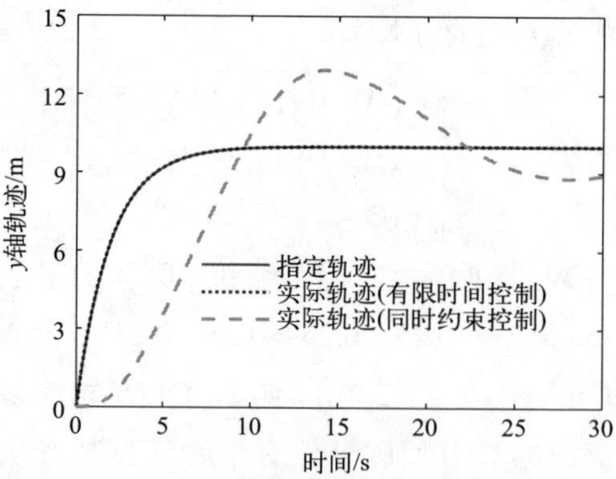

图 3-4 y 轴轨迹跟踪

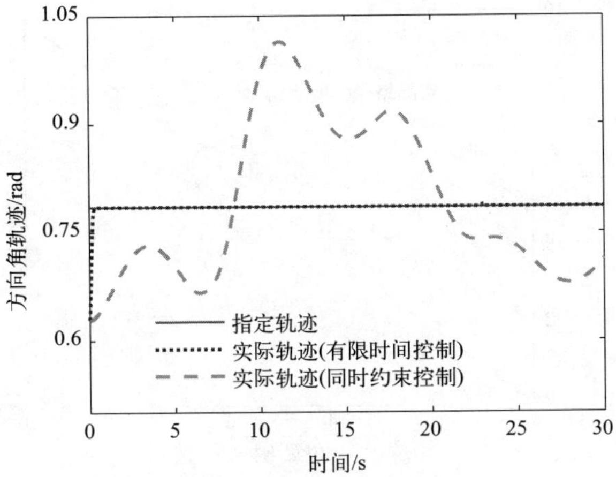

图 3-5　方向角轨迹跟踪

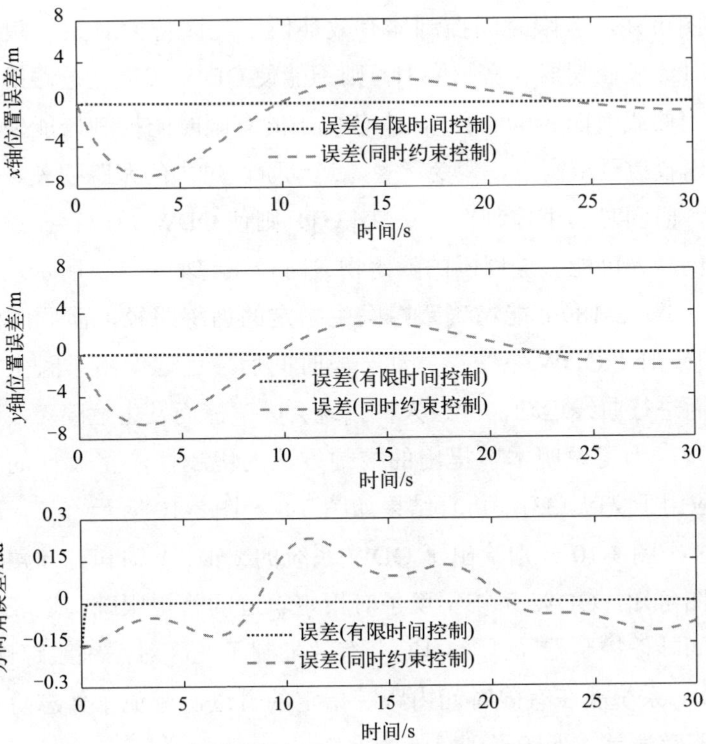

图 3-6　轨迹跟踪误差

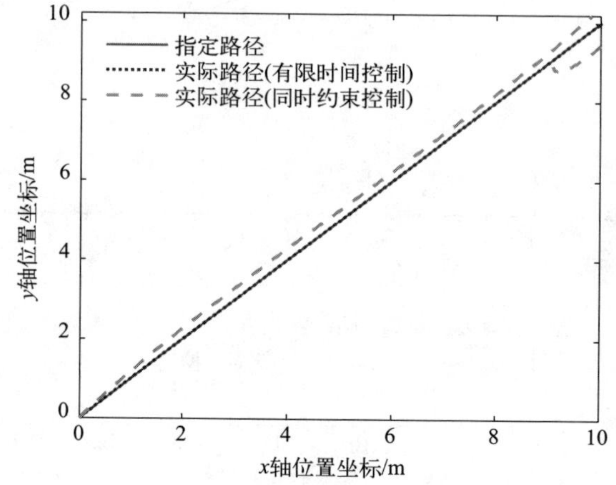

图 3-7　路径跟踪

图 3-3 ～图 3-5 分别给出了 ODW 系统的 x 轴、y 轴和方向角的轨迹跟踪曲线，由图可知，有限时间控制器有效补偿了死区特性对系统跟踪性能的影响，而同时约束控制器（文献 [33]）则不能使 ODW 实现轨迹跟踪。并且由轨迹跟踪误差曲线（图 3-6）可知，本节提出的有限时间控制器能使系统在有限时间内快速收敛至平衡点，避免了暂态运动阶段过大的跟踪误差，保障了康复者的安全，而同时约束控制器（文献 [33]）则使 ODW 系统存在过大的跟踪误差，导致机器人可能碰撞周围的障碍物。路径跟踪如图 3-7 所示，有限时间补偿控制器［式（3-18）］能精确跟踪医生指定的训练路径，而同时约束控制器（文献 [33]）则使 ODW 系统在运动一段时间后，远远偏离了医生指定的直线训练路径而进行曲线运动，导致人机系统会因碰撞而发生危险。

进一步，为了说明本节提出的控制方法的优越性，将设计的控制器［式（3-18）］应用于文献 [33]，仿真结果如图 3-8 ～图 3-10 所示。

图 3-8 ～图 3-10 分别给出了 ODW 系统的 x 轴、y 轴和方向角的轨迹跟踪曲线，由图可知，ODW 系统实现了对指定轨迹的稳定跟踪，这表明本节提出的有限时间补偿控制器［式（3-18）］有效抑制了死区对系统跟踪性能的影响；同时，ODW 系统能在有限时间内跟踪指定的轨迹，避免了暂态阶段调整时间过长产生跟踪误差，保障了训练者的安全。

由上述仿真结果可知，为了提高系统的跟踪性能和安全性，死区特性是一定要考虑的重要因素；同时，为了避免暂态运动产生较大的跟踪误差而威胁训练者的安全，确保系统在有限时间内实现稳定跟踪也是必不可少的。

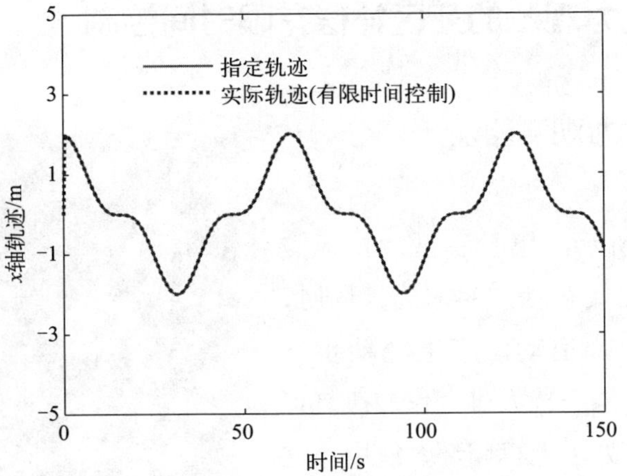

图 3-8　x 轴轨迹跟踪

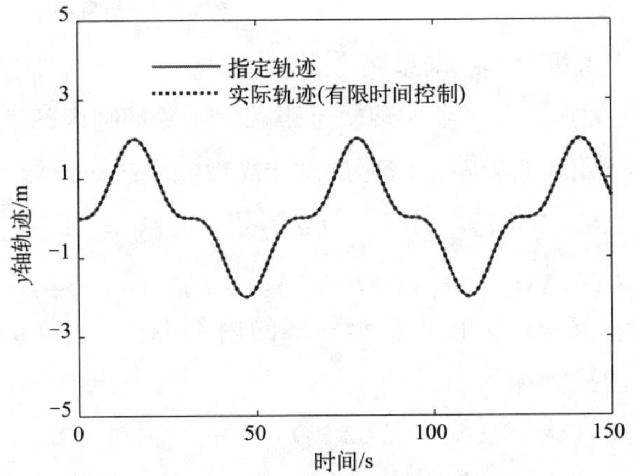

图 3-9　y 轴轨迹跟踪

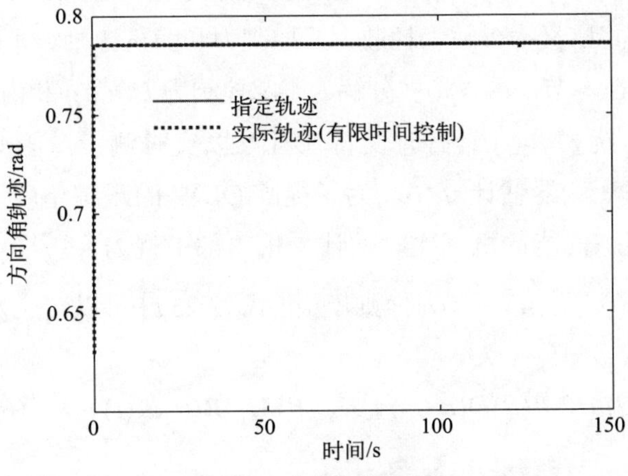

图 3-10　方向角轨迹跟踪

3.2 内干扰力观测的死区补偿有限时间控制

3.2.1 内干扰力观测器设计

如图 3-11 所示，康复者借助扶板支撑身体重量，在接触处产生压力；同时，康复者跟随 ODW 运动，产生主动步行力。这些力都可能干扰人机合作的康复训练。由于康复者处于人机闭环系统中，这些力产生于系统内部，这里将其称为内部干扰力（内干扰力）。

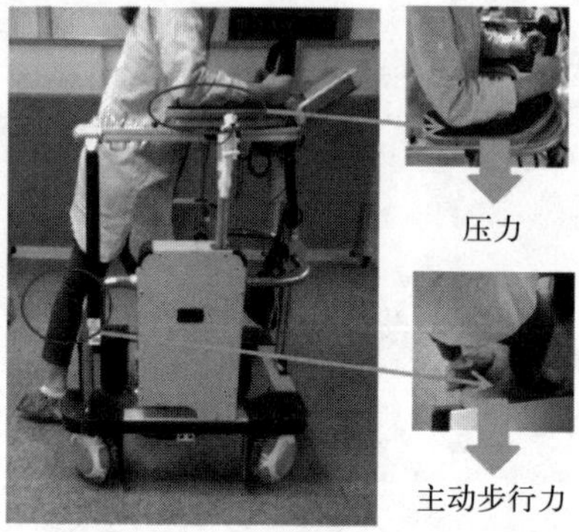

图 3-11 康复训练中产生的内干扰力

实际上，对于人机合作运动系统［式(2-30)］来说，控制输入力 $\boldsymbol{u}(t)$ 是作用在 ODW 上的广义力，其不仅要实现轨迹跟踪，还要抑制内部干扰。此外，控制系统的性能会受到死区的影响，这也是设计高性能系统时需要考虑的关键因素。因此，利用模型［式(2-30)］，对广义力 $\boldsymbol{u}_0(t)$ 进行分解得到：

$$\boldsymbol{M}_0\boldsymbol{K}(\theta)\ddot{\boldsymbol{X}}(t)+\boldsymbol{M}_0\dot{\boldsymbol{K}}(\theta,\dot{\theta})\dot{\boldsymbol{X}}(t)=\boldsymbol{B}(\theta)(D(\boldsymbol{u}_1(t))+\boldsymbol{u}_2(t)) \tag{3-25}$$

其中，$\boldsymbol{u}_2(t)=[F_x(t) \quad F_y(t) \quad F_\theta(t)]^{\mathrm{T}}$ 表示各轴的内部干扰力；$D(\boldsymbol{u}_1(t))$ 表示 $\boldsymbol{u}_1(t)$ 通过死区后待设计的控制输入力。

一般来讲，通常认为系统［式(2-30)］中的控制输入 $\boldsymbol{u}_0(t)$ 只是为了实现轨迹跟踪而设计的。实际上，其中的一部分能量将被用于处理系统的不确定运动环境，如内部干扰力。因此，将 $\boldsymbol{u}_0(t)$ 分解为模型［式(3-25)］的形式是非常重要的。在文献 [34] 中，将广义力分解为耗散力、控制力和随机激励。本节与文献 [34] 的分解方法不同，在本节，$\boldsymbol{u}_0(t)$ 将被分解为跟踪控制力 $D(\boldsymbol{u}_1(t))$ 和内部干扰力 $\boldsymbol{u}_2(t)$。

由于内部干扰力 $\boldsymbol{u}_2(t)$ 具有时变特性且难以实时测量，因此本节提出如下新颖的有限时间观测器估计 $\boldsymbol{u}_2(t)$。为了提高 ODW 的跟踪精度，利用内干扰力影响人机系统跟踪性能的机理实时估计人机内部干扰力。

定义 $\boldsymbol{x}_1(t)=\boldsymbol{X}(t)$，$\boldsymbol{x}_2(t)=\dot{\boldsymbol{X}}(t)$，则模型［式(3-25)］可以转换为如下表达形式：

$$\begin{cases}\dot{\boldsymbol{x}}_1(t)=\boldsymbol{x}_2(t)\\ \dot{\boldsymbol{x}}_2(t)=\boldsymbol{K}^{-1}(\theta)\boldsymbol{M}_0^{-1}\boldsymbol{B}(\theta)D(\boldsymbol{u}_1(t))+\boldsymbol{K}^{-1}(\theta)\boldsymbol{M}_0^{-1}\boldsymbol{B}(\theta)\boldsymbol{u}_2(t)-\boldsymbol{K}^{-1}(\theta)\dot{\boldsymbol{K}}(\theta,\dot{\theta})\boldsymbol{x}_2(t)\end{cases} \tag{3-26}$$

令 $\boldsymbol{x}_3(t)=\boldsymbol{K}^{-1}(\theta)\boldsymbol{M}_0^{-1}\boldsymbol{B}(\theta)\boldsymbol{u}_2(t)$ 是系统的一个扩展状态，其包含了内部干扰力 $\boldsymbol{u}_2(t)$；由于 $\boldsymbol{x}_3(t)$ 有界且一阶可导，于是得到 $|\boldsymbol{x}_3(t)| \leqslant \boldsymbol{h}$ 并且

$$\dot{\boldsymbol{x}}_3(t)=\boldsymbol{h}_0(t) \tag{3-27}$$

其中 $|\boldsymbol{h}_0(t)| \leqslant \boldsymbol{h}_0$ 有界。因此，具有内干扰力的 ODW 系统模型（3-26）转化为：

$$\begin{cases}\dot{\boldsymbol{x}}_1(t)=\boldsymbol{x}_2(t)\\ \dot{\boldsymbol{x}}_2(t)=\boldsymbol{K}^{-1}(\theta)\boldsymbol{M}_0^{-1}\boldsymbol{B}(\theta)D(\boldsymbol{u}_1(t))+\boldsymbol{x}_3(t)-\boldsymbol{K}^{-1}(\theta)\dot{\boldsymbol{K}}(\theta,\dot{\theta})\boldsymbol{x}_2(t)\\ \dot{\boldsymbol{x}}_3(t)=\boldsymbol{h}_0(t)\end{cases} \tag{3-28}$$

令医生指定的运动轨迹为 $\boldsymbol{X}_{\mathrm{d}}(t)$，ODW 的实际运动轨迹为 $\boldsymbol{X}(t)=\boldsymbol{x}_1(t)$，定义轨迹跟踪误差 $\boldsymbol{e}_1(t)=\boldsymbol{x}_1(t)-\boldsymbol{X}_{\mathrm{d}}(t)$，速度跟踪误差 $\boldsymbol{e}_2(t)=\dot{\boldsymbol{x}}_1(t)-\dot{\boldsymbol{X}}_{\mathrm{d}}(t)$，利用可测输出 $\boldsymbol{Y}(t)=\boldsymbol{X}(t)$ 观测内部干扰力，设计扩张状态有限时间观测器如下：

$$\begin{cases}\dot{\hat{\boldsymbol{x}}}_1(t)=\hat{\boldsymbol{x}}_2(t)+\lambda_1\mathbf{Sig}(\boldsymbol{Y}(t)-\hat{\boldsymbol{Y}}(t))^{\alpha}\\ \dot{\hat{\boldsymbol{x}}}_2(t)=\boldsymbol{K}^{-1}(\theta)\boldsymbol{M}_0^{-1}\boldsymbol{B}(\theta)D(\boldsymbol{u}_1(t))+\hat{\boldsymbol{x}}_3(t)-\boldsymbol{K}^{-1}(\theta)\dot{\boldsymbol{K}}(\theta,\dot{\theta})\hat{\boldsymbol{x}}_2(t)+\lambda_2\mathbf{Sig}(\dot{\boldsymbol{Y}}(t)-\dot{\hat{\boldsymbol{Y}}}(t))^{\alpha}\\ \dot{\hat{\boldsymbol{x}}}_3(t)=-\lambda_3\hat{\boldsymbol{x}}_3(t)+\lambda_0(\boldsymbol{X}(t)-\boldsymbol{X}_{\mathrm{d}}(t))\end{cases} \tag{3-29}$$

其中，$\hat{\boldsymbol{x}}_a(t)$ 表示 $\boldsymbol{x}_a(t)(a=1,2,3)$ 的估计值；$\lambda_l>0(l=0,1,2,3)$ 表示观测器增益。

根据式（3-28）和式（3-29），得到观测误差系统如下：

$$\begin{cases}\dot{\boldsymbol{r}}_1(t)=\boldsymbol{r}_2(t)-\lambda_1\mathbf{Sig}(\boldsymbol{r}_1(t))^{\alpha}\\ \dot{\boldsymbol{r}}_2(t)=\boldsymbol{r}_3(t)-\lambda_2\mathbf{Sig}(\boldsymbol{r}_2(t))^{\alpha}-\boldsymbol{K}^{-1}(\theta)\dot{\boldsymbol{K}}(\theta,\dot{\theta})\boldsymbol{r}_2(t)\\ \dot{\boldsymbol{r}}_3(t)=\boldsymbol{h}_0(t)+\lambda_3(\boldsymbol{x}_3(t)-\boldsymbol{r}_3(t))-\lambda_0\boldsymbol{e}_1(t)\end{cases} \tag{3-30}$$

其中，$\boldsymbol{r}_a(t)=\boldsymbol{x}_a(t)-\hat{\boldsymbol{x}}_a(t)$ 表示观测误差。

在步行训练过程中，使用者将前臂放在扶板上，并与 ODW 协调运动，而人机合作产生的内部干扰力会影响 ODW 对医生指定训练轨迹的跟踪性能。基于这一影响机制，设计了如式（3-29）所示新颖的有限时间观测器。其目的是利用内干扰力对跟踪性能的影响逆向观测这些力。从式（3-29）可以看出，扩展状态 $\boldsymbol{x}_3(t)$ 可以通过跟踪误差进行观测。因此，内部干扰力可以利用 $\boldsymbol{u}_2(t)$ 和 $\boldsymbol{x}_3(t)$ 之间的关系获得。进一步，将提出一种反步（Backstepping）有限时间补偿跟踪控制方法，以抑制内部干扰力并提高轨迹跟踪精度。

3.2.2　随机配置网络死区估计

对于 ODW 系统［式（3-26）］，考虑非对称死区形式如下：

$$D(\boldsymbol{u}_1(t))=\begin{cases}D_r(\boldsymbol{u}_1(t)-\boldsymbol{b}_r), & \boldsymbol{u}_1(t)\geqslant \boldsymbol{b}_r\\ \boldsymbol{0}, & \boldsymbol{b}_l<\boldsymbol{u}_1(t)<\boldsymbol{b}_r\\ D_l(\boldsymbol{u}_1(t)-\boldsymbol{b}_l), & \boldsymbol{u}_1(t)\leqslant \boldsymbol{b}_l\end{cases} \tag{3-31}$$

其中，$\boldsymbol{u}_1(t)$ 表示进入死区前的控制输入力；$\boldsymbol{b}_r>\boldsymbol{0}$ 和 $\boldsymbol{b}_l<\boldsymbol{0}$ 表示死区未知参数向量；$D_r(\cdot)$ 和 $D_l(\cdot)$ 分别表示未知的非线性光滑函数。$D(\boldsymbol{u}_1(t))$ 设计如下：

$$D(\boldsymbol{u}_1(t))=\boldsymbol{u}_1(t)-\Delta\boldsymbol{u}_1(t) \tag{3-32}$$

其中，$\Delta\boldsymbol{u}_1(t)=[\Delta u_{11}\quad \Delta u_{12}\quad \Delta u_{13}\quad \Delta u_{14}]^{\mathrm{T}}$ 表示死区输入输出误差，其通过构建 SCN 模型进行估计；$\Delta\hat{\boldsymbol{u}}_1(t)$ 表示 $\Delta\boldsymbol{u}_1(t)$ 的估计值，且 $\Delta\boldsymbol{u}_1(t)$ 和 $\Delta\hat{\boldsymbol{u}}_1(t)$ 的设计形式如下：

$$\Delta\boldsymbol{u}_1(t)=\widehat{\boldsymbol{B}}(\theta)\boldsymbol{M}_0\boldsymbol{K}(\theta)\widehat{\boldsymbol{z}}^{\mathrm{T}}(t)\varsigma(t) \tag{3-33}$$

$$\Delta\hat{\boldsymbol{u}}_1(t)=\widehat{\boldsymbol{B}}(\theta)\boldsymbol{M}_0\boldsymbol{K}(\theta)\widehat{\boldsymbol{z}}^{\mathrm{T}}(t)\hat{\varsigma}_Q(t) \tag{3-34}$$

其中，$\widehat{\boldsymbol{z}}(t)$ 表示 $\boldsymbol{z}(t)=\boldsymbol{e}_2(t)-\eta(\boldsymbol{e}_1(t))$ 的伪逆矩阵；$\eta(\boldsymbol{e}_1(t))\in\mathbb{R}^n$ 且 $\eta(\boldsymbol{0})=\boldsymbol{0}$ 表示辅助变量；$\widehat{\boldsymbol{B}}(\theta)$ 表示 $\boldsymbol{B}(\theta)$ 的伪逆矩阵；$\varsigma(t)$ 表示数据集中的标签值；$\hat{\varsigma}_Q(t)$ 表示含有 Q 个隐含层节点 SCN 输出的 $\varsigma(t)$ 的估计值。

定义

$$G_Q(\boldsymbol{x})=g_Q(\boldsymbol{\omega}_Q\boldsymbol{x}+b_Q) \tag{3-35}$$

其中，$G_Q(\boldsymbol{x})$ 表示输入为 $\boldsymbol{x}=[\boldsymbol{e}_1(t)\quad \boldsymbol{e}_2(t)]^{\mathrm{T}}$ 的第 Q 个隐含层节点的激活函数。令当前隐含层输出矩阵表示为 $G(\boldsymbol{x})=[G_1(\boldsymbol{x})\quad G_2(\boldsymbol{x})\quad \cdots\quad G_Q(\boldsymbol{x})]^{\mathrm{T}}$，且 $\boldsymbol{\omega}$ 和 $\boldsymbol{b}$ 分别如下：

$$\boldsymbol{\omega}=\begin{bmatrix}\boldsymbol{\omega}_1 & \boldsymbol{\omega}_2 & \cdots & \boldsymbol{\omega}_Q\end{bmatrix}^{\mathrm{T}}=\begin{bmatrix}\omega_{11} & \cdots & \omega_{i1} & \cdots & \omega_{61}\\ \vdots & \cdots & \vdots & \cdots & \vdots\\ \omega_{1j} & \cdots & \omega_{ij} & \cdots & \omega_{6j}\\ \vdots & \cdots & \vdots & \cdots & \vdots\\ \omega_{1Q} & \cdots & \omega_{iQ} & \cdots & \omega_{6Q}\end{bmatrix},$$

$$\boldsymbol{b}=\begin{bmatrix}b_1\\ b_2\\ \vdots\\ b_Q\end{bmatrix}(i=1,2,\cdots,6;\ j=1,2,\cdots,Q)$$

其中，ω_{ij} 表示第 i 个输入层节点到第 j 个隐含层节点的权值；b_j 表示第 j 个隐含层节点的阈值。

SCN 隐含层通过权值矩阵 $\hat{\boldsymbol{\beta}}$ 与输出层连接，配置 Q 个隐含层节点的网络输出表示如下：

$$\hat{\varsigma}_Q(t)=\hat{\boldsymbol{\beta}}^{\mathrm{T}}G(\boldsymbol{x}) \tag{3-36}$$

其中 $\hat{\boldsymbol{\beta}}^{\mathrm{T}}=\left[\hat{\boldsymbol{\beta}}_1 \quad \hat{\boldsymbol{\beta}}_2 \quad \cdots \quad \hat{\boldsymbol{\beta}}_Q\right]$。

定义死区估计误差 $\boldsymbol{\sigma}_{Q-1}=\varsigma(t)-\hat{\varsigma}_{Q-1}(t)$，当配置隐含层节点数为 $Q-1$ 时，$\hat{\varsigma}_{Q-1}(t)$ 表示 SCN 网络输出。接下来，随机配置第 Q 个隐含层节点，其参数满足如下表达式：

$$\delta_Q=\frac{((\boldsymbol{\sigma}_{Q-1})^{\mathrm{T}} g_Q(\boldsymbol{\omega}_Q \boldsymbol{x}+b_Q))^2}{(g_Q(\boldsymbol{\omega}_Q \boldsymbol{x}+b_Q))^{\mathrm{T}} g_Q(\boldsymbol{\omega}_Q \boldsymbol{x}+b_Q)}-(1-r-\mu_Q)(\boldsymbol{\sigma}_{Q-1})^{\mathrm{T}} \boldsymbol{\sigma}_{Q-1} \tag{3-37}$$

其中，$\delta_Q>0$，$0<r<1$ 和 $\mu_Q \leqslant 1-r$；$\{\mu_Q\}$ 表示非负实数序列且 $\lim\limits_{Q \to +\infty} \mu_Q=0$。$\hat{\boldsymbol{\beta}}_Q$ 设计如下：

$$\hat{\boldsymbol{\beta}}_Q^{\mathrm{T}}=\frac{(\boldsymbol{\sigma}_{Q-1})^{\mathrm{T}} g_Q(\boldsymbol{\omega}_Q \boldsymbol{x}+b_Q)}{(g_Q(\boldsymbol{\omega}_Q \boldsymbol{x}+b_Q))^{\mathrm{T}} g_Q(\boldsymbol{\omega}_Q \boldsymbol{x}+b_Q)}$$

于是得到：

$$\begin{aligned}
\boldsymbol{\sigma}_Q^{\mathrm{T}} \boldsymbol{\sigma}_Q-(r+\mu_Q) \boldsymbol{\sigma}_{Q-1}^{\mathrm{T}} \boldsymbol{\sigma}_{Q-1} &=(\varsigma(t)-\hat{\varsigma}_{Q-1}(t)+\hat{\varsigma}_{Q-1}(t)-\hat{\varsigma}_Q(t))^2-(r+\mu_Q) \boldsymbol{\sigma}_{Q-1}^{\mathrm{T}} \boldsymbol{\sigma}_{Q-1} \\
&=(1-r-\mu_Q) \boldsymbol{\sigma}_{Q-1}^{\mathrm{T}} \boldsymbol{\sigma}_{Q-1}-\frac{((\boldsymbol{\sigma}_{Q-1})^{\mathrm{T}} g_Q(\boldsymbol{\omega}_Q \boldsymbol{x}+b_Q))^2}{(g_Q(\boldsymbol{\omega}_Q \boldsymbol{x}+b_Q))^{\mathrm{T}} g_Q(\boldsymbol{\omega}_Q \boldsymbol{x}+b_Q)} \\
&=-\delta_Q<0
\end{aligned} \tag{3-38}$$

由式（3-38）可以看出，$\boldsymbol{\sigma}_Q^{\mathrm{T}} \boldsymbol{\sigma}_Q<(r+\mu_Q) \boldsymbol{\sigma}_{Q-1}^{\mathrm{T}} \boldsymbol{\sigma}_{Q-1}$ 成立。这样随着隐含层节点数不断增加，有 $\lim\limits_{Q \to \infty}(\boldsymbol{\sigma}_Q(t))^2=0$ 成立，即 $\lim\limits_{Q \to \infty} \boldsymbol{\sigma}_Q(t)=\mathbf{0}$，于是便可获得死区估计。

令 SCN 网络输出估计 $\hat{\varsigma}_Q(t)$ 权值矩阵 $\hat{\boldsymbol{\beta}}$ 的最优值为 $\boldsymbol{\beta}^*$，则

$$\boldsymbol{\beta}^{*\mathrm{T}}=\left[\boldsymbol{\beta}_1^* \quad \boldsymbol{\beta}_2^* \quad \cdots \quad \boldsymbol{\beta}_Q^*\right]=\arg \min_{\hat{\boldsymbol{\beta}}}\left\|\varsigma(t)-\sum_{j=1}^Q \hat{\boldsymbol{\beta}}_j g_j(\boldsymbol{\omega}_j \boldsymbol{x}+b_j)\right\|$$

定义输出权值误差为 $\tilde{\boldsymbol{\beta}}=\boldsymbol{\beta}^*-\hat{\boldsymbol{\beta}}$。进一步，死区误差估计 $\Delta \hat{\boldsymbol{u}}_1(t)$ 表示如下：

$$\Delta \hat{\boldsymbol{u}}_1(t)=\widehat{\boldsymbol{B}}(\theta) \boldsymbol{M}_0 \boldsymbol{K}(\theta) \widehat{z}^{\mathrm{T}}(t) \boldsymbol{\beta}^{*\mathrm{T}} G(\boldsymbol{x}) \tag{3-39}$$

3.2.3 死区补偿控制器设计

引理 3.2[35]　对于非线性系统 $\dot{\boldsymbol{x}}=f(\boldsymbol{x})$，$f(\mathbf{0})=\mathbf{0}$，$\boldsymbol{x} \in \mathbb{R}^n$，如果，在原点邻域 $\hat{U} \subset \mathbb{R}^n$ 中定义了正定函数 $V(\boldsymbol{x})$，且存在实数 c、d_c 以及 $0<\delta<1$，使得 $\dot{V}(\boldsymbol{x}) \leqslant -cV^{\delta}(\boldsymbol{x})+d_c$，$\forall \boldsymbol{x} \in \hat{U}$，那么系统在原点是局部实用有限时间稳定的；并且，如果 $\hat{U}=\mathbb{R}^n$，那么系统在原点是全局实用有限时间稳定的。

接下来，针对ODW系统设计了带有SCN死区估计的有限时间补偿跟踪控制器，并采用Backstepping方法实现系统的实用有限时间稳定性。

令$\boldsymbol{z}_1(t)=\boldsymbol{e}_1(t)$，$\boldsymbol{z}_2(t)=\boldsymbol{e}_2(t)$，利用模型［式(3-26)］建立跟踪误差系统如下：

$$\begin{cases}\dot{\boldsymbol{z}}_1(t)=\boldsymbol{z}_2(t)\\ \dot{\boldsymbol{z}}_2(t)=\boldsymbol{K}^{-1}(\theta)\boldsymbol{M}_0^{-1}\boldsymbol{B}(\theta)D(\boldsymbol{u}_1(t))+\hat{\boldsymbol{x}}_3(t)+\boldsymbol{r}_3(t)-\boldsymbol{K}^{-1}(\theta)\dot{\boldsymbol{K}}(\theta,\dot{\theta})\boldsymbol{x}_2(t)-\ddot{\boldsymbol{X}}_{\mathrm{d}}(t)\end{cases} \tag{3-40}$$

定义误差变量为

$$\boldsymbol{z}(t)=\boldsymbol{z}_2(t)-\eta(\boldsymbol{z}_1(t)) \tag{3-41}$$

其中$\eta(\boldsymbol{z}_1(t))\in\mathbb{R}^n$且满足

$$\eta(\boldsymbol{z}_1(t))=-k_1\mathbf{Sig}(\boldsymbol{z}_1(t))^{\alpha} \tag{3-42}$$

其中$k_1>0$，$\mathbf{Sig}(\cdot)^{\alpha}$表达式如下：

$$\mathbf{Sig}(\boldsymbol{\Theta})^{\alpha}=[|q_1|^{\alpha}\mathrm{sgn}(q_1)\cdots|q_n|^{\alpha}\mathrm{sgn}(q_n)]^{\mathrm{T}} \tag{3-43}$$

其中$\boldsymbol{\Theta}=[q_1\quad q_2\quad\cdots\quad q_n]^{\mathrm{T}}\in\mathbb{R}^n$，$0<\alpha<1$。

将式(3-41)代入式(3-40)，可得

$$\begin{cases}\dot{\boldsymbol{z}}_1(t)=\boldsymbol{z}(t)+\eta(\boldsymbol{z}_1(t))\\ \dot{\boldsymbol{z}}(t)=\boldsymbol{K}^{-1}(\theta)\boldsymbol{M}_0^{-1}\boldsymbol{B}(\theta)D(\boldsymbol{u}_1(t))+\hat{\boldsymbol{x}}_3(t)+\boldsymbol{r}_3(t)-\boldsymbol{K}^{-1}(\theta)\dot{\boldsymbol{K}}(\theta,\dot{\theta})\boldsymbol{x}_2(t)-\dot{\eta}(\boldsymbol{z}_1(t))-\ddot{\boldsymbol{X}}_{\mathrm{d}}(t)\end{cases} \tag{3-44}$$

为了抑制内部干扰力，控制器设计如下：

$$\begin{aligned}\boldsymbol{u}_1(t)=\widehat{\boldsymbol{B}}(\theta)\boldsymbol{M}_0\boldsymbol{K}(\theta)(&\ddot{\boldsymbol{X}}_{\mathrm{d}}(t)-\boldsymbol{z}_1(t)-\boldsymbol{r}_3(t)-k_2\mathbf{Sig}(\boldsymbol{z}(t))^{\alpha}+\dot{\eta}(\boldsymbol{z}_1(t))-\hat{\boldsymbol{x}}_3(t)\\&+\boldsymbol{K}^{-1}(\theta)\dot{\boldsymbol{K}}(\theta,\dot{\theta})\boldsymbol{x}_2(t)-\boldsymbol{\varpi}(t)+\widehat{z}^{\mathrm{T}}(t)\hat{\boldsymbol{\beta}}^{\mathrm{T}}G(\boldsymbol{x})-\frac{\boldsymbol{z}(t)}{\|\boldsymbol{z}(t)\|}H_1)\end{aligned} \tag{3-45}$$

其中

$$\begin{aligned}\boldsymbol{\varpi}(t)=\widehat{z}^{\mathrm{T}}(t)[&-\boldsymbol{r}_2^{\mathrm{T}}(t)\boldsymbol{K}^{-1}(\theta)\dot{\boldsymbol{K}}(\theta,\dot{\theta})\boldsymbol{r}_2(t)+\boldsymbol{r}_1^{\mathrm{T}}(t)\boldsymbol{r}_2(t)\\&+\frac{\lambda_0}{2\varepsilon_3^2}|\boldsymbol{e}_1(t)|^2+\boldsymbol{r}_2^{\mathrm{T}}(t)\boldsymbol{r}_3(t)+k_3\boldsymbol{r}_3^{\mathrm{T}}(t)\mathbf{Sig}(\boldsymbol{r}_3(t))^{\alpha}]\end{aligned}$$

参数$k_v>0$（v=1,2,3），且H_1需要满足$H_1>\|\boldsymbol{\sigma}_Q\|$。

定理3.2 针对存在内部干扰力和死区特性的ODW人机系统(3-26)，其内部干扰力通过有限时间观测器(3-29)获得，死区误差通过随机配置网络SCN进行估计，且其权值自适应律设计如下：

$$\dot{\hat{\boldsymbol{\beta}}}=G(\boldsymbol{x})-\varphi\mathbf{Sig}(\tilde{\boldsymbol{\beta}})^{\alpha} \tag{3-46}$$

对于 $\boldsymbol{e}_1(t_0)$ 和 $\boldsymbol{z}(t_0)=\boldsymbol{z}_0$，利用死区补偿的有限时间跟踪控制器（3-45）可使跟踪误差系统（3-40）实用有限时间稳定，并且误差系统稳定的有限时间 $T(\boldsymbol{z}(t))$ 由初始状态 $\boldsymbol{z}(t_0)$ 决定，具体如下：

$$T(\boldsymbol{z}(t))\leqslant\frac{1}{k_0\tilde{k}_c(1-\mu)}\left[V_3^{1-\mu}(\boldsymbol{z}_0)-\left(\frac{d}{1-k_0\tilde{k}_c}\right)^{\frac{1-\mu}{\mu}}\right] \tag{3-47}$$

其中 $\varphi>0$ 表示可调参数，且 $\frac{1}{2}<\mu<1$。

证明：定义 Lyapunov 函数 $V_1(t)$ 如下

$$V_1(t)=\frac{1}{2}\boldsymbol{z}_1^{\mathrm{T}}(t)\boldsymbol{z}_1(t)+\frac{1}{2}\boldsymbol{r}_1^{\mathrm{T}}(t)\boldsymbol{r}_1(t)+\frac{1}{2}\boldsymbol{r}_2^{\mathrm{T}}(t)\boldsymbol{r}_2(t)+\frac{1}{2}\boldsymbol{r}_3^{\mathrm{T}}(t)\boldsymbol{r}_3(t) \tag{3-48}$$

沿系统（3-30）和系统（3-44），对式（3-48）求导得到：

$$\begin{aligned}\dot{V}_1(t)&=\boldsymbol{z}_1^{\mathrm{T}}(t)\dot{\boldsymbol{z}}_1(t)+\boldsymbol{r}_1^{\mathrm{T}}(t)\dot{\boldsymbol{r}}_1(t)+\boldsymbol{r}_2^{\mathrm{T}}(t)\dot{\boldsymbol{r}}_2(t)+\boldsymbol{r}_3^{\mathrm{T}}(t)\dot{\boldsymbol{r}}_3(t)\\&=\boldsymbol{z}_1^{\mathrm{T}}(t)\eta(\boldsymbol{z}_1(t))+\boldsymbol{z}_1^{\mathrm{T}}(t)\boldsymbol{z}(t)+\boldsymbol{r}_1^{\mathrm{T}}(t)(\boldsymbol{r}_2(t)-\lambda_1\mathbf{Sig}(\boldsymbol{r}_1(t))^{\alpha})+\boldsymbol{r}_2^{\mathrm{T}}(t)(\boldsymbol{r}_3(t))\\&\quad-\lambda_2\mathbf{Sig}(\boldsymbol{r}_2(t))^{\alpha}-\boldsymbol{K}^{-1}(\theta)\dot{\boldsymbol{K}}(\theta,\dot{\theta})\boldsymbol{r}_2(t))+\boldsymbol{r}_3^{\mathrm{T}}(t)(\boldsymbol{h}_0(t)+\lambda_3(\boldsymbol{x}_3(t)-\boldsymbol{r}_3(t))-\lambda_0\boldsymbol{e}_1(t))\\&=\boldsymbol{z}_1^{\mathrm{T}}(t)\eta(\boldsymbol{z}_1(t))+\boldsymbol{z}_1^{\mathrm{T}}(t)\boldsymbol{z}(t)-\lambda_1\boldsymbol{r}_1^{\mathrm{T}}(t)\mathbf{Sig}(\boldsymbol{r}_1(t))^{\alpha}-\lambda_2\boldsymbol{r}_2^{\mathrm{T}}(t)\mathbf{Sig}(\boldsymbol{r}_2(t))^{\alpha}\\&\quad+\boldsymbol{r}_1^{\mathrm{T}}(t)\boldsymbol{r}_2(t)+\boldsymbol{r}_2^{\mathrm{T}}(t)\boldsymbol{r}_3(t)-\boldsymbol{r}_2^{\mathrm{T}}(t)\boldsymbol{K}^{-1}(\theta)\dot{\boldsymbol{K}}(\theta,\dot{\theta})\boldsymbol{r}_2(t)+\boldsymbol{r}_3^{\mathrm{T}}(t)\boldsymbol{h}_0(t)\\&\quad+\lambda_3\boldsymbol{r}_3^{\mathrm{T}}(t)\boldsymbol{x}_3(t)-\lambda_3\boldsymbol{r}_3^{\mathrm{T}}(t)\boldsymbol{r}_3(t)-\lambda_0\boldsymbol{r}_3^{\mathrm{T}}(t)\boldsymbol{e}_1(t)\end{aligned} \tag{3-49}$$

对式（3-49）利用 Young 不等式分析得到：

$$\boldsymbol{r}_3^{\mathrm{T}}(t)\boldsymbol{h}_0(t)\leqslant\frac{\varepsilon_1^2}{2}|\boldsymbol{r}_3(t)|^2+\frac{1}{2\varepsilon_1^2}\boldsymbol{h}_0^2 \tag{3-50}$$

$$\boldsymbol{r}_3^{\mathrm{T}}(t)\boldsymbol{x}_3(t)\leqslant\frac{\varepsilon_2^2}{2}|\boldsymbol{r}_3(t)|^2+\frac{1}{2\varepsilon_2^2}\boldsymbol{h}^2 \tag{3-51}$$

$$\boldsymbol{r}_3^{\mathrm{T}}(t)\boldsymbol{e}_1(t)\leqslant\frac{\varepsilon_3^2}{2}|\boldsymbol{r}_3(t)|^2+\frac{1}{2\varepsilon_3^2}|\boldsymbol{e}_1(t)|^2 \tag{3-52}$$

其中 $\varepsilon_\vartheta>0$ $(\vartheta=1,2,3)$ 表示可调参数。

将式（3-50）～式（3-52）代入式（3-49），可以得到

$$\begin{aligned}\dot{V}_1(t)\leqslant{}& z_1^{\mathrm{T}}(t)\eta(z_1(t))+z_1^{\mathrm{T}}(t)\boldsymbol{z}(t)-\lambda_1\boldsymbol{r}_1^{\mathrm{T}}(t)\mathbf{Sig}(\boldsymbol{r}_1(t))^{\alpha}-\lambda_2\boldsymbol{r}_2^{\mathrm{T}}(t)\mathbf{Sig}(\boldsymbol{r}_2(t))^{\alpha}\\&+\boldsymbol{r}_1^{\mathrm{T}}(t)\boldsymbol{r}_2(t)+\boldsymbol{r}_2^{\mathrm{T}}(t)\boldsymbol{r}_3(t)-\boldsymbol{r}_2^{\mathrm{T}}(t)\boldsymbol{K}^{-1}(\theta)\dot{\boldsymbol{K}}(\theta,\dot{\theta})\boldsymbol{r}_2(t)+\left(\frac{\varepsilon_1^2}{2}+\frac{\lambda_3\varepsilon_2^2}{2}\right.\\&\left.-\frac{\lambda_0\varepsilon_3^2}{2}-\lambda_3\right)|\boldsymbol{r}_3(t)|^2-\frac{\lambda_0}{2\varepsilon_3^2}|\boldsymbol{e}_1(t)|^2+\frac{1}{2\varepsilon_1^2}\boldsymbol{h}_0^2+\frac{1}{2\varepsilon_2^2}\boldsymbol{h}^2\end{aligned} \tag{3-53}$$

观测器参数 λ_0 设计如下：

$$\lambda_0=\frac{2}{\varepsilon_3^2}\times\left(\frac{\varepsilon_1^2}{2}+\frac{\lambda_3\varepsilon_2^2}{2}-\lambda_3\right) \tag{3-54}$$

将式（3-54）代入式（3-53）可得：

$$\begin{aligned}\dot{V}_1(t)\leqslant{}& z_1^{\mathrm{T}}(t)\eta(z_1(t))+z_1^{\mathrm{T}}(t)\boldsymbol{z}(t)-\lambda_1\boldsymbol{r}_1^{\mathrm{T}}(t)\mathbf{Sig}(\boldsymbol{r}_1(t))^{\alpha}-\lambda_2\boldsymbol{r}_2^{\mathrm{T}}(t)\mathbf{Sig}(\boldsymbol{r}_2(t))^{\alpha}\\&+\boldsymbol{r}_1^{\mathrm{T}}(t)\boldsymbol{r}_2(t)+\boldsymbol{r}_2^{\mathrm{T}}(t)\boldsymbol{r}_3(t)-\frac{\lambda_0}{2\varepsilon_3^2}|\boldsymbol{e}_1(t)|^2-\boldsymbol{r}_2^{\mathrm{T}}(t)\boldsymbol{K}^{-1}(\theta)\dot{\boldsymbol{K}}(\theta,\dot{\theta})\boldsymbol{r}_2(t)+d\end{aligned} \tag{3-55}$$

其中

$$d=\frac{1}{2\varepsilon_1^2}\boldsymbol{h}_0^2+\frac{\lambda_3}{2\varepsilon_2^2}\boldsymbol{h}^2 \tag{3-56}$$

接下来，定义 Lyapunov 函数 $V_2(t)$ 如下：

$$V_2(t)=V_1(t)+\frac{1}{2}\boldsymbol{z}^{\mathrm{T}}(t)\boldsymbol{z}(t) \tag{3-57}$$

沿系统（3-44）对 $V_2(t)$ 求导可得：

$$\begin{aligned}\dot{V}_2(t)={}&\dot{V}_1(t)+\boldsymbol{z}^{\mathrm{T}}(t)\dot{\boldsymbol{z}}(t)\\\leqslant{}&-k_1z_1^{\mathrm{T}}(t)\mathbf{Sig}(z_1(t))^{\alpha}+z_1^{\mathrm{T}}(t)\boldsymbol{z}(t)-\lambda_1\boldsymbol{r}_1^{\mathrm{T}}(t)\mathbf{Sig}(\boldsymbol{r}_1(t))^{\alpha}-\lambda_2\boldsymbol{r}_2^{\mathrm{T}}(t)\mathbf{Sig}(\boldsymbol{r}_2(t))^{\alpha}\\&+\boldsymbol{r}_1^{\mathrm{T}}(t)\boldsymbol{r}_2(t)+\boldsymbol{r}_2^{\mathrm{T}}(t)\boldsymbol{r}_3(t)-\frac{\lambda_0}{2\varepsilon_3^2}|\boldsymbol{e}_1(t)|^2-\boldsymbol{r}_2^{\mathrm{T}}(t)\boldsymbol{K}^{-1}(\theta)\dot{\boldsymbol{K}}(\theta,\dot{\theta})\boldsymbol{r}_2(t)+d\\&+\boldsymbol{z}^{\mathrm{T}}(t)((\boldsymbol{K}^{-1}(\theta)\boldsymbol{M}_0^{-1}\boldsymbol{B}(\theta)(\boldsymbol{u}_1(t)-\Delta\boldsymbol{u}_1(t))+\hat{\boldsymbol{x}}_3(t)+\boldsymbol{r}_3(t)\\&-\boldsymbol{K}^{-1}(\theta)\dot{\boldsymbol{K}}(\theta,\dot{\theta})\boldsymbol{x}_2(t)-\dot{\eta}(z_1(t))-\ddot{\boldsymbol{X}}_{\mathrm{d}}(t))\end{aligned} \tag{3-58}$$

将式（3-39）、式（3-45）和式（3-49）代入式（3-58）可得：

$$\begin{aligned}\dot{V}_2(t)={}&\dot{V}_1(t)+\boldsymbol{z}^{\mathrm{T}}(t)\dot{\boldsymbol{z}}(t)\\\leqslant{}&-k_1\boldsymbol{z}_1^{\mathrm{T}}(t)\mathbf{Sig}(z_1(t))^{\alpha}-k_2\boldsymbol{z}^{\mathrm{T}}(t)\mathbf{Sig}(\boldsymbol{z}(t))^{\alpha}-\lambda_1\boldsymbol{r}_1^{\mathrm{T}}(t)\mathbf{Sig}(\boldsymbol{r}_1(t))^{\alpha}-\lambda_2\boldsymbol{r}_2^{\mathrm{T}}(t)\mathbf{Sig}(\boldsymbol{r}_2(t))^{\alpha}\\&-k_3\boldsymbol{r}_3^{\mathrm{T}}\mathbf{Sig}(\boldsymbol{r}_3(t))^{\alpha}+\boldsymbol{z}^{\mathrm{T}}(t)\left(\hat{z}^{\mathrm{T}}(t)\hat{\boldsymbol{\beta}}^{\mathrm{T}}G(\boldsymbol{x})-\hat{z}^{\mathrm{T}}(t)\boldsymbol{\beta}^{*\mathrm{T}}G(\boldsymbol{x})+\boldsymbol{\sigma}_Q-\frac{\boldsymbol{z}(t)}{\|\boldsymbol{z}\|}\boldsymbol{K}_1\right)+d\end{aligned}$$

$$
\begin{aligned}
&=-k_1\boldsymbol{z}_1^{\mathrm{T}}(t)\mathbf{Sig}(z_1(t))^{\alpha}-k_2\boldsymbol{z}^{\mathrm{T}}(t)\mathbf{Sig}(\boldsymbol{z}(t))^{\alpha}-\lambda_1\boldsymbol{r}_1^{\mathrm{T}}(t)\mathbf{Sig}(\boldsymbol{r}_1(t))^{\alpha}-\lambda_2\boldsymbol{r}_2^{\mathrm{T}}(t)\mathbf{Sig}(\boldsymbol{r}_2(t))^{\alpha}\\
&\quad-k_3\boldsymbol{r}_3^{\mathrm{T}}\mathbf{Sig}(\boldsymbol{r}_3(t))^{\alpha}-\tilde{\boldsymbol{\beta}}^{\mathrm{T}}G(\boldsymbol{x})+\boldsymbol{z}^{\mathrm{T}}(t)\boldsymbol{\sigma}_Q-\|\boldsymbol{z}\|\boldsymbol{K}_1+d\\
&\leqslant-k_1\boldsymbol{z}_1^{\mathrm{T}}(t)\mathbf{Sig}(z_1(t))^{\alpha}-k_2\boldsymbol{z}^{\mathrm{T}}(t)\mathbf{Sig}(\boldsymbol{z}(t))^{\alpha}-\lambda_1\boldsymbol{r}_1^{\mathrm{T}}(t)\mathbf{Sig}(\boldsymbol{r}_1(t))^{\alpha}-\lambda_2\boldsymbol{r}_2^{\mathrm{T}}(t)\mathbf{Sig}(\boldsymbol{r}_2(t))^{\alpha}\\
&\quad-k_3\boldsymbol{r}_3^{\mathrm{T}}\mathbf{Sig}(\boldsymbol{r}_3(t))^{\alpha}+\|\boldsymbol{z}\||\boldsymbol{\sigma}_Q|-\|\boldsymbol{z}\|\boldsymbol{K}_1-\tilde{\boldsymbol{\beta}}^{\mathrm{T}}G(\boldsymbol{x})+d\\
&=-k_1\boldsymbol{z}_1^{\mathrm{T}}(t)\mathbf{Sig}(z_1(t))^{\alpha}-k_2\boldsymbol{z}^{\mathrm{T}}(t)\mathbf{Sig}(\boldsymbol{z}(t))^{\alpha}-\lambda_1\boldsymbol{r}_1^{\mathrm{T}}(t)\mathbf{Sig}(\boldsymbol{r}_1(t))^{\alpha}-\lambda_2\boldsymbol{r}_2^{\mathrm{T}}(t)\mathbf{Sig}(\boldsymbol{r}_2(t))^{\alpha}\\
&\quad-k_3\boldsymbol{r}_3^{\mathrm{T}}\mathbf{Sig}(\boldsymbol{r}_3(t))^{\alpha}-\|\boldsymbol{z}\|(\boldsymbol{K}_1-|\boldsymbol{\sigma}_Q|)-\tilde{\boldsymbol{\beta}}^{\mathrm{T}}G(\boldsymbol{x})+d\\
&\leqslant-k_1\boldsymbol{z}_1^{\mathrm{T}}(t)\mathbf{Sig}(z_1(t))^{\alpha}-k_2\boldsymbol{z}^{\mathrm{T}}(t)\mathbf{Sig}(\boldsymbol{z}(t))^{\alpha}-\lambda_1\boldsymbol{r}_1^{\mathrm{T}}(t)\mathbf{Sig}(\boldsymbol{r}_1(t))^{\alpha}\\
&\quad-\lambda_2\boldsymbol{r}_2^{\mathrm{T}}(t)\mathbf{Sig}(\boldsymbol{r}_2(t))^{\alpha}-k_3\boldsymbol{r}_3^{\mathrm{T}}\mathbf{Sig}(\boldsymbol{r}_3(t))^{\alpha}-\tilde{\boldsymbol{\beta}}^{\mathrm{T}}G(\boldsymbol{x})+d
\end{aligned}
\tag{3-59}
$$

其中

$$
\begin{aligned}
&-k_1\boldsymbol{z}_1^{\mathrm{T}}(t)\mathbf{Sig}(z_1(t))^{\alpha}-\lambda_1\boldsymbol{r}_1^{\mathrm{T}}(t)\mathbf{Sig}(\boldsymbol{r}_1(t))^{\alpha}-\lambda_2\boldsymbol{r}_2^{\mathrm{T}}(t)\mathbf{Sig}(\boldsymbol{r}_2(t))^{\alpha}-k_3\boldsymbol{r}_3^{\mathrm{T}}\mathbf{Sig}(\boldsymbol{r}_3(t))^{\alpha}\\
&=-k_1\sum_{j=1}^{3}|z_{1j}(t)|^{\alpha+1}-\lambda_1\sum_{j=1}^{3}|r_{1g}(t)|^{\alpha+1}-\lambda_2\sum_{j=1}^{3}l_{2j}|r_{2j}(t)|^{\alpha+1}-k_3\sum_{j=1}^{3}|r_{3j}(t)|^{\alpha+1}\\
&\leqslant-\tilde{k}_a\left(\frac{1}{2}\sum_{j=1}^{3}(z_{1j}^2(t)+r_{1j}^2(t)+r_{2j}^2(t)+r_{3j}^2(t))\right)^{\frac{1+\alpha}{2}}\\
&=-\tilde{k}_a(V_1(t))^{\mu}
\end{aligned}
\tag{3-60}
$$

$\tilde{k}_a=2^{\mu}k_{a\min}$，$k_{a\min}$=$\min\{k_1,\lambda_1,\lambda_2,\lambda_3\}$，$\mu=\dfrac{1+\alpha}{2}$。

结合式（3-59）和式（3-60）可得：

$$
\begin{aligned}
\dot{V}_2(t)&\leqslant-\tilde{k}_a(V_1(t))^{\mu}-k_2\boldsymbol{z}^{\mathrm{T}}(t)\mathbf{Sig}(\boldsymbol{z}(t))^{\alpha}-\tilde{\boldsymbol{\beta}}^{\mathrm{T}}G(\boldsymbol{x})+d\\
&\leqslant-\tilde{k}_a(V_1(t))^{\mu}-k_b\left(\frac{1}{2}\sum_{j}^{3}z_j^2\right)^{\frac{1+\alpha}{2}}-\tilde{\boldsymbol{\beta}}^{\mathrm{T}}G(\boldsymbol{x})+d\\
&\leqslant-\tilde{k}_bV_2^{\mu}(t)-\tilde{\boldsymbol{\beta}}^{\mathrm{T}}G(\boldsymbol{x})+d
\end{aligned}
\tag{3-61}
$$

其中 k_b=$2^{\mu}k_2$，$\tilde{k}_b=k_{b\min}$，$k_{b\min}=\min\{\tilde{k}_a,k_b\}$。

进一步，定义 Lyapunov 函数 $V_3(t)$ 如下：

$$
V_3(t)=V_2(t)+\frac{1}{2}\mathrm{tr}(\tilde{\boldsymbol{\beta}}^{\mathrm{T}}\tilde{\boldsymbol{\beta}})
\tag{3-62}
$$

对 $V_3(t)$ 求导可得：

$$
\dot{V}_3(t)=\dot{V}_2(t)+\mathrm{tr}(\tilde{\boldsymbol{\beta}}^{\mathrm{T}}\dot{\tilde{\boldsymbol{\beta}}})
\tag{3-63}
$$

将式（3-46）和式（3-61）代入式（3-63）可得：

$$\begin{aligned}\dot{V}_3(t) &\leqslant -\tilde{k}_b V_2^{\mu}(t) - \tilde{\boldsymbol{\beta}}^{\mathrm{T}} G(\boldsymbol{x}) + d + \operatorname{tr}(\tilde{\boldsymbol{\beta}}^{\mathrm{T}} G(\boldsymbol{x}) - \varphi \mathbf{Sig}(\tilde{\boldsymbol{\beta}})^{\alpha}) \\ &= -\tilde{k}_b V_2^{\mu}(t) + \xi \left[\frac{1}{2}\operatorname{tr}(\tilde{\boldsymbol{\beta}}^{\mathrm{T}} \tilde{\boldsymbol{\beta}})\right]^{\frac{\alpha+1}{2}} + d \\ &\leqslant -\tilde{k}_c V_3^{\mu}(t) + d\end{aligned} \tag{3-64}$$

其中，$\xi=2^{\mu}\varphi$，$\tilde{k}_c = 2^{\mu} k_{c\min}$，$\tilde{k}_{c\min} = \min\{\tilde{k}_b, \xi\}$。

对式（3-64），存在一个标量 $0 < k_0 \leqslant 1$，则得到：

$$\dot{V}_3(t) \leqslant -k_0 \tilde{k}_c V_3^{\mu}(t) - (1-k_0)\tilde{k}_c V_3^{\mu}(t) + d \tag{3-65}$$

令集合 $\sum = \{\boldsymbol{x} \mid V_3^{\mu}(t) > \dfrac{d}{(1-k_0)\tilde{k}_c}\}$，从而可得：

$$\dot{V}_3(t) \leqslant -k_0 \tilde{k}_c V_3^{\mu}(t) \tag{3-66}$$

对式（3-66）两边同时积分，得到：

$$T(\boldsymbol{z}(t)) \leqslant \frac{1}{k_0 \tilde{k}_c (1-\mu)} \left[V_3^{1-\mu}(\boldsymbol{z}_0) - \left(\frac{d}{1-k_0 \tilde{k}_c} \right)^{\frac{1-\mu}{\mu}} \right]$$

于是由引理 3.2 可知，设计的死区补偿控制器（3-45）抑制了内部干扰力对 ODW 人机系统跟踪性能的影响，并实现了实用有限时间稳定。控制框图如图 3-12 所示。

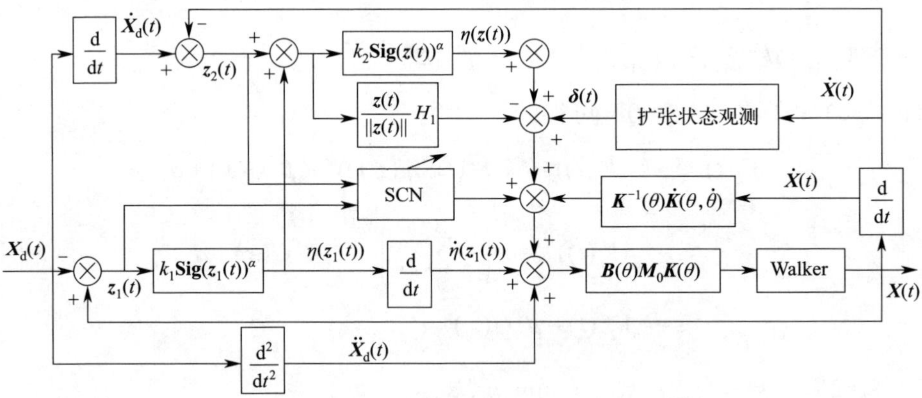

图 3-12　死区补偿控制框图

3.2.4　仿真分析

本节中，通过仿真验证所提出跟踪控制方法在补偿死区和抑制内部干扰力上的有效性。假设医生指定的康复训练轨迹 $x_d(t)$ 如下：

$$x_{\rm d}(t)=20(1-{\rm e}^{-0.2t})$$
$$y_{\rm d}(t)=20(1-{\rm e}^{-0.2t})$$
$$\theta_{\rm d}(t)=\frac{\pi}{4}$$

仿真中 ODW 的物理参数为 M=58kg、L=0.4m、I_0=27.7kg · m^2、r_0=0.1m、$\beta=\frac{\pi}{4}$rad、m=60kg。ODW 运动的初始值和内部干扰力观测的初始值分别如表 3-2 和表 3-3 所示，控制器和观测器参数值分别如表 3-4 和表 3-5 所示。

表 3-2　ODW 运动的初始值

$x(0)$	$y(0)$	$\theta(0)$	$\dot{x}(0)$	$\dot{y}(0)$	$\dot{\theta}(0)$	$x_3(0)$	$y_3(0)$	$\theta_3(0)$
0.01m	0.01m	$\frac{\pi}{4}$rad	0.02m/s	0.02m/s	0.01rad/s	−80N	−9N	−1N

表 3-3　内部干扰力观测的初始值

$\hat{x}(0)$	$\hat{y}(0)$	$\hat{\theta}(0)$	$\dot{\hat{x}}(0)$	$\dot{\hat{y}}(0)$	$\dot{\hat{\theta}}(0)$	$\hat{x}_3(0)$	$\hat{y}_3(0)$	$\hat{\theta}_3(0)$
0.01m	0.01m	$\frac{\pi}{4}$rad	0.02m/s	0.02m/s	0.01rad/s	−80N	−9N	−1N

表 3-4　控制器参数值

ε_1	ε_2	ε_3	α	k_1	k_2	k_3	H_1	φ
112	230.77	10	0.98	0.6	30	0.0001	5.7	14.5

表 3-5　观测器参数值

λ_0	λ_1	λ_2	λ_3
200	10	50	0.14

仿真结果如图 3-13 ～图 3-23 所示。

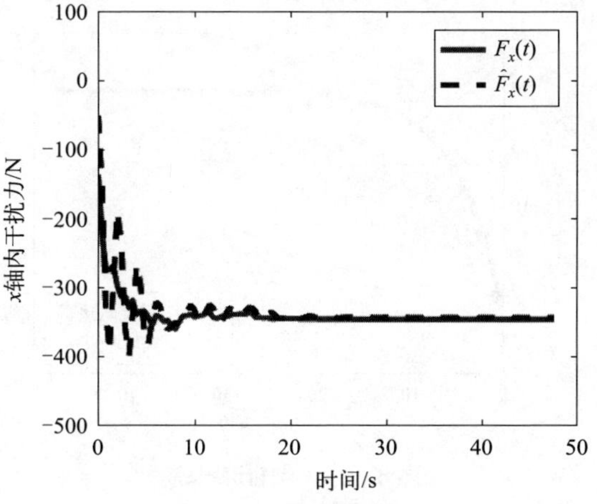

图 3-13　x 轴内干扰力估计

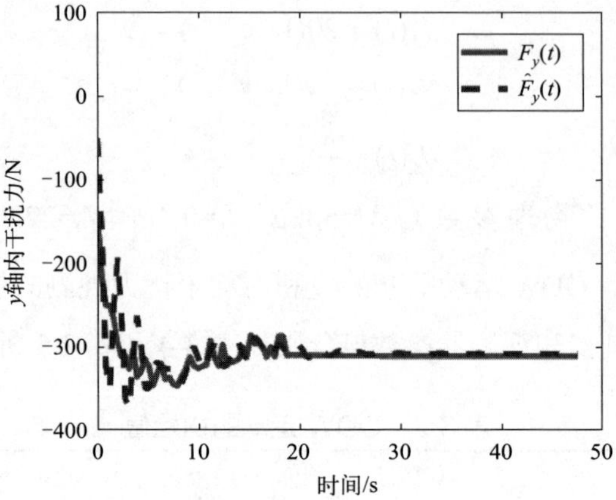

图 3-14 y 轴内干扰力估计

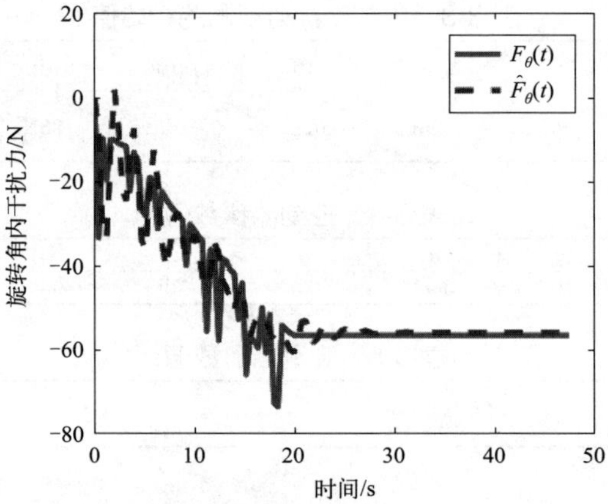

图 3-15 旋转角内干扰力估计

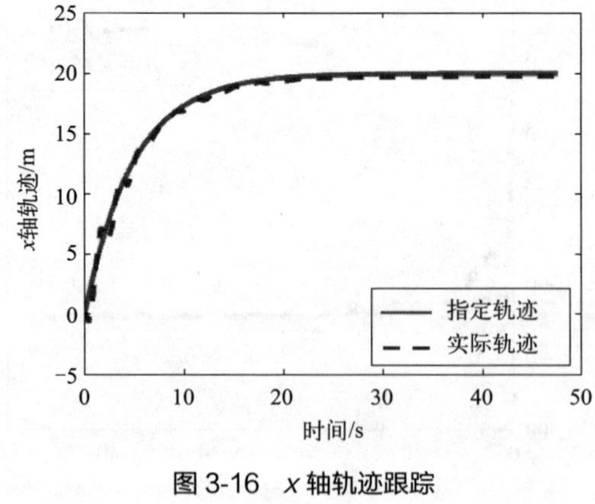

图 3-16 x 轴轨迹跟踪

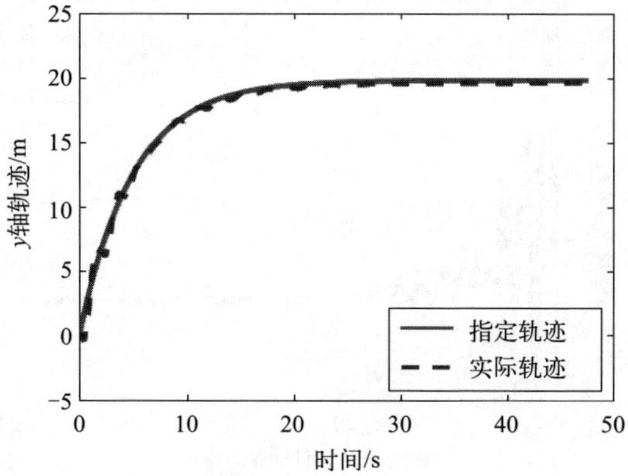

图 3-17　y 轴轨迹跟踪

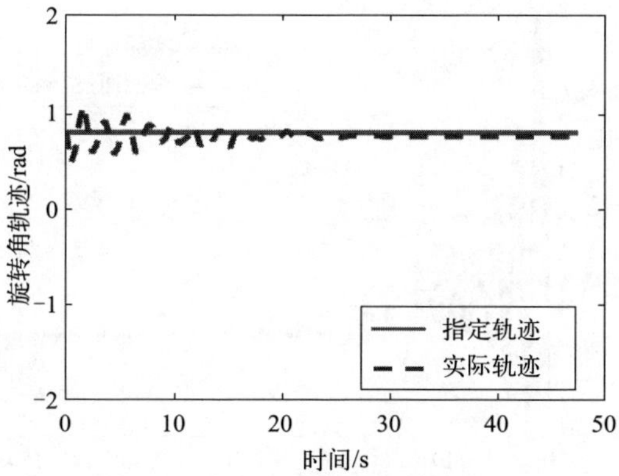

图 3-18　旋转角轨迹跟踪

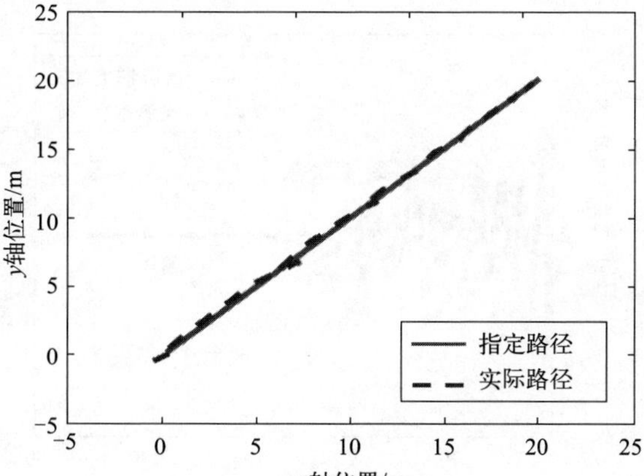

图 3-19　路径跟踪

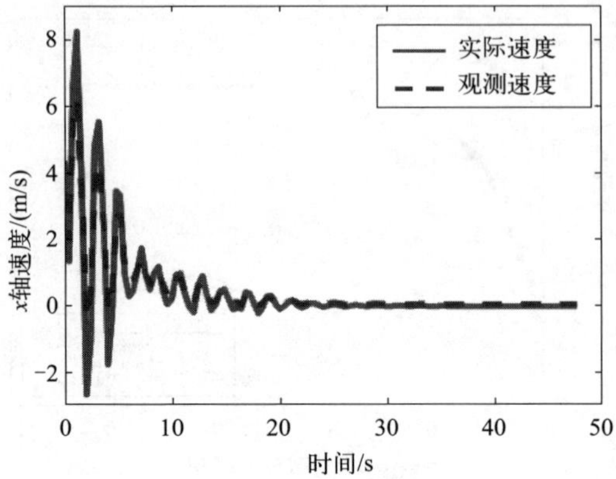

图 3-20 *x* 轴速度观测

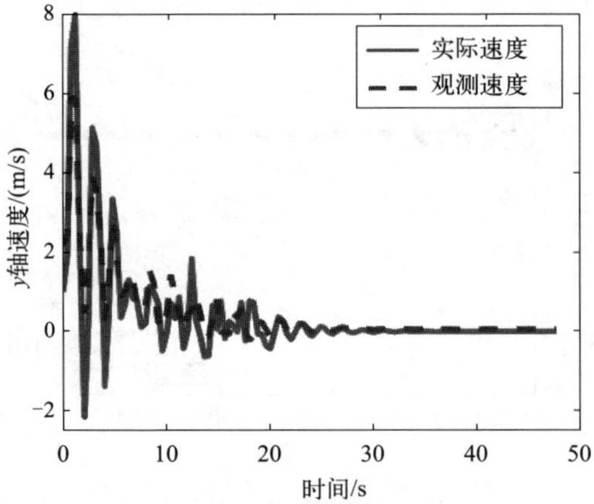

图 3-21 *y* 轴速度观测

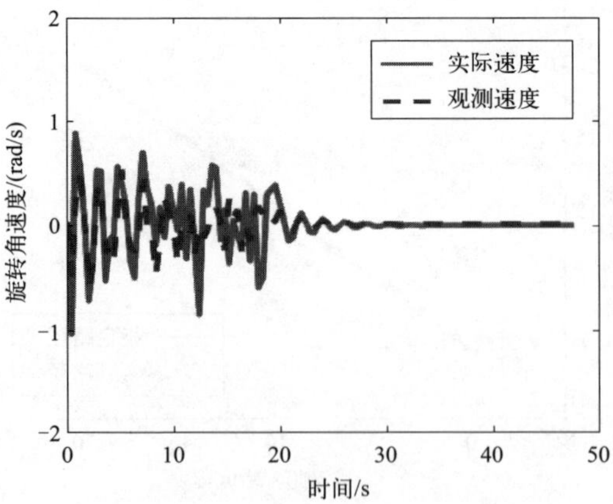

图 3-22 旋转角速度观测

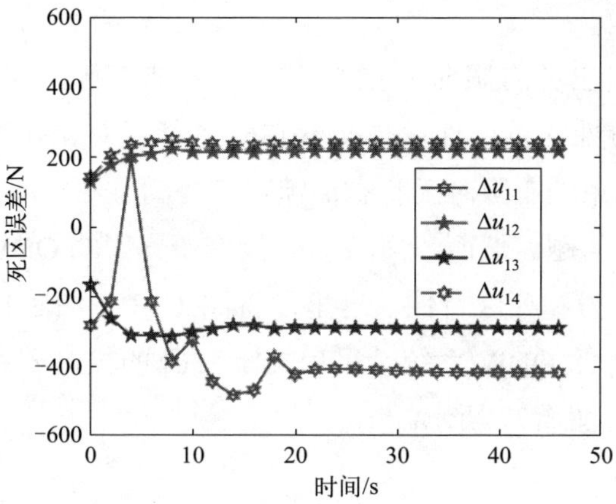

图 3-23　SCN 死区误差估计

图 3-13 ～图 3-15 分别给出了 x 轴、y 轴和旋转角内干扰力的观测结果，由图可知，有限时间观测器有效观测了人机合作运动的内部干扰力，观测误差系统实现了有限时间稳定性。图 3-16 ～图 3-18 分别给出了 x 轴、y 轴和旋转角方向的轨迹跟踪曲线，可以看出，ODW 在有限时间内实现了轨迹跟踪。然而，在初始运动的一段时间内，人机系统跟踪训练存在轻微的稳态误差。一方面，康复者位姿变化引起的内干扰力具有时变特性，在利用有限时间观测器［式 (3-29)］进行观测的过程中会产生小幅度估计误差，使人机系统在轨迹跟踪过程中存在一定偏差；另一方面，有限时间扩张状态观测器除了观测内部干扰力外，还对人机系统的运动速度进行观测，由表 3-4 和表 3-5 可以看出，需要调整的参数很多，有些参数既影响跟踪精度又影响估计误差。因此，需要综合平衡内干扰力观测、轨迹跟踪和运动速度估计的性能。

随着人机系统的持续运动，通过分解模型广义力所设计的控制器，显著抑制了内干扰力对跟踪性能的影响。路径跟踪曲线如图 3-19 所示，该图表明 ODW 能够帮助康复者稳定地进行步行训练。图 3-20 ～图 3-22 给出了 ODW 的速度观测曲线，由图可知，设计的有限时间观测器有效实现了速度估计，观测误差系统达到了有限时间稳定。采用 SCN 网络估计的死区误差如图 3-23 所示，通过随机增加隐含层节点，并在权值自适应律［式 (3-46)］的作用下，获得了经过死区后的控制输入力误差，这为实现精确的控制器奠定了基础。

为了验证所提出的有限时间控制方法和内部干扰力观测方法的有效性，并说明考虑死区特性的重要性，与文献 [36] 进行了对比仿真。文献 [36] 提出了一种具有速度约束的有限时间状态反馈跟踪控制方法，解决了不同康复者质量变化带来的干扰问题。然而，文献 [36] 没有研究影响 ODW 跟踪性能的关键因素，如内部干扰力和死区特性。这里，将图 3-13 ～图 3-15 所示的内部干扰力作用于文献 [36] 的 ODW 系统，采用文献 [36] 的控制器跟踪训练轨迹，仿真结果如图 3-24 ～图 3-27 所示。

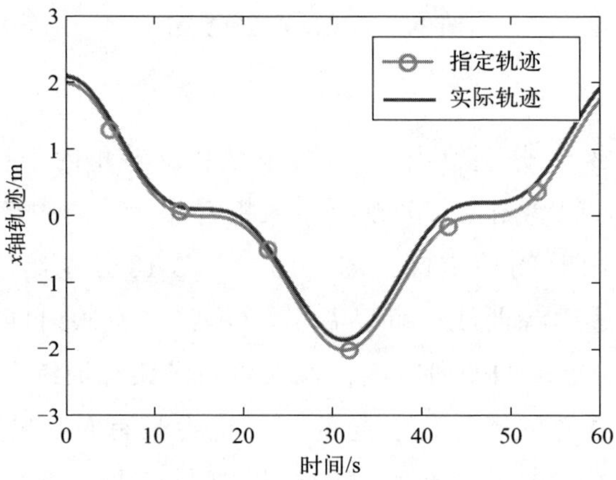

图 3-24　x 轴轨迹跟踪

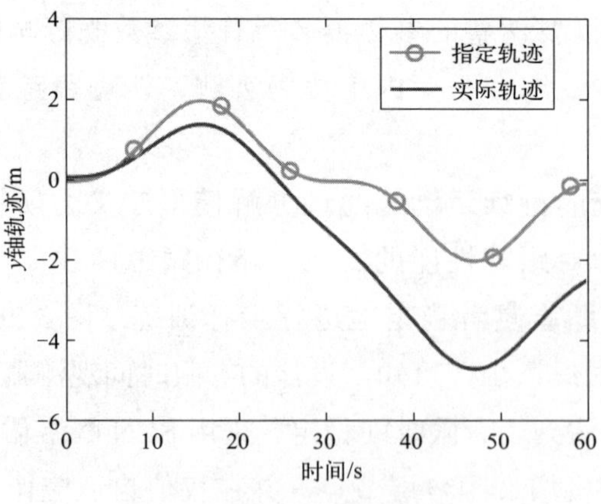

图 3-25　y 轴轨迹跟踪

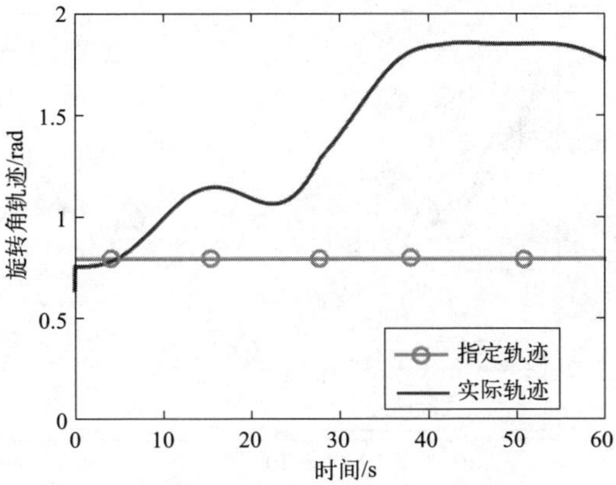

图 3-26　旋转角轨迹跟踪

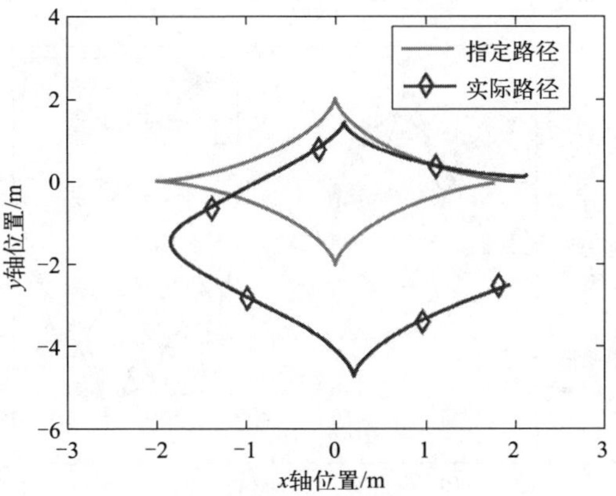

图 3-27　路径跟踪

图 3-24 ～图 3-26 给出了内干扰力环境下人机系统在 x 轴、y 轴和旋转角上的轨迹跟踪曲线，由图可知，文献 [36] 的控制器在人机合作运动过程中无法抑制内干扰力对 ODW 运动的影响，仅能处理不同康复者质量变化对步行训练的干扰。路径跟踪曲线如图 3-27 所示，ODW 的实际运动路径与指定训练路径存在较大的跟踪误差，过大的跟踪误差可能使机器人发生碰撞事故，从而威胁康复者的安全。因此，对于人机合作训练的 ODW 系统，只有从根本上解决内部干扰力的问题，才能真正提高跟踪精度，确保康复者的安全。

进一步，为了说明处理执行器死区特性的必要性，采用文献 [36] 的有限时间状态反馈控制器经过死区后跟踪指定的训练轨迹，控制器参数和训练轨迹与文献 [36] 相同，仿真结果如图 3-28 ～图 3-31 所示。

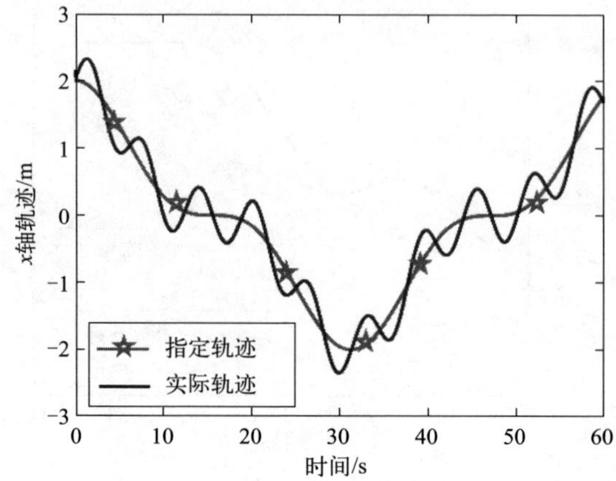

图 3-28　x 轴轨迹跟踪

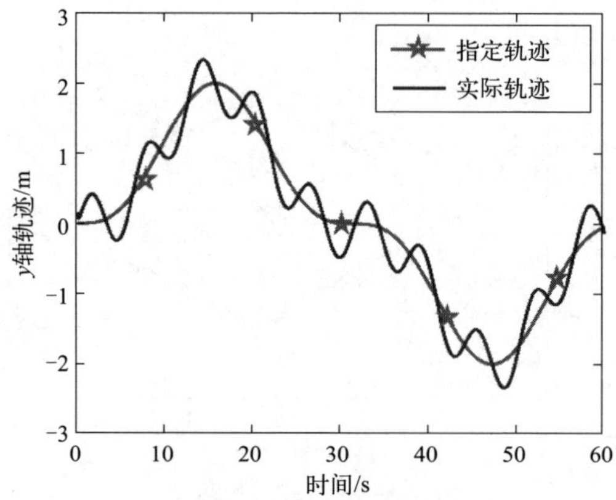

图 3-29　y 轴轨迹跟踪

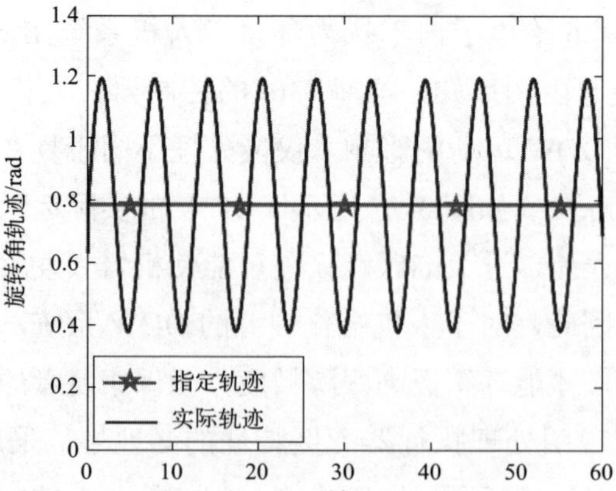

图 3-30　旋转角轨迹跟踪

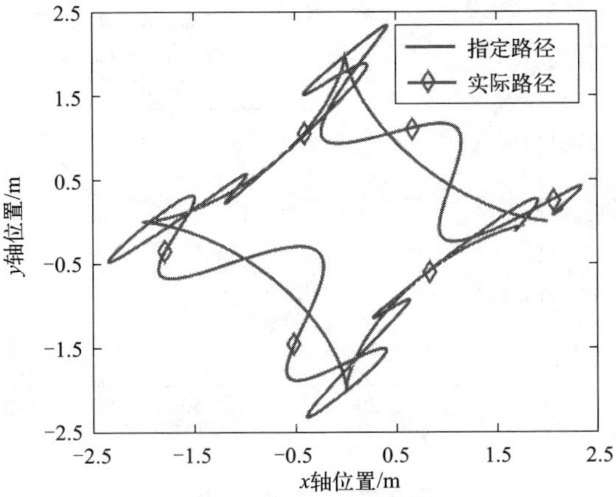

图 3-31　路径跟踪

图 3-28 ～图 3-30 给出了文献 [36] 的控制器经过死区后 ODW 在 x 轴、y 轴和旋转角上的轨迹跟踪曲线。显然，由于死区的影响，ODW 无法在有限时间内实现稳定跟踪，不稳定运动的 ODW 人机系统对康复者是非常危险的。同时，由图 3-31 的跟踪曲线可以看出，ODW 未能实现路径跟踪。由此可知，文献 [36] 的控制器无法解决执行器死区对跟踪性能的影响，随着跟踪误差的累积，ODW 系统严重偏离了指定的训练路径。因此，为了提高跟踪性能，在设计控制器时，死区特性是需要考虑的重要因素。本节采用 SCN 网络估计系统的死区，并自适应地调整网络权值，这为获取人机系统的死区特性提供了一种解决方案；并且，通过对 ODW 系统的死区进行补偿，为人机合作训练提供了精确控制。

为了阐明所提出的有限时间控制算法的有效性，将内部干扰力和死区特性同时应用于文献 [36] 中的 ODW 系统，并应用本节提出的控制器［式(3-45)］跟踪文献 [36] 中的训练轨迹，仿真结果如图 3-32 ～图 3-35 所示。

图 3-32 ～图 3-35 给出了在本节提出的控制器［式(3-45)］作用下，同时考虑内部干扰力和死区特性的 ODW 系统跟踪文献 [36] 中曲线的仿真结果。由图可以看出，控制器［式(3-45)］有效抑制了内部干扰力并补偿了死区对人机系统跟踪运动的影响，ODW 实现了轨迹和路径的稳定跟踪。上述仿真结果清楚地表明，提出的控制器［式(3-45)］有效抑制了文献 [36] 中不同康复者质量变化带来的干扰。可见，本节提出的控制策略提高了人机合作系统的跟踪性能。

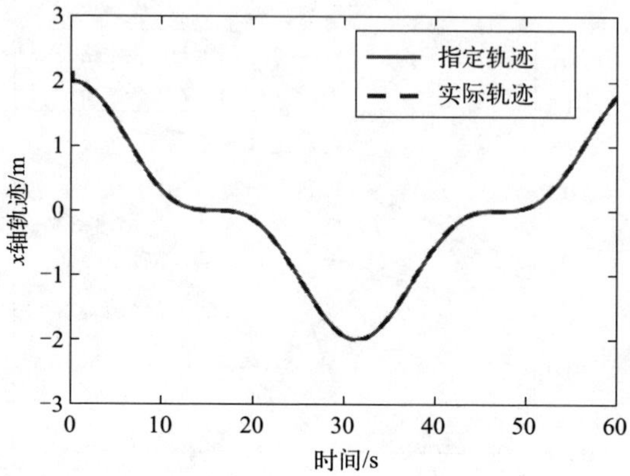

图 3-32　x 轴轨迹跟踪

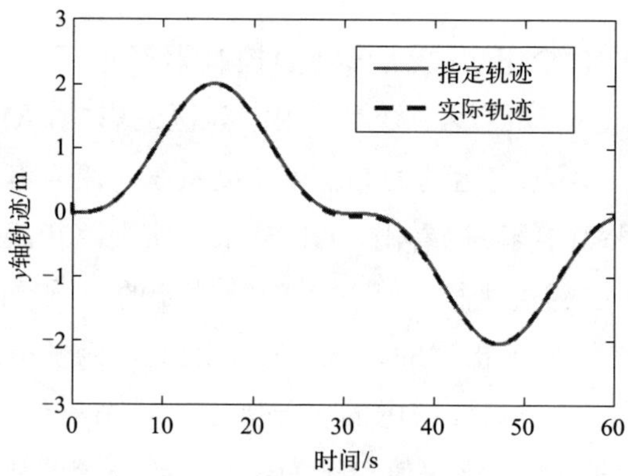

图 3-33　y 轴轨迹跟踪

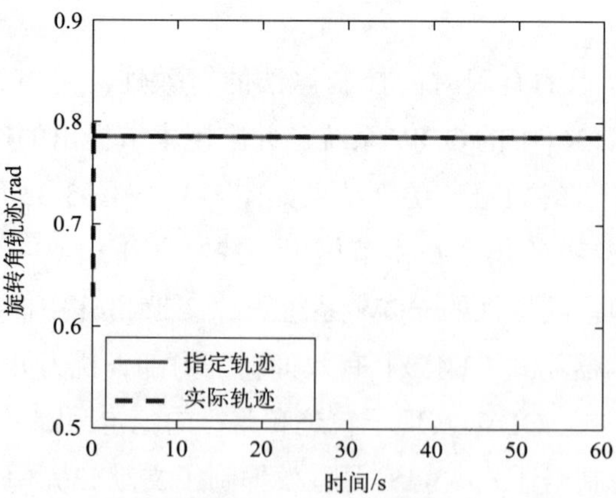

图 3-34　旋转角轨迹跟踪

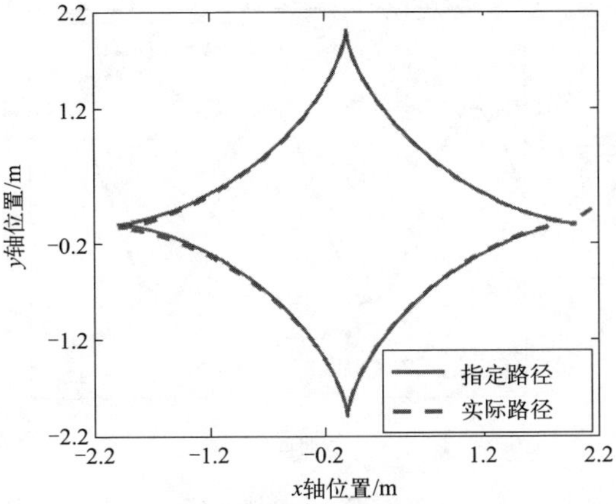

图 3-35 路径跟踪

此外，为了进一步分析文献 [36] 的控制器与本节提出的控制策略的跟踪性能，采用如下积分绝对误差（IAE）性能指标［式（3-67）］进行比较说明，x 轴、y 轴及旋转角的轨迹跟踪 IAE 值如表 3-6 所示。

$$\begin{cases}\mathrm{IAE}(x(t))=\sum_{t=0}^{T}|x(t)-x_{\mathrm{d}}(t)|\\\mathrm{IAE}(y(t))=\sum_{t=0}^{T}|y(t)-y_{\mathrm{d}}(t)|\\\mathrm{IAE}(\theta(t))=\sum_{t=0}^{T}|\theta(t)-\theta_{\mathrm{d}}(t)|\end{cases}\tag{3-67}$$

表 3-6 轨迹跟踪的 IAE 值

指标	IAE（x 轴）	IAE（y 轴）	IAE（旋转角）
本节提出方法	64.6320m	75.1073m	24.4774rad
文献 [36] 方法	89.9043m	81.6201m	32.3720rad

由表 3-6 可以看出，与文献 [36] 的方法相比，本节所提内干扰力抑制和死区补偿的控制策略获得了较小的 IAE 值，这表明所提出的控制器［式（3-45）］有效提高了人机系统的跟踪性能。

为了进一步说明所提控制方法的有效性，与文献 [37] 中一种机械臂有限时间反步控制方法进行了对比分析，将本节考虑的内干扰力和死区特性作用于文献 [37] 的机械臂系统，仿真结果如图 3-36 ～图 3-38 所示。

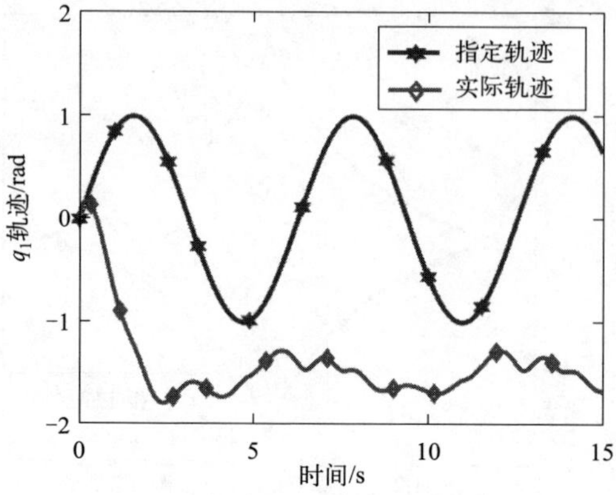

图 3-36　q_1 轨迹跟踪

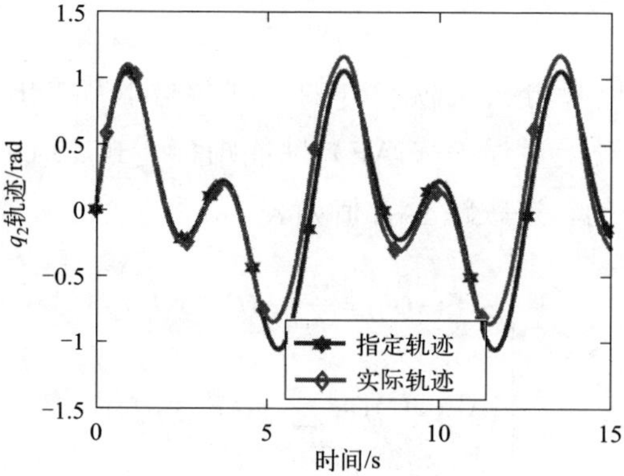

图 3-37　q_2 轨迹跟踪

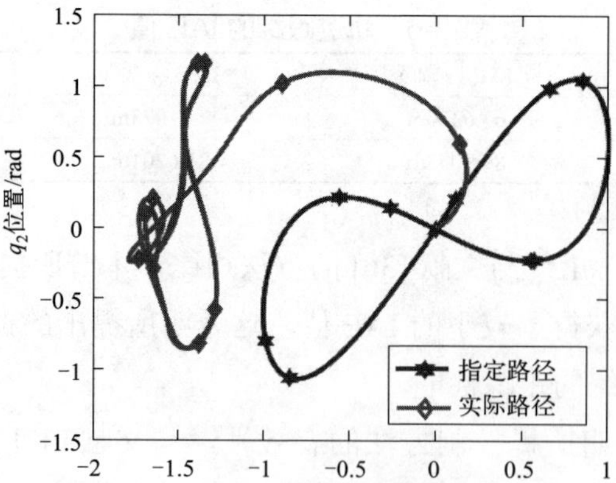

图 3-38　路径跟踪

图 3-36 ～图 3-38 分别给出了机械臂的轨迹和路径跟踪曲线，由图可以看出，文献 [37] 的有限时间反步控制器无法抑制内部干扰力和死区特性对机械臂运动的影响，机械臂实际运动路径远远偏离指定路径，过大的跟踪误差可能导致机械臂发生碰撞事故。这表明本节提出的内干扰力抑制和死区补偿控制方法对于提高跟踪性能具有重要意义。

接下来，为了更加清晰地说明文献 [37] 的控制方法在处理内部干扰力方面的局限性，利用文献 [37] 的自适应有限时间控制方法，结合状态反馈和虚拟控制信息，针对 ODW 跟踪误差系统［式（3-40）］设计控制器，并跟踪本节的训练轨迹 $\boldsymbol{X}_d(t)$。仿真结果如图 3-39 ～图 3-42 所示。

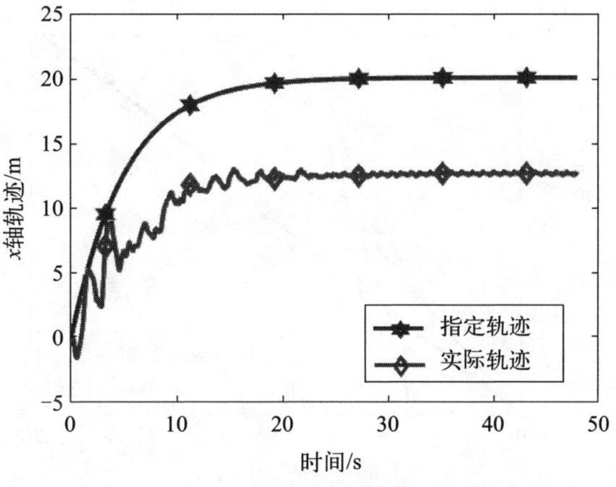

图 3-39　x 轴轨迹跟踪

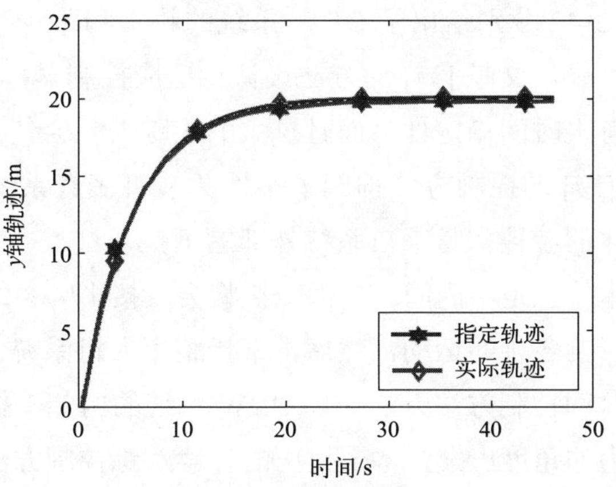

图 3-40　y 轴轨迹跟踪

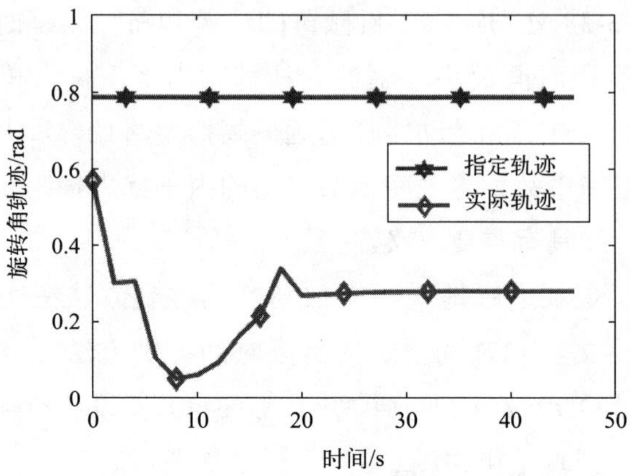

图 3-41　旋转角轨迹跟踪

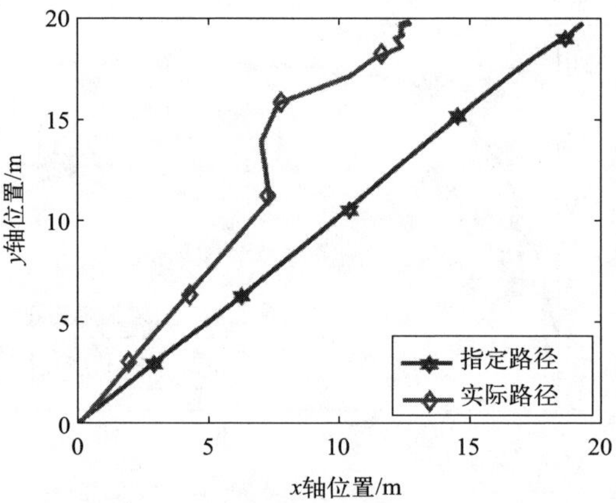

图 3-42　路径跟踪

图 3-39 ～图 3-42 分别给出了 ODW 系统的轨迹和路径跟踪曲线。从图中可以清晰地看到，采用文献 [37] 的方法设计自适应控制器，ODW 跟踪误差系统不仅无法实现有限时间稳定性，而且过大的跟踪误差会使 ODW 面临碰撞的危险。虽然文献 [37] 的控制方法抑制了柔性关节机械臂系统的不确定参数变化，但是这些变化的参数都是来自系统外部的干扰，这与本节考虑的 ODW 系统内部干扰力在本质上是不同的。外部干扰将会直接影响系统的跟踪性能，而内部干扰首先会影响各轴的运动，然后再干扰整个人机系统。因此，文献 [37] 中的自适应有限时间控制方法无法处理 ODW 系统的内部干扰力，而从有限时间观测内部干扰力的角度出发，本节提出的补偿跟踪控制方法是处理人机系统内部干扰的一项重要技术。

接下来，为了表明本节提出的死区估计和死区抑制方法的优越性，继续与文献 [37] 进行了仿真对比。文献 [37] 针对柔性关节机器人，设计了具有未知死区输入的状态反馈跟踪控制器。这里，采用文献 [37] 处理死区的方法设计 ODW 系统的跟踪控制器，并跟踪指定的训练轨迹，仿真结果如图 3-43 ～图 3-46 所示。

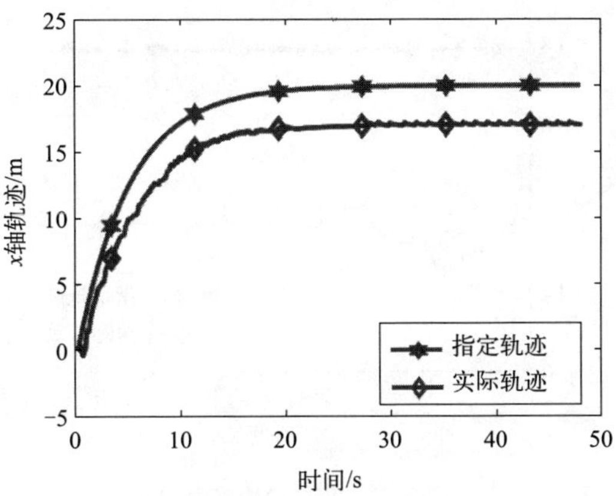

图 3-43　x 轴轨迹跟踪

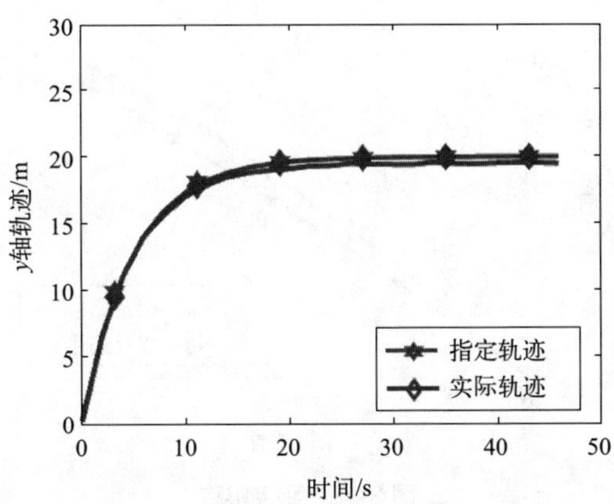

图 3-44　y 轴轨迹跟踪

图 3-43 ～图 3-46 分别描述了在不对称死区环境［式（3-31）］下，ODW 的轨迹和路径跟踪曲线。由图可以看出，ODW 在跟踪指定轨迹时产生了较大的误差，这表明文献 [37] 处理未知输入死区的方法无法处理本节研究的不对称死区，

其主要原因在于文献 [37] 将未知输入死区视为有界量，而有界值的大小无法提前预测，导致抑制死区过程中产生误差。本节提出的带有自适应律权值的 SCN 死区估计方法，能够更加准确地观测系统的未知死区，从而实现准确的补偿控制，以消除死区对跟踪性能的影响，为处理系统的未知死区提供了方法。

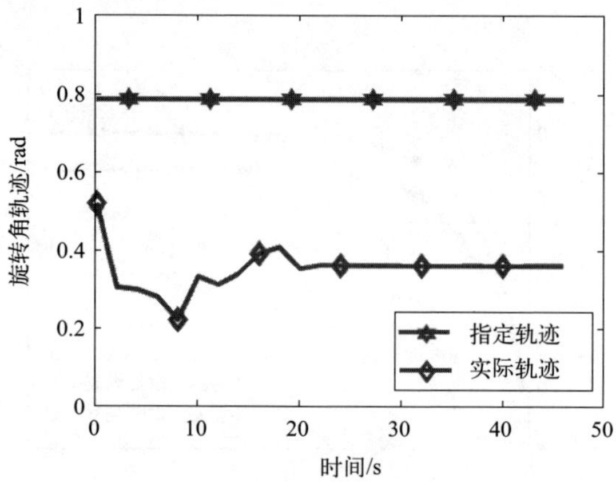

图 3-45　旋转角轨迹跟踪

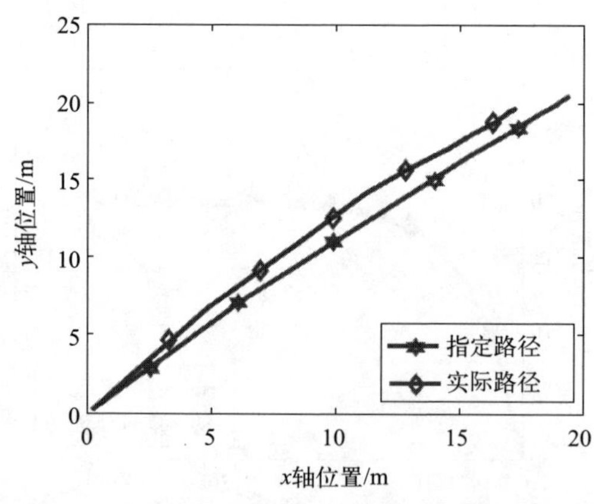

图 3-46　路径跟踪

3.3　本章小结

本章研究了康复步行训练机器人具有死区特性的有限时间跟踪控制问题，

提出了一种 Backstepping 有限时间控制器设计方法及死区宽度自适应估计方法，抑制了死区特性对系统跟踪性能的影响；基于 Lyapunov 理论，验证了跟踪误差系统的有限时间稳定性，从而避免暂态运动产生较大的跟踪误差，提高了 ODW 系统的跟踪精度，保障了训练者的安全；在此基础上，进一步考虑了人机系统的输入死区特性和内部干扰力，设计了一种新颖的有限时间观测器获取内部干扰力，并采用 SCN 方法估计输入死区；提出了有限时间补偿跟踪控制策略，抑制死区和内部干扰力对跟踪性能的影响，并保证观测器误差系统和跟踪误差系统的有限时间稳定性。仿真和对比分析结果表明，应用本章提出的控制方法，ODW 能够为康复者提供精确的跟踪运动，为处理人机系统死区和内部干扰力提供了新技术。

参考文献

[1] Meng W，Liu Q，Zhou Z，et al. Recent development of mechanisms and control strategies for robot-assisted lower limb rehabilitation [J]. Mechatronics，2015，31：132-145.

[2] Fathe M M，Khoshdel V. Voltage-based adaptive impedance force control for a lower-limb rehabilitation robot [J]. Advanced Robotics，2015，29（15）：961-971.

[3] Sanz-Merodio D，Cestari M，Arevalo J C，et al. Generation and control of adaptive gaits in lower limb exoskeletons for motion assistance [J]. Advanced Robotics，2014，28（5）：329-338.

[4] Sun P，Wang S Y. Redundant input safety tracking for omnidirectional rehabilitative training walker with control constraints [J]. Asian Journal of Control，2017，19（1）：116-130.

[5] Yun D，Khan A M，Yan R J，et al. Handling subject arm uncertainties for upper limb rehabilitation robot using robust sliding mode control [J]. International Journal of Precision Engineering and Manufacturing，2016，17（3）：355-362.

[6] Wen Z，Qian J W，Shen L Y. Experimental research on trajectory control of walking rehabilitation training robot [J]. Applied Mechanics and Materials，2012，187（2）：177-185.

[7] Hu C，Yao B，Wang Q. Adaptive robust precision motion control of systems with unknown input dead-zones：A case study with comparative experiments [J]. IEEE Transactions on Industrial Electronics，2011，58（6）：2454-2464.

[8] 杨航，刘凌，倪骏康，等 . 双关节刚性机器人自适应 BP 神经网络算法 [J]. 西安交通大学学报，2018，52（01）：129-135.

[9] Ibrir S，Xie W F，Su C Y. Adaptive tracking of nonlinear systems with non-symmetric deadzone input [J]. Automatica，2007，43（3）：522-530.

[10] Zuo Z，Ju X，Ding Z. Control of gear transmission servo systems with asymmetric deadzone nonlinearity [J]. IEEE Transactions on Control Systems Technology，2016，24（4）：1472-1479.

[11] Shi Z，Zuo Z. Backstepping control for gear transmission servo systems with backlash nonlinearity [J]. IEEE Transactions on Automation Science and Engineering，2015，12(2)：752-757.

[12] 孙平，丁雨珊 . 全方向康复步行训练机器人具有死区补偿的反哺有限时间控制 [J]. 西安交通大学学报，2020，54（7）：1-9.

[13] Yu J，Zhao L，Yu H，et al. Fuzzy finite-time command filtered control of nonlinear systems with input saturation [J]. IEEE Transactions on Cybernetics，2018，48（8）：2378-2387.

[14] Yu J P，Shi P，Zhao L. Finite-time command filtered Backstepping control for a class of nonlinear systems [J]. Automatica，2018，92：173-180.

[15] Liu H T，Zhang T. Adaptive neural network finite-time control for uncertain robotic manipulators [J]. Journal of Intelligent & Robotic Systems，2014，75（3）：363-377.

[16] Na J，Mahyuddin M N，Herrmann G，et al. Robust adaptive finite time parameter estimation and control for robotic systems [J]. International Journal of Robust and Nonlinear Control，2015，25（16）：3045-3071.

[17] Van M，Ge S S，Ren H L. Finite time fault tolerant control for robot maniputarors using time delay estimation and continuous nonsingular fast terminal sliding mode control [J]. IEEE Transactions on Cybernetics，2017，47（7）：1681-1693.

[18] Yu H，Huang S，Chen G，et al. Human–robot interaction control of rehabilitation robots with series elastic actuators [J]. IEEE Transactions on Robotics，2015，31（5）：1089-1100.

[19] Zhang J，Cheah C C. Passivity and stability of human–robot interaction control for upper-limb rehabilitation robots [J]. IEEE Transactions on Robotics，2015，31（2）：233-245.

[20] Sharifi M，Behzadipour S，Vossoughi G. Nonlinear model reference adaptive impedance control for human–robot interactions [J]. Control Engineering Practice，2014，32：9-27.

[21] Knaepen K，Beyl P，Duerinck S，et al. Human-robot interaction：kinematics and muscle activity inside a powered compliant knee exoskeleton [J]. IEEE Transactions on Neural Systems & Rehabilitation Engineering，2014，22（6）：1128-1137.

[22] Chen X，Zeng Y，Yin Y. Improving the transparency of an exoskeleton knee joint based on the understanding of motor intent using energy kernel method of EMG [J]. IEEE Transactions on Neural Systems & Rehabilitation Engineering，2017，25（6）：577-588.

[23] Grosu V，Grosu S，Vanderborght B，et al. Multi-axis force sensor for human-robot interaction sensing in a rehabilitation robotic device [J]. Sensors，2017，17（6）：1294-1307.

[24] Ka D M，Hong C，Toan T H，et al. Minimizing human-exoskeleton interaction force by using global fast sliding mode control [J]. International Journal of Control Automation and Systems，2016，14（4）：1064-1073.

[25] Yu L，Huang J，Fei S. Sliding mode switching control of manipulators based on disturbance observer [J]. Circuits Systems & Signal Processing，2017，36（6）：2574-2585.

[26] Ai Q，Zhu C，Zuo J，et al. Disturbance-estimated adaptive backstepping sliding mode control of a pneumatic muscles-driven ankle rehabilitation robot [J]. Sensors. 2017，18（1）：66-87.

[27] Mohammed S，Huo W，Huang J，et al. Nonlinear disturbance observer based sliding mode control of a human-driven knee joint orthosis [J]. Robotics & Autonomous Systems，2016，75：41-49.

[28] Chen M. Robust tracking control for self-balancing mobile robots using disturbance observer [J]. IEEE/CAA Journal of Automatica Sinica，2017，4（3）：458-465.

[29] Bouakrif F. Trajectory tracking control using velocity observer and disturbances observer for uncertain robot manipulators without tachometers [J]. Meccanica，2017，52（4/5）：861-875.

[30] Sun P，Shan R，Wang S Y，et al. Finite-time compensation control with dead-zone estimation for a rehabilitative walker considering internal disturbance forces [J]. ISA Transactions，2024，152：256-268.

[31] Sun P，Wang S Y，Karimi H R. Robust redundant input reliable tracking control for omnidirectional rehabilitative training walker [J]. Mathematical Problems in Engineering，2014，2014：1-10.

[32] Bhat S P，Bernstein D S. Finite-time stability of continuous autonomous systems [J]. SIAM

Journal on Control and Optimization，2000，38（3）：751-766.

[33] 孙平．不确定康复机器人速度与加速度同时约束的跟踪控制 [J]. 北京理工大学学报，2018，38（10）：1067-1072.

[34] Cui M Y，Wu Z J，Xie X J，et al. Modeling and adaptive tracking for a class of stochastic Lagrangian control systems [J]. Automatica，2013，49（3）：770-779.

[35] Zhai D H，Xia Y Q. Adaptive finite-time control for nonlinear teleoperation systems with asymmetric time-varying delays [J]. International Journal of Robust and Nonlinear Control，2016，26：2586-2607.

[36] Sun P，Wang S Y，Shan R. Finite-time tracking control with velocity constraints for the stochastic rehabilitative training walker systems considering different rehabilitee masses [J]. Nonlinear Dynamics，2021，106（4）：3285-3304.

[37] Datouo R，Ahanda J，Melingui A，et al. Adaptive fuzzy finite-time command-filtered backstepping control of flexible-joint robots [J]. Robotics，2021，39（6）：1081-1100.

第4章

康复机器人人机合作环境估计的数据驱动控制

康复机器人实际应用中，通常需要跟踪医生指定的训练轨迹，研究者们提出了多种跟踪控制方法，如下肢康复机器人的自适应滑模控制[1]、踝关节康复机器人的事件触发力位混合控制[2]、下肢外骨骼的模糊解耦控制[3]等。然而，上述控制方法均依赖人机系统的数学模型，当训练者的位姿发生变化时会改变系统模型参数，从而直接劣化了系统的跟踪性能。

事实上，在机器人帮助康复者完成步行训练的过程中，人机系统运动环境经常发生变化，建立精确的系统模型是不现实的[4,5]。近年来，由于数据驱动控制仅利用系统的输入和输出数据信息，不需要被控系统的数学模型而得到了广泛应用[6,7]。文献 [8] 提出了数据驱动自适应迭代学习控制方法，提高了康复训练机器人的跟踪精度；文献 [9] 设计了三自由度腕部康复并联机器人的数据驱动控制器，抑制了环境干扰对机器人运动的影响。虽然上述数据驱动控制解决了对系统模型依赖的问题，但是康复机器人不同于一般的机械系统，需要限制其跟踪运动的误差[10]。如果误差过大，人机系统存在发生碰撞的危险。因此，研究跟踪误差约束的数据驱动控制方法，对保护康复者的安全极为重要。

实际上，关于康复机器人数据驱动控制方法的研究，不仅需要利用跟踪误差修正机器人的实际运动位置，还要保证跟踪误差系统的稳定性，如果再同时考虑跟踪误差约束，无疑增加了数据驱动控制器的设计难度。事件触发控制由于触发条件设计具有灵活性[11]，在动力系统定位控制[12]、无人车跟踪控制[13]、时延系统渐近跟踪[14]等应用场景中实现了高性能控制系统的设计，因此，探索康复训练机器人的数据驱动控制方法，同时利用触发条件约束跟踪误差，对提高人机系统的跟踪精度和安全性具有研究价值。

另外，康复机器人是一种人机合作系统，康复者的位姿变化、支撑身体重量对机器人的阻力等因素产生的人机合作环境，将严重干扰机器人的正常运动[15, 16]。近年来，将人机合作环境视为外部干扰，采用观测器方法取得了一些研究成果[17-20]。然而，上述方法对系统干扰的观测依赖于数学模型，而模型往往具有未建模动态特性[4]，导致实际应用中观测的人机合作环境往往存在较大偏差，使观测器方法具有局限性[21]。因此，对康复机器人系统人机合作环境的研究具有一定难度。

鉴于上述分析，本章研究康复机器人的数据驱动控制方法，并考虑人机合作环境对机器人运动的影响。通过研究安全触发数据驱动控制方法，并利用触发条件实现跟踪误差约束；进一步，对人机合作环境进行数据驱动估计，并设计数据驱动控制器补偿环境对跟踪性能的影响；在此基础上，研究速度和输入力同时约束的数据驱动控制方法，抑制环境干扰对机器人运动的影响，提高跟踪精度，为康复机器人系统设计提供参考方法。

4.1 康复机器人安全触发数据驱动控制

4.1.1 数据驱动模型系数矩阵的估计

假设 4.1 数据驱动模型（2-45）的系数矩阵 $\boldsymbol{\varphi}(k)$ 满足对角占优条件，即：

$$|\varphi_{\delta\sigma}(k)| < b_1,\ b_2 \leqslant |\varphi_{\delta\delta}(k)| \leqslant ab_2,\ \delta=1,2,3;\ \sigma=1,2,3;\ \delta\neq\sigma$$

其中，b_1、b_2 表示两个正常数并且 $a \geqslant 1$，同时满足 $b_2 > 2b_1(2a+1)$。

对于康复机器人系统运动轨迹数据驱动模型（2-45），其中系数矩阵 $\boldsymbol{\varphi}(k)$ 未知，为了构建数据驱动控制器，需要对其进行估计。于是设计 $\boldsymbol{\varphi}(k)$ 估计的性能函数如下：

$$J(\boldsymbol{\varphi}(k))=\min\{\|\Delta\boldsymbol{X}(k)-\boldsymbol{\varphi}(k)\Delta\boldsymbol{u}(k-1)\|^2+\mu_1\|\boldsymbol{\varphi}(k)-\boldsymbol{\varphi}(k-1)\|^2\} \tag{4-1}$$

其中 $\mu_1 > 0$ 表示一个常数。

对式（4-1）中关于 $\boldsymbol{\varphi}(k)$ 极小化运算得到：

$$-2(\Delta\boldsymbol{X}(k)-\boldsymbol{\varphi}(k)\Delta\boldsymbol{u}(k-1))\Delta\boldsymbol{u}^{\mathrm{T}}(k-1)+2\mu_1(\boldsymbol{\varphi}(k)-\boldsymbol{\varphi}(k-1))=0 \tag{4-2}$$

进而可得：

$$\boldsymbol{\varphi}(k)=(\mu_1\boldsymbol{\varphi}(k-1)+\Delta\boldsymbol{X}(k)\Delta\boldsymbol{u}^{\mathrm{T}}(k-1))(\Delta\boldsymbol{u}(k-1)\Delta\boldsymbol{u}^{\mathrm{T}}(k-1)+\mu_1\boldsymbol{I})^{-1} \tag{4-3}$$

利用式（4-3）设计 $\boldsymbol{\varphi}(k)$ 的递推数据估计 $\hat{\boldsymbol{\varphi}}(k)$ 表达形式如下：

$$\hat{\boldsymbol{\varphi}}(k)=\hat{\boldsymbol{\varphi}}(k-1)+\frac{\rho_1(\Delta\boldsymbol{X}(k)-\hat{\boldsymbol{\varphi}}(k-1)\Delta\boldsymbol{u}(k-1))}{\mu_1+\|\Delta\boldsymbol{u}(k-1)\|^2}\Delta\boldsymbol{u}^{\mathrm{T}}(k-1) \tag{4-4}$$

其中，$\rho_1\in(0,2]$，并且 $\hat{\boldsymbol{\varphi}}(k)$ 的更新计算方法设计如下：

$$\begin{cases}\hat{\varphi}_{\delta\delta}(k)=\hat{\varphi}_{\delta\delta}(1),|\hat{\varphi}_{\delta\delta}(k)|<b_2\text{或}|\hat{\varphi}_{\delta\delta}(k)|>ab_2\text{或}\operatorname{sgn}(\hat{\varphi}_{\delta\delta}(k))\neq\operatorname{sgn}(\hat{\varphi}_{\delta\delta}(1))\\ \hat{\varphi}_{\delta\sigma}(k)=\hat{\varphi}_{\delta\sigma}(1),|\hat{\varphi}_{\delta\sigma}(k)|>b_1\text{或}\operatorname{sgn}(\hat{\varphi}_{\delta\sigma}(k))\neq\operatorname{sgn}(\hat{\varphi}_{\delta\sigma}(1)),\delta\neq\sigma\end{cases} \tag{4-5}$$

定理 4.1　对于 ODW 人机系统数据驱动模型（2-45），设计的式（4-5）递推数据估计 $\hat{\boldsymbol{\varphi}}(k)$ 实现了 $\boldsymbol{\varphi}(k)$ 的估计，其中 $\tilde{\boldsymbol{\varphi}}(k)=\boldsymbol{\varphi}(k)-\hat{\boldsymbol{\varphi}}(k)$。

证明： 令 $\hat{\boldsymbol{\varphi}}(k)=[\hat{\boldsymbol{\varphi}}_1(k)\quad\hat{\boldsymbol{\varphi}}_2(k)\quad\hat{\boldsymbol{\varphi}}_3(k)]^{\mathrm{T}}$，$\hat{\boldsymbol{\varphi}}_\delta(k)=[\hat{\boldsymbol{\varphi}}_{\delta1}(k)\quad\hat{\boldsymbol{\varphi}}_{\delta2}(k)\quad\hat{\boldsymbol{\varphi}}_{\delta3}(k)]$。$\hat{\boldsymbol{\varphi}}(k)$ 估计表达式（4-4）可以写为：

$$\tilde{\boldsymbol{\varphi}}_\delta(k)=\hat{\boldsymbol{\varphi}}_\delta(k-1)+\frac{\rho_1(\Delta\boldsymbol{X}_\delta(k)-\hat{\boldsymbol{\varphi}}_\delta(k-1)\Delta\boldsymbol{u}(k-1))}{\mu_1+\|\Delta\boldsymbol{u}(k-1)\|^2}\Delta\boldsymbol{u}^{\mathrm{T}}(k-1) \tag{4-6}$$

式（4-6）两边同时减去 $\boldsymbol{\varphi}_\delta(k)$ 可得：

$$\tilde{\boldsymbol{\varphi}}_\delta(k)=\hat{\boldsymbol{\varphi}}_\delta(k-1)-\frac{\rho_1(\Delta\boldsymbol{X}_\delta(k)-\hat{\boldsymbol{\varphi}}_\delta(k-1)\Delta\boldsymbol{u}(k-1))}{\mu_1+\|\Delta\boldsymbol{u}(k-1)\|^2}\Delta\boldsymbol{u}^{\mathrm{T}}(k-1)+\boldsymbol{\varphi}_\delta(k)-\boldsymbol{\varphi}_\delta(k-1) \tag{4-7}$$

进一步，利用数据驱动模型（2-45）和式（4-7）可得：

$$\tilde{\boldsymbol{\varphi}}_\delta(k)=\hat{\boldsymbol{\varphi}}_\delta(k-1)-\frac{\rho_1\tilde{\boldsymbol{\varphi}}_\delta(k-1)\Delta\boldsymbol{u}(k-1)}{\mu_1+\|\Delta\boldsymbol{u}(k-1)\|^2}\Delta\boldsymbol{u}^{\mathrm{T}}(k-1)+\boldsymbol{\varphi}_\delta(k)-\boldsymbol{\varphi}_\delta(k-1) \tag{4-8}$$

由于 ODW 帮助康复者步行训练是一个缓慢运动变化过程，于是可以近似得到 $\boldsymbol{\varphi}(k)=\boldsymbol{\varphi}(k-1)$，进而可得：

$$\|\tilde{\boldsymbol{\varphi}}_\delta(k)\|\leqslant\left\|\tilde{\boldsymbol{\varphi}}_\delta(k-1)\left(\boldsymbol{I}_3-\frac{\rho_1\Delta\boldsymbol{u}(k-1)\Delta\boldsymbol{u}^{\mathrm{T}}(k-1)}{\mu_1+\|\Delta\boldsymbol{u}(k-1)\|^2}\right)\right\| \tag{4-9}$$

进一步有：

$$\begin{aligned}\left\|\tilde{\boldsymbol{\varphi}}_\delta(k-1)\left[\boldsymbol{I}_3-\frac{\rho_1\Delta\boldsymbol{u}(k-1)\Delta\boldsymbol{u}^{\mathrm{T}}(k-1)}{\mu_1+\|\Delta\boldsymbol{u}(k-1)\|^2}\right]\right\|^2&=\|\tilde{\boldsymbol{\varphi}}_\delta(k-1)\|^2\\ &+\left[-2+\frac{\rho_1\|\Delta\boldsymbol{u}(k-1)\|^2}{\mu_1+\|\Delta\boldsymbol{u}(k-1)\|^2}\right]\frac{\rho_1\|\tilde{\boldsymbol{\varphi}}_\delta(k-1)\Delta\boldsymbol{u}(k-1)\|^2}{\mu_1+\|\Delta\boldsymbol{u}(k-1)\|^2}\end{aligned} \tag{4-10}$$

由于 $\rho_1\in(0,2]$ 和 $\mu_1>0$，可以得到：

$$-2+\frac{\rho_1\|\Delta\boldsymbol{u}(k-1)\|^2}{\mu_1+\|\Delta\boldsymbol{u}(k-1)\|^2}<0 \tag{4-11}$$

根据式（4-10）和式（4-11），存在常数 $0 < d_1 \leqslant 1$，使得如下不等式成立：

$$\left\|\tilde{\boldsymbol{\varphi}}_\delta(k-1)\left[\boldsymbol{I}_3-\frac{\rho_1\Delta\boldsymbol{u}(k-1)\Delta\boldsymbol{u}^{\mathrm{T}}(k-1)}{\mu_1+\|\Delta\boldsymbol{u}(k-1)\|^2}\right]\right\|\leqslant d_1\|\tilde{\boldsymbol{\varphi}}_\delta(k-1)\| \tag{4-12}$$

这样根据式（4-9）和式（4-12）可得：

$$\|\tilde{\boldsymbol{\varphi}}_\delta(k)\|\leqslant d_1\|\tilde{\boldsymbol{\varphi}}_\delta(k-1)\|\leqslant\cdots\leqslant d_1^{n-1}\|\tilde{\boldsymbol{\varphi}}_\delta(1)\| \tag{4-13}$$

于是由式（4-13）可知，随着人机系统输入输出数据不断增多，估计误差 $\tilde{\boldsymbol{\varphi}}(k)$ 逐渐收敛至零，从而实现了 $\boldsymbol{\varphi}(k)$ 的估计，定理 4.1 得证。

4.1.2 安全触发数据驱动控制器的设计

令 $\boldsymbol{X}_\mathrm{d}(k)$ 表示医生指定的康复训练轨迹，并设计轨迹跟踪误差为 $\boldsymbol{e}(k)=\boldsymbol{X}_\mathrm{d}(k)-\boldsymbol{X}(k)$。

设计安全触发数据驱动控制器如下：

$$\boldsymbol{u}(k)=\begin{cases}\boldsymbol{u}(k_{i-1})+\boldsymbol{P}(k)\boldsymbol{e}(k_i), & k=k_i\\ \boldsymbol{u}(k_{i-1}), & k\in(k_{i-1},k_i)\end{cases} \tag{4-14}$$

其中，$\boldsymbol{P}(k)=\dfrac{\rho_2\hat{\boldsymbol{\varphi}}^{\mathrm{T}}(k)}{\mu_2+\|\hat{\boldsymbol{\varphi}}(k)\|^2}$，$0 < \rho_2 < 1$ 和 $\mu_2 > 0$ 表示控制器调节参数。$k_i(i=1,2,\cdots)$ 表示控制器第 i 次触发时刻，设计触发条件如下：

当 $k=k_i$，$i=1$ 时：

$$\|\boldsymbol{e}(k)\| \geqslant \varepsilon \tag{4-15}$$

当 $k=k_i$，$i=2,3,4,\cdots$ 时：

$$\|\boldsymbol{e}(k)\|\geqslant\varepsilon\text{或}\|\tilde{\boldsymbol{e}}(k)\|^2>\frac{Z(k)}{\dfrac{1}{\varepsilon_0^2}\|\boldsymbol{I}_3-\boldsymbol{\varphi}(k)\boldsymbol{P}(k)\|^2} \tag{4-16}$$

$$Z(k)=\|\boldsymbol{e}(k)\|^2-\frac{1}{\varepsilon_0^2}\left\|\left(\boldsymbol{I}_3-\frac{\rho_2\boldsymbol{\varphi}(k)\hat{\boldsymbol{\varphi}}^{\mathrm{T}}(k)}{\mu_2+\|\hat{\boldsymbol{\varphi}}(k)\|^2}\right)\boldsymbol{e}(k)+\boldsymbol{X}_\mathrm{d}(k+1)-\boldsymbol{X}_\mathrm{d}(k)\right\|^2 \tag{4-17}$$

其中 $\tilde{\boldsymbol{e}}(k)=\boldsymbol{e}(k_i)-\boldsymbol{e}(k)$，$0<\varepsilon_0\leqslant\dfrac{\sqrt{2}}{2}$，$\varepsilon > 0$ 表示指定的安全轨迹跟踪误差界限值。

定理 4.2 针对康复训练机器人系统设计安全触发数据驱动控制器（4-14）及触发条件式（4-15）～式（4-17），可以使人机系统安全稳定跟踪训练轨迹，并将跟踪误差约束在指定的安全界限值 ε 内。

证明： 由于 ODW 指定的训练轨迹通常较为平缓，并且人机系统训练是一个慢运动过程，于是可以近似得到 $\boldsymbol{X}_{\mathrm{d}}(k+1)=\boldsymbol{X}_{\mathrm{d}}(k)$，由此可得

$$Z(k)=\|\boldsymbol{e}(k)\|^2-\frac{1}{\varepsilon_0^2}\left\|\left(\boldsymbol{I}_3-\frac{\rho_2\boldsymbol{\varphi}(k)\hat{\boldsymbol{\varphi}}^{\mathrm{T}}(k)}{\mu_2+\|\hat{\boldsymbol{\varphi}}(k)\|^2}\right)\boldsymbol{e}(k)\right\|^2 \tag{4-18}$$

根据盖尔斯哥利（Gerschgorin）圆盘定理可得：

$$D_\sigma=\left\{z\left\|z-\left|1-\frac{\rho_2\sum\limits_{\sigma=\varsigma=1}^{3}\varphi_{\delta\sigma}(k)\hat{\varphi}_{\varpi\varsigma}^{\mathrm{T}}(k)}{\mu_2+\|\hat{\boldsymbol{\varphi}}(k)\|^2}\right|\right\|\leqslant\sum_{\varpi=1,\varpi\neq\delta}^{3}\left|\frac{\rho_2\sum\limits_{\sigma=\varsigma=1}^{3}\varphi_{\delta\sigma}(k)\hat{\varphi}_{\varpi\varsigma}^{\mathrm{T}}(k)}{\mu_2+\|\hat{\boldsymbol{\varphi}}(k)\|^2}\right|\right\} \tag{4-19}$$

其中，z 表示矩阵 $\left(\boldsymbol{I}_3-\dfrac{\rho_2\boldsymbol{\varphi}(k)\hat{\boldsymbol{\varphi}}^{\mathrm{T}}(k)}{\mu_2+\|\hat{\boldsymbol{\varphi}}(k)\|^2}\right)$ 的绝对值最大的特征根，D_σ 表示 Gerschgorin 圆盘。

进一步，由式（4-19）可得：

$$D_\sigma=\left\{z\left||z|\leqslant\left|1-\frac{\rho_2\sum\limits_{\sigma=\varsigma=1}^{3}\varphi_{\delta\sigma}(k)\hat{\varphi}_{\varpi\varsigma}^{\mathrm{T}}(k)}{\mu_2+\|\hat{\boldsymbol{\varphi}}(k)\|^2}\right|+\sum_{\varpi=1,\varpi\neq\delta}^{3}\frac{\left|\rho_2\sum\limits_{\sigma=\varsigma=1}^{3}\varphi_{\delta\sigma}(k)\hat{\varphi}_{\varpi\varsigma}^{\mathrm{T}}(k)\right|}{\mu_2+\|\hat{\boldsymbol{\varphi}}(k)\|^2}\right.\right\} \tag{4-20}$$

根据假设 4.1 和式（4-5）化简得到：

$$1-\frac{\rho_2\sum\limits_{\sigma=\varsigma=1}^{3}|\varphi_{\delta\sigma}(k)||\hat{\varphi}_{\varpi\varsigma}^{\mathrm{T}}(k)|}{\mu_2+\|\hat{\boldsymbol{\varphi}}(k)\|^2}\leqslant1-\frac{\rho_2|\varphi_{\delta\delta}(k)||\hat{\varphi}_{\varpi\varpi}^{\mathrm{T}}(k)|}{\mu_2+\|\hat{\boldsymbol{\varphi}}(k)\|^2}\leqslant1-\frac{\rho_2 b_2^2}{\mu_2+\|\hat{\boldsymbol{\varphi}}(k)\|^2} \tag{4-21}$$

$$\begin{aligned}
\sum_{\varpi=1,\varpi\neq\delta}^{3}\frac{\rho_2\left|\sum\limits_{\sigma=\varsigma=1}^{3}\varphi_{\delta\sigma}(k)\hat{\varphi}_{\varpi\varsigma}^{\mathrm{T}}(k)\right|}{\mu_2+\|\hat{\boldsymbol{\varphi}}(k)\|^2}&\leqslant\rho_2\frac{\sum\limits_{\varpi=1,\varpi\neq\delta}^{3}\sum\limits_{\sigma=\varsigma=1}^{3}|\varphi_{\delta\sigma}(k)||\hat{\varphi}_{\varpi\varsigma}^{\mathrm{T}}(k)|}{\mu_2+\|\hat{\boldsymbol{\varphi}}(k)\|^2}\\
&=\rho_2\frac{\sum\limits_{\varpi=1,\varpi\neq\delta,\delta=\varsigma}^{3}|\varphi_{\delta\delta}(k)||\hat{\varphi}_{\varpi\varsigma}^{\mathrm{T}}(k)|}{\mu_2+\|\hat{\boldsymbol{\varphi}}(k)\|^2}+\rho_2\frac{\sum\limits_{\sigma=\varpi=1,\sigma\neq\delta}^{3}|\varphi_{\delta\sigma}(k)||\hat{\varphi}_{\varpi\varpi}^{\mathrm{T}}(k)|}{\mu_2+\|\hat{\boldsymbol{\varphi}}(k)\|^2}\\
&\quad+\rho_2\frac{\sum\limits_{\varpi=1,\varpi\neq\delta}^{3}\sum\limits_{\sigma=\varsigma=1,\sigma\neq\delta,\varpi}^{3}|\varphi_{\delta\sigma}(k)||\hat{\varphi}_{\varpi\varsigma}^{\mathrm{T}}(k)|}{\mu_2+\|\hat{\boldsymbol{\varphi}}(k)\|^2}\\
&\leqslant\rho_2\frac{4ab_1b_2+2b_1^2}{\mu_2+\|\hat{\boldsymbol{\varphi}}(k)\|^2}
\end{aligned} \tag{4-22}$$

由式（4-21）和式（4-22）可得：

$$\begin{aligned}&1-\frac{\rho_2\sum_{\sigma=\varsigma=1}^{3}|\varphi_{\delta\sigma}(k)||\hat{\varphi}_{\varpi\varsigma}^{\mathrm{T}}(k)|}{\mu_2+\|\hat{\boldsymbol{\varphi}}(k)\|^2}+\sum_{\varpi=1,\varpi\neq\delta}^{3}\frac{\left|\rho_2\sum_{\sigma=\varsigma=1}^{3}\varphi_{\delta\sigma}(k)\hat{\varphi}_{\varpi\varsigma}^{\mathrm{T}}(k)\right|}{\mu_2+\|\hat{\boldsymbol{\varphi}}(k)\|^2}\\&\leqslant 1-\rho_2\frac{b_2^2-4ab_1b_2-2b_1^2}{\mu_2+\|\hat{\boldsymbol{\varphi}}(k)\|^2}\\&<1-\rho_2\frac{2b_2b_1-4b_1^2}{\mu_2+\|\hat{\boldsymbol{\varphi}}(k)\|^2}\\&<1-\rho_2\frac{8ab_1}{\mu_2+\|\hat{\boldsymbol{\varphi}}(k)\|^2}\end{aligned}\tag{4-23}$$

由式（4-13）估计误差 $\tilde{\boldsymbol{\varphi}}(k)$ 收敛可得：

$$0<\frac{\rho_2\sum_{\sigma=\varsigma=1}^{3}|\varphi_{\delta\sigma}(k)||\hat{\varphi}_{\varpi\varsigma}^{\mathrm{T}}(k)|}{\mu_2+\|\hat{\boldsymbol{\varphi}}(k)\|^2}<\frac{\rho_2\sum_{\sigma=\varsigma=1}^{3}|\varphi_{\delta\sigma}(k)||\hat{\varphi}_{\varpi\varsigma}^{\mathrm{T}}(k)|}{\|\hat{\boldsymbol{\varphi}}(k)\|^2}<\frac{\sum_{\sigma=\varsigma=1}^{3}|\varphi_{\delta\sigma}(k)||\hat{\varphi}_{\varpi\varsigma}^{\mathrm{T}}(k)|}{\|\hat{\boldsymbol{\varphi}}(k)\|^2}<1\tag{4-24}$$

于是有：

$$1-\frac{\rho_2\sum_{\sigma=\varsigma=1}^{3}|\varphi_{\delta\sigma}(k)||\hat{\varphi}_{\varpi\varsigma}^{\mathrm{T}}(k)|}{\mu_2+\|\hat{\boldsymbol{\varphi}}(k)\|^2}=\left|1-\frac{\rho_2\sum_{\sigma=\varsigma=1}^{3}\varphi_{\delta\sigma}(k)\hat{\varphi}_{\varpi\varsigma}^{\mathrm{T}}(k)}{\mu_2+\|\hat{\boldsymbol{\varphi}}(k)\|^2}\right|\tag{4-25}$$

由式（4-23）和式（4-25）可知，存在 ε_0 使如下不等式成立：

$$\left|1-\frac{\rho_2\sum_{\sigma=\varsigma=1}^{3}\varphi_{\delta\sigma}(k)\hat{\varphi}_{\varpi\varsigma}^{\mathrm{T}}(k)}{\mu_2+\|\hat{\boldsymbol{\varphi}}(k)\|^2}\right|+\sum_{\varpi=1,\varpi\neq\delta}^{3}\frac{\rho_2\left|\sum_{\sigma=\varsigma=1}^{3}\varphi_{\delta\sigma}(k)\hat{\varphi}_{\varpi\varsigma}^{\mathrm{T}}(k)\right|}{\mu_2+\|\hat{\boldsymbol{\varphi}}(k)\|^2}<1-\rho_2\frac{8ab_1}{\mu_2+\|\hat{\boldsymbol{\varphi}}(k)\|^2}<\varepsilon_0\tag{4-26}$$

由式（4-26）可知：

$$s\left(\boldsymbol{I}_3-\frac{\rho_2\boldsymbol{\varphi}(k)\hat{\boldsymbol{\varphi}}^{\mathrm{T}}(k)}{\mu_2+\|\hat{\boldsymbol{\varphi}}(k)\|^2}\right)\leqslant 1-\rho_2\frac{8ab_1}{\mu_2+\|\hat{\boldsymbol{\varphi}}(k)\|^2}<\varepsilon_0\tag{4-27}$$

其中，$s\left(\boldsymbol{I}_3-\frac{\rho_2\boldsymbol{\varphi}(k)\hat{\boldsymbol{\varphi}}^{\mathrm{T}}(k)}{\mu_2+\|\hat{\boldsymbol{\varphi}}(k)\|^2}\right)$ 表示矩阵 $\left(\boldsymbol{I}_3-\frac{\rho_2\boldsymbol{\varphi}(k)\hat{\boldsymbol{\varphi}}^{\mathrm{T}}(k)}{\mu_2+\|\hat{\boldsymbol{\varphi}}(k)\|^2}\right)$ 的光谱半径，从而得到：

$$\left\|\boldsymbol{I}_3-\frac{\rho_2\boldsymbol{\varphi}(k)\hat{\boldsymbol{\varphi}}^{\mathrm{T}}(k)}{\mu_2+\|\hat{\boldsymbol{\varphi}}(k)\|^2}\right\|<\varepsilon_0 \tag{4-28}$$

于是由式（4-18）和式（4-28）可知 $Z(k)\geqslant 0$。

接下来，根据数据驱动模型（2-45）建立跟踪误差系统为：

$$\boldsymbol{e}(k+1)=\boldsymbol{X}_{\mathrm{d}}(k+1)-\boldsymbol{X}(k)-\boldsymbol{\varphi}(k)\Delta\boldsymbol{u}(k) \tag{4-29}$$

在触发时刻 $k=k_i$ 时，将控制器（4-14）代入方程（4-29）可得：

$$\begin{aligned}\boldsymbol{e}(k+1)&=\boldsymbol{X}_{\mathrm{d}}(k+1)-\boldsymbol{X}(k+1)\\&=\left(\boldsymbol{I}_3-\frac{\rho_2\boldsymbol{\varphi}(k)\hat{\boldsymbol{\varphi}}^{\mathrm{T}}(k)}{\mu_2+\|\hat{\boldsymbol{\varphi}}(k)\|^2}\right)(\boldsymbol{e}(k)+\tilde{\boldsymbol{e}}(k))+\boldsymbol{X}_{\mathrm{d}}(k+1)-\boldsymbol{X}_{\mathrm{d}}(k)\end{aligned} \tag{4-30}$$

针对跟踪误差系统（4-30），建立 Lyapunov 函数 $V(k)=\|\boldsymbol{e}(k)\|^2$，则有：

$$\begin{aligned}\Delta V(k+1)&=\|\boldsymbol{e}(k+1)\|^2-\|\boldsymbol{e}(k)\|^2\\&=\left\|\left(\boldsymbol{I}_3-\frac{\rho_2\boldsymbol{\varphi}(k)\hat{\boldsymbol{\varphi}}^{\mathrm{T}}(k)}{\mu_2+\|\hat{\boldsymbol{\varphi}}(k)\|^2}\right)(\boldsymbol{e}(k)+\tilde{\boldsymbol{e}}(k))+\boldsymbol{X}_{\mathrm{d}}(k+1)-\boldsymbol{X}_{\mathrm{d}}(k)\right\|^2-\|\boldsymbol{e}(k)\|^2\\&\leqslant\frac{1}{\varepsilon_0^2}\left\|\left(\boldsymbol{I}_3-\frac{\rho_2\boldsymbol{\varphi}(k)\hat{\boldsymbol{\varphi}}^{\mathrm{T}}(k)}{\mu_2+\|\hat{\boldsymbol{\varphi}}(k)\|^2}\right)\boldsymbol{e}(k)+\boldsymbol{X}_{\mathrm{d}}(k+1)-\boldsymbol{X}_{\mathrm{d}}(k)\right\|^2\\&\quad+\frac{1}{\varepsilon_0^2}\left\|\left(\boldsymbol{I}_3-\frac{\rho_2\boldsymbol{\varphi}(k)\hat{\boldsymbol{\varphi}}^{\mathrm{T}}(k)}{\mu_2+\|\hat{\boldsymbol{\varphi}}(k)\|^2}\right)\right\|^2\|\tilde{\boldsymbol{e}}(k)\|^2-\|\boldsymbol{e}(k)\|^2\end{aligned} \tag{4-31}$$

根据 $\tilde{\boldsymbol{e}}(k)=\boldsymbol{e}(k_i)-\boldsymbol{e}(k)$ 可知，在触发时刻 $\tilde{\boldsymbol{e}}(k)=0$，并结合安全触发条件（4-17）可得：

$$\Delta V(k+1)\leqslant 0 \tag{4-32}$$

进一步分析当 $k\in(k_{i-1},k_i)$ 时，由控制器（4-14）和式（4-29）可得：

$$\boldsymbol{e}(k+1)=\boldsymbol{X}_{\mathrm{d}}(k+1)-\boldsymbol{X}(k)=\boldsymbol{e}(k) \tag{4-33}$$

于是，由式（4-33）可知 $\Delta V(k+1)\leqslant 0$，从而设计的数据驱动控制器可使 ODW 稳定跟踪训练轨迹，并且触发条件可保证跟踪误差在指定的安全界限值内。定理 4.2 证毕。

4.1.3 仿真分析

为了验证提出的安全触发数据驱动控制方法的有效性，对如下指定的康复训练轨迹进行了仿真跟踪实验。

$$x_{\mathrm{d}}(t)=2\cos\left(\frac{\pi t}{30}\right)$$

$$y_{\mathrm{d}}(t)=2\sin\left(\frac{\pi t}{30}\right)$$

$$\theta_{\mathrm{d}}(t)=\frac{\pi}{4}$$

仿真研究中，为了描述 ODW 系统模型参数不确定性，令偏心距 r_0=0.1×(1+rand()) m。令安全轨迹跟踪误差界限值 ε=0.1，并且选取 $\varepsilon_0=\frac{\sqrt{2}}{2}$。初始运动状态为 $\boldsymbol{X}(0)=[2\mathrm{m}\quad -0.01\mathrm{m}\quad 0.785\mathrm{rad}]^{\mathrm{T}}$，$\dot{\boldsymbol{X}}(0)=[0\mathrm{m/s}\quad 0\mathrm{m/s}\quad 0\mathrm{rad/s}]^{\mathrm{T}}$，控制器参数如表 4-1 所示。

表 4-1　控制器参数

ρ_1	ρ_2	μ_1	μ_2	b_1	b_2	a
0.047841	0.42968	1110.7434	2.2737	0.51455	13.7881	1.1708

将数据驱动控制器（4-14）应用于 ODW 系统，得到仿真结果如图 4-1 ～图 4-6 所示。

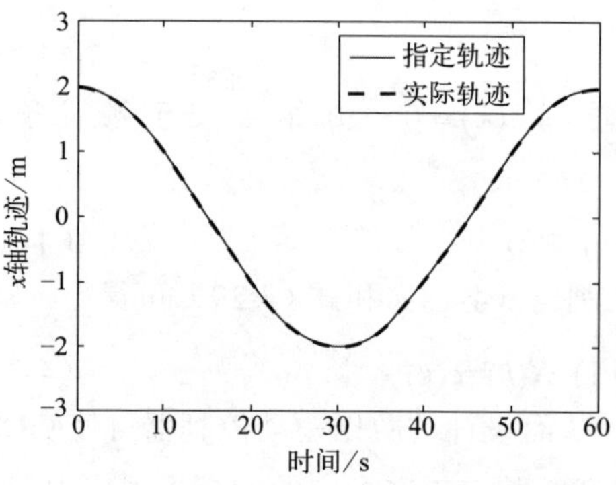

图 4-1　x 轴轨迹跟踪

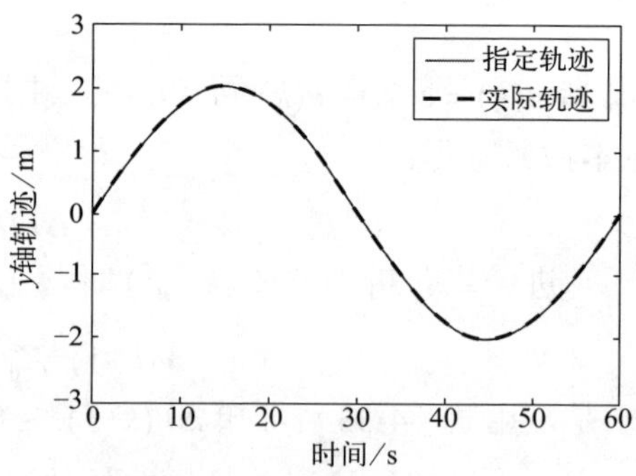

图 4-2　y 轴轨迹跟踪

图 4-1 ～图 4-3 分别给出了人机系统在 x 轴、y 轴及旋转角方向的轨迹跟踪曲线。由图可知，ODW 实现了轨迹跟踪，并且利用人机系统输入输出数据设计的触发控制器（4-14），在模型参数 r_0 发生变化的情况下，通过控制器的不断触发（图 4-4），不仅保证了跟踪误差系统的渐近稳定，还节省了通信资

源，而且将各轴跟踪误差限制在安全范围内（图 4-5）。图 4-6 给出了 ODW 系统的路径跟踪曲线，由于设计的数据驱动控制器不依赖系统的模型信息，即便康复者变换位姿引起 r_0 变化，ODW 依然实现了路径跟踪，保证了人机系统的安全稳定训练。

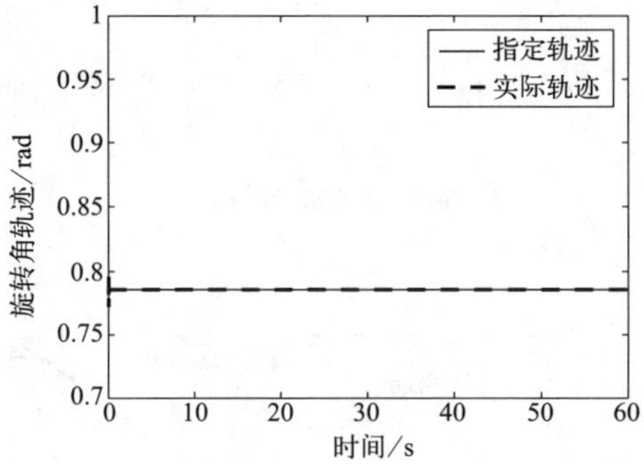

图 4-3　旋转角轨迹跟踪

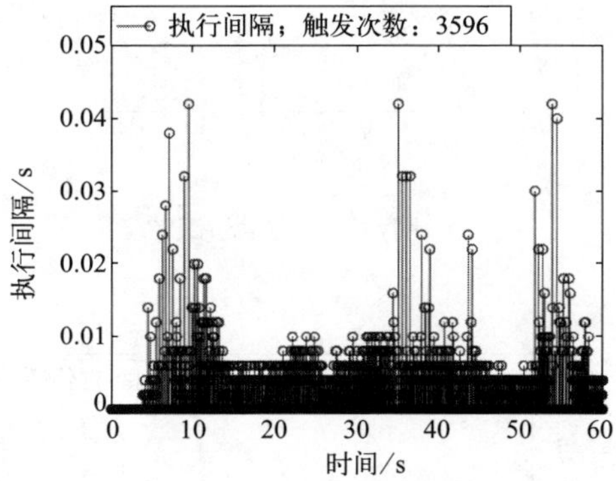

图 4-4　触发次数

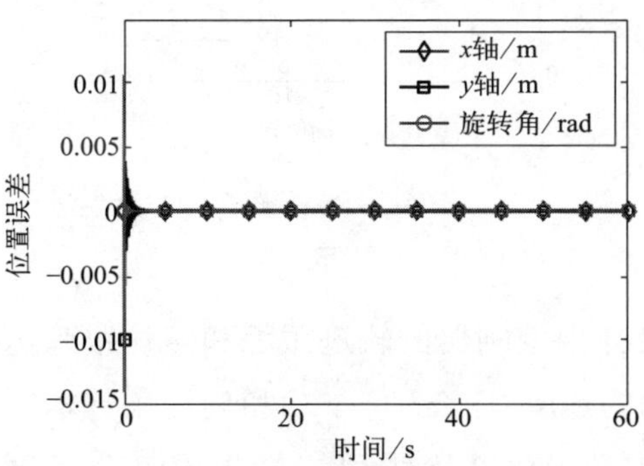

图 4-5　轨迹跟踪误差

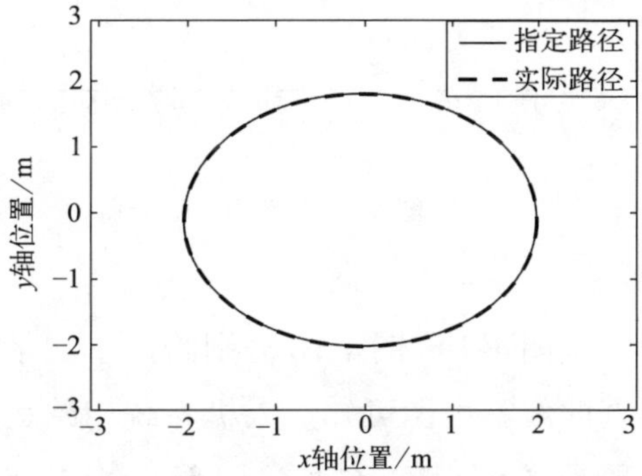

图 4-6　路径跟踪

为了进一步说明本节提出方法的有效性，与文献 [22] 的随机控制方法进行了仿真对比。文献 [22] 考虑了 ODW 和康复者之间的相互作用力，并解决了随机环境对人机系统运动的影响。然而，文献 [22] 控制器设计依赖 ODW 系统的模型信息，并且没有考虑轨迹跟踪误差约束，过大的误差可能导致机器人发生碰撞。将文献 [22] 的控制器应用于本节的 ODW 系统，并跟踪文献 [22] 的训练轨迹，仿真结果如图 4-7 ～图 4-10 所示。

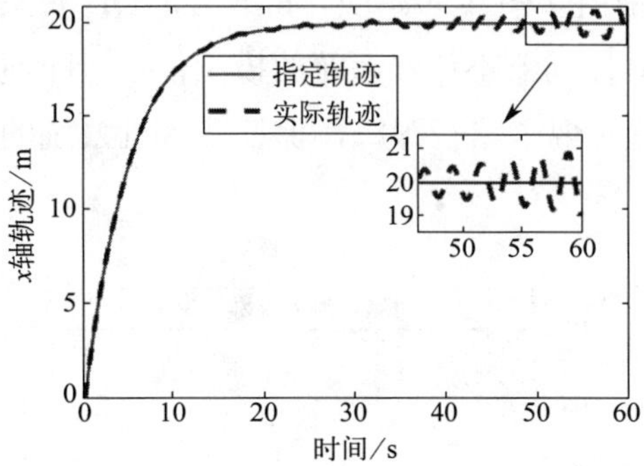

图 4-7 x 轴轨迹跟踪

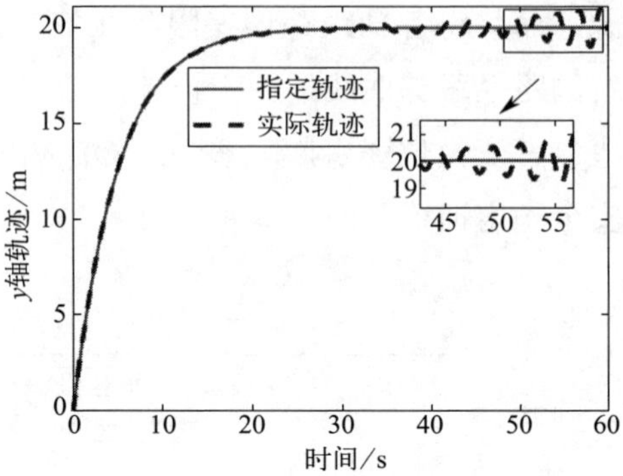

图 4-8 y 轴轨迹跟踪

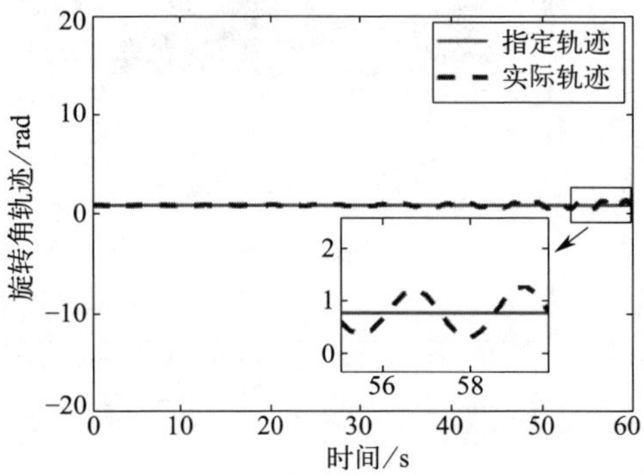

图 4-9 旋转角轨迹跟踪

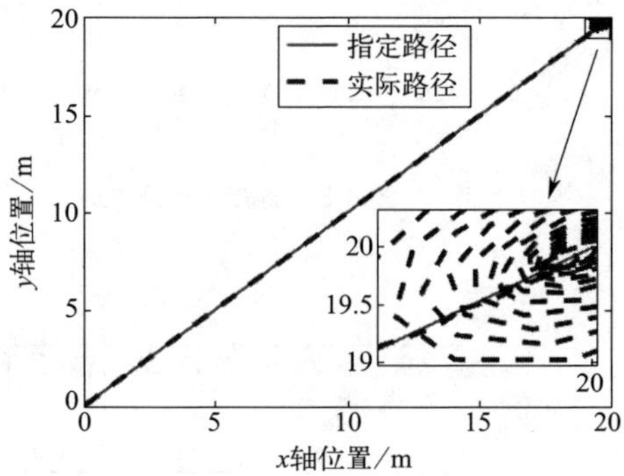

图 4-10 路径跟踪

图 4-7 ～图 4-10 分别给出了文献 [22] 中控制器的轨迹跟踪和路径跟踪仿真曲线。由图可知，人机系统初始运动的 30s 内，x 轴、y 轴和旋转角基本实现了轨迹跟踪；然而，随着 ODW 系统参数变化以及对跟踪误差的约束，各轴运动逐渐产生累积误差，人机系统无法实现渐近稳定运动。特别地，图 4-10 清晰地表明了 ODW 不仅无法帮助康复者完成步行训练，而且过大的跟踪误差使 ODW 有发生碰撞的危险。由此可见，文献 [22] 的控制器虽然可以抑制随机偏心距 r_0，但是控制器依赖系统参数矩阵 $\boldsymbol{B}_1(\theta)$，当 r_0 变化时会影响 $\boldsymbol{B}_1(\theta)$ 的值，导致控制精度降低，使人机系统无法实现稳定的康复训练。

接下来，为了表明本节提出的数据驱动控制方法的优越性，将提出的控制器（4-14）应用于文献 [22] 的人机系统，并跟踪文献 [22] 的运动轨迹，仿真结果如图 4-11 ～图 4-16 所示。

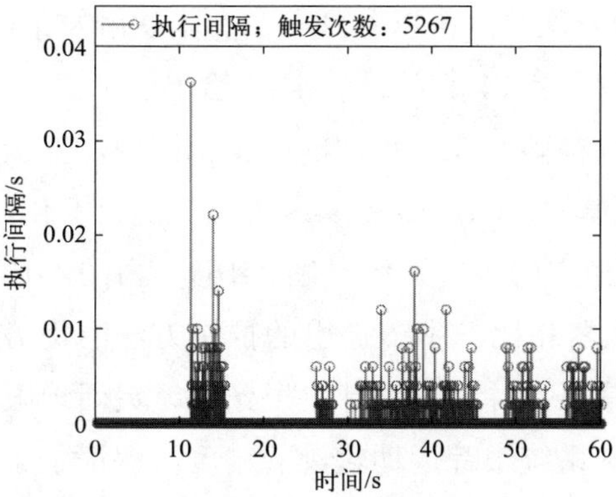

图 4-11　触发次数

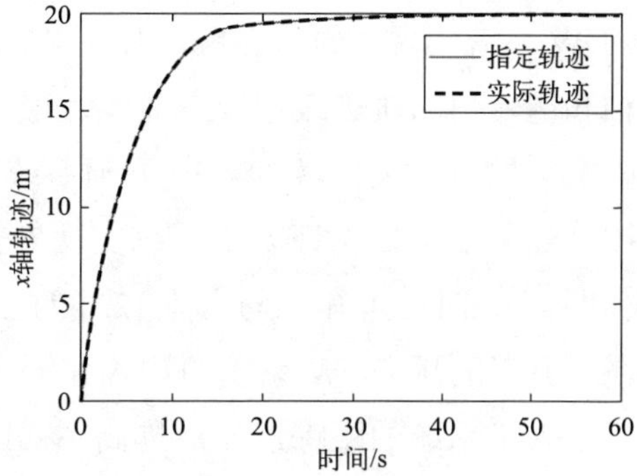

图 4-12　x 轴轨迹跟踪

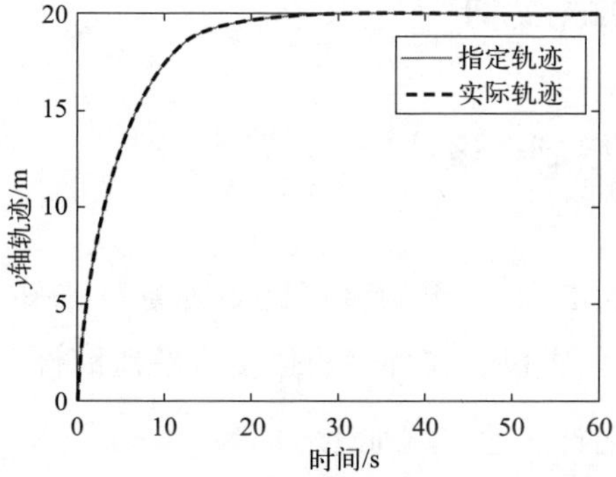

图 4-13　y 轴轨迹跟踪

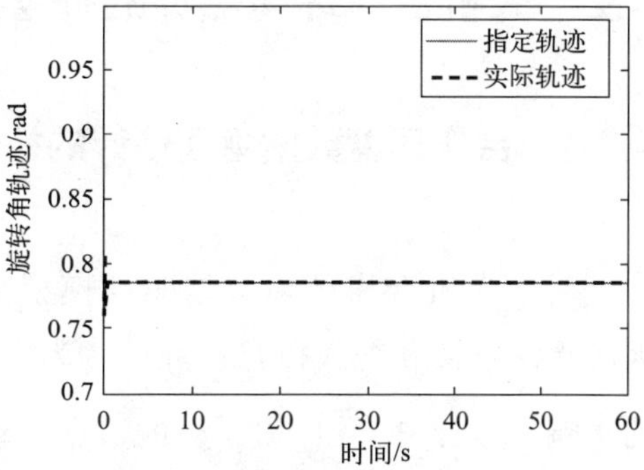

图 4-14　旋转角轨迹跟踪

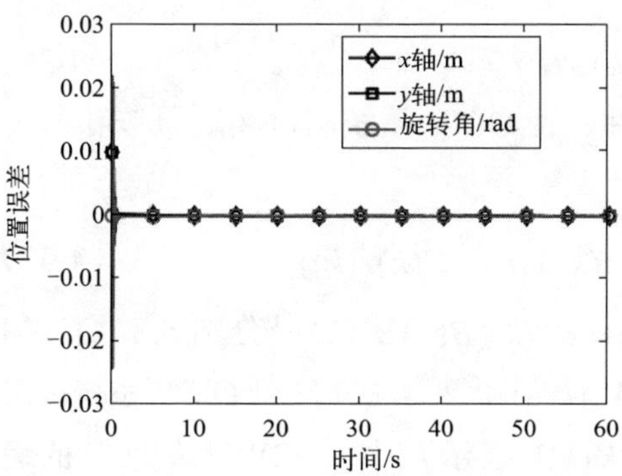

图 4-15　轨迹跟踪误差

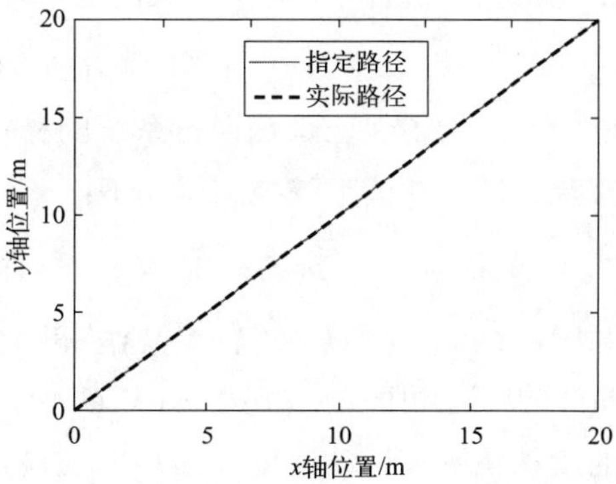

图 4-16　路径跟踪

图 4-11 给出了数据驱动控制器的触发次数，可以看到，在有限次触发下，ODW 系统实现了轨迹跟踪，如图 4-12 ～图 4-14 所示。图 4-15 给出了 x 轴、y 轴和旋转角的轨迹跟踪误差曲线，误差均被限制在了指定的安全范围内，安全触发数据驱动控制器（4-14）无须系统的模型信息，即使参数 r_0 发生随机变化，控制器依然可以保证人机系统实现安全稳定的步行训练（图 4-16）。由图 4-10 和图 4-16 对比可知，与文献 [22] 的控制器相比，本节提出的控制方法的优势在于其仅利用 ODW 系统的输入和输出信息，并通过设计触发条件，灵活地限制了人机系统的跟踪误差，提高了 ODW 系统跟踪运动轨迹的精度，保证了康复者康复训练的安全性。

4.2 人机合作环境估计的补偿跟踪控制

4.2.1 合作环境数据驱动估计的补偿控制器设计

对于人机合作环境数据驱动模型（2-35），由于伪雅可比矩阵 $\boldsymbol{\varphi}(k)$ 未知，因此无法直接获得人机合作环境。为了补偿人机合作环境对康复训练跟踪性能的影响，设计 $\hat{\boldsymbol{R}}(k+1)$ 和 $\hat{\boldsymbol{\varphi}}(k)$ 的数据驱动估计表达形式如下：

$$\hat{\boldsymbol{R}}(k+1)=\hat{\boldsymbol{R}}(k)+\hat{\boldsymbol{\varphi}}(k)\Delta\boldsymbol{e}(k)-\lambda\boldsymbol{e}(k+1) \tag{4-34}$$

$$\hat{\boldsymbol{\varphi}}(k)=\hat{\boldsymbol{\varphi}}(k-1)-\rho(k-1)(\boldsymbol{e}(k+1)-\beta\boldsymbol{e}(k))\Delta\boldsymbol{e}^{\mathrm{T}}(k-1) \tag{4-35}$$

由此得到人机合作环境估计如下：

$$\hat{\boldsymbol{r}}(k)=\widehat{\boldsymbol{C}}(k)\hat{\boldsymbol{R}}(k) \tag{4-36}$$

进一步，为了保证跟踪误差系统的稳定性，使 ODW 系统同时实现轨迹和速度跟踪，设计补偿跟踪控制器如下：

$$\boldsymbol{u}(k)=\widehat{\boldsymbol{B}}(k)(\boldsymbol{x}_{\mathrm{d}}(k+1)-\boldsymbol{A}(k)\boldsymbol{x}(k)-\boldsymbol{C}(k)\hat{\boldsymbol{r}}(k)) \tag{4-37}$$

其中，$\widehat{\boldsymbol{C}}(k)=\boldsymbol{C}^{\mathrm{T}}(k)(\boldsymbol{C}(k)\boldsymbol{C}^{\mathrm{T}}(k))^{-1}$ 和 $\widehat{\boldsymbol{B}}(k)=\boldsymbol{B}^{\mathrm{T}}(k)(\boldsymbol{B}(k)\boldsymbol{B}^{\mathrm{T}}(k))^{-1}$ 分别表示 $\boldsymbol{C}(k)$ 和 $\boldsymbol{B}(k)$ 的伪逆矩阵；$\boldsymbol{x}_{\mathrm{d}}(k+1)=[\boldsymbol{X}_{\mathrm{d}}(k+1)\quad \dot{\boldsymbol{X}}_{\mathrm{d}}(k+1)]^{\mathrm{T}}$ 表示 k+1 时刻 ODW 系统指定的运动轨迹和运动速度，$\boldsymbol{x}(k)=[\boldsymbol{X}(k)\quad \dot{\boldsymbol{X}}(k)]^{\mathrm{T}}$ 表示 k 时刻 ODW 系统实际的运动轨迹和运动速度；$0 < \lambda < 2$ 表示可调参数，β=1-λ，$\rho(k-1)=\dfrac{2}{\chi+\|\Delta\boldsymbol{e}(k-1)\|^2}$ 且 $\chi > 0$。

4.2.2 人机系统稳定性分析

定理 4.3 考虑具有人机合作环境的 ODW 系统（2-32），且合作环境估计如式（4-36），在跟踪控制器（4-37）的作用下，可使轨迹跟踪误差和速度跟踪误差达到渐近稳定，并且人机合作环境估计 $\hat{\boldsymbol{r}}(k)$ 收敛于 $\boldsymbol{r}(k)$。

证明：定义 $\boldsymbol{\varphi}(k)$ 估计误差为 $\tilde{\boldsymbol{\varphi}}(k)=\hat{\boldsymbol{\varphi}}(k)-\boldsymbol{\varphi}(k)$，对式（4-35）两边同时减去 $\boldsymbol{\varphi}(k)$ 项，得到

$$\tilde{\boldsymbol{\varphi}}(k)=\tilde{\boldsymbol{\varphi}}(k-1)-\rho(k-1)(\boldsymbol{e}(k+1)-\beta\boldsymbol{e}(k))\Delta\boldsymbol{e}^{\mathrm{T}}(k-1)-\boldsymbol{\varphi}(k)+\boldsymbol{\varphi}(k-1) \tag{4-38}$$

由于 ODW 是一个慢速运动的人机系统，并且康复者的位姿也是缓慢变化的，由此可知 $\boldsymbol{\varphi}(k)$ 是一个慢时变参数矩阵，因此可以近似得到 $\boldsymbol{\varphi}(k)=\boldsymbol{\varphi}(k-1)$，于是将式（4-38）转化为如下表达形式：

$$\tilde{\boldsymbol{\varphi}}(k)=\tilde{\boldsymbol{\varphi}}(k-1)-\rho(k-1)(\boldsymbol{e}(k+1)-\beta\boldsymbol{e}(k))\Delta\boldsymbol{e}^{\mathrm{T}}(k-1) \tag{4-39}$$

令 $\tilde{\boldsymbol{R}}(k)=\hat{\boldsymbol{R}}(k)-\boldsymbol{R}(k)$ 表示 $\boldsymbol{R}(k)$ 的估计误差，并结合式(2-35）和式(4-34）可得：

$$\tilde{\boldsymbol{R}}(k+1)=\tilde{\boldsymbol{R}}(k)+\tilde{\boldsymbol{\varphi}}(k)\Delta\boldsymbol{e}(k)-\lambda\boldsymbol{e}(k+1) \tag{4-40}$$

并且跟踪误差表示如下：

$$\begin{aligned}\boldsymbol{e}(k+1)&=\boldsymbol{x}_{\mathrm{d}}(k+1)-\boldsymbol{x}(k+1)\\&=\boldsymbol{x}_{\mathrm{d}}(k+1)-\boldsymbol{A}(k)\boldsymbol{x}(k)-\boldsymbol{B}(k)\boldsymbol{u}(k)-\boldsymbol{C}(k)\boldsymbol{r}(k)\\&=\tilde{\boldsymbol{R}}(k)\end{aligned} \tag{4-41}$$

进一步，由式(4-39）～式(4-41）可得：

$$\tilde{\boldsymbol{R}}(k+1)=\beta\tilde{\boldsymbol{R}}(k)+\tilde{\boldsymbol{\varphi}}(k)\Delta\boldsymbol{e}(k) \tag{4-42}$$

$$\begin{aligned}\tilde{\boldsymbol{\varphi}}(k+1)&=\tilde{\boldsymbol{\varphi}}(k)-\rho(k)\tilde{\boldsymbol{\varphi}}(k)\Delta\boldsymbol{e}(k)\Delta\boldsymbol{e}^{\mathrm{T}}(k)\\&=\tilde{\boldsymbol{\varphi}}(k)(\boldsymbol{I}-\rho(k)\Delta\boldsymbol{e}(k)\Delta\boldsymbol{e}^{\mathrm{T}}(k))\end{aligned} \tag{4-43}$$

令 $\boldsymbol{G}(k)=\boldsymbol{I}-\rho(k)\Delta\boldsymbol{e}(k)\Delta\boldsymbol{e}^{\mathrm{T}}(k)$，则式(4-43）可以表示为：

$$\tilde{\boldsymbol{\varphi}}(k+1)=\tilde{\boldsymbol{\varphi}}(k)\boldsymbol{G}(k) \tag{4-44}$$

定义 $\tilde{\boldsymbol{\varphi}}(k)=[\tilde{\boldsymbol{\varphi}}_1(k)\cdots\tilde{\boldsymbol{\varphi}}_6(k)]^{\mathrm{T}}$，$\tilde{\boldsymbol{\varphi}}_j(k)\,(j=1,2,\cdots,6)$ 表示 $\tilde{\boldsymbol{\varphi}}(k)$ 中的行向量，则 $\tilde{\boldsymbol{\varphi}}_j(k)$ 可以写成：

$$\tilde{\boldsymbol{\varphi}}_j(k)=\tilde{\boldsymbol{\varphi}}_j(k-1)\boldsymbol{G}(k-1) \tag{4-45}$$

令 $\boldsymbol{e}(k)=[e_1(k)\cdots e_6(k)]^{\mathrm{T}}$，$\tilde{\boldsymbol{R}}(k)=[\tilde{\boldsymbol{R}}_1(k)\cdots\tilde{\boldsymbol{R}}_6(k)]^{\mathrm{T}}$，则由式(4-41）和式(4-42）可得：

$$\boldsymbol{e}_j(k+1)=\tilde{\boldsymbol{R}}_j(k) \tag{4-46}$$

$$\tilde{\boldsymbol{R}}_j(k+1)=\beta\tilde{\boldsymbol{R}}_j(k)+\tilde{\boldsymbol{\varphi}}_j(k)\Delta\boldsymbol{e}(k) \tag{4-47}$$

接下来，建立 Lyapunov 函数如下：

$$\begin{aligned}V(k)&=\sum_{j=1}^{6}(\eta\boldsymbol{e}_j^2(k+1)+\mu\tilde{\boldsymbol{\varphi}}_j(k)\tilde{\boldsymbol{\varphi}}_j^{\mathrm{T}}(k))\\&=\sum_{j=1}^{6}(\eta\tilde{\boldsymbol{R}}_j^2(k)+\mu\tilde{\boldsymbol{\varphi}}_j(k)\tilde{\boldsymbol{\varphi}}_j^{\mathrm{T}}(k))\end{aligned} \tag{4-48}$$

其中，$\eta>0$ 和 $\mu>0$ 表示给定的常数。

由式(4-48）可得：

$$\begin{aligned}&\Delta V(k+1)=V(k+1)-V(k)\\&=\sum_{j=1}^{6}\left(\eta\tilde{\boldsymbol{R}}_j^2(k+1)-\eta\tilde{\boldsymbol{R}}_j^2(k)+\mu\tilde{\boldsymbol{\varphi}}_j(k+1)\tilde{\boldsymbol{\varphi}}_j^{\mathrm{T}}(k+1)-\mu\tilde{\boldsymbol{\varphi}}_j(k)\tilde{\boldsymbol{\varphi}}_j^{\mathrm{T}}(k)\right)\\&=\sum_{j=1}^{6}\left(\eta(\beta\tilde{\boldsymbol{R}}_j(k)+\tilde{\boldsymbol{\varphi}}_j(k)\Delta\boldsymbol{e}(k))^2-\eta\tilde{\boldsymbol{R}}_j^2(k)+\mu\tilde{\boldsymbol{\varphi}}_j(k+1)\tilde{\boldsymbol{\varphi}}_j^{\mathrm{T}}(k+1)-\mu\tilde{\boldsymbol{\varphi}}_j(k)\tilde{\boldsymbol{\varphi}}_j^{\mathrm{T}}(k)\right)\\&=\sum_{j=1}^{6}(\eta\beta^2\tilde{\boldsymbol{R}}_j^2(k)+\eta\tilde{\boldsymbol{\varphi}}_j(k)\Delta\boldsymbol{e}(k)\Delta\boldsymbol{e}^{\mathrm{T}}(k)\tilde{\boldsymbol{\varphi}}_j^{\mathrm{T}}(k)+2\beta\eta\tilde{\boldsymbol{R}}_j(k)\tilde{\boldsymbol{\varphi}}_j(k)\Delta\boldsymbol{e}(k)-\mu\tilde{\boldsymbol{R}}_j^2(k)\\&\quad+\tilde{\boldsymbol{\varphi}}_j(k)(\mu\boldsymbol{G}(k)\boldsymbol{G}^{\mathrm{T}}(k)-\mu\boldsymbol{I})\tilde{\boldsymbol{\varphi}}_j^{\mathrm{T}}(k))\end{aligned} \tag{4-49}$$

由于 $0<\lambda<2$ 和 $\beta=1-\lambda$，那么存在 $\omega>0$，使得 $\eta-\beta^2\eta=\omega$ 成立。于是由式(4-49）得到：

$$\begin{aligned}\Delta V(k+1)=\sum_{j=1}^{6}&(-\omega\tilde{\boldsymbol{R}}_j^2(k)+2\beta\eta\tilde{\boldsymbol{R}}_j(k)\tilde{\boldsymbol{\varphi}}_j(k)\Delta\boldsymbol{e}(k)\\&+\tilde{\boldsymbol{\varphi}}_i(k)(\mu\boldsymbol{G}(k)\boldsymbol{G}^{\mathrm{T}}(k)-\mu\boldsymbol{I}+\eta\Delta\boldsymbol{e}(k)\Delta\boldsymbol{e}^{\mathrm{T}}(k))\tilde{\boldsymbol{\varphi}}_i^{\mathrm{T}}(k))\end{aligned} \tag{4-50}$$

利用 $\rho(k)=\dfrac{2}{\chi+\|\Delta\boldsymbol{e}(k)\|^2}$ 的表达式化简式(4-50）可得：

$$\begin{aligned}&\tilde{\boldsymbol{\varphi}}_j(k)(\mu\boldsymbol{G}(k)\boldsymbol{G}^{\mathrm{T}}(k)-\mu\boldsymbol{I}+\eta\Delta\boldsymbol{e}(k)\Delta\boldsymbol{e}^{\mathrm{T}}(k))\tilde{\boldsymbol{\varphi}}^{\mathrm{T}}(k)\\&=\tilde{\boldsymbol{\varphi}}_j(k)(\mu(\boldsymbol{I}-\rho(k)\Delta\boldsymbol{e}(k)\Delta\boldsymbol{e}^{\mathrm{T}}(k))(\boldsymbol{I}-\rho(k)\Delta\boldsymbol{e}(k)\Delta\boldsymbol{e}^{\mathrm{T}}(k))^{\mathrm{T}}\\&\quad-\mu\boldsymbol{I}+\eta\Delta\boldsymbol{e}(k)\Delta\boldsymbol{e}^{\mathrm{T}}(k))\tilde{\boldsymbol{\varphi}}_j^{\mathrm{T}}(k)\\&=\tilde{\boldsymbol{\varphi}}_j(k)(\mu(\boldsymbol{I}-2\Delta\boldsymbol{e}(k)\Delta\boldsymbol{e}^{\mathrm{T}}(k)/(\chi+\|\Delta\boldsymbol{e}(k)\|^2))(\boldsymbol{I}-2\Delta\boldsymbol{e}(k)\Delta\boldsymbol{e}^{\mathrm{T}}(k)/\\&\quad(\chi+\|\Delta\boldsymbol{e}(k)\|^2))^{\mathrm{T}}-\mu\boldsymbol{I}+\eta\Delta\boldsymbol{e}(k)\Delta\boldsymbol{e}^{\mathrm{T}}(k))\tilde{\boldsymbol{\varphi}}_j^{\mathrm{T}}(k)\\&=\tilde{\boldsymbol{\varphi}}_j(k)(4\mu\Delta\boldsymbol{e}(k)\Delta\boldsymbol{e}^{\mathrm{T}}(k)(\Delta\boldsymbol{e}(k)\Delta\boldsymbol{e}^{\mathrm{T}}(k))^{\mathrm{T}}/(\chi+\|\Delta\boldsymbol{e}(k)\|^2)^2\\&\quad-4\mu\Delta\boldsymbol{e}(k)\Delta\boldsymbol{e}^{\mathrm{T}}(k)/(\chi+\|\Delta\boldsymbol{e}(k)\|^2)+\eta\Delta\boldsymbol{e}(k)\Delta\boldsymbol{e}^{\mathrm{T}}(k))\tilde{\boldsymbol{\varphi}}_j^{\mathrm{T}}(k)\\&=\tilde{\boldsymbol{\varphi}}_j(k)((4\mu\Delta\boldsymbol{e}(k)\Delta\boldsymbol{e}^{\mathrm{T}}(k)(\Delta\boldsymbol{e}(k)\Delta\boldsymbol{e}^{\mathrm{T}}(k))^{\mathrm{T}}\\&\quad-4\mu\Delta\boldsymbol{e}(k)\Delta\boldsymbol{e}^{\mathrm{T}}(k)(\chi+\|\Delta\boldsymbol{e}(k)\|^2))/(\chi+\|\Delta\boldsymbol{e}(k)\|^2)^2+\eta\Delta\boldsymbol{e}(k)\Delta\boldsymbol{e}^{\mathrm{T}}(k))\tilde{\boldsymbol{\varphi}}_j^{\mathrm{T}}(k)\end{aligned}$$

$$=\tilde{\boldsymbol{\varphi}}_j(k)((-\rho^2(k)\mu\chi)\Delta\boldsymbol{e}(k)\Delta\boldsymbol{e}^{\mathrm{T}}(k)+\eta\Delta\boldsymbol{e}(k)\Delta\boldsymbol{e}^{\mathrm{T}}(k))\tilde{\boldsymbol{\varphi}}_j^{\mathrm{T}}(k) \tag{4-51}$$

根据 ODW 系统的运动特性可知，跟踪误差 $\boldsymbol{e}(k)$ 是有界的，所以存在常数 $\varpi>0$，使得 $\|\Delta\boldsymbol{e}(k)\|\leqslant\varpi$。令 $\xi=\dfrac{2}{\chi+\varpi^2}$，$\rho(k)\geqslant\xi$，由式（4-51）进一步得到：

$$\begin{aligned}&\tilde{\boldsymbol{\varphi}}_j(k)(\mu\boldsymbol{G}(k)\boldsymbol{G}^{\mathrm{T}}(k)-\mu\boldsymbol{I}+\eta\Delta\boldsymbol{e}(k)\Delta\boldsymbol{e}^{\mathrm{T}}(k))\tilde{\boldsymbol{\varphi}}_j^{\mathrm{T}}(k)\\&\leqslant\tilde{\boldsymbol{\varphi}}_j(k)\Delta\boldsymbol{e}(k)(-\mu\chi\xi^2+\eta)\Delta\boldsymbol{e}^{\mathrm{T}}(k)\tilde{\boldsymbol{\varphi}}_j^{\mathrm{T}}(k)\end{aligned} \tag{4-52}$$

将式（4-52）代入式（4-50）可得：

$$\begin{aligned}\Delta V(k+1)\leqslant\sum_{j=1}^{6}(&-\omega\tilde{\boldsymbol{R}}_j^2(k)+2\beta\eta\tilde{\boldsymbol{R}}_j(k)\tilde{\boldsymbol{\varphi}}_j(k)\Delta\boldsymbol{e}(k)\\&+\tilde{\boldsymbol{\varphi}}_j(k)\Delta\boldsymbol{e}(k)(-\mu\chi\xi^2+\eta)\Delta\boldsymbol{e}^{\mathrm{T}}(k)\tilde{\boldsymbol{\varphi}}_j^{\mathrm{T}}(k))\end{aligned} \tag{4-53}$$

对于给定常数 $\varsigma>0$，利用 Young 不等式可得：

$$\beta\eta\tilde{\boldsymbol{R}}_j(k)\tilde{\boldsymbol{\varphi}}_j(k)\Delta\boldsymbol{e}(k)\leqslant\frac{\beta\eta}{2\varsigma}\tilde{\boldsymbol{R}}_j^2(k)+\frac{\varsigma\beta\eta}{2}\tilde{\boldsymbol{\varphi}}_j(k)\Delta\boldsymbol{e}(k)\Delta\boldsymbol{e}^{\mathrm{T}}(k)\tilde{\boldsymbol{\varphi}}_j^{\mathrm{T}}(k) \tag{4-54}$$

将式（4-54）代入式（4-53）得到：

$$\Delta V(k+1)\leqslant\sum_{j=1}^{6}\left(-\left(\omega-\frac{\beta\eta}{\varsigma}\right)\tilde{\boldsymbol{R}}_j^2(k)-\tilde{\boldsymbol{\varphi}}_j(k)\Delta\boldsymbol{e}(k)(\mu\chi\xi^2-\eta-\varsigma\beta\eta)\Delta\boldsymbol{e}^{\mathrm{T}}(k)\tilde{\boldsymbol{\varphi}}_j^{\mathrm{T}}(k)\right) \tag{4-55}$$

令 $\boldsymbol{\tau}_j(k)=\tilde{\boldsymbol{\varphi}}_j(k)\Delta\boldsymbol{e}(k)$，则存在参数 $c_1=\omega-\dfrac{\beta\eta}{\varsigma}>0$，$c_2=\mu\chi\xi^2-\eta-\varsigma\beta\eta>0$，得到：

$$\Delta V(k+1)\leqslant\sum_{j=1}^{6}(-c_1\tilde{\boldsymbol{R}}_j^2(k)-c_2\boldsymbol{\tau}_j^2(k))\leqslant 0 \tag{4-56}$$

于是，由式（4-56）可知，在补偿跟踪控制器（4-37）作用下，人机合作环境对 ODW 系统运动的影响受到抑制，轨迹跟踪误差和速度跟踪误差达到渐近稳定；同时由 $\tilde{\boldsymbol{R}}(k)$ 实现渐近稳定可知，人机合作环境估计 $\hat{\boldsymbol{r}}(k)$ 收敛于 $\boldsymbol{r}(k)$。定理 4.3 得证。

4.2.3 仿真分析

为了验证本节提出的人机合作环境数据驱动估计方法和补偿跟踪控制器设计的有效性，对医生指定的各轴训练轨迹和训练速度进行了仿真实验研究，运动轨迹和运动速度描述如下：

$$
\boldsymbol{X}_{\mathrm{d}}(t)=\begin{bmatrix} 2\cos\left(\dfrac{\pi t}{30}\right) \\ 2\sin\left(\dfrac{\pi t}{30}\right) \\ \dfrac{\pi}{4} \end{bmatrix},\quad \dot{\boldsymbol{X}}_{\mathrm{d}}(t)=\begin{bmatrix} -\dfrac{\pi}{15}\sin\left(\dfrac{\pi t}{30}\right) \\ \dfrac{\pi}{15}\cos\left(\dfrac{\pi t}{30}\right) \\ 0 \end{bmatrix} \tag{4-57}
$$

仿真研究中，为了刻画人机运动环境的变化，令康复者质量 $m=(60+20\sin t)\mathrm{kg}$，偏心距 $r_0=(0.16+0.05\sin t)\mathrm{m}$；控制器参数 $\lambda=0.5$，$\chi=0.1$，$\beta=0.5$；并且，人机合作环境 $\hat{\boldsymbol{r}}(k)$ 估计的初始值为 $\hat{\boldsymbol{r}}(0)=[0 \quad 0 \quad 0]^{\mathrm{T}}$，ODW 系统的初始状态为 $\boldsymbol{x}(0)=[2 \quad 0 \quad 0.78 \quad 0 \quad -0.2 \quad 0]^{\mathrm{T}}$，并且 $\hat{\boldsymbol{\varphi}}(k)$ 估计的初始值如下：

$$
\hat{\boldsymbol{\varphi}}(0)=\begin{bmatrix} 0 & 0 & 0 & 0 & 0 & 0 \\ 0 & 0 & 0 & 0 & 0 & 0 \\ 0 & 0 & 0 & 0 & 0 & 0 \\ -5.5 & 0 & 0 & -1.5 & 0 & 0 \\ 0 & -1.6 & 0 & 0 & -0.8 & 0 \\ 0 & 0 & -80 & 0 & 0 & -2.5 \end{bmatrix}
$$

仿真结果如图 4-17 ～图 4-26 所示。

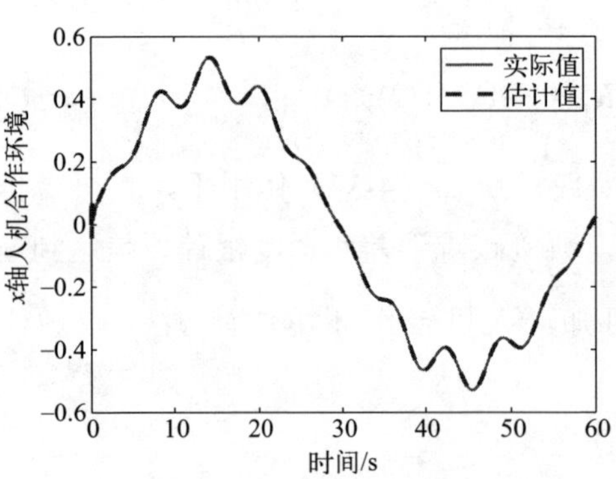

图 4-17　x 轴人机合作环境估计

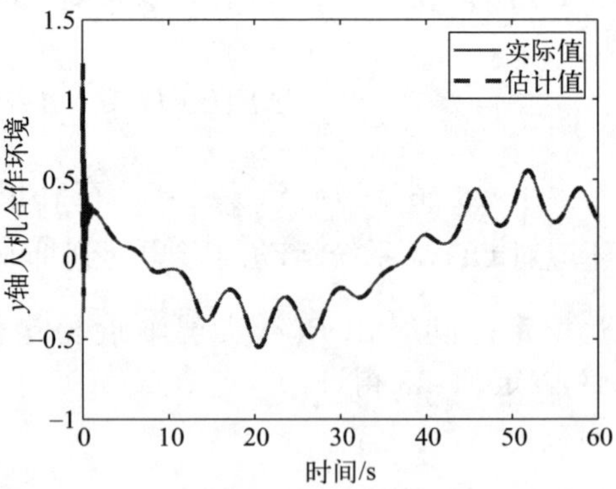

图 4-18　y 轴人机合作环境估计

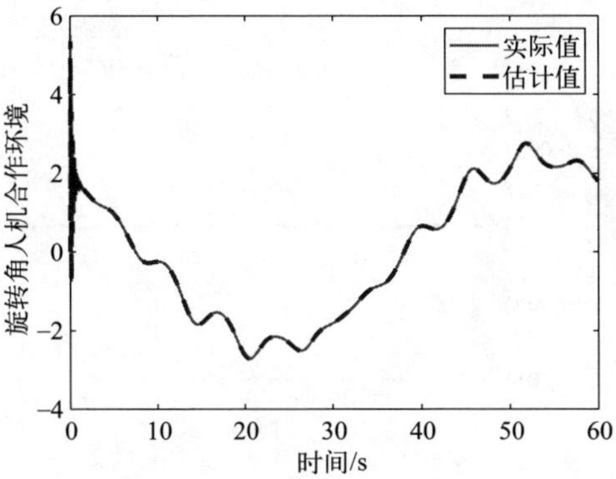

图 4-19　旋转角人机合作环境估计

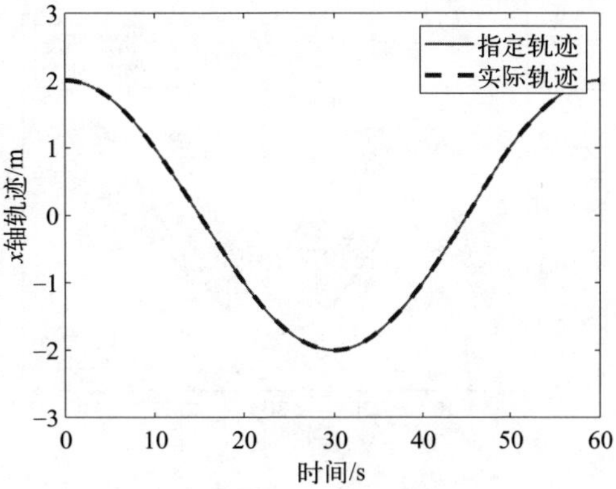

图 4-20　*x* 轴轨迹跟踪

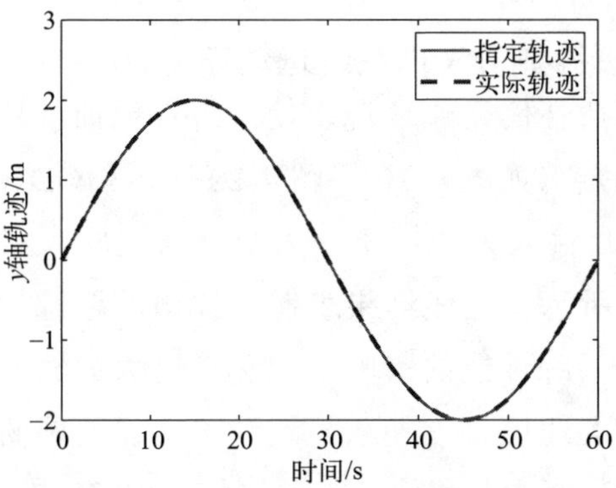

图 4-21　*y* 轴轨迹跟踪

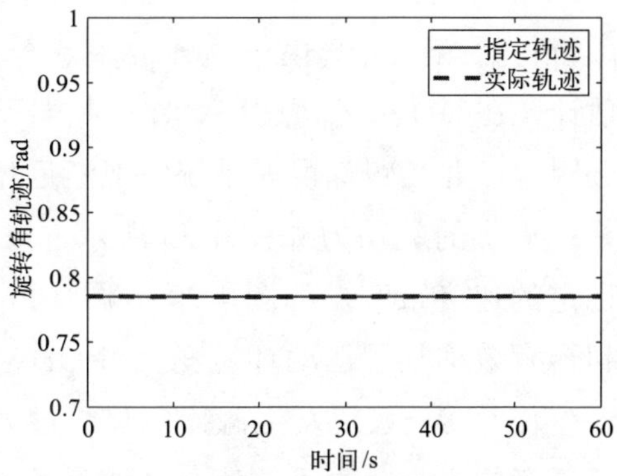

图 4-22　旋转角轨迹跟踪

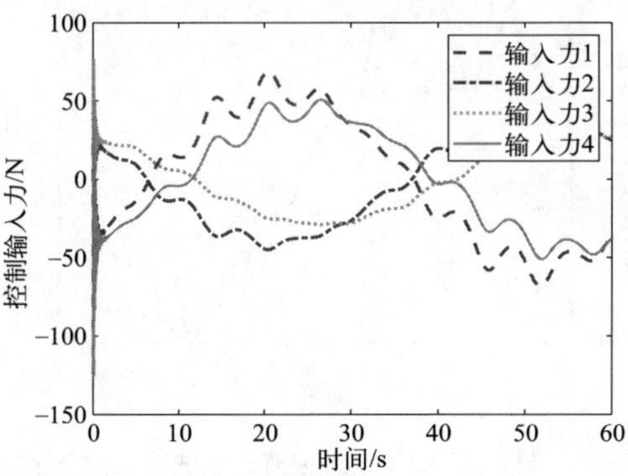

图 4-23　控制输入力

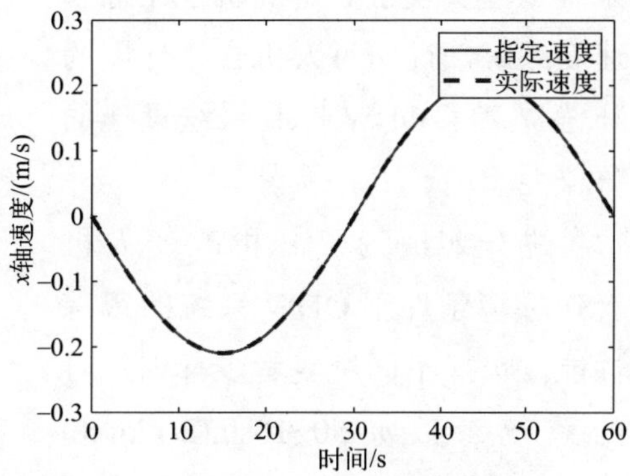

图 4-24　*x* 轴速度跟踪

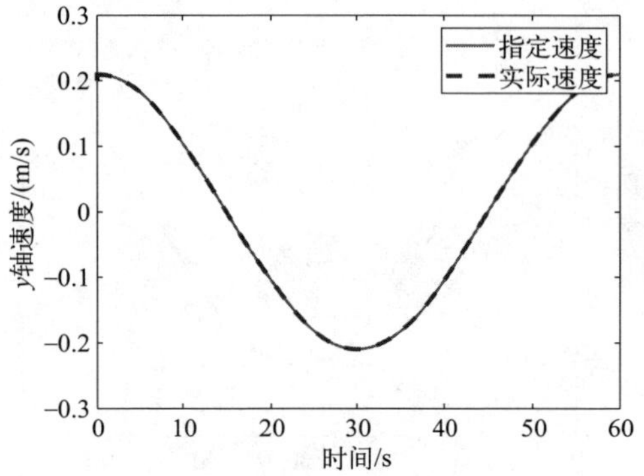

图 4-25 y 轴速度跟踪

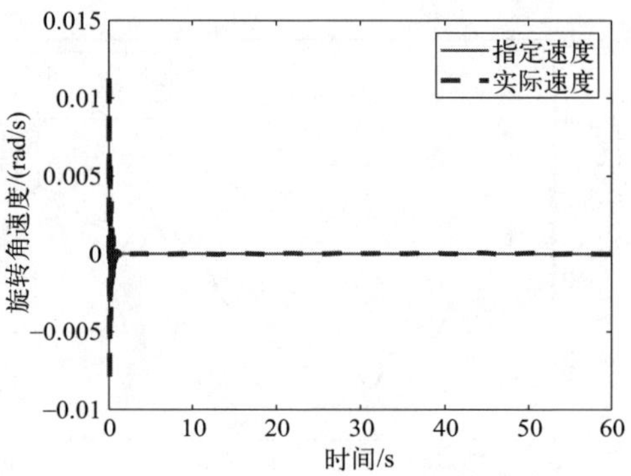

图 4-26 旋转角速度跟踪

图 4-17 ～图 4-19 给出了 ODW 系统各轴人机合作环境的估计曲线。由图可以看出，本节提出的数据驱动方法得到了人机系统运动环境 $\hat{\boldsymbol{r}}(k+1)$ 的估计。在 ODW 运动过程中，控制器不断补偿合作环境，使系统实现训练轨迹跟踪，并且跟踪误差系统实现渐近稳定，如图 4-20 ～图 4-22 所示。ODW 系统提供的驱动力如图 4-23 所示，在此输入力作用下，人机系统也实现了稳定的速度跟踪，如图 4-24 ～图 4-26 所示。上述结果表明，提出的跟踪控制器有效抑制了运动环境变化对 ODW 跟踪性能的影响，避免了过大的轨迹误差使 ODW 系统发生碰撞危险，过大的速度误差使人机运动不协调而威胁康复者的安全。由不同康复者质量 $m\in[40,80]$ 和偏心距 $r_0\in[0,11,0.21]$ 可知，在变化的运动环境下，ODW 系统依然实现了稳定的轨迹跟踪和速度跟踪，说明对人机合作环境的补偿提高了 ODW 控制系统设计的鲁棒性。

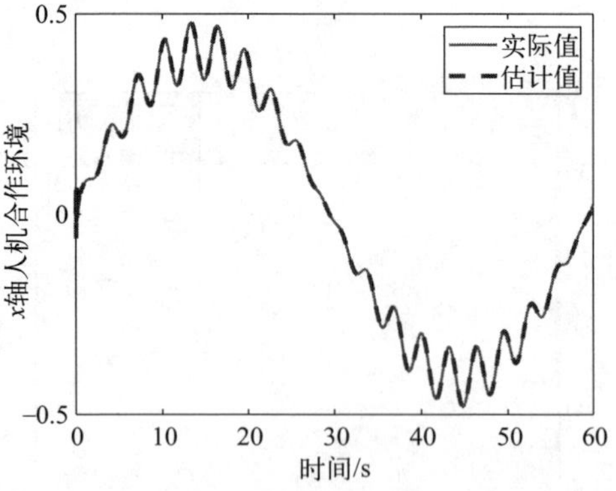

图 4-27 x 轴人机合作环境估计

进一步，为了分析改变人机合作环境条件下 ODW 系统的跟踪性能，选择不同康复者步行训练时的系统参数 m=50+10sin(2t) kg 和 r_0=0.13+0.02sin(2t) m，其余参数保持不变，仿真结果如图 4-27 ～图 4-31 所示。

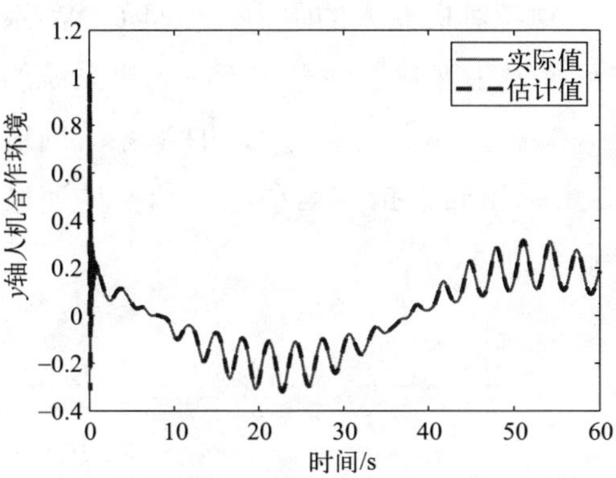

图 4-28　y 轴人机合作环境估计

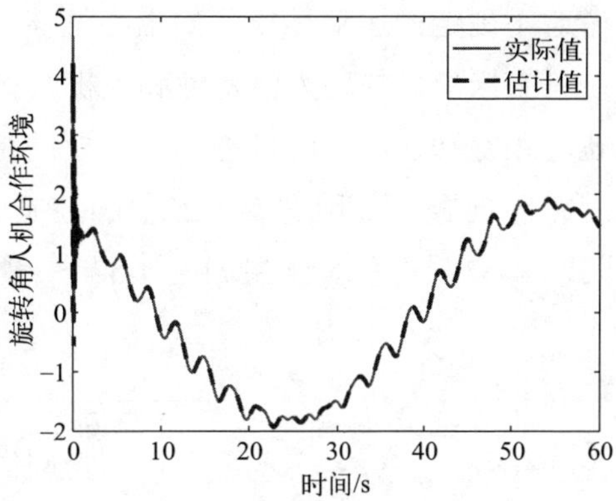

图 4-29　旋转角人机合作环境估计

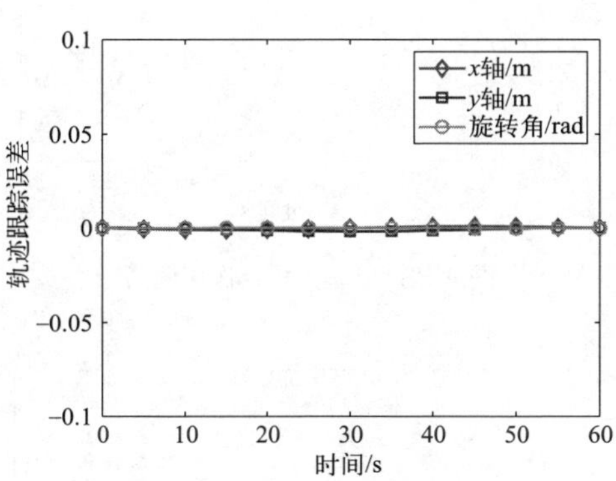

图 4-30　各轴轨迹跟踪误差

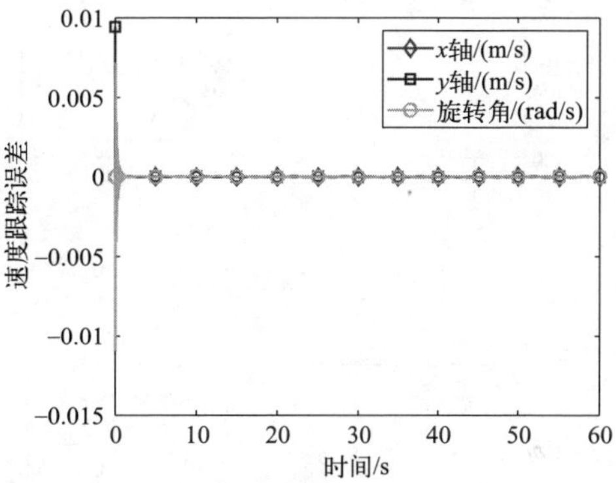

图 4-31　各轴速度跟踪误差

由图 4-27 ～图 4-29 可以看出，本节构建的数据驱动人机合作环境模型由于仅利用系统的输入输出数据信息，从而可以更好地描述不同康复者训练环境的变化。同时，本节所设计的控制器（4-37）补偿了合作环境扰动对 ODW 系统的影响，保证了轨迹跟踪误差和速度跟踪误差的渐近稳定性（图 4-30、图 4-31）。可见，提出的补偿跟踪控制方法提高了 ODW 系统跟踪运动的鲁棒性。

接下来，为了说明本节所提出方法的优越性，与文献［22］进行了仿真对比。文献［22］研究了具有接触力观测的随机控制方法，设计了扩展状态观测器估计康复者与 ODW 之间的接触力，并设计随机控制器抑制接触力对 ODW 系统运动的影响。然而，文献［22］观测器依赖于模型的精确信息，并且没有考虑不确定的运动环境，如重心偏移和康复者对机器人的阻力。一旦 ODW 系统具有未建模的动力学特性和人机合作环境发生变化，将严重影响人机系统的轨迹跟踪和速度跟踪性能。更重要的是，文献［22］没有考虑 ODW 系统的速度跟踪问题。采用文献［22］的控制器跟踪相同的指定运动轨迹和运动速度［式(4-57)］，仿真结果如图 4-32 ～图 4-36 所示。

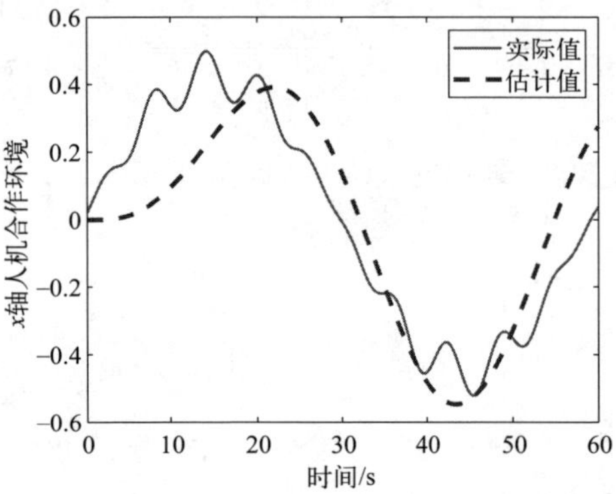

图 4-32　x 轴人机合作环境估计

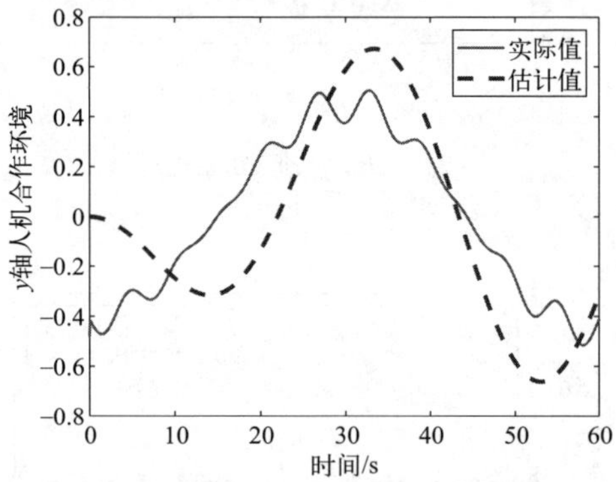

图 4-33　y 轴人机合作环境估计

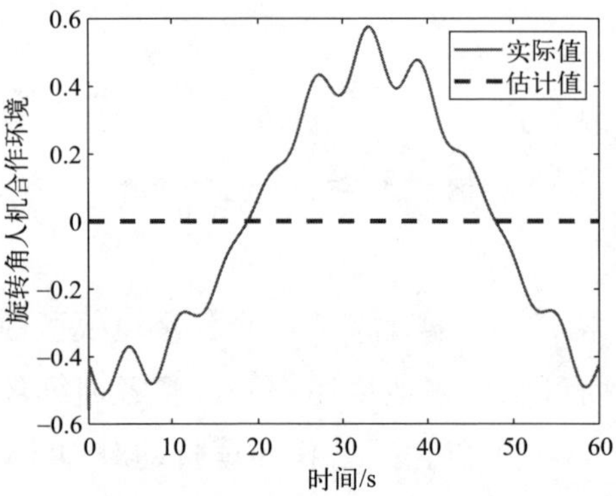

图 4-34　旋转角人机合作环境估计

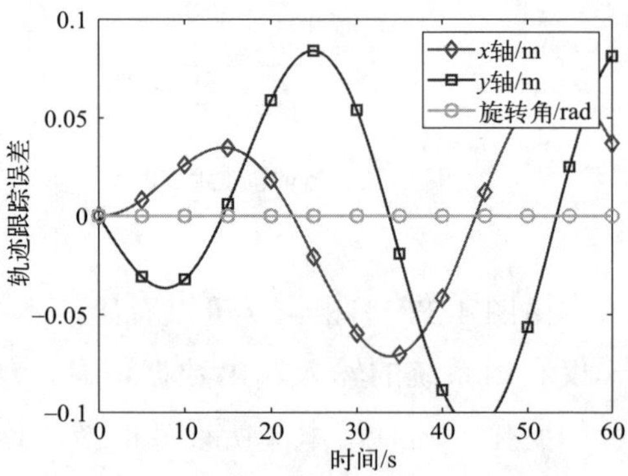

图 4-35　各轴轨迹跟踪误差

图 4-32 ～图 4-34 给出了文献［22］中扩展状态观测器对人机合作环境的观测曲线。从这些结果中可以明显看出，文献［22］的观测器只能估计 ODW 系统的接触力环境。然而，接触力只是人机合作环境的一部分，无法获得系统偏移量、康复者阻力等不确定的环境信息，导致产生较大的估计偏差。由于人机合作环境的观测误差，ODW 在帮助康复者跟踪训练轨迹时产生一定偏差，

如图 4-35 所示。图 4-36 描述了 ODW 系统各轴速度跟踪误差曲线，由图可知，人机系统无法实现速度跟踪，康复者在不稳定的运动速度下人机难以实现协调运动，这对康复者来讲是非常危险的。因此，获取准确的环境信息对于 ODW 同时实现稳定的轨迹跟踪和速度跟踪非常重要。

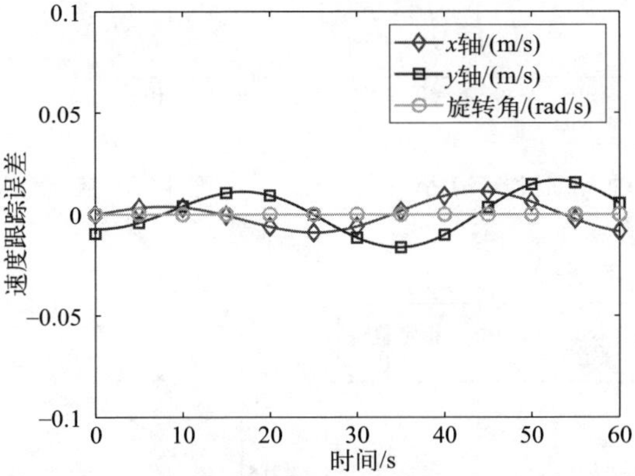

图 4-36 各轴速度跟踪误差

进一步，为了说明数据驱动合作环境估计和补偿控制方法的优越性，将本节提出的补偿控制器应用于文献［22］，并对文献［22］中的轨迹进行跟踪。仿真结果如图 4-37 ～图 4-45 所示。

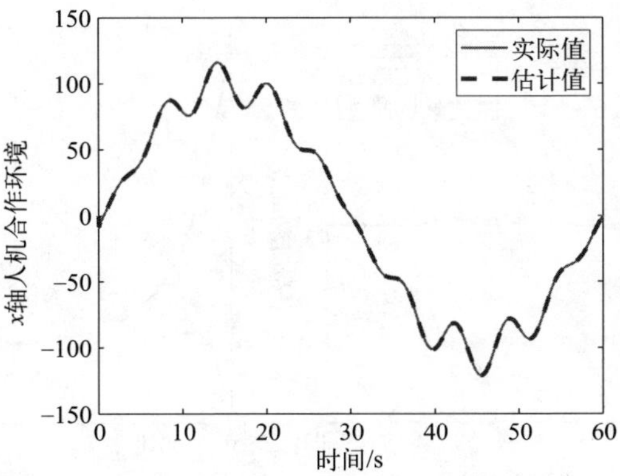

图 4-37 x 轴人机合作环境估计

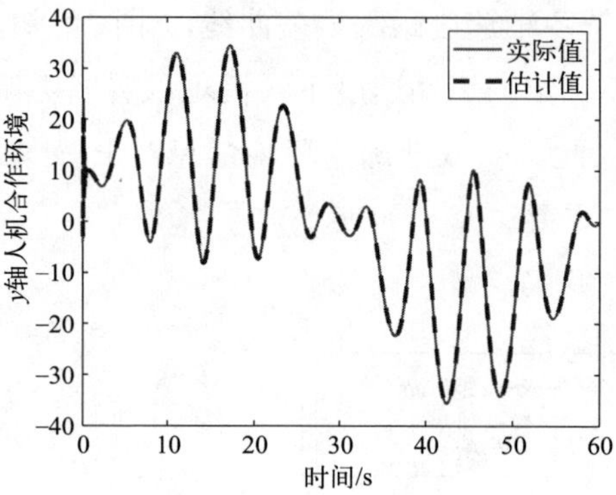

图 4-38　y 轴人机合作环境估计

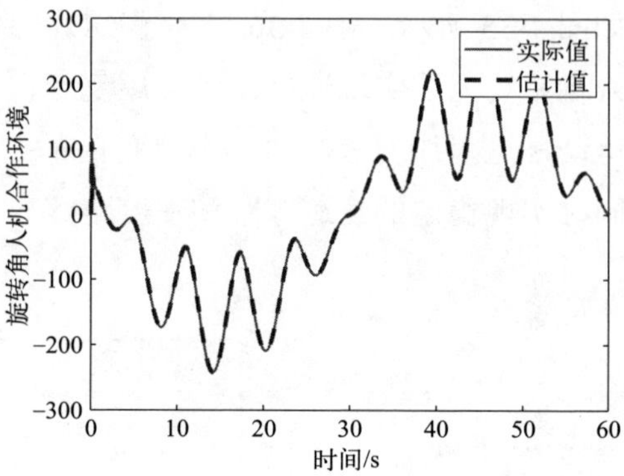

图 4-39　旋转角人机合作环境估计

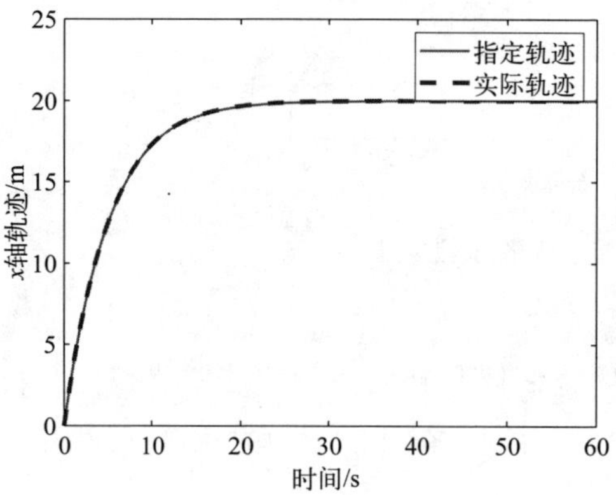

图 4-40　x 轴轨迹跟踪

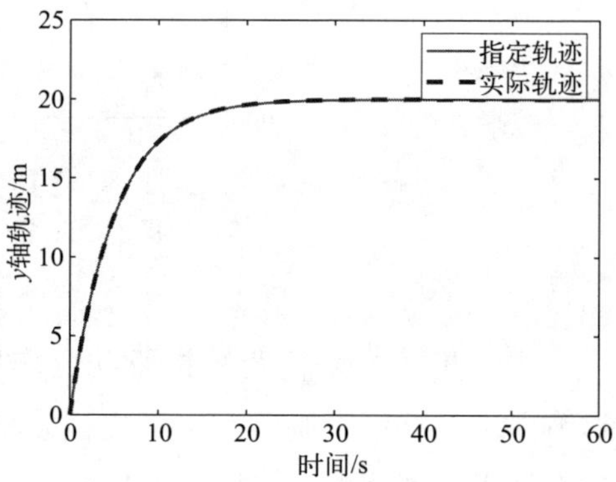

图 4-41　y 轴轨迹跟踪

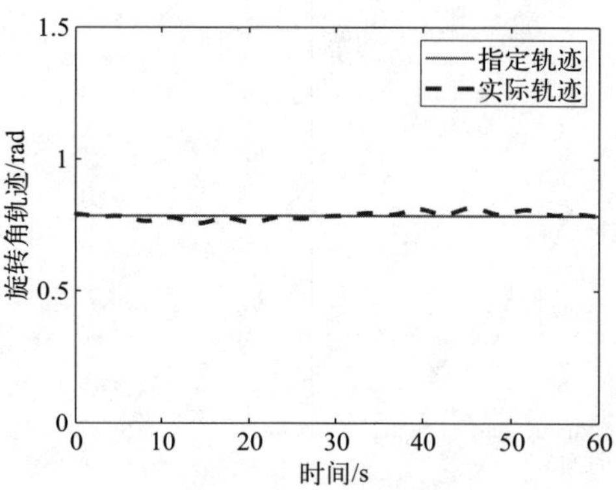

图 4-42　旋转角轨迹跟踪

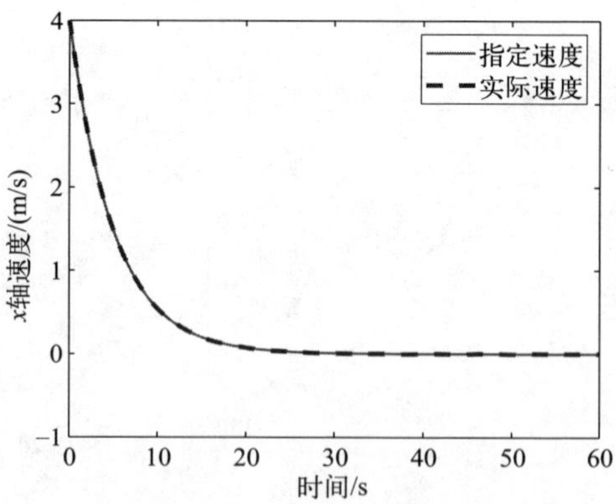

图 4-43　x 轴速度跟踪

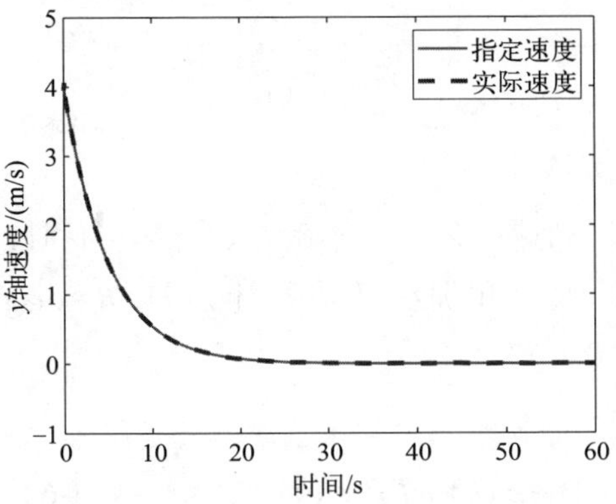

图 4-44　y 轴速度跟踪

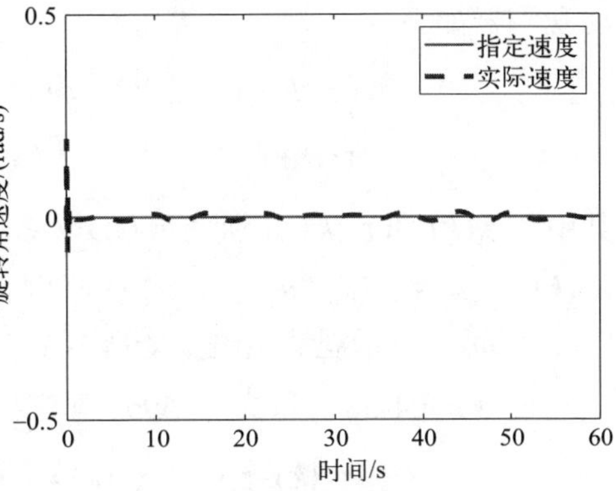

图 4-45　旋转角速度跟踪

图 4-37 ～图 4-39 给出了数据驱动方法估计文献［22］人机运动环境的仿真曲线，由图可知，本节提出的数据驱动估计方法有效估计了 ODW 系统的人机接触力环境，在此基础上，通过控制器对运动环境的不断补偿，人机系统同时实现了运动轨迹跟踪（图 4-40 ～图 4-42）和运动速度跟踪（图 4-43 ～图 4-45）。上述结果表明，数据驱动估计方法和所提出的补偿控制方法可以准确估计人机合作环境，并实现轨迹跟踪和速度跟踪，不仅保障了康复者步行跟踪训练的效果，而且实现了人机系统速度协调的安全训练。

4.3　人机系统的数据驱动安全控制

4.3.1　数据驱动观测器的设计

对于运动速度数据驱动模型［式(2-57)］，令 $\boldsymbol{h}(k)=\boldsymbol{\varphi}_1(k)\Delta\boldsymbol{H}(k)$ 表示不确定的人机系统运动环境。在实际应用中，直接获取 $\boldsymbol{h}(k)$ 是极为困难的。本节将采用观测器方法对其进行估计。记 $\boldsymbol{z}_1(k)=\boldsymbol{V}(k)$ 表示 ODW 系统的运动速度，$\boldsymbol{z}_1(k)=\boldsymbol{h}(k)$ 表示不确定训练环境，由模型［式(2-57)］可得：

$$\begin{cases}\boldsymbol{z}_1(k+1)=\boldsymbol{z}_1(k)+\boldsymbol{\varphi}(k)\Delta\boldsymbol{u}_c(k)+\boldsymbol{z}_2(k)\\ \boldsymbol{z}_2(k+1)=\boldsymbol{z}_2(k)+\boldsymbol{h}(k+1)-\boldsymbol{h}(k)\end{cases}\tag{4-58}$$

为了得到人机系统的不确定训练环境，利用模型［式(4-58)］设计数据驱动观测器如下：

$$\begin{cases}\hat{z}_1(k+1)=\hat{z}_1(k)+\boldsymbol{\varphi}(k)\Delta\boldsymbol{u}_c(k)+\hat{z}_2(k)+T\boldsymbol{\beta}_h\boldsymbol{e}_1(k)\\ \hat{z}_2(k+1)=\hat{z}_2(k)+T\boldsymbol{\beta}_h\boldsymbol{e}_2(k)\end{cases} \tag{4-59}$$

其中，$\hat{z}_1(k)$ 和 $\hat{z}_2(k)$ 分别表示ODW系统运动速度估计和不确定训练环境估计；$\boldsymbol{e}_\delta(k)=\boldsymbol{z}_\delta(k)-\hat{\boldsymbol{z}}_\delta(k)$（$\delta$=1,2）表示速度估计误差和训练环境估计误差；$\boldsymbol{\beta}_h$=diag（$\omega_0,\omega_0,\omega_0$）表示观测器增益矩阵且 $\omega_0>0$。

根据式（4-58）和式（4-59），可得：

$$\boldsymbol{e}_2(k)=\boldsymbol{z}_2(k)-\hat{\boldsymbol{z}}_2(k)=\boldsymbol{e}_1(k+1)-\boldsymbol{e}_1(k)+T\boldsymbol{\beta}_h\boldsymbol{e}_1(k) \tag{4-60}$$

定理 4.4　记 $\boldsymbol{e}_\delta(k)=[e_{\delta1}(k)\quad e_{\delta2}(k)\quad e_{\delta3}(k)]^{\mathrm{T}}$ 分别表示各轴运动速度和训练环境观测误差，对于康复机器人系统，存在 $0<T\omega_0<2$，使观测误差满足 $|e_{\delta i}|\leqslant\varsigma_{\delta i}$（$i$=1，2，3），且 $\varsigma_{\delta i}$ 是非常小的正数；同时，数据驱动观测器（4-59）实现了人机系统运动速度和不确定训练环境估计。

证明：　令 $\boldsymbol{e}_{0i}(k)=[e_{1i}(k)\quad e_{2i}(k)]^{\mathrm{T}}$，$\boldsymbol{h}(k)=[h_1(k)\quad h_2(k)\quad h_3(k)]^{\mathrm{T}}$，$\Delta h_i(k)=h_i(k)-h_i(k-1)$。根据式（4-58）和式（4-59），观测误差系统（4-60）转化为如下形式：

$$\boldsymbol{e}_{0i}(k+1)=\boldsymbol{A}_i\boldsymbol{e}_{0i}(k)+\boldsymbol{E}_1\Delta h_i(k+1) \tag{4-61}$$

其中，

$$\boldsymbol{A}_i=\begin{bmatrix}1-T\omega_0 & 1\\ 0 & 1-T\omega_0\end{bmatrix},\boldsymbol{E}_1=\begin{bmatrix}0\\1\end{bmatrix}$$

则得到式（4-61）的标称系统如下：

$$\boldsymbol{e}_{0i}(k+1)=\boldsymbol{A}_i\boldsymbol{e}_{0i}(k) \tag{4-62}$$

$\boldsymbol{A}_i$ 的特征多项式计算如下：

$$\begin{aligned}|z\boldsymbol{I}-\boldsymbol{A}_i|&=\begin{vmatrix}z-1+T\omega_0 & -1\\ 0 & z-1+T\omega_0\end{vmatrix}\\&=z^2+(2T\omega_0-2)z+(T^2\omega_0^2-2T\omega_0+1)\end{aligned} \tag{4-63}$$

将 $z=(\omega+1)/(\omega-1)$ 代入式（4-63）进行双线性变换，得到 ω 域特征多项式为：

$$T^2\omega_0^2\omega^2+(4T\omega_0-2T^2\omega_0^2)\omega+(T^2\omega_0^2-4T\omega_0+4)=0 \tag{4-64}$$

由于 $0<T\omega_0<2$，则可得：

$$\begin{cases}T^2\omega_0^2>0\\ T\omega_0<2\\ (T\omega_0-2)^2>0\end{cases} \tag{4-65}$$

进一步，得到：

$$\begin{cases} T^2\omega_0^2 > 0 \\ 4T\omega_0 - 2T^2\omega_0^2 > 0 \\ T^2\omega_0^2 - 4T\omega_0 + 4 > 0 \end{cases} \tag{4-66}$$

因此，根据 Routh 准则可知观测误差标称系统［式(4-62)］是稳定的。接下来，对于观测误差系统［式(4-61)］，由于 $\Delta h_i(k+1)$ 的影响，产生的稳态误差计算如下：

$$\begin{cases} \lim\limits_{k\to\infty} e_{1i}(k) = \dfrac{e_{2i}(k)}{T\omega_0} \\ \lim\limits_{k\to\infty} e_{2i}(k) = \dfrac{\Delta h_i(k+1)}{T\omega_0} \end{cases} \tag{4-67}$$

对于康复机器人系统来讲，其运动速度是缓慢的，并且需要实时观察训练环境的变化情况，因此通常采样时间设置得非常小，以确保环境变化 $\Delta\boldsymbol{h}(k+1)$ 有界。于是，令 $|\Delta h_i(k+1)| \leqslant \bar{c}_i$，且 $\bar{c}_i$ 是一个非常小的正数，从而得到：

$$\begin{cases} |e_{1i}(k)| \leqslant \dfrac{\bar{c}_i}{T^2\omega_0^2} = \varsigma_{1i} \\ |e_{2i}(k)| \leqslant \dfrac{\bar{c}_i}{T\omega_0} = \varsigma_{2i} \end{cases} \tag{4-68}$$

这样由式(4-67）可知，由于 $\bar{c}_i$ 和 $\varsigma_{\delta i}$ 均为非常小的正数，可以近似求得 $\lim\limits_{k\to\infty} e_{1i}(k) = 0$ 和 $\lim\limits_{k\to\infty} e_{2i}(k) = 0$，由此实现了不确定训练环境的观测。定理 4.4 得证。

4.3.2　速度和输入力同时约束的方法

为了保证人机系统运动速度的安全性，设计 ODW 系统指定的安全运动速度如下：

$$\boldsymbol{V}_{\mathrm{d}}(k+1) = \dot{\boldsymbol{X}}_{\mathrm{d}}(k+1) + \boldsymbol{K}_{p1}\boldsymbol{e}_X(k) + \boldsymbol{K}_{d1}\dot{\boldsymbol{e}}_X(k) \tag{4-69}$$

其中，$\boldsymbol{e}_X(k)=\boldsymbol{X}_{\mathrm{d}}(k+1)-\boldsymbol{X}(k)$，$\boldsymbol{X}_{\mathrm{d}}(k+1)$ 表示 $k+1$ 时刻医生指定的运动轨迹，$\boldsymbol{X}(k)$ 表示 ODW 系统 k 时刻的实际运动轨迹。令 $\dot{\boldsymbol{X}}_{\mathrm{d}}(k+1) \approx (\boldsymbol{X}_{\mathrm{d}}(k+1) - \boldsymbol{X}_{\mathrm{d}}(k))/T$，$\dot{\boldsymbol{e}}_X(k) = \dot{\boldsymbol{X}}_{\mathrm{d}}(k+1) - \dot{\boldsymbol{X}}(k)$，$\boldsymbol{K}_{p1}=\mathrm{diag}(k_{p1},k_{p1},k_{p1})$ 和 $\boldsymbol{K}_{d1}=\mathrm{diag}(k_{d1},k_{d1},k_{d1})$ 表示调节的参数矩阵。

为了将 x 轴、y 轴以及旋转角方向的速度 $\boldsymbol{V}_\mathrm{d}(k+1)$ 限制在一定范围内，采用饱和函数约束如下：

$$\bar{V}_{di}(k+1)=\mathrm{sat}_{V_{di}}(V_{di}(k+1))=\begin{cases}V_{\varpi i}, & V_{di}(k+1)\geqslant V_{\varpi i}\\ V_{\gamma i}, & V_{di}(k+1)\leqslant V_{\gamma i}\\ V_{di}(k+1), & V_{\gamma i}<V_{di}(k+1)<V_{\varpi i}\end{cases} \tag{4-70}$$

其中，$V_{\varpi i}$ 和 $V_{\gamma i}$（i=1,2,3）分别表示各轴运动速度的上界和下界。

另外，ODW 系统各轴的实际运动速度 $V_i(k)$ 需要限制在允许的安全范围内，同时电机驱动力 $u_i(k)$ 也不能超过 ODW 所能提供的最大值。因此，运动速度和输入力利用饱和函数约束如下：

$$\bar{V}_i(k)=\mathrm{sat}_{V_i}(V_i(k))=\begin{cases}V_{ti}, & V_i(k)\geqslant V_{ti}\\ V_{bi}, & V_i(k)\leqslant V_{bi}\\ V_i(k), & V_{bi}<V_i(k)<V_{ti}\end{cases} \tag{4-71}$$

$$\bar{u}_i(k)=\mathrm{sat}_{u_i}(u_i(k))=\begin{cases}u_{ti}, & u_i(k)\geqslant u_{ti}\\ u_{bi}, & u_i(k)\leqslant u_{bi}\\ u_i(k), & u_{bi}<u_i(k)<u_{ti}\end{cases} \tag{4-72}$$

其中，V_{ti} 和 V_{bi} 分别表示各轴实际运动速度的上界和下界；u_{ti} 和 u_{bi} 分别表示驱动电机控制输入力的上界和下界。

引理 4.1　对 ODW 系统运动速度 $\boldsymbol{V}(k)$ 进行约束后得到 $\bar{\boldsymbol{V}}(k)$，根据式（4-71），如果存在矩阵 $\boldsymbol{P}(k)$，那么可以建立 $\Delta\boldsymbol{V}(k)$ 和 $\Delta\bar{\boldsymbol{V}}(k)$ 之间的表达关系为 $\Delta\bar{\boldsymbol{V}}(k)=\boldsymbol{P}(k)\Delta\boldsymbol{V}(k)$，其中 $\Delta\boldsymbol{V}(k)=\boldsymbol{V}(k)-\boldsymbol{V}(k-1)$，$\Delta\bar{\boldsymbol{V}}(k)=\bar{\boldsymbol{V}}(k)-\bar{\boldsymbol{V}}(k-1)$，$\boldsymbol{P}(k)=\mathrm{diag}(p_1(k),p_2(k),p_3(k))$，且 $0<p_i(k)\leqslant 1$。

证明：由式（4-71）可得

$$\Delta\bar{V}_i(k)=\bar{V}_i(k)-\bar{V}_i(k-1)=\mathrm{sat}_{V_i}(V_i(k))-\mathrm{sat}_{V_i}(V_i(k-1)) \tag{4-73}$$

则 $p_i(k)$ 可以表示为：

因此，由式（4-74）可知，存在矩阵 $\boldsymbol{P}(k)$，使 $\Delta\bar{\boldsymbol{V}}(k)=\boldsymbol{P}(k)\Delta\boldsymbol{V}(k)$ 成立，并且 $0<p_i(k)\leqslant 1$。

引理 4.2　对 ODW 系统驱动电机控制输入力 $\boldsymbol{u}(k)$ 进行约束后得到 $\bar{\boldsymbol{u}}(k)$，根据式（4-72），如果存在矩阵 $\boldsymbol{Q}(k)$，那么可以建立 $\Delta\boldsymbol{u}(k)$ 和 $\Delta\bar{\boldsymbol{u}}(k)$ 之间的表达关系为 $\Delta\bar{\boldsymbol{u}}(k)=\boldsymbol{Q}(k)\Delta\boldsymbol{u}(k)$，其中 $\Delta\boldsymbol{u}(k)=\boldsymbol{u}(k)-\boldsymbol{u}(k-1)$，$\Delta\bar{\boldsymbol{u}}(k)=\bar{\boldsymbol{u}}(k)-\bar{\boldsymbol{u}}(k-1)$，$\boldsymbol{Q}(k)=\mathrm{diag}(q_1(k),q_2(k),q_3(k))$，且 $0<q_i(k)\leqslant 1$。

$$p_i(k)=\begin{cases}\dfrac{V_i(k)-V_{ti}}{\Delta V_i(k)}, & V_i(k-1)\geqslant V_{ti},V_{bi}<V_i(k)<V_{ti}\\ \dfrac{V_{bi}-V_{ti}}{\Delta V_i(k)}, & V_i(k-1)\geqslant V_{ti},V_i(k)\leqslant V_{bi}\\ \dfrac{V_{ti}-V_i(k-1)}{\Delta V_i(k)}, & V_{bi}<V_i(k-1)<V_{ti},V_i(k)\geqslant V_{ti}\\ 1, & V_{bi}<V_i(k-1)<V_{ti},V_{bi}<V_i(k)<V_{ti}\\ \dfrac{V_{ti}-V_i(k-1)}{\Delta V_i(k)}, & V_{ib}<V_i(k-1)<V_{ti},V_i(k)\leqslant V_{bi}\\ \dfrac{V_{ti}-V_{bi}}{\Delta V_i(k)}, & V_i(k-1)\leqslant V_{bi},V_i(k)\geqslant V_{ti}\\ \dfrac{V_i(k)-V_{bi}}{\Delta V_i(k)}, & V_i(k-1)\leqslant V_{bi},V_i(k)\geqslant V_{ti}\\ 0, & \text{其他情况}\end{cases} \tag{4-74}$$

证明：由式（4-72）可得

$$\Delta\bar{u}_i(k)=\bar{u}_i(k)-\bar{u}_i(k-1)=\mathrm{sat}_{u_i}(u_i(k))-\mathrm{sat}_{u_i}(u_i(k-1)) \tag{4-75}$$

则 $q_i(k)$ 可以表示为：

$$q_i(k)=\begin{cases}\dfrac{u_i(k)-u_{ti}}{\Delta u_i(k)}, & u_i(k-1)\geqslant u_{ti},u_{bi}<u_i(k)<u_{ti}\\ \dfrac{u_{bi}-u_{ti}}{\Delta u_i(k)}, & u_i(k-1)\geqslant u_{ti},u_i(k)\leqslant u_{bi}\\ \dfrac{u_{ti}-u_i(k-1)}{\Delta u_i(k)}, & u_{bi}<u_i(k-1)<u_{ti},u_i(k)\geqslant u_{ti}\\ 1, & u_{bi}<u_i(k-1)<u_{it},u_{bi}<u_i(k)<u_{it}\\ \dfrac{u_{bi}-u_i(k-1)}{\Delta u_i(k)}, & u_{bi}<u_i(k-1)<u_{ti},u_i(k)\leqslant u_{bi}\\ \dfrac{u_{ti}-u_{bi}}{\Delta u_i(k)}, & u_i(k-1)\leqslant u_{bi},u_i(k)\geqslant u_{ti}\\ \dfrac{u_i(k)-u_{bi}}{\Delta u_i(k)}, & u_i(k-1)\leqslant u_{bi},u_{bi}<u_i(k)<u_{ti}\\ 0, & \text{其他情况}\end{cases} \tag{4-76}$$

因此，由式（4-76）可知，存在矩阵 $\boldsymbol{Q}(k)$，使 $\Delta\bar{\boldsymbol{u}}(k)=\boldsymbol{Q}(k)\Delta\boldsymbol{u}(k)$ 成立，并且 $0<q_i(k)\leqslant 1$。

接下来，定义运动速度约束前后的跟踪误差 $\boldsymbol{e}_V(k)$ 和 $\boldsymbol{\varepsilon}_V(k)$ 分别如下：

$$\boldsymbol{e}_V(k)=\overline{\boldsymbol{V}}_{\mathrm{d}}(k+1)-\boldsymbol{V}(k) \tag{4-77}$$

$$\boldsymbol{\varepsilon}_V(k)=\overline{\boldsymbol{V}}_{\mathrm{d}}(k+1)-\overline{\boldsymbol{V}}(k) \tag{4-78}$$

由式(4-77）和式(4-78）可知，存在矩阵 $\boldsymbol{R}(k)=\mathrm{diag}(r_1(k),r_2(k),r_3(k))$，使得 $\boldsymbol{\varepsilon}_V(k)=\boldsymbol{R}(k)\boldsymbol{e}_V(k)$ 成立。且 $r_i(k)$ 表达式如下：

$$r_i(k)=\begin{cases}\dfrac{\overline{V}_{\mathrm{d}i}(k+1)-V_{ti}}{\overline{V}_{\mathrm{d}i}(k+1)-V_i(k)}, & V_i(k)\geqslant V_{ti}\\ 1, & V_{bi}<V_i(k)<V_{ti}\\ \dfrac{\overline{V}_{\mathrm{d}i}(k+1)-V_{bi}}{\overline{V}_{\mathrm{d}i}(k+1)-V_i(k)}, & V_i(k)\leqslant V_{bi}\end{cases} \tag{4-79}$$

其中，式(4-70）中指定速度和式(4-79）中实际速度的上界和下界分别满足 $V_{ti}>V_{\varpi i}$ 和 $V_{\gamma i}>V_{bi}$。进一步，根据式(4-70)，得到 $V_{bi}<\overline{V}_{\mathrm{d}i}(k+1)<V_{ti}$。因此，由式(4-79）可得 $0<r_i(k)\leqslant 1$。

4.3.3 运动速度数据模型系数矩阵的估计

对于建立的运动速度数据模型（2-57），其系数矩阵 $\boldsymbol{\varphi}(k)$ 未知，为了实现 ODW 系统的数据驱动控制，需要获得 $\boldsymbol{\varphi}(k)$ 的估计，于是构建性能函数如下：

$$J(\boldsymbol{\varphi}(k))=\left\|\Delta\overline{\boldsymbol{V}}(k)-\boldsymbol{\varphi}(k)\Delta\overline{\boldsymbol{u}}(k-1)-\boldsymbol{P}(k)\hat{\boldsymbol{h}}(k-1)\right\|^2+\mu_1\left\|\boldsymbol{\varphi}(k)-\hat{\boldsymbol{\varphi}}(k-1)\right\|^2 \tag{4-80}$$

其中，$\mu_1>0$ 表示调节参数。

对式(4-80）关于 $\boldsymbol{\varphi}(k)$ 极小化计算如下：

$$-2(\Delta\overline{\boldsymbol{V}}(k)-\boldsymbol{\varphi}(k)\Delta\overline{\boldsymbol{u}}(k-1)-\boldsymbol{P}(k)\hat{\boldsymbol{h}}(k-1))\Delta\overline{\boldsymbol{u}}^{\mathrm{T}}(k-1)+2\mu_1(\boldsymbol{\varphi}(k)-\hat{\boldsymbol{\varphi}}(k-1))=0 \tag{4-81}$$

进一步求解得到：

$$\begin{aligned}\boldsymbol{\varphi}(k)=&(\mu_1\hat{\boldsymbol{\varphi}}(k-1)+(\Delta\overline{\boldsymbol{V}}(k)-\\&\boldsymbol{P}(k)\hat{\boldsymbol{h}}(k-1))\Delta\overline{\boldsymbol{u}}^{\mathrm{T}}(k-1))(\Delta\overline{\boldsymbol{u}}(k-1)\Delta\overline{\boldsymbol{u}}^{\mathrm{T}}(k-1)+\mu_1\boldsymbol{I})^{-1}\end{aligned} \tag{4-82}$$

结合式(4-82)，$\boldsymbol{\varphi}(k)$ 的递归形式数据估计表达式设计如下：

$$\hat{\boldsymbol{\varphi}}(k)=\hat{\boldsymbol{\varphi}}(k-1)+\frac{\rho_1(\Delta\overline{\boldsymbol{V}}(k)-\hat{\boldsymbol{\varphi}}(k-1)\Delta\overline{\boldsymbol{u}}(k-1)-\boldsymbol{P}(k)\hat{\boldsymbol{h}}(k-1))\Delta\overline{\boldsymbol{u}}^{\mathrm{T}}(k-1)}{\mu_1+\left\|\Delta\overline{\boldsymbol{u}}(k-1)\right\|^2} \tag{4-83}$$

其中，

$$\hat{\boldsymbol{\varphi}}(k)=\begin{bmatrix}\hat{\varphi}_{11}(k) & \hat{\varphi}_{12}(k) & \hat{\varphi}_{13}(k)\\ \hat{\varphi}_{21}(k) & \hat{\varphi}_{22}(k) & \hat{\varphi}_{23}(k)\\ \hat{\varphi}_{31}(k) & \hat{\varphi}_{32}(k) & \hat{\varphi}_{33}(k)\end{bmatrix}$$

$\rho_1\in(0,2]$ 表示步长常数，并且 $\hat{\boldsymbol{\varphi}}(k)$ 的重置算法如下：

$$\begin{aligned}&\hat{\varphi}_{ii}(k)=\hat{\varphi}_{ii}(1),\ \text{如果}\ \left|\hat{\varphi}_{ii}(k)\right|<b_2\text{或}\ \left|\hat{\varphi}_{ii}(k)\right|>ab_2\text{或}\,\operatorname{sgn}(\hat{\varphi}_{ii}(k))\neq\operatorname{sgn}(\hat{\varphi}_{ii}(1))\\&\hat{\varphi}_{ij}(k)=\hat{\varphi}_{ij}(1),\ \text{如果}\ \left|\hat{\varphi}_{ij}(k)\right|>b_1\text{或}\ \operatorname{sgn}(\hat{\varphi}_{ij}(k))\neq\operatorname{sgn}(\hat{\varphi}_{ij}(1)),i\neq j\end{aligned}\tag{4-84}$$

其中，$\hat{\varphi}_{ij}(1)$ 表示 $\hat{\varphi}_{ij}(k)$ 的初始值，$b_1>0$，$b_2>0$ 和 $a\geqslant 1$ 表示调节参数。

定理 4.5　对于 ODW 系统运动速度数据模型［式(2-57)］，系数矩阵 $\boldsymbol{\varphi}(k)$ 的估计值 $\hat{\boldsymbol{\varphi}}(k)$ 和估计误差 $\tilde{\boldsymbol{\varphi}}(k)$ 均有界。

证明： 令 $\hat{\boldsymbol{\varphi}}(k)=\left[\hat{\boldsymbol{\varphi}}_1(k)\ \hat{\boldsymbol{\varphi}}_2(k)\ \hat{\boldsymbol{\varphi}}_3(k)\right]^{\mathrm{T}}$，$\hat{\varphi}_i(k)=\left[\hat{\varphi}_{i1}(k)\ \hat{\varphi}_{i2}\ \hat{\varphi}_{i3}(k)\right]$，于是 $\hat{\boldsymbol{\varphi}}(k)$ 的估计表达式(4-83)可以重写为

$$\hat{\boldsymbol{\varphi}}_i(k)=\hat{\boldsymbol{\varphi}}_i(k-1)+\frac{\rho_1(\Delta\bar{V}_i(k)-\hat{\boldsymbol{\varphi}}_i(k-1)\Delta\bar{\boldsymbol{u}}(k-1)-p_i(k)\hat{h}_i(k-1))\Delta\bar{\boldsymbol{u}}^{\mathrm{T}}(k-1)}{\mu_1+\left\|\Delta\bar{\boldsymbol{u}}(k-1)\right\|^2}\tag{4-85}$$

定义估计误差 $\tilde{\boldsymbol{\varphi}}_i(k)=\hat{\boldsymbol{\varphi}}_i(k)-\hat{\boldsymbol{\varphi}}_i(k)$，从而得到：

$$\begin{aligned}\tilde{\boldsymbol{\varphi}}_i(k)=\tilde{\boldsymbol{\varphi}}_i(k-1)-&\frac{\rho_1(\Delta\bar{V}_i(k)-\hat{\boldsymbol{\varphi}}_i(k-1)\Delta\bar{\boldsymbol{u}}(k-1)-p_i(k)\hat{h}_i(k-1))\Delta\bar{\boldsymbol{u}}^{\mathrm{T}}(k-1)}{\mu_1+\left\|\Delta\bar{\boldsymbol{u}}(k-1)\right\|^2}\\&+\boldsymbol{\varphi}_i(k)-\boldsymbol{\varphi}_i(k-1)\end{aligned}\tag{4-86}$$

由引理 4.1 和数据模型［式(2-57)］，可得：

$$\begin{aligned}\tilde{\boldsymbol{\varphi}}_i(k)=\tilde{\boldsymbol{\varphi}}_i(k-1)-&\frac{\rho_1\tilde{\boldsymbol{\varphi}}_i(k-1)\Delta\bar{\boldsymbol{u}}(k-1)\Delta\bar{\boldsymbol{u}}^{\mathrm{T}}(k-1)}{\mu_1+\left\|\Delta\bar{\boldsymbol{u}}(k-1)\right\|^2}-\frac{\rho_1p_i(k)\tilde{h}_i(k-1)\Delta\bar{\boldsymbol{u}}^{\mathrm{T}}(k-1)}{\mu_1+\left\|\Delta\bar{\boldsymbol{u}}(k-1)\right\|^2}\\&+\frac{\rho_1(1-p_i(k))\boldsymbol{\varphi}_i(k-1)\Delta\bar{\boldsymbol{u}}(k-1)\Delta\bar{\boldsymbol{u}}^{\mathrm{T}}(k-1)}{\mu_1+\left\|\Delta\bar{\boldsymbol{u}}(k-1)\right\|^2}+\boldsymbol{\varphi}_i(k)-\boldsymbol{\varphi}_i(k-1)\end{aligned}\tag{4-87}$$

其中，$\tilde{h}_i(k-1)=h_i(k-1)-\hat{h}_i(k-1)$。

由于 $\boldsymbol{\varphi}(k)$ 是有界的，于是存在一个常数 $b>0$，使得 $\left\|\boldsymbol{\varphi}(k)\right\|\leqslant b$ 成立，进而可得 $\left\|\boldsymbol{\varphi}(k)-\boldsymbol{\varphi}(k-1)\right\|\leqslant 2b$。对式(4-87)两边同时取范数计算，得到：

$$\left\|\tilde{\boldsymbol{\varphi}}_i(k)\right\|\leqslant\left\|\tilde{\boldsymbol{\varphi}}_i(k-1)\left(\boldsymbol{I}-\frac{\rho_1p_i(k)\Delta\bar{\boldsymbol{u}}(k-1)\Delta\bar{\boldsymbol{u}}^{\mathrm{T}}(k-1)}{\mu_1+\left\|\Delta\bar{\boldsymbol{u}}(k-1)\right\|^2}\right)\right\|$$

$$+\left\|\frac{\rho_1 p_i(k)\tilde{h}_i(k-1)\Delta\bar{\boldsymbol{u}}^{\mathrm{T}}(k-1)}{\mu_1+\|\Delta\bar{\boldsymbol{u}}(k-1)\|^2}\right\| \\ +\left\|\frac{\rho_1(1-p_i(k))\boldsymbol{\varphi}_i(k-1)\Delta\bar{\boldsymbol{u}}(k-1)\Delta\bar{\boldsymbol{u}}^{\mathrm{T}}(k-1)}{\mu_1+\|\Delta\bar{\boldsymbol{u}}(k-1)\|^2}\right\|+2b \tag{4-88}$$

根据定理 4.4 可知 $\tilde{h}_i(k-1)$ 有界，于是得到：

$$\left\|\frac{\rho_1(1-p_i(k))\boldsymbol{\varphi}_i(k-1)\Delta\bar{\boldsymbol{u}}(k-1)\Delta\bar{\boldsymbol{u}}^{\mathrm{T}}(k-1)}{\mu_1+\|\Delta\bar{\boldsymbol{u}}(k-1)\|^2}\right\|+\left\|\frac{\rho_1 p_i(k)\tilde{h}_i(k-1)\Delta\bar{\boldsymbol{u}}^{\mathrm{T}}(k-1)}{\mu_1+\|\Delta\bar{\boldsymbol{u}}(k-1)\|^2}\right\|+2b\leqslant\bar{c} \tag{4-89}$$

其中，$\bar{c}$ 表示一个正常数。

并且，式(4-88）右侧第一项化简可得：

$$\left\|\tilde{\boldsymbol{\varphi}}_i(k-1)\left(\boldsymbol{I}-\frac{\rho_1 p_i(k)\Delta\bar{\boldsymbol{u}}(k-1)\Delta\bar{\boldsymbol{u}}^{\mathrm{T}}(k-1)}{\mu_1+\|\Delta\bar{\boldsymbol{u}}(k-1)\|^2}\right)\right\|^2=\|\tilde{\boldsymbol{\varphi}}_i(k-1)\|^2 \\ +\left(-2+\frac{\rho_1 p_i(k)\|\Delta\bar{\boldsymbol{u}}(k-1)\|^2}{\mu_1+\|\Delta\bar{\boldsymbol{u}}(k-1)\|^2}\right)\times\frac{\rho_1 p_i(k)\|\tilde{\boldsymbol{\varphi}}_i(k-1)\Delta\bar{\boldsymbol{u}}(k-1)\|^2}{\mu_1+\|\Delta\bar{\boldsymbol{u}}(k-1)\|^2} \tag{4-90}$$

由式(4-90）可知：

$$-2+\frac{\rho_1 p_i(k)\|\Delta\bar{\boldsymbol{u}}(k-1)\|^2}{\mu_1+\|\Delta\bar{\boldsymbol{u}}(k-1)\|^2}<0 \tag{4-91}$$

根据式(4-90）和式(4-91）可知，存在一个常数 $0<d_1\leqslant 1$，使得如下不等式成立：

$$\left\|\tilde{\boldsymbol{\varphi}}_i(k-1)\left(\boldsymbol{I}-\frac{\rho_1 p_i(k)\Delta\bar{\boldsymbol{u}}(k-1)\Delta\bar{\boldsymbol{u}}^{\mathrm{T}}(k-1)}{\mu_1+\|\Delta\bar{\boldsymbol{u}}(k-1)\|^2}\right)\right\|\leqslant d_1\|\tilde{\boldsymbol{\varphi}}_i(k-1)\| \tag{4-92}$$

将式(4-89）和式(4-92）代入式(4-88)，得到：

$$\begin{aligned}\|\tilde{\boldsymbol{\varphi}}_i(k)\|&\leqslant d_1\|\tilde{\boldsymbol{\varphi}}_i(k-1)\|+\bar{c}\\&\leqslant d_1^2\|\tilde{\boldsymbol{\varphi}}_i(k-2)\|+d_1\bar{c}+\bar{c}\\&\quad\vdots\\&\leqslant d_1^{k-1}\|\tilde{\boldsymbol{\varphi}}_i(1)\|+\frac{\bar{c}(1-d_1^{k-1})}{1-d_1}\end{aligned} \tag{4-93}$$

由式(4-93）可知 $\tilde{\boldsymbol{\varphi}}_i(k)$ 有界，从而可得 $\hat{\boldsymbol{\varphi}}(k)$ 也是有界的。对于康复机器人系统，$\boldsymbol{\varphi}(k)$ 是随时间缓慢变化的系数矩阵，于是可以近似得到 $\|\boldsymbol{\varphi}(k)-$

$\varphi(k-1)\|=0$，并且 $\bar{c}$ 是一个很小的正数。这样由式（4-93）可知 $\tilde{\varphi}_i(k)$ 最终趋向于一个非常小的值。因此，设计的递归形式数据估计表达式（4-93）实现了 $\hat{\varphi}(k)$ 的估计。定理 4.5 得证。

4.3.4　数据驱动安全控制器的设计

对运动速度和控制输入力进行约束后，为了设计 ODW 系统的数据驱动控制器，构造输入力 $\boldsymbol{u}(k)$ 的性能函数如下：

$$J(\boldsymbol{u}(k))=\left\|\bar{\boldsymbol{V}}_d(k+1)-\bar{\boldsymbol{V}}(k)-\hat{\varphi}(k)\Delta\boldsymbol{u}(k)-\hat{\boldsymbol{h}}(k)\right\|^2+\mu_2\left\|\boldsymbol{u}(k)-\boldsymbol{u}(k-1)\right\|^2 \tag{4-94}$$

其中，$\mu_2>0$ 表示调节参数。

式（4-94）中针对 $\boldsymbol{u}(k)$ 极小化计算得到：

$$-2\hat{\boldsymbol{\varphi}}^{\mathrm{T}}(k)(\bar{\boldsymbol{V}}_{\mathrm{d}}(k+1)-\bar{\boldsymbol{V}}(k)-\hat{\varphi}(k)\Delta\boldsymbol{u}(k)-\hat{\boldsymbol{h}}(k))+2\mu_2\left(\boldsymbol{u}(k)-\boldsymbol{u}(k-1)\right)^2=\boldsymbol{0} \tag{4-95}$$

由式（4-95）可得：

$$\boldsymbol{u}(k)=(\hat{\boldsymbol{\varphi}}^{\mathrm{T}}(k)\,\hat{\varphi}(k)+\mu_2\boldsymbol{I})^{-1}(\mu_2\boldsymbol{u}(k-1)+(\bar{\boldsymbol{V}}_{\mathrm{d}}(k+1)-\bar{\boldsymbol{V}}(k)-\hat{\boldsymbol{h}}(k))) \tag{4-96}$$

根据式（4-96），控制输入力的递归形式如下：

$$\boldsymbol{u}(k)=\boldsymbol{u}(k-1)+\frac{\rho_2\hat{\boldsymbol{\varphi}}^{\mathrm{T}}(k)(\bar{\boldsymbol{V}}_{\mathrm{d}}(k+1)-\bar{\boldsymbol{V}}(k)-\hat{\boldsymbol{h}}(k))}{\mu_2+\left\|\hat{\varphi}(k)\right\|^2} \tag{4-97}$$

进一步，为了提高跟踪误差的收敛速度和控制性能，在递归表达式（4-97）中引入受约束的反馈误差 $\Delta\boldsymbol{\varepsilon}_V(k)$，其保证了人机系统运动速度的安全性，于是设计 ODW 系统的数据驱动安全控制器如下：

$$\boldsymbol{u}(k)=\boldsymbol{u}(k-1)+\frac{\rho_2\hat{\boldsymbol{\varphi}}^{\mathrm{T}}(k)(\boldsymbol{K}_{p2}\boldsymbol{\varepsilon}_V(k)+\boldsymbol{K}_{d2}\Delta\boldsymbol{\varepsilon}_V(k)/T-\hat{\boldsymbol{h}}(k))}{\mu_2+\left\|\hat{\varphi}(k)\right\|^2} \tag{4-98}$$

其中，ρ_2 表示调节参数，$\boldsymbol{K}_{p2}$ 和 $\boldsymbol{K}_{d2}$ 表示调节矩阵。

定理 4.6　针对具有运动速度和输入力同时约束的康复机器人系统，设计的数据驱动安全控制器（4-98），可使速度跟踪误差 $\boldsymbol{e}_V(k+1)$ 和 $\boldsymbol{\varepsilon}_V(k+1)$ 有界；并且，利用设计的康复机器人系统指定的安全运动速度式（4-69）可实现康复训练轨迹的跟踪。

证明： 为了获得人机系统实时运动信息，通常采样时间设置得较小，因此可以近似得到 $\bar{\boldsymbol{V}}_{\mathrm{d}}(k+2)=\bar{\boldsymbol{V}}_{\mathrm{d}}(k+1)$，于是式（4-78）可以写为

$$\boldsymbol{e}_V(k+1)=\bar{\boldsymbol{V}}_{\mathrm{d}}(k+1)-\boldsymbol{V}(k+1) \tag{4-99}$$

利用运动速度数据模型（2-57）可得：

$$\boldsymbol{e}_V(k+1)=\bar{\boldsymbol{V}}_{\mathrm{d}}(k+1)-\boldsymbol{V}(k)-\boldsymbol{\varphi}(k)\Delta\bar{\boldsymbol{u}}(k)-\boldsymbol{h}(k) \tag{4-100}$$

令 $\Delta u_i(k)=u_i(k)-u_i(k-1)$，$\boldsymbol{e}_V(k+1)=[e_{V1}(k+1)\quad e_{V2}(k+1)\quad e_{V3}(k+1)]^{\mathrm{T}}$，根据式（4-100）和式（4-98），得到：

$$e_{Vi}(k+1)=e_{Vi}(k)-\varphi_i(k)q_i(k)\Delta u_i(k)-h_i(k) \tag{4-101}$$

$$\Delta u_i(k)=\frac{\rho_2\hat{\boldsymbol{\varphi}}_i^{\mathrm{T}}(k)(k_{p2}\varepsilon_{Vi}(k)+k_{d2}\Delta\varepsilon_{Vi}(k)/T-\hat{h}_i(k))}{\mu_2+\|\hat{\boldsymbol{\varphi}}(k)\|^2} \tag{4-102}$$

将式（4-102）代入式（4-101）可得：

$$\begin{aligned}e_{Vi}(k+1)&=e_{Vi}(k)-q_i(k)\boldsymbol{\varphi}_i(k)\frac{\rho_2\hat{\boldsymbol{\varphi}}_i^{\mathrm{T}}(k)(k_{p2}r_i(k)e_{Vi}(k)+k_{d2}r_i(k)\Delta e_{Vi}(k)/T-\hat{h}_i(k))}{\mu_2+\|\hat{\boldsymbol{\varphi}}(k)\|^2}-h_i(k)\\&=\left(1-\frac{\rho_2 q_i(k)r_i(k)\boldsymbol{\varphi}_i(k)\hat{\boldsymbol{\varphi}}_i^{\mathrm{T}}(k)(k_{p2}+k_{d2}/T)}{\mu_2+\|\hat{\boldsymbol{\varphi}}(k)\|^2}\right)e_{Vi}(k)\\&\quad-\frac{(\rho_2 q_i(k)r_i(k)k_{d2}/T)\boldsymbol{\varphi}_i(k)\hat{\boldsymbol{\varphi}}_i^{\mathrm{T}}(k)}{\mu_2+\|\hat{\boldsymbol{\varphi}}(k)\|^2}e_{Vi}(k-1)\\&\quad+\frac{\rho_2 q_i(k)\boldsymbol{\varphi}_i(k)\hat{\boldsymbol{\varphi}}_i^{\mathrm{T}}(k)}{\mu_2+\|\hat{\boldsymbol{\varphi}}(k)\|^2}\hat{h}_i(k)-h_i(k)\end{aligned} \tag{4-103}$$

进一步有：

$$\begin{aligned}|e_{Vi}(k+1)|\leqslant&\left(1-\frac{\rho_2 q_i(k)r_i(k)\boldsymbol{\varphi}_i(k)\hat{\boldsymbol{\varphi}}_i^{\mathrm{T}}(k)(k_{p2}+k_{d2}/T)}{\mu_2+\|\hat{\boldsymbol{\varphi}}(k)\|^2}\right)|e_{Vi}(k)|\\&+\left|\frac{(\rho_2 q_i(k)r_i(k)k_{d2}/T)\boldsymbol{\varphi}_i(k)\hat{\boldsymbol{\varphi}}_i^{\mathrm{T}}(k)}{\mu_2+\|\hat{\boldsymbol{\varphi}}(k)\|^2}\right||e_{Vi}(k-1)|\\&+\left|\frac{\rho_2 q_i(k)\boldsymbol{\varphi}_i(k)\hat{\boldsymbol{\varphi}}_i^{\mathrm{T}}(k)}{\mu_2+\|\hat{\boldsymbol{\varphi}}(k)\|^2}\right||\hat{h}_i(k)|+|h_i(k)|\end{aligned} \tag{4-104}$$

根据重置算法式（4-84）以及 $\boldsymbol{\varphi}_i(k)$ 和 $\hat{\boldsymbol{\varphi}}_i(k)$ 有界，于是存在常数 $0<d_2<\frac{1}{2}$，$0<d_3<\frac{1}{2}$，$d_4>0$，使下列不等式成立：

$$\left|1-\frac{\rho_2 q_i(k)r_i(k)\boldsymbol{\varphi}_i(k)\hat{\boldsymbol{\varphi}}_i^{\mathrm{T}}(k)(k_{p2}+k_{d2}/T)}{\mu_2+\|\hat{\boldsymbol{\varphi}}(k)\|^2}\right|\leqslant d_2 \tag{4-105}$$

$$\left|\frac{(\rho_2 q_i(k) r_i(k) k_{d2}/T)\boldsymbol{\varphi}_i(k)\hat{\boldsymbol{\varphi}}_i^{\mathrm{T}}(k)}{\mu_2+\|\hat{\boldsymbol{\varphi}}(k)\|^2}\right| \leqslant d_3 \tag{4-106}$$

$$\left|\frac{\rho_2 q_i(k)\boldsymbol{\varphi}_i(k)\hat{\boldsymbol{\varphi}}_i^{\mathrm{T}}(k)}{\mu_2+\|\hat{\boldsymbol{\varphi}}(k)\|^2}\right| \leqslant d_4 \tag{4-107}$$

将式(4-105)～式(4-107)代入式(4-104)可得：

$$|e_{Vi}(k+1)| \leqslant d_2|e_{Vi}(k)| + d_3|e_{Vi}(k-1)| + d_4\left|\hat{h}_i(k)\right| + |h_i(k)| \tag{4-108}$$

由式(4-68)可知 $h_i(k)$ 和 $\hat{h}_i(k)$ 均有界，因此存在 $d_5>0$，$d_6>0$ 使 $\left|\hat{h}_i(k)\right|<d_5$，$|h_i(k)|<d_6$ 成立；同理，存在 $d_7>0$，使 $\big\||e_{Vi}(k)|-|e_{Vi}(k-1)|\big\| \leqslant d_7$ 成立。令 $\dfrac{d_8}{2}=\max\{d_2,d_3\}$，$d_9=\dfrac{d_7 d_8}{2}+d_4 d_5+d_6$，于是得到：

$$\begin{aligned}
|e_{Vi}(k+1)| &\leqslant d_2|e_{Vi}(k)| + d_3|e_{Vi}(k-1)| + d_4 d_5 + d_6 \\
&\leqslant \frac{d_8}{2}(|e_{Vi}(k)| + |e_{Vi}(k)| + d_7) + d_4 d_5 + d_6 \\
&\leqslant d_8|e_{Vi}(k)| + d_9 \\
&\ \vdots \\
&\leqslant d_8^k|e_{Vi}(1)| + \frac{d_9(1-d_8^k)}{1-d_8}
\end{aligned} \tag{4-109}$$

这样由式(4-109)可知，$e_{Vi}(k+1)$ 有界；进一步，根据式(4-77)和式(4-78)得到的 $\boldsymbol{\varepsilon}_V(k)=\boldsymbol{R}(k)\boldsymbol{e}_V(k)$ 关系，可知 $\boldsymbol{\varepsilon}_V(k+1)$ 有界。同时，设计的安全运动速度式(4-69)通过调整参数矩阵 $\boldsymbol{K}_{p1}$ 和 $\boldsymbol{K}_{d1}$ 消除系统的轨迹跟踪误差，当人机系统在控制器(4-98)作用下达到指定的安全速度跟踪时，康复机器人实现指定的训练轨迹跟踪。定理 4.6 证毕。

4.3.5 仿真分析

为了验证提出的不确定训练环境观测方法和安全数据驱动控制方法的有效性，对指定的训练轨迹进行仿真实验，训练轨迹描述如下：

$$x_{\mathrm{d}}(t)=2\cos\left(\frac{\pi t}{30}\right)$$

$$y_{\mathrm{d}}(t)=2\sin\left(\frac{\pi t}{30}\right)$$

$$\theta_d(t)=\frac{\pi}{4} \tag{4-110}$$

仿真研究中，康复者质量 m=60kg，人机系统偏心距 r_0=0.16m；ODW 系统的初始状态值如表 4-2 所示，安全运动速度约束值和控制输入力约束值分别如表 4-3 和表 4-4 所示，控制器设计参数值如表 4-5 所示，并且 $\hat{\boldsymbol{\varphi}}(0)=\mathrm{diag}(-0.1724,0.1724,0.361)\times10^{-3}$，$\boldsymbol{u}(0)=[0\quad 0\quad 0]^{\mathrm{T}}$，$\Delta\boldsymbol{u}(0)=[0\quad 0\quad 0]^{\mathrm{T}}$，$\hat{\boldsymbol{H}}(0)=[-0.02\quad -0.05\quad -0.06]^{\mathrm{T}}$，$\hat{\boldsymbol{V}}(0)=[-0.2\quad -0.2\quad 0.1]^{\mathrm{T}}$。

表 4-2　ODW 系统的初始状态值

$x(0)$	$y(0)$	$\theta(0)$	$\dot{x}(0)$	$\dot{y}(0)$	$\dot{\theta}(0)$
0.9m	−0.05m	0.88rad	−0.2m/s	−0.2m/s	0.1rad/s

表 4-3　安全运动速度约束值

$\lvert V_x(k)\rvert$	$\lvert V_y(k)\rvert$	$\lvert V_\theta(k)\rvert$
0.25m/s	0.25m/s	π/6rad/s

表 4-4　控制输入力约束值

$\lvert u_1(k)\rvert$	$\lvert u_2(k)\rvert$	$\lvert u_3(k)\rvert$	$\lvert u_4(k)\rvert$
255N	255N	255N	255N

表 4-5　控制器参数值

ρ_1	μ_1	ρ_2	μ_2	ω_0	k_{p1}	k_{d1}	k_{p2}	k_{d2}	b_1	b_2	a
0.17	1100	0.5	1	120	0.5	0.5	7×10^5	2×10^5	0	0.17×10^{-3}	22

仿真结果如图 4-46 ～图 4-57 所示。

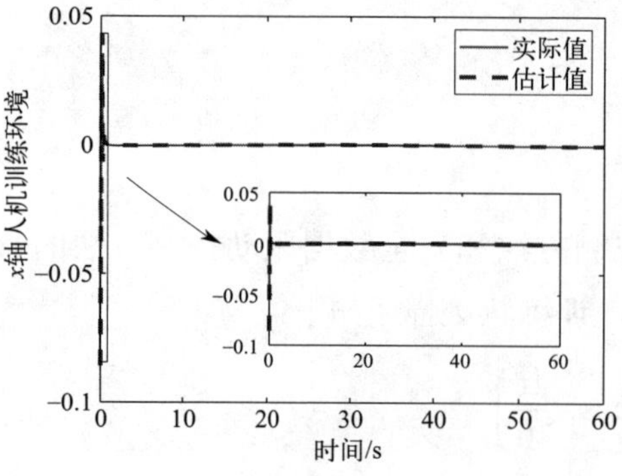

图 4-46　x 轴人机训练环境观测

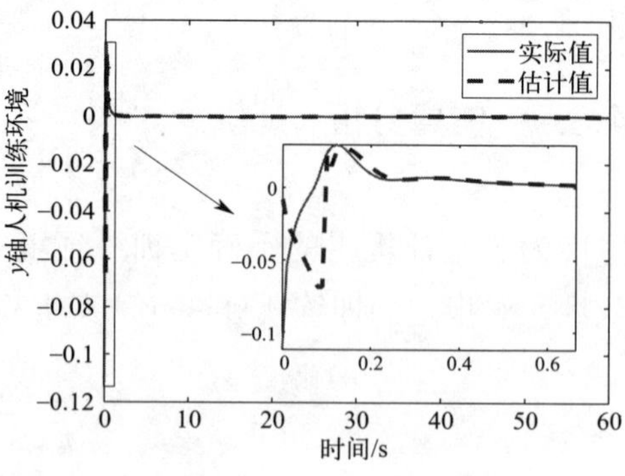

图 4-47　y 轴人机训练环境观测

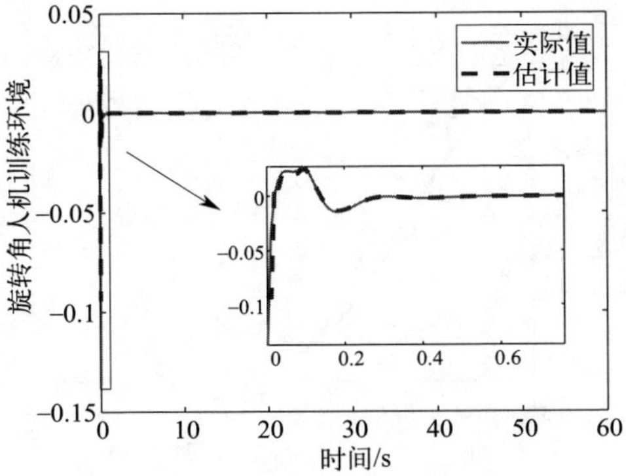

图 4-48　旋转角人机训练环境观测

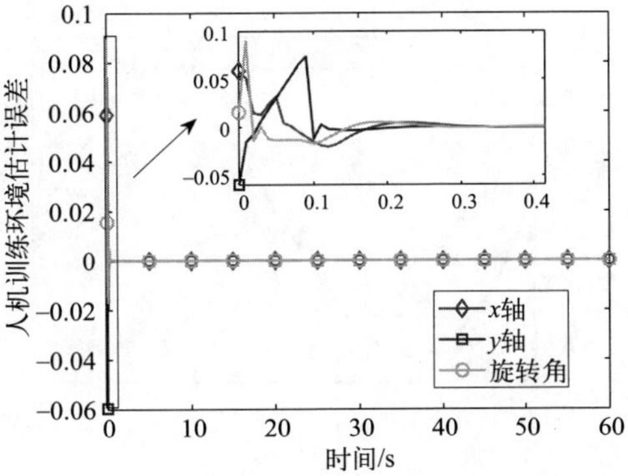

图 4-49　人机训练环境观测误差

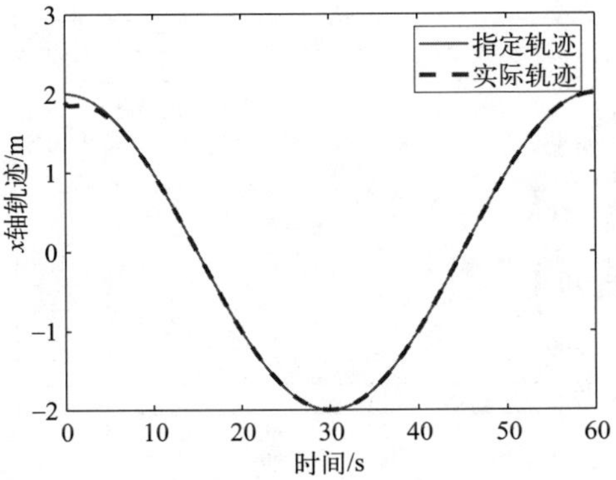

图 4-50　x 轴轨迹跟踪

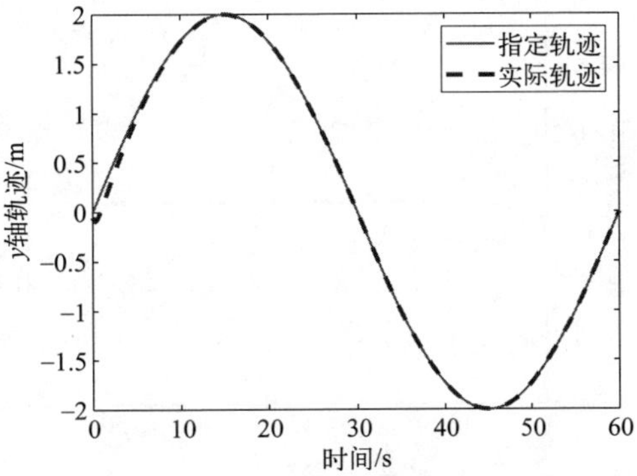

图 4-51　y 轴轨迹跟踪

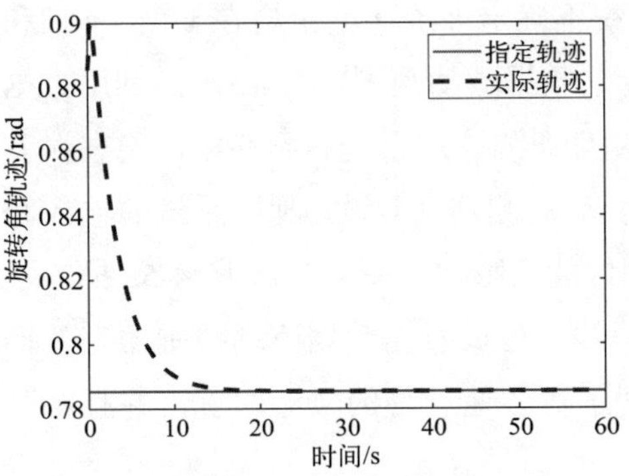

图 4-52　旋转角轨迹跟踪

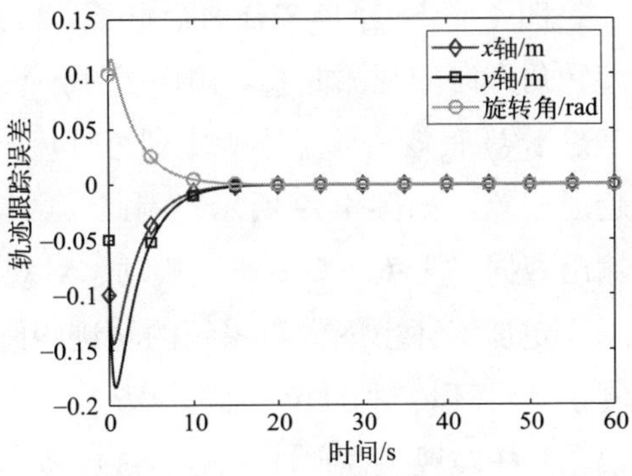

图 4-53　轨迹跟踪误差

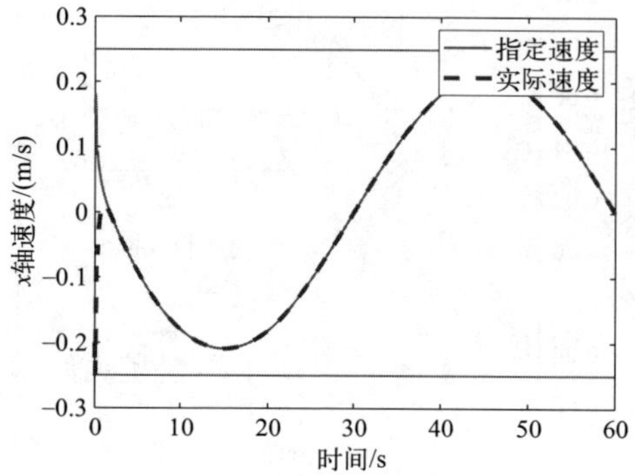

图 4-54 x 轴速度跟踪

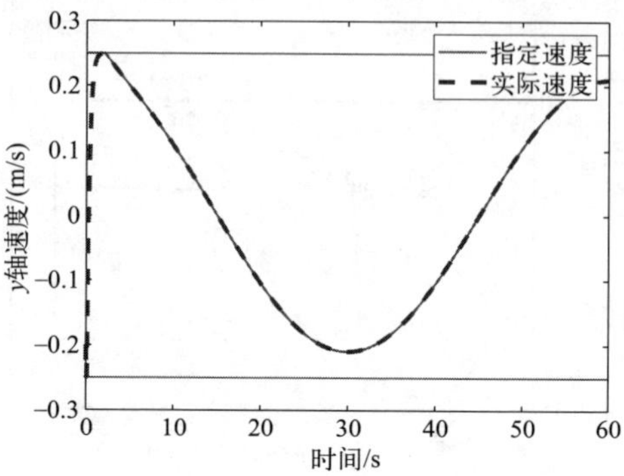

图 4-55 y 轴速度跟踪

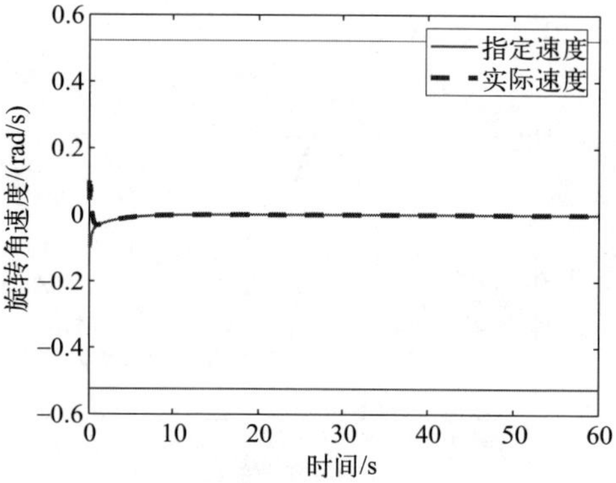

图 4-56 旋转角速度跟踪

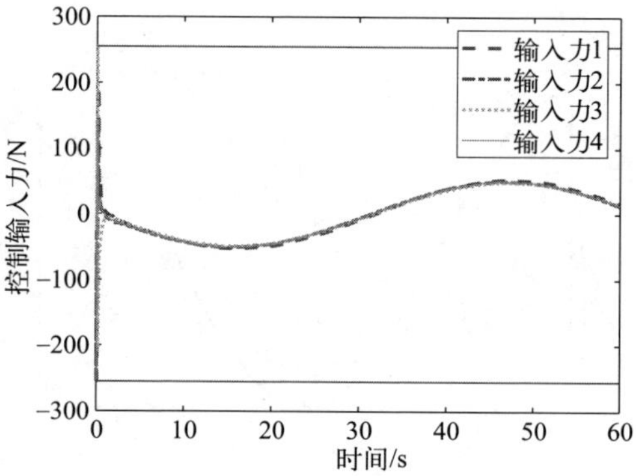

图 4-57 控制输入力

图 4-46 ～图 4-48 分别给出了人机系统不确定训练环境 $\hat{\boldsymbol{h}}(k)$ 在 x 轴、y 轴和旋转角方向的观测曲线。由图可知，设计的数据驱动观测器（4-59），利用数据信息 $\boldsymbol{z}_1(k)$ 有效估计了不确定训练环境，并且观测误差系统达到稳定，稳态误差趋近于零，如图 4-49 所示。因此，数据驱动观测器（4-59）利用系统的输入和输出数据，避免了系统未建模动态对观测性能的影响。图 4-50 ～图 4-52 描述了不确定训练环境下人机系统的轨迹跟踪曲线，可以看出数据驱动控制器有效抑制了训练环境对 ODW 运动的影响，实现了对各运动轴的轨迹跟踪，并且跟踪误差系统实现了稳定性（图 4-53）。

图 4-54 ～图 4-56 分别给出了 x 轴、y 轴和旋转角方向的速度跟踪曲线，由图可知，ODW 系统实现了速度跟踪，通过设计的安全运动速度并且利用饱

和函数技术，当速度跟踪误差信号 $\varepsilon_V(k)$ 反馈至数据驱动控制器，便将速度约束在了指定的安全范围内，保障了人机系统运动速度的安全性。图 4-57 描述了各驱动电机的控制输入力曲线，从图中可以明显地看到输入力被约束在了指定的范围内，控制器由于不依赖于 ODW 系统的模型信息，提高了控制精度。

进一步，为了验证提出的数据驱动安全控制方法对训练环境变化的抑制能力，分析不同康复者在训练过程中引起的环境变化，取参数 $m=(60+20\sin t)\mathrm{kg}$，$r_0=(0.16+0.1\sin t)\mathrm{m}$，人机交互力 $\boldsymbol{u}_r(t)=[20\sin(t)\mathrm{N}\quad 20\sin(t)\mathrm{N}\quad 20\sin(t)\mathrm{N}]^{\mathrm{T}}$，其他参数和约束条件保持不变，仿真结果如图 4-58 ～图 4-63 所示。

图 4-58、图 4-59 分别给出了训练环境观测误差曲线和轨迹跟踪误差曲线，由图可知，当不同康复者在步行运动中引起训练环境发生改变时，本节提出的数据驱动观测方法不依赖模型信息，实现了环境观测，并在数据驱动控制器作用下抑制了环境变化对跟踪性能的影响，实现了训练轨迹跟踪，受约束的控制输入力（图 4-60）保障了人机系统的稳定跟踪。图 4-61 ～图 4-63 分别给出了 ODW 系统的 x 轴、y 轴和旋转角速度跟踪曲线，由图可知，人机系统实现了速度跟踪，并将实际速度约束在指定的安全范围内。可见，本节提出的数据驱动安全控制方法增强了 ODW 步行训练的鲁棒性。

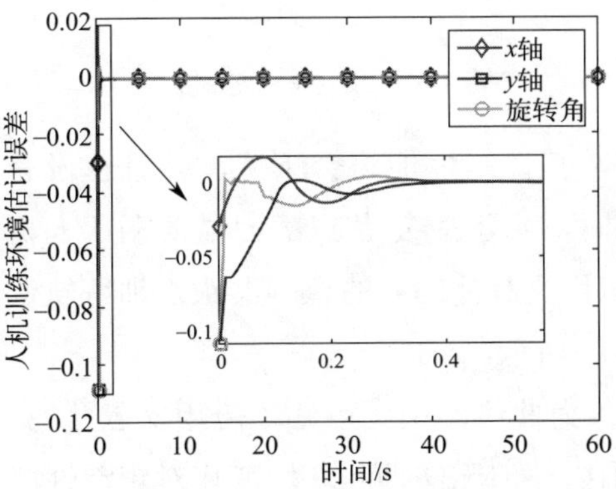

图 4-58　人机训练环境观测误差

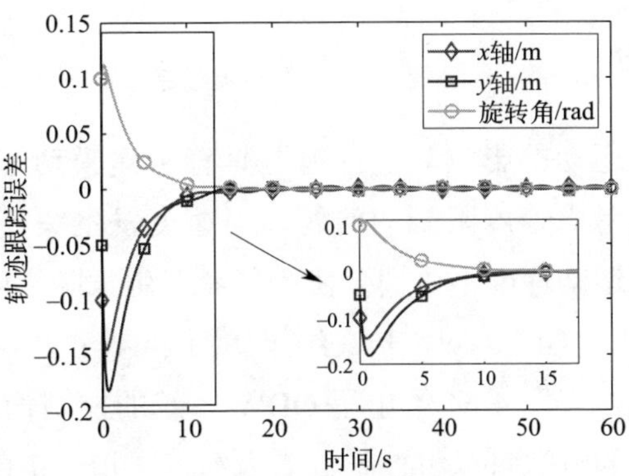

图 4-59　轨迹跟踪误差

为了进一步表明提出控制方法的有效性，与文献［23］进行了仿真对比。文献［23］研究了 ODW 系统饱和函数约束的反步控制方法，设计的控制器依赖于模型信息，通过补偿技术实现了轨迹跟踪，没有考虑不确定训练环境对 ODW

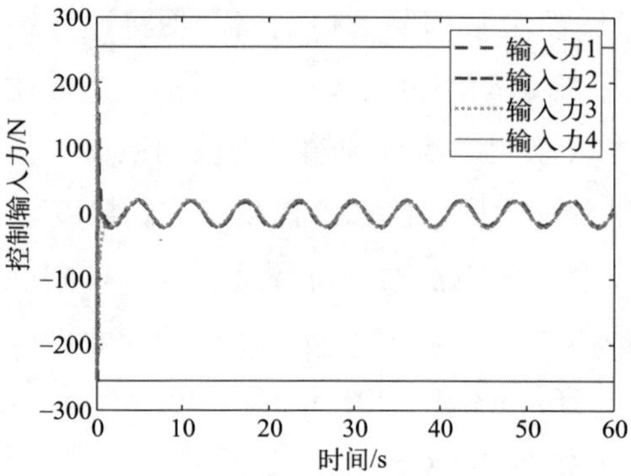

图 4-60　控制输入力

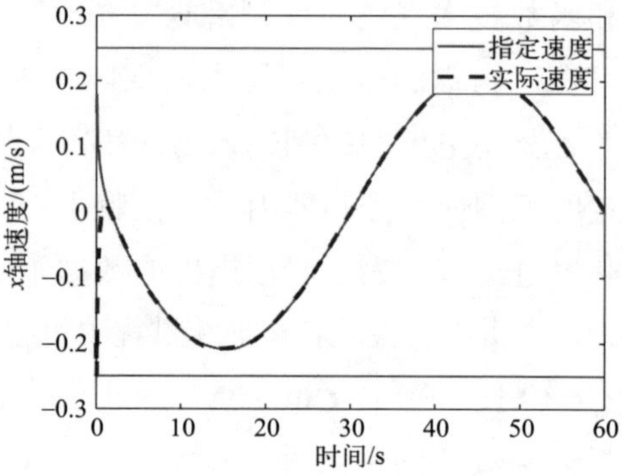

图 4-61　x 轴速度跟踪

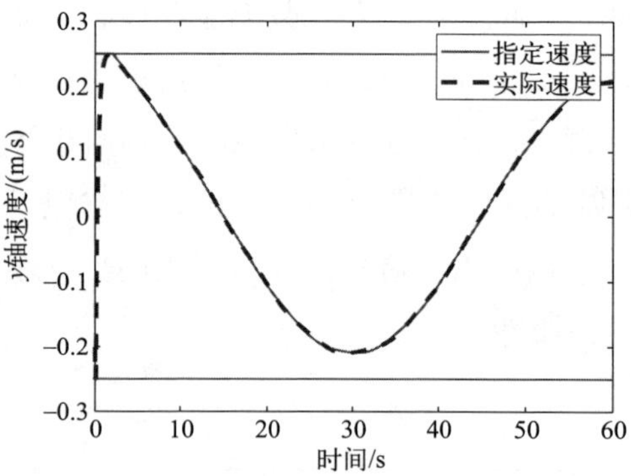

图 4-62　y 轴速度跟踪

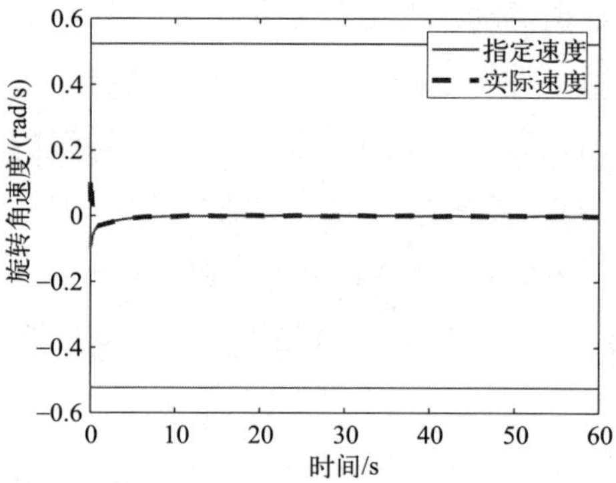

图 4-63　旋转角速度跟踪

运动的影响。一旦模型具有未建模动态，其控制性能将会下降，并且也没有考虑速度限制的问题，当速度发生突变时，由于康复者腿部力量薄弱，人机运动速度不协调会使康复者发生危险。应用文献［23］的控制器跟踪训练轨迹［式(4-110)］，仿真结果如图 4-64 ～图 4-73 所示。

图 4-64 给出了 ODW 系统的控制输入力曲线，由图可知，应用文献［23］的方法可以将控制输入力约束在指定范围内，但无法抑制环境变化对跟踪性能的影响，使路径跟踪和轨迹跟踪均产生较大的跟踪误差（图 4-65 ～图 4-68），不仅无法保证人机系统的稳定运动，而且过大的跟踪误差导致 ODW 可能发生碰撞危险。图 4-70 ～图 4-72 描述了 ODW 系统各轴运动速度跟踪曲线，从图中可以清晰地看到速度未能实现稳定的跟踪，并且实际运动速度也超过了指定的安全范围，过大的速度跟踪误差（图 4-73）使得人机系统无法实现协调运动。

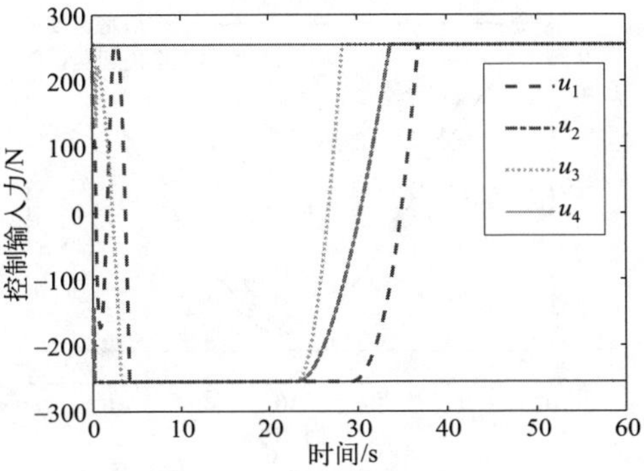

图 4-64　控制输入力

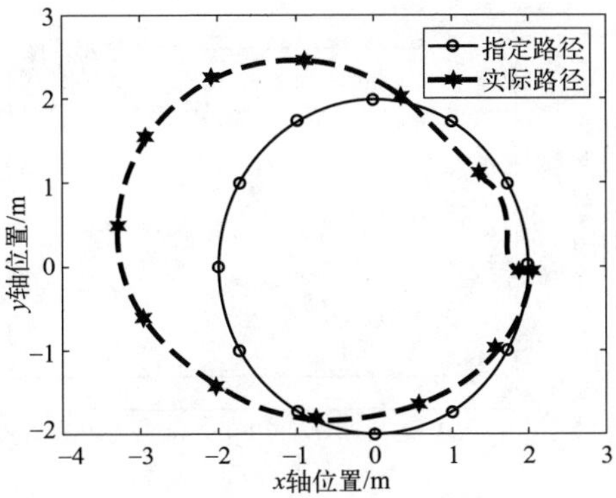

图 4-65　路径跟踪

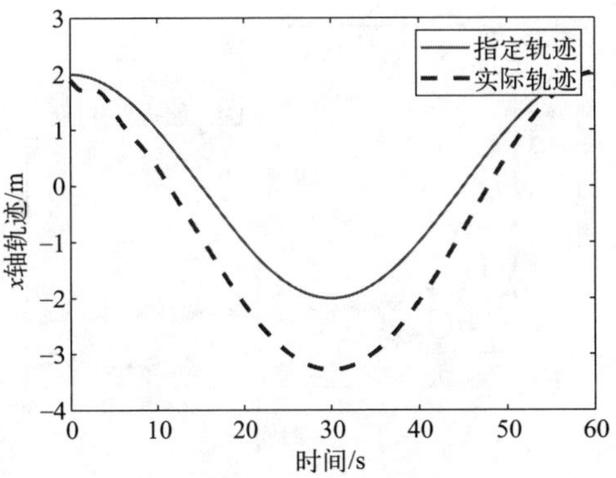

图 4-66　*x* 轴轨迹跟踪

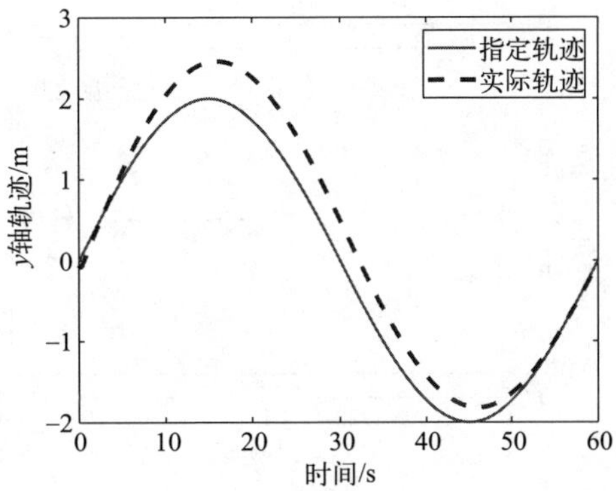

图 4-67　*y* 轴轨迹跟踪

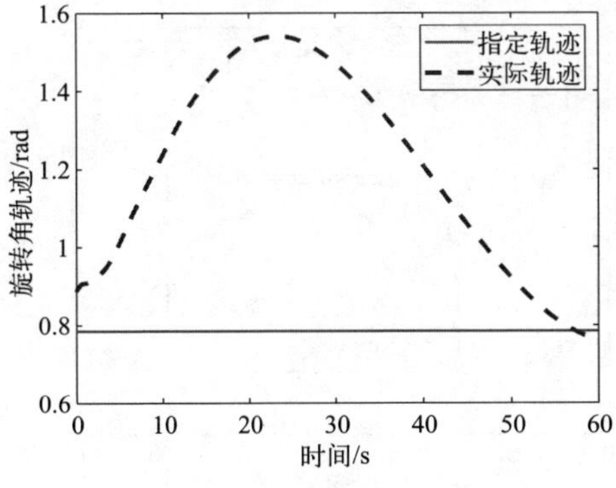

图 4-68　旋转角轨迹跟踪

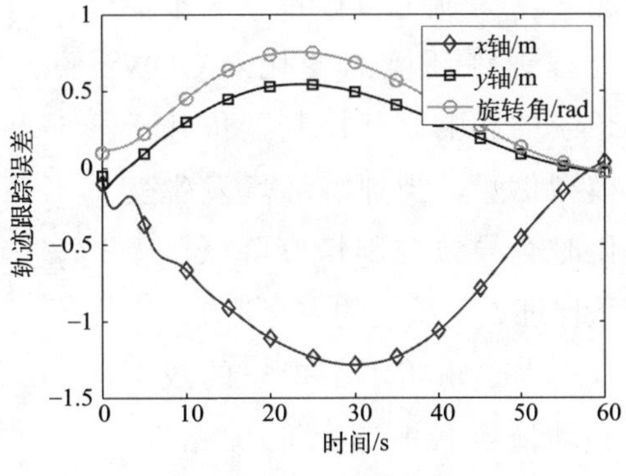

图 4-69　轨迹跟踪误差

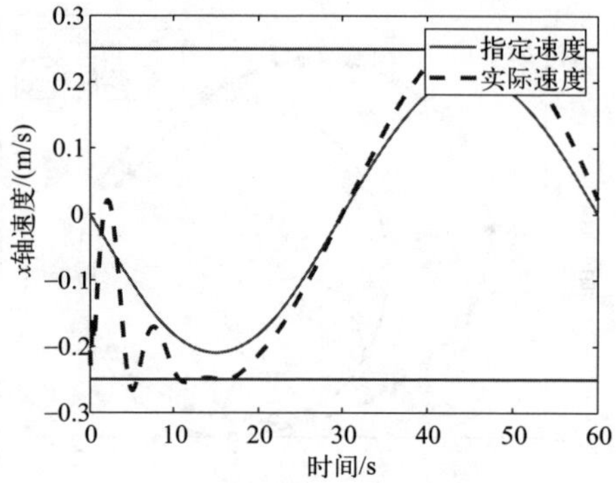

图 4-70 x 轴速度跟踪

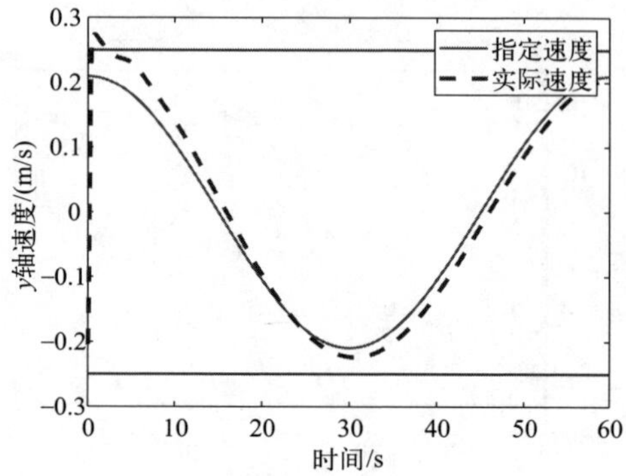

图 4-71 y 轴速度跟踪

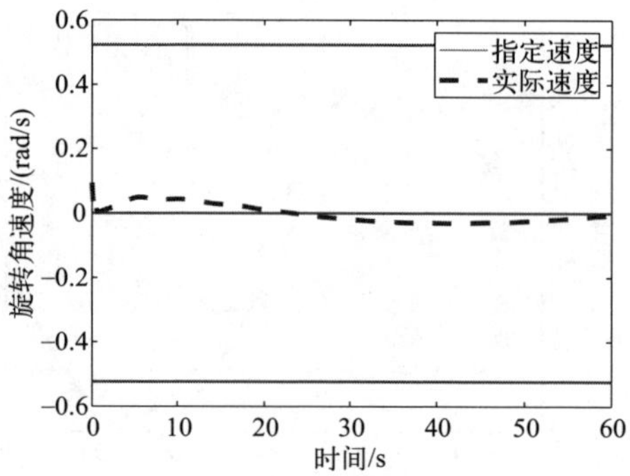

图 4-72 旋转角速度跟踪

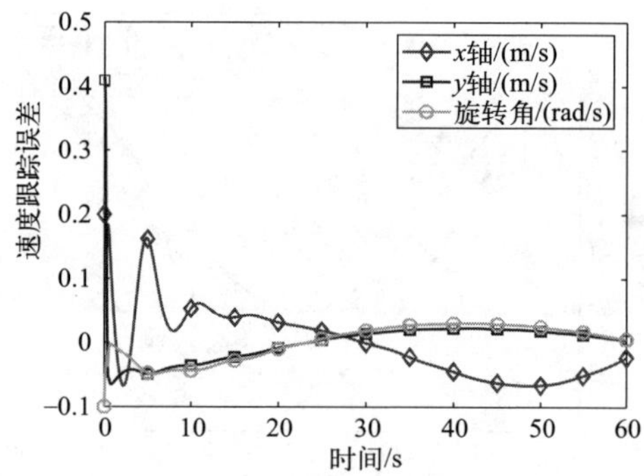

图 4-73 速度跟踪误差曲线

因此，文献［23］的方法不能处理训练环境的变化对 ODW 系统的影响，其控制器依赖于模型信息，当训练环境发生变化时会导致控制精度降低，无法保证人机系统的安全训练。

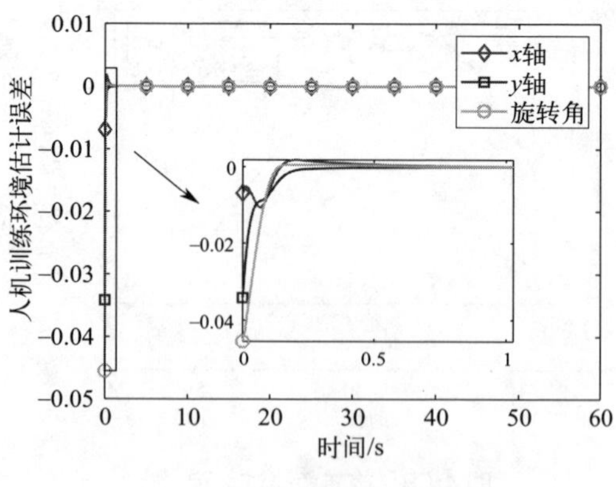

图 4-74 人机训练环境观测误差

为了阐明本节提出的数据驱动安全控制方法的优越性，将设计的控制器（4-98）应用于文献［23］的人机系统，并跟踪文献［23］的训练轨迹，仿真结果如图 4-74 ～图 4-79 所示。

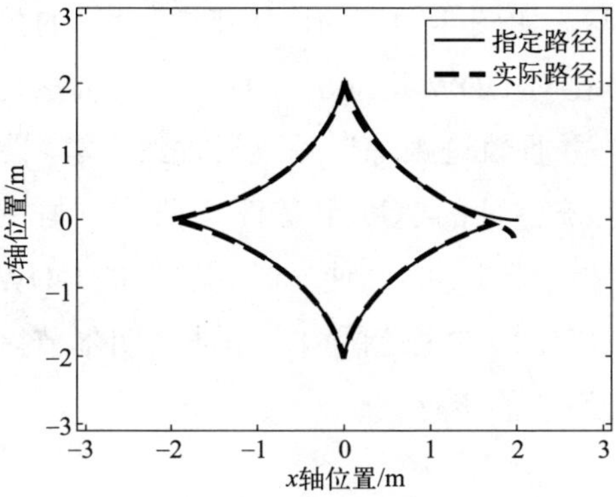

图 4-75 路径跟踪

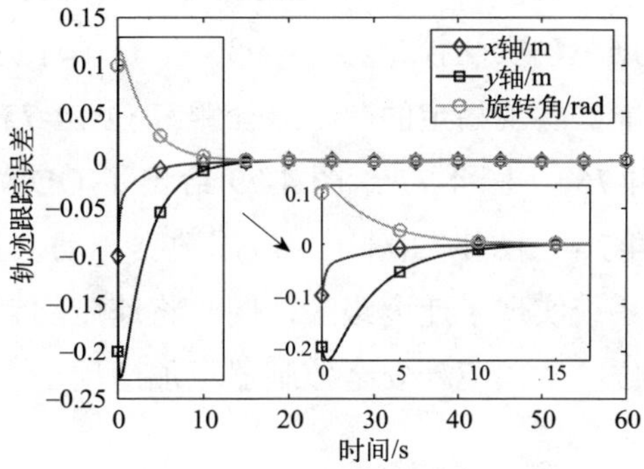

图 4-76 轨迹跟踪误差

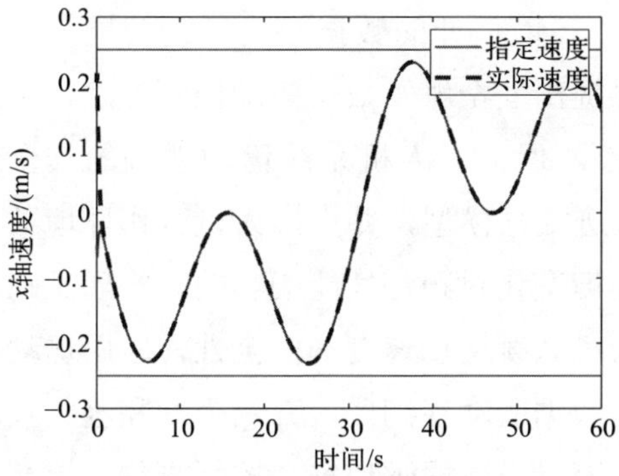

图 4-77 x 轴速度跟踪

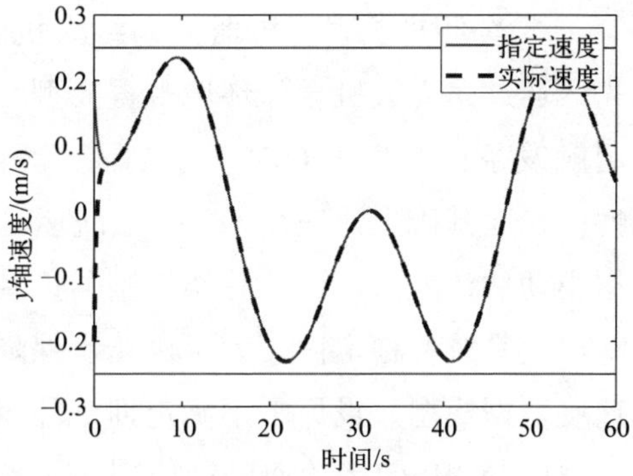

图 4-78 y 轴速度跟踪

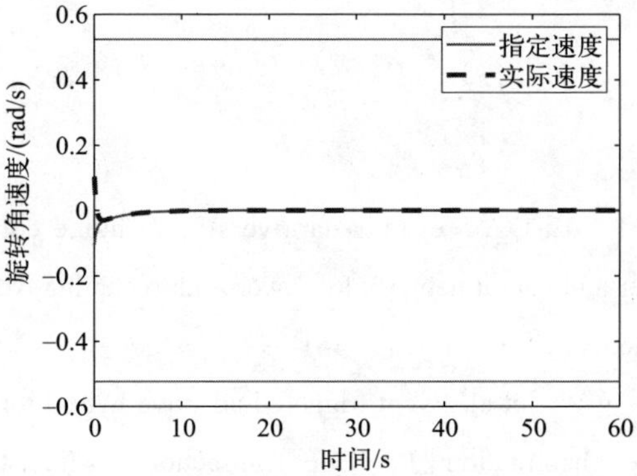

图 4-79 旋转角速度跟踪

应用本节提出的数据驱动观测方法有效获得了文献［23］的人机系统不确定训练环境，并且观测误差逐渐趋近于零，如图 4-74 所示。同时，设计的数据驱动安全控制器（4-98）抑制了环境变化对 ODW 运动的影响，使人机系统能够实现稳定的曲线路径跟踪（图 4-75），并且轨迹跟踪误差逐渐收敛于零（图 4-76）。图 4-77 ～图 4-79 给出了 ODW 系统各轴的速度跟踪性能曲线，与图 4-70 ～图 4-72 对比，应用数据驱动安全控制器（4-98）使文献［23］的 ODW 系统实现了速度跟踪，同时将速度约束在指定的安全范围内，由此表明本节提出的数据驱动安全控制器更加适用于人机系统的步行训练。

4.4 本章小结

本章研究了康复机器人系统人机合作环境估计的数据驱动控制问题。首先，通过建立人机合作环境数据模型，并提出安全触发数据驱动控制方法，利用触发条件约束了 ODW 的实际运动轨迹，保证了人机系统运动轨迹的安全性；在此基础上，应用 ODW 系统运动轨迹数据模型，并提出人机合作环境数据驱动估计方法，设计补偿控制器抑制环境变化对跟踪性能的影响，实现了跟踪误差系统的稳定性；为了进一步保障人机系统运动速度的安全性，应用运动速度数据模型，设计了不确定训练环境的数据驱动观测器，并利用饱和函数技术限制 ODW 的运动速度和控制输入力，提出了数据驱动安全控制方法，提高了康复机器人系统的安全性。通过仿真对比和分析，验证了所提出的控制方法保证人机系统安全训练的有效性和优越性。

参考文献

［1］Ma Y H，Wang J R，Li Q Y，et al. Adaptive sliding mode control strategy based on disturbance observer and neural network for lower limb rehabilitative robot［J］. IET Control Theory & Applications，2023，17（4）：381-399.

［2］Zuo J，Liu Q，Meng W，et al. Event-triggered adaptive hybrid torque-position control for robot-assisted ankle rehabilitation［J］. IEEE Transactions on Industrial Electronics，2023，70（5）：4993-5003.

[3] Sun W，Lin J W，Su S F，et al. Reduced adaptive fuzzy decoupling control for lower limb exoskeleton [J]. IEEE Transactions on Cybernetics，2021，51（3）：1099-1109.

[4] Hui Y，Chi R，Huang B，et al. Observer-based sampled-data model-free adaptive control for continuous-time nonlinear nonaffine systems with input rate constraints [J]. IEEE Transactions on Systems，Man，and Cybernetics：Systems，2021，51（12）：7813-7822.

[5] Ma Z L，Li X J. Data-driven fault detection for large-scale network systems：a mixed optimization approach [J]. Applied Mathematics and Computation，2022，426：127134.

[6] Wang Q，Jin S T，Hou Z S，et al. Model-free adaptive and iterative learning composite control for subway train under actuator faults [J]. International Journal of Robust and Nonlinear Control，2023，33（3）：1772-1784.

[7] Park B，Kim J W，Lee J M. Data-driven model predictive control design for offset-free tracking of nonlinear systems [J]. International Journal of Control，2023，96（6）：1408-1423.

[8] Qian K，Li Z H，Zhang Z Q，et al. Data-driven adaptive iterative learning control of a compliant rehabilitation robot for repetitive ankle training [J]. IEEE Robotics and Automation Letters，2023，8（2）：656-663.

[9] Goyal T，Hussain S，Martinez E，et al. Learning koopman embedding subspaces for system identification and optimal control of a wrist rehabilitation robot [J]. IEEE Transactions on Industrial Electronics，2023，70（7）：7092-7101.

[10] Sun P，Zhang S，Wang S Y，et al. Nonfragile predictive control for an omnidirectional rehabilitative training walker with constraints on the tracking errors of position and velocity [J]. Optimal Control Applications and Methods，2020，41（5）：1749-1772.

[11] Sun P，Shan R，Wang S Y. Safety-triggered stochastic tracking control for a cushion robot by constraining velocity considering the estimated internal disturbance [J]. Applied Mathematics and Computation，2022，416：126761.

[12] 张国庆，姚明启，杨婷婷，等．考虑事件触发输入的船舶自适应动力定位控制 [J]. 控制理论与应用，2021，38（10）：1597-1606.

[13] 杨宇航，王恒，周欣，等．基于事件触发的网络化无人车自适应路径跟踪控制 [J]. 控制与决策，2024，39（9）：3069-3078.

[14] Zhang X，Tan J，Wu J. Event-triggered-based adaptive asymptotic tracking control for stochastic nonlinear time-delay systems with actuator and sensor faults [J]. Communications in Nonlinear Science and Numerical Simulation，2023，119（1）：1-16.

［15］Chen Z，Guo Q，Li T，et al. Output constrained control of lower limb exoskeleton based on knee motion probabilistic model with finite-time extended state observer［J］. IEEE/ASME Transactions on Mechatronics，2023，28（4）：2305-2316.

［16］Park K，Choi J，Kong K. Hybrid filtered disturbance observer for precise motion generation of a powered exoskeleton［J］. IEEE Transactions on Industrial Electronics，2023，70（1）：646-656.

［17］Li Y N，Yang L，Huang D Q，et al. A proactive controller for human-driven robots based on force/motion observer mechanisms［J］. IEEE Transactions on Systems，Man，and Cybernetics：Systems，2022，52（10）：6211-6221.

［18］Liang X L，Yao Z K，Ge Y W，et al. Disturbance observer based actor-critic learning control for uncertain nonlinear systems［J］. Chinese Journal of Aeronautics，2023，36(11)：271-280.

［19］Li Z J，Xu C C，Wei Q，et al. Human-inspired control of dual-arm exoskeleton robots with force and impedance adaptation［J］. IEEE Transactions on Systems，Man，and Cybernetics：Systems，2020，50（12）：5296-5305.

［20］Yao Z K，Yao J Y，Sun W C. Adaptive RISE control of hydraulic systems with multilayer neural-networks［J］. IEEE Transactions on Industrial Electronics，2019，66（11）：8638-8647.

［21］Sun P，Huang L S，Wang S Y，et al. Data-driven safety control with velocity and input force constraints for a rehabilitation walker considering human-robot training environment［J］. International Journal of Control，2024：1-18.

［22］Sun P，Wang S，Chang H. Tracking control and identification of interaction forces for a rehabilitative training walker whose centre of gravity randomly shifts［J］. International Journal of Control，2021，94（5）：1143-1155.

［23］Sun P，Wang S Y. Redundant input safety tracking for omnidirectional rehabilitative training walker with control constraints［J］. Asian Journal of Control，2017，19（1）：116-130.

第 5 章 康复机器人的强化学习跟踪控制

康复机器人在实际应用中，由于康复者腿部力量较弱，因此需要利用机器人辅助机构支撑身体重量，于是对康复机器人跟踪医生指定训练轨迹的动态性能提出了更高的要求，控制策略在保证高精度跟踪训练轨迹的同时还需要整体动态性能达到最优，这对康复机器人的跟踪控制方法提出了挑战[1-3]。为此，本章将采用强化学习策略研究康复机器人的最优跟踪控制问题。

强化学习旨在解决智能体与环境交互过程中，如何根据实时反馈信息优化自身的决策策略问题，在解决复杂环境下的非线性系统最优控制方面应用广泛[4-5]。Actor-Critic 网络作为强化学习的常用方法之一[6]，其核心在于结合了 Actor 和 Critic 两个网络，其中 Actor 网络负责学习策略，生成行为动作；Critic 网络负责学习价值函数，用于评估状态或状态 - 动作的价值。根据 Actor 网络的动作和环境的反馈计算价值，并为 Actor 网络提供指导。通过最优控制理论中的哈密尔顿函数与 Critic 网络构造状态值函数。状态值函数反映了控制量所产生的回报奖励值，并根据控制效果和 Actor 网络构建误差函数，采用梯度下降法获得网络中的权值更新率。整个系统控制过程是一种在线自适应强化学习的体现，能够实时调整和优化控制策略。利用 Actor-Critic 框架求解非线性最优控制问题时，通常利用神经网络的逼近特性分别对动作策略和价值函数进行逼近，在机器人高性能跟踪控制中得到了发展[7-8]。

另外，从实际应用角度考虑，康复机器人不能以过大的速度辅助康复者步行训练，因此需要对其运动速度进行限制[9-10]。在速度受到限制的情况下，系统的跟踪性能可能会遭到破坏，严重时会导致系统不稳定性[11]。因此，研究安全运动速度下的强化学习跟踪控制方法具有重要意义，有助于实现人机系统的最优跟踪性能。

鉴于上述分析，本章研究康复机器人的强化学习最优跟踪控制策略，使ODW系统跟踪性能达到最优；进一步，研究康复机器人速度约束的强化学习控制方法，并利用等效正定函数代替贝尔曼残差获得网络更新策略，从而实现系统最优的跟踪性能，为构建康复机器人轨迹跟踪和速度跟踪的最优控制方案提供关键技术。

5.1 强化学习最优跟踪控制

5.1.1 最优跟踪控制器的设计

根据康复机器人运动学模型（2-1）有 $v_1+v_2=v_3+v_4$ 成立，由此可知系统具有一个冗余自由度，即四个广义输入力中只有三个是独立的，不妨假设 $f_2=f_4$，则模型转化为：

$$\boldsymbol{M}_1\ddot{\boldsymbol{X}}(t)+\boldsymbol{M}_2\dot{\boldsymbol{X}}(t)=\overline{\boldsymbol{B}}(\theta)\overline{\boldsymbol{u}}(t) \tag{5-1}$$

其中

$$\overline{\boldsymbol{B}}(\theta)=\begin{bmatrix}-\sin\theta & 2\cos\theta & -\sin\theta \\ \cos\theta & 2\sin\theta & \cos\theta \\ \lambda_1 & \lambda_4-\lambda_2 & \lambda_3\end{bmatrix},\quad \overline{\boldsymbol{u}}(t)=\begin{bmatrix}f_1 \\ f_2 \\ f_3\end{bmatrix}$$

进一步，化简可得：

$$\ddot{\boldsymbol{X}}(t)=\boldsymbol{M}_1^{-1}(-\boldsymbol{M}_2\dot{\boldsymbol{X}}(t)+\overline{\boldsymbol{B}}(\theta)\overline{\boldsymbol{u}}(t)) \tag{5-2}$$

令 $\boldsymbol{x}_1(t)=\boldsymbol{X}(t)$ 表示ODW系统的实际运动轨迹，$\boldsymbol{x}_2(t)=\dot{\boldsymbol{X}}(t)$ 表示实际运动速度，则模型（5-2）转化为如下形式：

$$\begin{cases}\dot{\boldsymbol{x}}_1(t)=\boldsymbol{x}_2(t) \\ \dot{\boldsymbol{x}}_2(t)=-\boldsymbol{M}_1^{-1}\boldsymbol{M}_2\dot{\boldsymbol{X}}(t)+\boldsymbol{M}_1^{-1}\overline{\boldsymbol{B}}(\theta)\overline{\boldsymbol{u}}(t)\end{cases} \tag{5-3}$$

记 $\boldsymbol{f}=-\boldsymbol{M}_1^{-1}\boldsymbol{M}_2\boldsymbol{x}_2(t)$，$\boldsymbol{\tau}=\boldsymbol{M}_1^{-1}\overline{\boldsymbol{B}}(\theta)\overline{\boldsymbol{u}}(t)$，则式（5-3）可以表示为：

$$\begin{cases}\dot{\boldsymbol{x}}_1(t)=\boldsymbol{x}_2(t)\\ \dot{\boldsymbol{x}}_2(t)=\boldsymbol{f}+\boldsymbol{\tau}\end{cases} \tag{5-4}$$

令 $\boldsymbol{X}_{\mathrm{d}}(t)$ 表示医生指定的康复训练轨迹，则位置跟踪误差表示如下：

$$\boldsymbol{z}_1=\boldsymbol{X}(t)-\boldsymbol{X}_{\mathrm{d}}(t) \tag{5-5}$$

对式（5-5）求导可得：

$$\dot{\boldsymbol{z}}_1=\dot{\boldsymbol{X}}(t)-\dot{\boldsymbol{X}}_{\mathrm{d}}(t)=\boldsymbol{x}_2(t)-\dot{\boldsymbol{X}}_{\mathrm{d}}(t) \tag{5-6}$$

引理 5.1 [12]　如果存在两个正常数 $0<\rho_1<\rho_2<\infty$，满足如下不等式：

$$\rho_1\boldsymbol{I}\leqslant\int_t^{t+T}\boldsymbol{\varphi}(s)\boldsymbol{\varphi}^{\mathrm{T}}(s)\mathrm{d}s\leqslant\rho_2\boldsymbol{I} \tag{5-7}$$

则称 $\boldsymbol{\varphi}$ 在 $[t,t+T]$ 上满足持续激励。其中，$\boldsymbol{I}$ 表示单位矩阵。

为获得最优虚拟控制输入，定义位置子系统 z_1 的代价函数如下：

$$V_1(z_1)=\int_t^{\infty}r_1(z_1(s),\alpha_1(z_1))\mathrm{d}s \tag{5-8}$$

其中，正定函数 $r_1(z_1(s),\alpha_1(z_1))=z_1^{\mathrm{T}}z_1+\alpha_1^{\mathrm{T}}(z_1)\alpha_1(z_1)$，$\alpha_1(z_1)$ 表示虚拟控制器。定义 $\alpha_1^*(z_1)$ 表示位置子系统 z_1 的最优虚拟控制器，即有 $\boldsymbol{x}_2=\alpha_1^*(z_1)$，因此最优代价函数为：

$$V_1^*(z_1)=\min_{\alpha_1(z_1)\in\Psi(\Omega)}\left(\int_t^{\infty}r_1(z_1(s),\alpha_1(z_1))\mathrm{d}s\right)=\int_t^{\infty}r_1(z_1(s),\alpha_1^*(z_1))\mathrm{d}s \tag{5-9}$$

其中，$\Psi(\Omega)$ 表示容许控制策略的集合。

利用动态规划原理，结合式（5-8），建立位置跟踪子系统 z_1 的 HJB 方程为：

$$H_1\left(z_1,\alpha_1(z_1),\frac{\partial V_1(z_1)}{\partial z_1}\right)=r_1(z_1,\alpha_1(z_1))+\left(\frac{\partial V_1(z_1)}{\partial z_1}\right)^{\mathrm{T}}\dot{z}_1=0 \tag{5-10}$$

其中，$\partial V_1(z_1)/\partial z_1$ 表示 $V_1(z_1)$ 沿 z_1 方向的梯度。

根据贝尔曼最优性原理，并由式（5-9）和式（5-10）可知，HJB 方程可以写为：

$$\begin{aligned}H_1\left(z_1,\alpha_1^*(z_1),\frac{\partial V_1^*(z_1)}{\partial z_1}\right)&=r_1(z_1,\alpha_1^*(z_1))+\left(\frac{\partial V_1^*(z_1)}{\partial z_1}\right)^{\mathrm{T}}\dot{z}_1\\&=z_1^{\mathrm{T}}z_1+\alpha_1^{*\mathrm{T}}(z_1)\alpha_1^*(z_1)+\left(\frac{\partial V_1^*(z_1)}{\partial z_1}\right)^{\mathrm{T}}(\alpha_1^*(z_1)-\dot{\boldsymbol{X}}_{\mathrm{d}}(t))=0\end{aligned} \tag{5-11}$$

假设式（5-11）的解存在且唯一，则可以通过求解 $\partial H_1(z_1,\alpha_1^*(z_1),\partial V_1^*(z_1)/\partial z_1)/\partial\alpha_1^*(z_1)=0$ 求得最优虚拟控制 $\alpha_1^*(z_1)$ 为：

$$\alpha_1^*(z_1) = -\frac{1}{2}\frac{\partial V_1^*(z_1)}{\partial z_1} \tag{5-12}$$

将式（5-12）代入式（5-11）可得：

$$\|z_1\|^2 - (\frac{\partial V_1^*(z_1)}{\partial z_1})^{\mathrm{T}} \dot{\boldsymbol{X}}_{\mathrm{d}}(t) - \frac{1}{4}(\frac{\partial V_1^*(z_1)}{\partial z_1})^{\mathrm{T}} \frac{\partial V_1^*(z_1)}{\partial z_1} = 0 \tag{5-13}$$

将式（5-13）的解代入式（5-12），可得到最优虚拟控制。然而，由于方程（5-13）具有强非线性与耦合性，该方程求解非常困难。因此，采用强化学习思想，将自适应神经网络逼近方法与 Actor-Critic 网络结构结合，形成在线反馈学习机制。利用 Critic 网络逼近最优代价函数 $V_1^*(z_1)$，再利用 Actor 网络获得最优虚拟控制器 $\alpha_1^*(z_1)$。

为了获得最优虚拟控制器，将最优代价函数写成如下形式：

$$V_1^*(z_1) = \beta_1 \|z_1\|^2 + V_1^0(z_1) \tag{5-14}$$

其中，β_1 表示设定的正常数。

由于代价函数 $V_1^0(z_1)$ 对于 z_1 是连续的，于是利用神经网络的逼近性质可以得到：

$$V_1^0(z_1) = \boldsymbol{W}_1^{*\mathrm{T}}(t) S_1(z_1) + \varepsilon_1(z_1) \tag{5-15}$$

其中，$\boldsymbol{W}_1^*(t)$ 表示神经网络权值的最优值，$S_1(z_1)$ 表示基函数向量，$\varepsilon_1(z_1)$ 表示神经网络的逼近误差，且有 $|\varepsilon_1(z_1)| \leqslant \delta_1$，则最优代价函数 $V_1^*(z_1)$ 和最优虚拟控制器 $\alpha_1^*(z_1)$ 可以重新写成：

$$V_1^*(z_1) = \beta_1 \|z_1\|^2 + \boldsymbol{W}_1^{*\mathrm{T}}(t) S_1(z_1) + \varepsilon_1(z_1) \tag{5-16}$$

$$\alpha_1^*(z_1) = -\beta_1 z_1 - \frac{1}{2}\frac{\partial^{\mathrm{T}} S_1(z_1)}{\partial z_1} \boldsymbol{W}_1^*(t) - \frac{1}{2}\frac{\partial \varepsilon_1(z_1)}{\partial z_1} \tag{5-17}$$

于是 HJB 方程（5-11）表达为如下形式：

$$\begin{aligned} H_1(z_1, \alpha_1^*(z_1), \boldsymbol{W}_1^*(t)) = &-(\beta_1^2 - 1)\| z_1 \|^2 - 2\beta_1 z_1^{\mathrm{T}} \dot{\boldsymbol{X}}_{\mathrm{d}}(t) \\ &- \boldsymbol{W}_1^*(t) \frac{\partial S_1(z_1)}{\partial z_1^{\mathrm{T}}}(\beta_1 z_1 + \dot{\boldsymbol{X}}_{\mathrm{d}}(t)) - \frac{1}{4}\left\| \frac{\partial S_1(z_1)}{\partial z_1^{\mathrm{T}}} \boldsymbol{W}_1^*(t) \right\|^2 + \rho_1(t) = 0 \end{aligned} \tag{5-18}$$

其中，$\rho_1(t) = (\partial \varepsilon_1(z_1)/\partial z_1^{\mathrm{T}}) \alpha_1^*(z_1) + \frac{1}{4}\|\partial \varepsilon_1(z_1)/\partial z_1\|^2 - (\partial \varepsilon_1(z_1)/\partial z_1^{\mathrm{T}}) \dot{\boldsymbol{X}}_{\mathrm{d}}(t)$。

式（5-17）中，由于最优虚拟控制器的权值 $\boldsymbol{W}_1^*(t)$ 是未知的，为了实现该控制策略，利用强化学习算法构造以下 Actor-Critic 网络进行在线学习，Critic 网络和 Actor 网络分别用于评估控制性能和执行虚拟控制，于是得到：

$$\hat{V}_1^*(z_1) = \beta_1 \|z_1\|^2 + \hat{\boldsymbol{W}}_{1c}^{\mathrm{T}}(t) S_1(z_1) \tag{5-19}$$

$$\hat{\alpha}_1(z_1) = -\beta_1 z_1 - \frac{1}{2}\frac{\partial^{\mathrm{T}} S_1(z_1)}{\partial z_1}\hat{\boldsymbol{W}}_{1a}(t) \tag{5-20}$$

其中，$\hat{V}_1^*(z_1)$ 表示 $V_1^*(z_1)$ 的估计，$\hat{\alpha}_1(z_1)$ 表示 $\alpha_1^*(z_1)$ 的估计，$\hat{\boldsymbol{W}}_{1c}(t)$ 和 $\hat{\boldsymbol{W}}_{1a}(t)$ 分别表示 Critic 网络和 Actor 网络的估计权值。

将式（5-19）和式（5-20）代入式（5-11）中，得到 HJB 方程如下：

$$\begin{aligned} H_1(z_1, \hat{\alpha}_1(z_1), \hat{\boldsymbol{W}}_1(t)) = \|z_1\|^2 + \left\|\beta_1 z_1 + \frac{1}{2}\frac{\partial^{\mathrm{T}} S_1(z_1)}{\partial z_1}\hat{\boldsymbol{W}}_{1a}(t)\right\|^2 - (2\beta_1 z_1 \\ + \frac{\partial^{\mathrm{T}} S_1(z_1)}{\partial z_1}\hat{\boldsymbol{W}}_{1c}(t))^{\mathrm{T}} \times (\beta_1 z_1 + \frac{1}{2}\frac{\partial^{\mathrm{T}} S_1(z_1)}{\partial z_1}\hat{\boldsymbol{W}}_{1a}(t) + \dot{\boldsymbol{X}}_{\mathrm{d}}(t)) \end{aligned} \tag{5-21}$$

根据式（5-18）和式（5-21）建立贝尔曼残差方程如下：

$$\begin{aligned} \boldsymbol{e}_1(t) &= H_1(z_1, \hat{\alpha}_1(z_1), \hat{\boldsymbol{W}}_1(t)) - H_1(z_1, \alpha_1^*(z_1), \boldsymbol{W}_1^*(t)) \\ &= H_1(z_1, \hat{\alpha}_1(z_1), \hat{\boldsymbol{W}}_1(t)) \end{aligned} \tag{5-22}$$

目标函数设计如下：

$$\boldsymbol{E}_1(t) = \frac{1}{2}\boldsymbol{e}_1^2(t) \tag{5-23}$$

为了使贝尔曼残差最小，采用梯度下降法得到目标函数 Critic 网络权值自适应律如下：

$$\begin{aligned} \dot{\hat{\boldsymbol{W}}}_{1c}(t) &= -\frac{\gamma_{1c}}{1+\|\boldsymbol{\sigma}_1(t)\|^2}\boldsymbol{e}_1(t)\frac{\partial \boldsymbol{e}_1(t)}{\partial \hat{\boldsymbol{W}}_{1c}(t)} \\ &= -\frac{\gamma_{1c}}{1+\|\boldsymbol{\sigma}_1(t)\|^2}\boldsymbol{\sigma}_1(t)(\boldsymbol{\sigma}_1^{\mathrm{T}}(t)\hat{\boldsymbol{W}}_{1c}(t) - (\beta_1^2 - 1)\|z_1\|^2 \\ &\quad -2\boldsymbol{\beta}_1^{\mathrm{T}} z_1^{\mathrm{T}} \dot{\boldsymbol{X}}_{\mathrm{d}}(t) + \frac{1}{4}\left\|\frac{\partial^{\mathrm{T}} S_1(z_1)}{\partial z_1}\hat{\boldsymbol{W}}_{1a}(t)\right\|^2) \end{aligned} \tag{5-24}$$

其中，$\gamma_{1c} > 0$ 表示学习率，$\boldsymbol{\sigma}_1(t) = -(\partial S_1(z_1)/\partial z_1^{\mathrm{T}})(\beta_1 z_1 + (1/2)(\partial^{\mathrm{T}} S_1(z_1)/\partial z_1)$ $\hat{\boldsymbol{W}}_{1a}(t) + \dot{\boldsymbol{X}}_{\mathrm{d}}(t))$。根据引理 5.1，$\boldsymbol{\sigma}_1(t)$ 满足持续激励条件，于是神经网络权值能够实时更新，且权值估计误差快速收敛[13]。

接下来，为获得最优控制 $\bar{\boldsymbol{u}}(t)$，根据系统模型（5-4），定义速度误差变

量 $\boldsymbol{z}_2=\boldsymbol{x}_2(t)-\hat{\alpha}_1(\boldsymbol{z}_1)$，于是得到：

$$\dot{\boldsymbol{z}}_2=\boldsymbol{f}-\dot{\hat{\alpha}}_1(\boldsymbol{z}_1)+\boldsymbol{\tau} \tag{5-25}$$

其中，$\dot{\hat{\alpha}}_1(\boldsymbol{z}_1)=-\beta_1(\boldsymbol{x}_2(t)-\dot{\boldsymbol{X}}_\mathrm{d}(t))-\dfrac{1}{2}(\dot{\hat{\boldsymbol{W}}}_{1\mathrm{a}}^\mathrm{T}(t)\dfrac{\partial S_1(\boldsymbol{z}_1)}{\partial \boldsymbol{z}_1^\mathrm{T}}+\hat{\boldsymbol{W}}_{1\mathrm{a}}^\mathrm{T}(t)(\mathrm{d}\dfrac{\partial S_1(\boldsymbol{z}_1)}{\partial \boldsymbol{z}_1^\mathrm{T}}/\mathrm{d}t))$。

建立代价函数如下：

$$\begin{aligned}V_2^*(\boldsymbol{z}_2)&=\min_{\tau\in\Psi(\Omega)}(\int_t^\infty r_2(\boldsymbol{z}_2(s),\boldsymbol{\tau})\mathrm{d}s\\&=\int_t^\infty r_2(\boldsymbol{z}_2(s),\boldsymbol{\tau}^*)\mathrm{d}s\end{aligned} \tag{5-26}$$

其中，$r_2(\boldsymbol{z}_2,\boldsymbol{\tau})=\boldsymbol{z}_2^2+\boldsymbol{\tau}^2$，$\tau^*$ 表示最优控制，则速度误差子系统 $\boldsymbol{z}_2$ 的 HJB 方程为：

$$H_2(\boldsymbol{z}_2,\boldsymbol{\tau}^*,\frac{\partial V_2^*(\boldsymbol{z}_2)}{\partial \boldsymbol{z}_2})=\boldsymbol{z}_2^\mathrm{T}\boldsymbol{z}_2+\boldsymbol{\tau}^{*\mathrm{T}}\boldsymbol{\tau}^*+\frac{\partial V_2^*(\boldsymbol{z}_2)}{\partial \boldsymbol{z}_2^\mathrm{T}}(\boldsymbol{f}-\dot{\hat{\alpha}}_1(\boldsymbol{z}_1)+\boldsymbol{\tau}^*)=\boldsymbol{0} \tag{5-27}$$

通过求解 $\partial H_2/\partial\boldsymbol{\tau}^*=0$，最优控制 $\boldsymbol{\tau}^*$ 表示如下：

$$\boldsymbol{\tau}^*=-\frac{1}{2}\times\frac{\partial V_2^*(\boldsymbol{z}_2)}{\partial \boldsymbol{z}_2} \tag{5-28}$$

为了得到最优控制 $\boldsymbol{\tau}^*$，将最优代价函数写成：

$$V_2^*(\boldsymbol{z}_2)=\beta_2\|\boldsymbol{z}_2\|^2+V_2^0(\boldsymbol{z}_2) \tag{5-29}$$

其中，β_2 表示设定的正常数。于是得到：

$$\boldsymbol{\tau}^*=-\beta_2\boldsymbol{z}_2-\frac{1}{2}\times\frac{\partial V_2^0(\boldsymbol{z}_2)}{\partial \boldsymbol{z}_2} \tag{5-30}$$

由于 $\partial V_2^0(\boldsymbol{z}_2)/\partial\boldsymbol{z}_2$ 对 $\boldsymbol{z}_2$ 是连续的，因此利用神经网络逼近 $V_2^0(\boldsymbol{z}_2)$ 如下：

$$V_2^0(\boldsymbol{z}_2)=\boldsymbol{W}_2^{*\mathrm{T}}(t)S_2(\boldsymbol{z}_2)+\varepsilon_2(\boldsymbol{z}_2) \tag{5-31}$$

其中，$\boldsymbol{W}_2^*(t)$ 表示神经网络权值的最优值，$S_2(\boldsymbol{z}_2)$ 表示基函数向量，$\varepsilon_2(\boldsymbol{z}_2)$ 表示神经网络的逼近误差，且有 $|\varepsilon_2(\boldsymbol{z}_2)|\leqslant\delta_2$。

将式(5-31)代入式(5-30)，则有

$$\boldsymbol{\tau}^*=-\beta_2\boldsymbol{z}_2-\frac{1}{2}\times\frac{\partial^\mathrm{T}S_2(\boldsymbol{z}_2)}{\partial \boldsymbol{z}_2}\boldsymbol{W}_2^*(t)-\frac{1}{2}\times\frac{\partial\varepsilon_2(\boldsymbol{z}_2)}{\partial \boldsymbol{z}_2} \tag{5-32}$$

将式(5-31)和式(5-32)代入式(5-27)得到：

$$\begin{aligned}H_2(\boldsymbol{z}_2,\boldsymbol{\tau}^*,\boldsymbol{W}_2^*(t))=&-(\beta_2^2-1)\|\boldsymbol{z}_2\|^2+2\beta_2\boldsymbol{z}_2^\mathrm{T}\times(\boldsymbol{f}-\dot{\hat{\alpha}}_1(\boldsymbol{z}_1))+\boldsymbol{W}_2^{*\mathrm{T}}(t)\frac{\partial S_2(\boldsymbol{z}_2)}{\partial \boldsymbol{z}_2^\mathrm{T}}\\&\times(\boldsymbol{f}-\dot{\hat{\alpha}}_1(\boldsymbol{z}_1)-\beta_2\boldsymbol{z}_2)-\frac{1}{4}\left\|\frac{\partial^\mathrm{T}S_2(\boldsymbol{z}_2)}{\partial \boldsymbol{z}_2}\boldsymbol{W}_2^*(t)\right\|^2+\rho_2(t)=\boldsymbol{0}\end{aligned} \tag{5-33}$$

其中，$\rho_2(t)=(\partial\varepsilon_2(z_2)/\partial z_2^{\mathrm{T}})\tau^*+\frac{1}{4}\|\partial\varepsilon_2(z_2)/\partial z_2\|^2-(\partial\varepsilon_2(z_2)/\partial z_2^{\mathrm{T}})(f-\dot{\hat{\alpha}}_1(z_1))$。

由于最优权值 $\boldsymbol{W}_2^*(t)$ 未知，为了得到最优控制器，结合强化学习思想，采用自适应神经网络逼近方法对系统进行 Actor-Critic 在线学习，得到：

$$\hat{V}_2^*(z_2)=\beta_2\|z_2\|^2+\hat{\boldsymbol{W}}_{2\mathrm{c}}^{\mathrm{T}}(t)S_2(z_2) \tag{5-34}$$

$$\boldsymbol{\tau}=-\beta_2 z_2-\frac{1}{2}\frac{\partial^{\mathrm{T}}S_2(z_2)}{\partial z_2}\hat{\boldsymbol{W}}_{2\mathrm{a}}(t) \tag{5-35}$$

其中，$\hat{V}_2^*(z_2)$ 表示 $V_2^*(z_2)$ 的估计，$\hat{\boldsymbol{W}}_{2\mathrm{c}}(t)$ 和 $\hat{\boldsymbol{W}}_{2\mathrm{a}}(t)$ 分别表示 Critic 网络和 Actor 网络的权值估计。

于是由式（5-35）得到康复机器人最优控制器如下：

$$\bar{\boldsymbol{u}}(t)=\boldsymbol{M}_1\boldsymbol{B}^{-1}(\theta)(-\beta_2 z_2(t)-\frac{1}{2}\times\frac{\partial^{\mathrm{T}}S_2(z_2)}{\partial z_2}\hat{\boldsymbol{W}}_{2\mathrm{a}}(t)) \tag{5-36}$$

将式（5-34）和式（5-35）代入式（5-27），HJB 方程表示为：

$$\begin{aligned}H_2(z_2,\hat{\tau}^*,\hat{\boldsymbol{W}}_2^*(t))=&\|z_2\|^2+\left\|\beta_2 z_2+\frac{1}{2}\frac{\partial^{\mathrm{T}}S_2(z_2)}{\partial z_2}\hat{\boldsymbol{W}}_{2\mathrm{a}}(t)\right\|^2+(2\beta_2 z_2\\&+\frac{\partial^{\mathrm{T}}S_2(z_2)}{\partial z_2}\hat{\boldsymbol{W}}_{2\mathrm{c}}(t))^{\mathrm{T}}\times(f-\dot{\hat{\alpha}}_1(z_1)-\beta_2 z_2-\frac{1}{2}\times\frac{\partial^{\mathrm{T}}S_2(z_2)}{\partial z_2}\hat{\boldsymbol{W}}_{2\mathrm{a}}(t))\end{aligned} \tag{5-37}$$

建立贝尔曼残差如下：

$$\boldsymbol{e}_2(t)=H_2(z_2,\hat{\tau}^*,\hat{\boldsymbol{W}}_2^*(t))-H_2(z_2,\tau^*,\boldsymbol{W}_2^*(t)) \tag{5-38}$$

目标函数设计如下：

$$\boldsymbol{E}_2(t)=\frac{1}{2}\boldsymbol{e}_2^2(t) \tag{5-39}$$

利用梯度下降法求得 Critic 网络权值自适应律为：

$$\begin{aligned}\dot{\hat{\boldsymbol{W}}}_{2\mathrm{c}}(t)&=-\frac{\gamma_{2\mathrm{c}}}{1+\|\boldsymbol{\sigma}_2(t)\|^2}\boldsymbol{e}_2(t)\frac{\partial\boldsymbol{e}_2(t)}{\partial\hat{\boldsymbol{W}}_{2\mathrm{c}}(t)}\\&=-\frac{\gamma_{2\mathrm{c}}}{1+\|\boldsymbol{\sigma}_2(t)\|^2}\boldsymbol{\sigma}_2(t)(\boldsymbol{\sigma}_2^{\mathrm{T}}(t)\hat{\boldsymbol{W}}_{2\mathrm{c}}(t)-(\beta_2^2-1)z_2^2\\&\quad+2\beta_2 z_2^{\mathrm{T}}(f-\dot{\hat{\alpha}}_1(z_1))+\frac{1}{4}\hat{\boldsymbol{W}}_{2\mathrm{a}}^{\mathrm{T}}(t)\frac{\partial S_2(z_2)}{\partial z_2^{\mathrm{T}}}\times\frac{\partial^{\mathrm{T}}S_2(z_2)}{\partial z_2}\hat{\boldsymbol{W}}_{2\mathrm{a}}(t))\end{aligned} \tag{5-40}$$

其中，$\gamma_{2\mathrm{c}}>0$ 表示学习率，$\boldsymbol{\sigma}_2(t)=(\partial S_2(z_2)/\partial z_2^{\mathrm{T}})(f-\dot{\hat{\alpha}}_1(z_1)-\beta_2 z_2-\left(\frac{1}{2}\right)(\partial^{\mathrm{T}}S_2$

$(z_2)/\partial z_2)\hat{\boldsymbol{W}}_{2a}(t))$。根据引理 5.1，$\boldsymbol{\sigma}_2(t)$ 满足持续激励条件，于是神经网络权值能够实时更新，且权值估计误差快速收敛[13]。

5.1.2 人机系统稳定性分析

引理 5.2[14] 设 $L(t)\in\mathbb{R}$ 是一个连续的正函数，且初值 $L(0)$ 有界，若 $\dot{L}(t)\leqslant -aL(t)+c$ 成立，a 和 c 表示两个常数，则存在如下不等式

$$L(t)\leqslant \mathrm{e}^{-at}L(0)+\frac{c}{a}(1-\mathrm{e}^{-at}) \tag{5-41}$$

使 $L(t)$ 的所有信号半全局一致最终有界（Semi-Globally Uniformly Ultimately Bounded，SGUUB）。

定理 5.1 考虑康复机器人系统（5-4），设计的 Critic 网络权值自适应律如式（5-24）和式（5-40），并且 Actor 网络权值自适应律如下：

$$\begin{aligned}\dot{\hat{\boldsymbol{W}}}_{1a}(t)=&\frac{1}{2}\times\frac{\partial S_1(\boldsymbol{z}_1)}{\partial \boldsymbol{z}_1^{\mathrm{T}}}\boldsymbol{z}_1-\gamma_{1a}\frac{\partial S_1(\boldsymbol{z}_1)}{\partial \boldsymbol{z}_1^{\mathrm{T}}}\times\frac{\partial^{\mathrm{T}} S_1(\boldsymbol{z}_1)}{\partial \boldsymbol{z}_1}\hat{\boldsymbol{W}}_{1a}(t)\\&+\frac{\gamma_{1c}}{4(1+\|\boldsymbol{\sigma}_1(t)\|^2)}\frac{\partial S_1(\boldsymbol{z}_1)}{\partial \boldsymbol{z}_1^{\mathrm{T}}}\times\frac{\partial^{\mathrm{T}} S_1(\boldsymbol{z}_1)}{\partial \boldsymbol{z}_1}\hat{\boldsymbol{W}}_{1a}(t)\boldsymbol{\sigma}_1^{\mathrm{T}}(t)\hat{\boldsymbol{W}}_{1c}(t)\end{aligned} \tag{5-42}$$

$$\begin{aligned}\dot{\hat{\boldsymbol{W}}}_{2a}(t)=&\frac{1}{2}\times\frac{\partial S_2(\boldsymbol{z}_2)}{\partial \boldsymbol{z}_2^{\mathrm{T}}}\boldsymbol{z}_2-\gamma_{2a}\frac{\partial S_2(\boldsymbol{z}_2)}{\partial \boldsymbol{z}_2^{\mathrm{T}}}\times\frac{\partial^{\mathrm{T}} S_2(\boldsymbol{z}_2)}{\partial \boldsymbol{z}_2}\hat{\boldsymbol{W}}_{2a}(t)\\&+\frac{\gamma_{2c}}{4(1+\|\boldsymbol{\sigma}_2(t)\|^2)}\times\frac{\partial S_2(\boldsymbol{z}_2)}{\partial \boldsymbol{z}_2^{\mathrm{T}}}\times\frac{\partial^{\mathrm{T}} S_2(\boldsymbol{z}_2)}{\partial \boldsymbol{z}_2}\hat{\boldsymbol{W}}_{2a}(t)\boldsymbol{\sigma}_2^{\mathrm{T}}(t)\hat{\boldsymbol{W}}_{2c}(t)\end{aligned} \tag{5-43}$$

在强化学习最优控制器（5-36）作用下，可使位置跟踪误差、速度跟踪误差、Critic 网络权值估计误差和 Actor 网络权值估计误差均达到 SGUUB。其中 $\gamma_{1a}>0$ 和 $\gamma_{2a}>0$ 表示学习率。

证明：利用速度误差变量 $\boldsymbol{z}_2$ 将式（5-6）转化为如下形式：

$$\dot{\boldsymbol{z}}_1=\boldsymbol{z}_2+\hat{\alpha}_1(\boldsymbol{z}_1)-\dot{\boldsymbol{X}}_{\mathrm{d}}(t) \tag{5-44}$$

定义权值误差变量 $\tilde{\boldsymbol{W}}_{1a}(t)=\hat{\boldsymbol{W}}_{1a}(t)-\boldsymbol{W}_1^*(t)$，$\tilde{\boldsymbol{W}}_{1c}(t)=\hat{\boldsymbol{W}}_{1c}(t)-\boldsymbol{W}_1^*(t)$。

对位置误差子系统 $\boldsymbol{z}_1$ 设计李雅普诺夫函数如下：

$$L_1(t)=\frac{1}{2}\|\boldsymbol{z}_1\|^2+\frac{1}{2}\tilde{\boldsymbol{W}}_{1a}^{\mathrm{T}}(t)\tilde{\boldsymbol{W}}_{1a}(t)+\frac{1}{2}\tilde{\boldsymbol{W}}_{1c}^{\mathrm{T}}(t)\tilde{\boldsymbol{W}}_{1c}(t) \tag{5-45}$$

对 $L_1(t)$ 求导可得：

$$
\begin{aligned}
\dot{L}_1(t) = & \boldsymbol{z}_1^{\mathrm{T}}(z_1 + \hat{\alpha}_1(z_1) - \boldsymbol{X}_{\mathrm{d}}(t)) + \tilde{\boldsymbol{W}}_{1\mathrm{a}}^{\mathrm{T}}(t) \times (\frac{1}{2} \times \frac{\partial S_1(z_1)}{\partial z_1^{\mathrm{T}}} z_1 \\
& - \gamma_{1\mathrm{a}} \frac{\partial S_1(z_1)}{\partial z_1^{\mathrm{T}}} \times \frac{\partial^{\mathrm{T}} S_1(z_1)}{\partial z_1} \hat{\boldsymbol{W}}_{1\mathrm{a}}(t) + \frac{\gamma_{1\mathrm{c}}}{4(1+\|\boldsymbol{\sigma}_1(t)\|^2)} \times \frac{\partial S_1(z_1)}{\partial z_1^{\mathrm{T}}} \frac{\partial^{\mathrm{T}} S_1(z_1)}{\partial z_1} \hat{\boldsymbol{W}}_{1\mathrm{a}}(t) \\
& \times \boldsymbol{\sigma}_1^{\mathrm{T}}(t) \hat{\boldsymbol{W}}_{1\mathrm{c}}(t)) - \frac{\gamma_{1\mathrm{c}}}{1+\|\boldsymbol{\sigma}_1(t)\|^2} (\tilde{\boldsymbol{W}}_{1\mathrm{c}}^{\mathrm{T}}(t) \boldsymbol{\sigma}_1(t) (\boldsymbol{\sigma}_1^{\mathrm{T}}(t) \hat{\boldsymbol{W}}_{1\mathrm{c}}(t) - (\beta_1^2 - 1)\|z_1\|^2 \\
& - 2\beta_1 z_1^{\mathrm{T}} \dot{\boldsymbol{X}}_{\mathrm{d}}(t) + \frac{1}{4} \|\partial^{\mathrm{T}} S_1(z_1) / \partial z_1 \times \hat{\boldsymbol{W}}_{1\mathrm{a}}(t)\|^2))
\end{aligned} \tag{5-46}
$$

将式（5-20）代入式（5-46），可得：

$$
\begin{aligned}
\dot{L}_1(t) = & -\beta_1 \|z_1\|^2 + z_1^{\mathrm{T}} z_2 - z_1^{\mathrm{T}} \dot{\boldsymbol{X}}_{\mathrm{d}}(t) - \frac{1}{2} z_1^{\mathrm{T}} \frac{\partial^{\mathrm{T}} S_1(z_1)}{\partial z_1} \hat{\boldsymbol{W}}_{1\mathrm{a}}(t) + \frac{1}{2} \tilde{\boldsymbol{W}}_{1\mathrm{a}}^{\mathrm{T}}(t) \frac{\partial S_1(z_1)}{\partial z_1^{\mathrm{T}}} z_1 \\
& - \gamma_{1\mathrm{a}} \tilde{\boldsymbol{W}}_{1\mathrm{a}}^{\mathrm{T}}(t) \frac{\partial S_1(z_1)}{\partial z_1^{\mathrm{T}}} \times \frac{\partial^{\mathrm{T}} S_1(z_1)}{\partial z_1} \hat{\boldsymbol{W}}_{1\mathrm{a}}(t) + \frac{\gamma_{1\mathrm{c}}}{4(1+\|\boldsymbol{\sigma}_1(t)\|^2)} \tilde{\boldsymbol{W}}_{1\mathrm{a}}^{\mathrm{T}}(t) \frac{\partial S_1(z_1)}{\partial z_1^{\mathrm{T}}} \times \frac{\partial^{\mathrm{T}} S_1(z_1)}{\partial z_1} \hat{\boldsymbol{W}}_{1\mathrm{a}}(t) \\
& \times \boldsymbol{\sigma}_1^{\mathrm{T}}(t) \hat{\boldsymbol{W}}_{1\mathrm{c}}(t) - \frac{\gamma_{1\mathrm{c}}}{1+\|\boldsymbol{\sigma}_1(t)\|^2} \times (\tilde{\boldsymbol{W}}_{1\mathrm{c}}^{\mathrm{T}}(t) \boldsymbol{\sigma}_1(t) \times (\boldsymbol{\sigma}_1^{\mathrm{T}}(t) \hat{\boldsymbol{W}}_{1\mathrm{c}}(t) - (\beta_1^2 - 1)\|z_1\|^2 \\
& - 2\beta_1 z_1^{\mathrm{T}} \dot{\boldsymbol{X}}_{\mathrm{d}}(t) + \frac{1}{4} \left\| \frac{\partial^{\mathrm{T}} S_1(z_1)}{\partial z_1} \hat{\boldsymbol{W}}_{1\mathrm{a}}(t) \right\|^2))
\end{aligned} \tag{5-47}
$$

进一步有

$$
\frac{1}{2} z_1^{\mathrm{T}} \frac{\partial^{\mathrm{T}} S_1(z_1)}{\partial z_1} \tilde{\boldsymbol{W}}_{1\mathrm{a}}(t) - \frac{1}{2} z_1^{\mathrm{T}} \frac{\partial^{\mathrm{T}} S_1(z_1)}{\partial z_1} \hat{\boldsymbol{W}}_{1\mathrm{a}}(t) = -\frac{1}{2} z_1^{\mathrm{T}} \frac{\partial^{\mathrm{T}} S_1(z_1)}{\partial z_1} \boldsymbol{W}_1^*(t) \tag{5-48}
$$

$$
\begin{aligned}
\gamma_{1\mathrm{a}} \tilde{\boldsymbol{W}}_{1\mathrm{a}}^{\mathrm{T}}(t) \frac{\partial S_1(z_1)}{\partial z_1^{\mathrm{T}}} \times \frac{\partial^{\mathrm{T}} S_1(z_1)}{\partial z_1} \hat{\boldsymbol{W}}_{1\mathrm{a}}(t) = & \frac{\gamma_{1\mathrm{a}}}{2} \hat{\boldsymbol{W}}_{1\mathrm{a}}^{\mathrm{T}}(t) \frac{\partial S_1(z_1)}{\partial z_1^{\mathrm{T}}} \times \frac{\partial^{\mathrm{T}} S_1(z_1)}{\partial z_1} \tilde{\boldsymbol{W}}_{1\mathrm{a}}(t) \\
& + \frac{\gamma_{1\mathrm{a}}}{2} \hat{\boldsymbol{W}}_{1\mathrm{a}}^{\mathrm{T}}(t) \frac{\partial S_1(z_1)}{\partial z_1^{\mathrm{T}}} \times \frac{\partial^{\mathrm{T}} S_1(z_1)}{\partial z_1} \hat{\boldsymbol{W}}_{1\mathrm{a}}(t) \\
& - \frac{\gamma_{1\mathrm{a}}}{2} \boldsymbol{W}_1^{*\mathrm{T}}(t) \frac{\partial S_1(z_1)}{\partial z_1^{\mathrm{T}}} \times \frac{\partial^{\mathrm{T}} S_1(z_1)}{\partial z_1} \boldsymbol{W}_1^*(t)
\end{aligned} \tag{5-49}
$$

将式（5-48）和式（5-49）代入式（5-47），得到：

$$
\begin{aligned}
\dot{L}_1(t) = & -\beta_1 \|z_1\|^2 + z_1^{\mathrm{T}} z_2 - z_1^{\mathrm{T}} \dot{\boldsymbol{X}}_{\mathrm{d}}(t) - \frac{1}{2} z_1^{\mathrm{T}} \frac{\partial^{\mathrm{T}} S_1(z_1)}{\partial z_1} \boldsymbol{W}_1^*(t) - \frac{\gamma_{1\mathrm{a}}}{2} \tilde{\boldsymbol{W}}_{1\mathrm{a}}^{\mathrm{T}}(t) \frac{\partial S_1(z_1)}{\partial z_1^{\mathrm{T}}} \\
& \times \frac{\partial^{\mathrm{T}} S_1(z_1)}{\partial z_1} \tilde{\boldsymbol{W}}_{1\mathrm{a}}(t) - \frac{\gamma_{1\mathrm{a}}}{2} \hat{\boldsymbol{W}}_{1\mathrm{a}}^{\mathrm{T}}(t) \frac{\partial S_1(z_1)}{\partial z_1^{\mathrm{T}}} \times \frac{\partial^{\mathrm{T}} S_1(z_1)}{\partial z_1} \hat{\boldsymbol{W}}_{1\mathrm{a}}(t) + \frac{\gamma_{1\mathrm{a}}}{2} \boldsymbol{W}_1^{*\mathrm{T}}(t) \frac{\partial S_1(z_1)}{\partial z_1^{\mathrm{T}}} \times \frac{\partial^{\mathrm{T}} S_1(z_1)}{\partial z_1} \boldsymbol{W}_1^*(t) \\
& + \frac{\gamma_{1\mathrm{c}}}{4(1+\|\boldsymbol{\sigma}_1(t)\|^2)} \tilde{\boldsymbol{W}}_{1\mathrm{a}}^{\mathrm{T}}(t) \frac{\partial S_1(z_1)}{\partial z_1^{\mathrm{T}}} \times \frac{\partial^{\mathrm{T}} S_1(z_1)}{\partial z_1} \hat{\boldsymbol{W}}_{1\mathrm{a}}(t) \boldsymbol{\sigma}_1^{\mathrm{T}}(t) \hat{\boldsymbol{W}}_{1\mathrm{c}}(t) - \frac{\gamma_{1\mathrm{c}}}{1+\|\boldsymbol{\sigma}_1(t)\|^2} \\
& \times (\tilde{\boldsymbol{W}}_{1\mathrm{c}}^{\mathrm{T}}(t) \boldsymbol{\sigma}_1(t) (\boldsymbol{\sigma}_1^{\mathrm{T}}(t) \hat{\boldsymbol{W}}_{1\mathrm{c}}(t) - (\beta_1^2 - 1)\|z_1\|^2 - 2\beta_1 z_1^{\mathrm{T}} \dot{\boldsymbol{X}}_{\mathrm{d}}(t) + \frac{1}{4} \left\| \frac{\partial^{\mathrm{T}} S_1(z_1)}{\partial z_1} \hat{\boldsymbol{W}}_{1\mathrm{a}}(t) \right\|^2))
\end{aligned} \tag{5-50}
$$

根据 Cauchy-Schwarz 不等式可得：

$$z_1^{\mathrm{T}} z_2 \leqslant \frac{1}{2}\|z_1\|^2 + \frac{1}{2}\|z_2\|^2$$

$$-z_1^{\mathrm{T}} \dot{\boldsymbol{X}}_{\mathrm{d}}(t) \leqslant \frac{1}{2}\|z_1\|^2 + \frac{1}{2}\left\|\dot{\boldsymbol{X}}_{\mathrm{d}}(t)\right\|^2$$

$$-\frac{1}{2} z_1^{\mathrm{T}} \frac{\partial^{\mathrm{T}} S_1(z_1)}{\partial z_1} \boldsymbol{W}_1^*(t) \leqslant \|z_1\|^2 + \boldsymbol{W}_1^{*\mathrm{T}}(t) \frac{\partial S_1(z_1)}{\partial z_1^{\mathrm{T}}} \times \frac{\partial^{\mathrm{T}} S_1(z_1)}{\partial z_1} \boldsymbol{W}_1^*(t)$$

进而得到：

$$\begin{aligned}
\dot{L}_1(t) \leqslant & -(\beta_1 - 2)\|z_1\|^2 + \frac{1}{2}\|z_2\|^2 + \frac{1}{2}\left\|\dot{\boldsymbol{X}}_{\mathrm{d}}(t)\right\|^2 - \frac{\gamma_{1\mathrm{a}}}{2} \tilde{\boldsymbol{W}}_{1\mathrm{a}}^{\mathrm{T}}(t) \\
& \times \frac{\partial S_1(z_1)}{\partial z_1^{\mathrm{T}}} \times \frac{\partial^{\mathrm{T}} S_1(z_1)}{\partial z_1} \tilde{\boldsymbol{W}}_{1\mathrm{a}}(t) - \frac{\gamma_{1\mathrm{a}}}{2} \hat{\boldsymbol{W}}_{1\mathrm{a}}^{\mathrm{T}}(t) \frac{\partial S_1(z_1)}{\partial z_1^{\mathrm{T}}} \times \frac{\partial^{\mathrm{T}} S_1(z_1)}{\partial z_1} \hat{\boldsymbol{W}}_{1\mathrm{a}}(t) \\
& + (1 + \frac{\gamma_{1\mathrm{a}}}{2}) \boldsymbol{W}_1^{*\mathrm{T}}(t) \frac{\partial S_1(z_1)}{\partial z_1^{\mathrm{T}}} \times \frac{\partial^{\mathrm{T}} S_1(z_1)}{\partial z_1} \boldsymbol{W}_1^*(t) + \frac{\gamma_{1\mathrm{c}}}{4(1 + \|\boldsymbol{\sigma}_1(t)\|^2)} \tilde{\boldsymbol{W}}_{1\mathrm{a}}^{\mathrm{T}}(t) \\
& \times \frac{\partial S_1(z_1)}{\partial z_1^{\mathrm{T}}} \times \frac{\partial^{\mathrm{T}} S_1(z_1)}{\partial z_1} \hat{\boldsymbol{W}}_{1\mathrm{a}}(t) \times \boldsymbol{\sigma}_1^{\mathrm{T}}(t) \hat{\boldsymbol{W}}_{1\mathrm{c}}(t) - \frac{\gamma_{1\mathrm{c}}}{1 + \|\boldsymbol{\sigma}_1(t)\|^2} \times (\tilde{\boldsymbol{W}}_{1\mathrm{c}}^{\mathrm{T}}(t) \boldsymbol{\sigma}_1(t) \\
& \times (\boldsymbol{\sigma}_1^{\mathrm{T}}(t) \hat{\boldsymbol{W}}_{1\mathrm{c}}(t) - (\beta_1^2 - 1)\|z_1\|^2 - 2\beta_1 z_1^{\mathrm{T}} \dot{\boldsymbol{X}}_{\mathrm{d}}(t) + \frac{1}{4}\left\|\frac{\partial^{\mathrm{T}} S_1(z_1)}{\partial z_1} \hat{\boldsymbol{W}}_{1\mathrm{a}}(t)\right\|^2))
\end{aligned} \tag{5-51}$$

根据式（5-18），并代入 $\boldsymbol{\sigma}_1(t)$ 的表达式，得到：

$$\begin{aligned}
-(\beta_1^2 - 1)\|z_1\|^2 - 2\beta_1 z_1^{\mathrm{T}} \dot{\boldsymbol{X}}_{\mathrm{d}}(t) = & -\boldsymbol{\sigma}_1^{\mathrm{T}}(t) \boldsymbol{W}_1^*(t) - \frac{1}{2} \boldsymbol{W}_{1\mathrm{a}}^{\mathrm{T}}(t) \frac{\partial S_1(z_1)}{\partial z_1^{\mathrm{T}}} \times \frac{\partial^{\mathrm{T}} S_1(z_1)}{\partial z_1} \boldsymbol{W}_1^*(t) \\
& + \frac{1}{4} \boldsymbol{W}_1^*(t) \frac{\partial S_1(z_1)}{\partial z_1^{\mathrm{T}}} \times \frac{\partial^{\mathrm{T}} S_1(z_1)}{\partial z_1} \boldsymbol{W}_1^*(t) - \rho_1(t)
\end{aligned} \tag{5-52}$$

将式（5-52）代入式（5-51）可得：

$$\begin{aligned}
\dot{L}_1(t) \leqslant & -(\beta_1 - 2)\|z_1\|^2 + \frac{1}{2}\|z_2\|^2 + \frac{1}{2}\left\|\dot{\boldsymbol{X}}_{\mathrm{d}}(t)\right\|^2 + (1 + \frac{\gamma_{1\mathrm{a}}}{2}) \boldsymbol{W}_1^{*\mathrm{T}}(t) \frac{\partial S_1(z_1)}{\partial z_1^{\mathrm{T}}} \\
& \times \frac{\partial^{\mathrm{T}} S_1(z_1)}{\partial z_1} \boldsymbol{W}_1^*(t) - \frac{\gamma_{1\mathrm{a}}}{2} \tilde{\boldsymbol{W}}_{1\mathrm{a}}^{\mathrm{T}}(t) \frac{\partial S_1(z_1)}{\partial z_1^{\mathrm{T}}} \times \frac{\partial^{\mathrm{T}} S_1(z_1)}{\partial z_1} \tilde{\boldsymbol{W}}_{1\mathrm{a}}(t) - \frac{\gamma_{1\mathrm{a}}}{2} \hat{\boldsymbol{W}}_{1\mathrm{a}}^{\mathrm{T}}(t) \frac{\partial S_1(z_1)}{\partial z_1^{\mathrm{T}}} \times \frac{\partial^{\mathrm{T}} S_1(z_1)}{\partial z_1} \\
& \times \hat{\boldsymbol{W}}_{1\mathrm{a}}(t) + \frac{\gamma_{1\mathrm{c}}}{4(1 + \|\boldsymbol{\sigma}_1(t)\|^2)} \tilde{\boldsymbol{W}}_{1\mathrm{a}}^{\mathrm{T}}(t) \frac{\partial S_1(z_1)}{\partial z_1^{\mathrm{T}}} \times \frac{\partial^{\mathrm{T}} S_1(z_1)}{\partial z_1} \hat{\boldsymbol{W}}_{1\mathrm{a}}(t) \boldsymbol{\sigma}_1^{\mathrm{T}}(t) \hat{\boldsymbol{W}}_{1\mathrm{c}}(t) \\
& - \frac{\gamma_{1\mathrm{c}}}{1 + \|\boldsymbol{\sigma}_1(t)\|^2} \times (\tilde{\boldsymbol{W}}_{1\mathrm{c}}^{\mathrm{T}}(t) \boldsymbol{\sigma}_1(t) (\boldsymbol{\sigma}_1^{\mathrm{T}}(t) \tilde{\boldsymbol{W}}_{1\mathrm{c}}(t) - \frac{1}{2} \hat{\boldsymbol{W}}_{1\mathrm{a}}^{\mathrm{T}}(t) \frac{\partial S_1(z_1)}{\partial z_1^{\mathrm{T}}} \times \frac{\partial^{\mathrm{T}} S_1(z_1)}{\partial z_1} \boldsymbol{W}_1^*(t) \\
& + \frac{1}{4} \boldsymbol{W}_1^{*\mathrm{T}}(t) \frac{\partial S_1(z_1)}{\partial z_1^{\mathrm{T}}} \times \frac{\partial^{\mathrm{T}} S_1(z_1)}{\partial z_1} \boldsymbol{W}_1^*(t) + \frac{1}{4} \hat{\boldsymbol{W}}_{1\mathrm{a}}^{\mathrm{T}}(t) \frac{\partial S_1(z_1)}{\partial z_1^{\mathrm{T}}} \times \frac{\partial^{\mathrm{T}} S_1(z_1)}{\partial z_1} \hat{\boldsymbol{W}}_{1\mathrm{a}}(t) - \rho_1(t)))
\end{aligned} \tag{5-53}$$

根据权值误差，并利用 Cauchy-Schwarz 不等式可得：

$$
\begin{aligned}
&-\frac{1}{2}\hat{\boldsymbol{W}}_{1a}^{\mathrm{T}}(t)\times\frac{\partial S_1(z_1)}{\partial z_1^{\mathrm{T}}}\times\frac{\partial^{\mathrm{T}}S_1(z_1)}{\partial z_1}\boldsymbol{W}_1^{*}(t)+\frac{1}{4}\boldsymbol{W}_1^{*\mathrm{T}}(t)\frac{\partial S_1(z_1)}{\partial z_1^{\mathrm{T}}}\times\frac{\partial^{\mathrm{T}}S_1(z_1)}{\partial z_1}\boldsymbol{W}_1^{*}(t)\\
&+\frac{1}{4}\hat{\boldsymbol{W}}_{1a}^{\mathrm{T}}(t)\frac{\partial S_1(z_1)}{\partial z_1^{\mathrm{T}}}\times\frac{\partial^{\mathrm{T}}S_1(z_1)}{\partial z_1}\hat{\boldsymbol{W}}_{1a}(t)\\
&=\frac{1}{4}\hat{\boldsymbol{W}}_{1a}^{\mathrm{T}}(t)\frac{\partial S_1(z_1)}{\partial z_1^{\mathrm{T}}}\times\frac{\partial^{\mathrm{T}}S_1(z_1)}{\partial z_1}\hat{\boldsymbol{W}}_{1a}(t)-\frac{1}{4}\boldsymbol{W}_1^{*\mathrm{T}}(t)\frac{\partial S_1(z_1)}{\partial z_1^{\mathrm{T}}}\times\frac{\partial^{\mathrm{T}}S_1(z_1)}{\partial z_1}\tilde{\boldsymbol{W}}_{1a}(t)
\end{aligned}
\tag{5-54}
$$

$$
\frac{\gamma_{1c}}{1+\|\boldsymbol{\sigma}_1(t)\|^2}\tilde{\boldsymbol{W}}_{1c}^{\mathrm{T}}(t)\boldsymbol{\sigma}_1(t)\rho_1(t)\leqslant\frac{\gamma_{1c}}{2(1+\|\boldsymbol{\sigma}_1(t)\|^2)}\rho_1^2(t)+\frac{\gamma_{1c}}{2(1+\|\boldsymbol{\sigma}_1(t)\|^2)}\tilde{\boldsymbol{W}}_{1c}^{\mathrm{T}}(t)\boldsymbol{\sigma}_1(t)\boldsymbol{\sigma}_1^{\mathrm{T}}(t)\tilde{\boldsymbol{W}}_{1c}(t)
\tag{5-55}
$$

利用式（5-44）和式（5-55），式（5-53）可写为如下形式：

$$
\begin{aligned}
\dot{L}_1(t)\leqslant&-(\beta_1-2)\|z_1\|^2+\frac{1}{2}\|z_2\|^2-\frac{\gamma_{1a}}{2}\tilde{\boldsymbol{W}}_{1a}^{\mathrm{T}}(t)\frac{\partial S_1(z_1)}{\partial z_1^{\mathrm{T}}}\times\frac{\partial^{\mathrm{T}}S_1(z_1)}{\partial z_1}\tilde{\boldsymbol{W}}_{1a}(t)-\frac{\gamma_{1c}}{2(1+\|\boldsymbol{\sigma}_1(t)\|^2)}\\
&\times\tilde{\boldsymbol{W}}_{1c}^{\mathrm{T}}(t)\boldsymbol{\sigma}_1(t)\boldsymbol{\sigma}_1^{\mathrm{T}}(t)\tilde{\boldsymbol{W}}_{1c}(t)-\frac{\gamma_{1a}}{2}\hat{\boldsymbol{W}}_{1a}^{\mathrm{T}}(t)\frac{\partial S_1(z_1)}{\partial z_1^{\mathrm{T}}}\times\frac{\partial^{\mathrm{T}}S_1(z_1)}{\partial z_1}\hat{\boldsymbol{W}}_{1a}(t)+\frac{\gamma_{1c}}{4(1+\|\boldsymbol{\sigma}_1(t)\|^2},\tilde{\boldsymbol{W}}_{1a}^{\mathrm{T}}(t)\\
&\times\frac{\partial S_1(z_1)}{\partial z_1^{\mathrm{T}}}\times\frac{\partial^{\mathrm{T}}S_1(z_1)}{\partial z_1}\hat{\boldsymbol{W}}_{1a}(t)\boldsymbol{\sigma}_1^{\mathrm{T}}(t)\hat{\boldsymbol{W}}_{1c}(t)-\frac{\gamma_{1c}}{4(1+\|\boldsymbol{\sigma}_1(t)\|^2)}\tilde{\boldsymbol{W}}_{1c}^{\mathrm{T}}(t)\boldsymbol{\sigma}_1(t)\tilde{\boldsymbol{W}}_{1a}^{\mathrm{T}}(t)\frac{\partial S_1(z_1)}{\partial z_1^{\mathrm{T}}}\times\frac{\partial^{\mathrm{T}}S_1(z_1)}{\partial z_1}\\
&\times\hat{\boldsymbol{W}}_{1a}(t)+\frac{\gamma_{1c}}{4(1+\|\boldsymbol{\sigma}_1(t)\|^2)}\tilde{\boldsymbol{W}}_{1c}^{\mathrm{T}}(t)\boldsymbol{\sigma}_1(t)\boldsymbol{W}_1^{*\mathrm{T}}\frac{\partial S_1(z_1)}{\partial z_1^{\mathrm{T}}}\times\frac{\partial^{\mathrm{T}}S_1(z_1)}{\partial z_1}\tilde{\boldsymbol{W}}_{1a}(t)+(1+\frac{\gamma_{1a}}{2})\boldsymbol{W}_1^{*\mathrm{T}}(t)\\
&\times\frac{\partial S_1(z_1)}{\partial z_1^{\mathrm{T}}}\times\frac{\partial^{\mathrm{T}}S_1(z_1)}{\partial z_1}\boldsymbol{W}_1^{*}(t)+\frac{\gamma_{1c}}{2(1+\|\boldsymbol{\sigma}_1(t)\|^2)}\rho_1^2(t)+\frac{1}{2}\|\dot{\boldsymbol{X}}_{d}(t)\|^2
\end{aligned}
\tag{5-56}
$$

进一步可得：

$$
\begin{aligned}
&\frac{\gamma_{1c}}{4(1+\|\boldsymbol{\sigma}_1(t)\|^2)}\tilde{\boldsymbol{W}}_{1a}^{\mathrm{T}}(t)\frac{\partial S_1(z_1)}{\partial z_1^{\mathrm{T}}}\times\frac{\partial^{\mathrm{T}}S_1(z_1)}{\partial z_1}\hat{\boldsymbol{W}}_{1a}(t)\boldsymbol{\sigma}_1^{\mathrm{T}}(t)\hat{\boldsymbol{W}}_{1c}(t)\\
&\qquad-\frac{\gamma_{1c}}{4(1+\|\boldsymbol{\sigma}_1(t)\|^2)}\tilde{\boldsymbol{W}}_{1c}^{\mathrm{T}}(t)\boldsymbol{\sigma}_1(t)\tilde{\boldsymbol{W}}_{1a}^{\mathrm{T}}(t)\frac{\partial S_1(z_1)}{\partial z_1^{\mathrm{T}}}\times\frac{\partial^{\mathrm{T}}S_1(z_1)}{\partial z_1}\hat{\boldsymbol{W}}_{1a}(t)\\
&\qquad=\frac{\gamma_{1c}}{4(1+\|\boldsymbol{\sigma}_1(t)\|^2)}\tilde{\boldsymbol{W}}_{1a}^{\mathrm{T}}(t)\frac{\partial S_1(z_1)}{\partial z_1^{\mathrm{T}}}\boldsymbol{W}_1^{*\mathrm{T}}(t)\boldsymbol{\sigma}_1(t)\frac{\partial^{\mathrm{T}}S_1(z_1)}{\partial z_1}\hat{\boldsymbol{W}}_{1a}(t)
\end{aligned}
\tag{5-57}
$$

将式（5-57）代入式（5-56）可得：

$$\begin{aligned}\dot{L}_1(t)\leqslant&-(\beta_1-2)\|z_1\|^2+\frac{1}{2}\|z_2\|^2-\frac{\gamma_{1a}}{2}\tilde{\boldsymbol{W}}_{1a}^{\mathrm{T}}(t)\frac{\partial S_1(z_1)}{\partial z_1^{\mathrm{T}}}\times\frac{\partial^{\mathrm{T}}S_1(z_1)}{\partial z_1}\tilde{\boldsymbol{W}}_{1a}(t)\\&-\frac{\gamma_{1c}}{2(1+\|\boldsymbol{\sigma}_1(t)\|^2)}\tilde{\boldsymbol{W}}_{1c}^{\mathrm{T}}(t)\boldsymbol{\sigma}_1(t)\boldsymbol{\sigma}_1^{\mathrm{T}}(t)\tilde{\boldsymbol{W}}_{1c}(t)-\frac{\gamma_{1a}}{2}\hat{\boldsymbol{W}}_{1a}^{\mathrm{T}}(t)\frac{\partial S_1(z_1)}{\partial z_1^{\mathrm{T}}}\times\frac{\partial^{\mathrm{T}}S_1(z_1)}{\partial z_1}\hat{\boldsymbol{W}}_{1a}(t)\\&+\frac{\gamma_{1c}}{4(1+\|\boldsymbol{\sigma}_1(t)\|^2)}\tilde{\boldsymbol{W}}_{1a}^{\mathrm{T}}(t)\frac{\partial S_1(z_1)}{\partial z_1^{\mathrm{T}}}\boldsymbol{W}_1^{*\mathrm{T}}\sigma_1(t)\frac{\partial^{\mathrm{T}}S_1(z_1)}{\partial z_1}\hat{\boldsymbol{W}}_{1a}(t)+\frac{\gamma_{1c}}{4(1+\|\boldsymbol{\sigma}_1(t)\|^2)}\\&\times\tilde{\boldsymbol{W}}_{1c}^{\mathrm{T}}(t)\boldsymbol{\sigma}_1(t)\boldsymbol{W}_1^{*\mathrm{T}}(t)\frac{\partial S_1(z_1)}{\partial z_1^{\mathrm{T}}}\times\frac{\partial^{\mathrm{T}}S_1(z_1)}{\partial z_1}\tilde{\boldsymbol{W}}_{1a}(t)+(1+\frac{\gamma_{1a}}{2})\boldsymbol{W}_1^{*\mathrm{T}}(t)\frac{\partial S_1(z_1)}{\partial z_1^{\mathrm{T}}}\times\frac{\partial^{\mathrm{T}}S_1(z_1)}{\partial z_1}\\&\times\boldsymbol{W}_1^{*}(t)+\frac{\gamma_{1c}}{2(1+\|\boldsymbol{\sigma}_1(t)\|^2)}\rho_1^2(t)+\frac{1}{2}\|\dot{\boldsymbol{X}}_{\mathrm{d}}(t)\|^2\end{aligned}\tag{5-58}$$

根据 Cauchy-Schwarz 不等式，得到：

$$\begin{aligned}&\frac{\gamma_{1c}}{4(1+\|\boldsymbol{\sigma}_1(t)\|^2)}\tilde{\boldsymbol{W}}_{1a}^{\mathrm{T}}(t)\frac{\partial S_1(z_1)}{\partial z_1^{\mathrm{T}}}\boldsymbol{W}_1^{*\mathrm{T}}(t)\boldsymbol{\sigma}_1(t)\frac{\partial^{\mathrm{T}}S_1(z_1)}{\partial z_1}\hat{\boldsymbol{W}}_{1a}(t)\\&\leqslant\frac{1}{32}\tilde{\boldsymbol{W}}_{1a}^{\mathrm{T}}(t)\frac{\partial S_1(z_1)}{\partial z_1^{\mathrm{T}}}\boldsymbol{W}_1^{*\mathrm{T}}(t)\boldsymbol{\sigma}_1(t)\boldsymbol{\sigma}_1^{\mathrm{T}}(t)\boldsymbol{W}_1^{*}(t)\frac{\partial^{\mathrm{T}}S_1(z_1)}{\partial z_1}\tilde{\boldsymbol{W}}_{1a}(t)\\&\quad+\frac{\gamma_{1c}^2}{2}\hat{\boldsymbol{W}}_{1a}^{\mathrm{T}}(t)\frac{\partial S_1(z_1)}{\partial z_1^{\mathrm{T}}}\times\frac{\partial^{\mathrm{T}}S_1(z_1)}{\partial z_1}\hat{\boldsymbol{W}}_{1a}(t)\end{aligned}\tag{5-59}$$

$$\begin{aligned}&\frac{\gamma_{1c}}{4(1+\|\boldsymbol{\sigma}_1(t)\|^2)}\tilde{\boldsymbol{W}}_{1c}^{\mathrm{T}}(t)\boldsymbol{\sigma}_1(t)\boldsymbol{W}_1^{*\mathrm{T}}(t)\frac{\partial S_1(z_1)}{\partial z_1^{\mathrm{T}}}\times\frac{\partial^{\mathrm{T}}S_1(z_1)}{\partial z_1}\tilde{\boldsymbol{W}}_{1a}(t)\\&\leqslant\frac{1}{32(1+\|\boldsymbol{\sigma}_1(t)\|^2)}\times\tilde{\boldsymbol{W}}_{1c}^{\mathrm{T}}(t)\boldsymbol{\sigma}_1(t)\boldsymbol{W}_1^{*\mathrm{T}}(t)\frac{\partial S_1(z_1)}{\partial z_1^{\mathrm{T}}}\times\frac{\partial^{\mathrm{T}}S_1(z_1)}{\partial z_1}\boldsymbol{W}_1^{*}(t)\boldsymbol{\sigma}_1^{\mathrm{T}}(t)\tilde{\boldsymbol{W}}_{1c}^{\mathrm{T}}(t)\\&\quad+\frac{\gamma_{1c}}{2}\tilde{\boldsymbol{W}}_{1c}^{\mathrm{T}}(t)\frac{\partial S_1(z_1)}{\partial z_1^{\mathrm{T}}}\times\frac{\partial^{\mathrm{T}}S_1(z_1)}{\partial z_1}\tilde{\boldsymbol{W}}_{1a}(t)\end{aligned}\tag{5-60}$$

将式（5-59）和式（5-60）代入式（5-58）可得：

$$\begin{aligned}\dot{L}_1(t)\leqslant&-(\beta_1-2)\|z_1\|^2+\frac{1}{2}\|z_2\|^2-(\frac{\gamma_{1a}}{2}-\frac{\gamma_{1c}^2}{2}-\frac{1}{32}\boldsymbol{W}_1^{*\mathrm{T}}(t)\boldsymbol{\sigma}_1(t)\boldsymbol{\sigma}_1^{\mathrm{T}}(t)\boldsymbol{W}_1^{*}(t))\tilde{\boldsymbol{W}}_{1a}^{\mathrm{T}}(t)\\&\times\frac{\partial S_1(z_1)}{\partial z_1^{\mathrm{T}}}\times\frac{\partial^{\mathrm{T}}S_1(z_1)}{\partial z_1}\tilde{\boldsymbol{W}}_{1a}(t)-\frac{1}{1+\|\boldsymbol{\sigma}_1(t)\|^2}(\frac{\gamma_{1c}}{2}-\frac{1}{32}\boldsymbol{W}_1^{*\mathrm{T}}(t)\frac{\partial S_1(z_1)}{\partial z_1^{\mathrm{T}}}\times\frac{\partial^{\mathrm{T}}S_1(z_1)}{\partial z_1}\boldsymbol{W}_1^{*}(t))\tilde{\boldsymbol{W}}_{1c}^{\mathrm{T}}(t)\\&\times\boldsymbol{\sigma}_1(t)\boldsymbol{\sigma}_1^{\mathrm{T}}(t)\tilde{\boldsymbol{W}}_{1c}(t)-(\frac{\gamma_{1a}}{2}-\frac{\gamma_{1c}^2}{2})\hat{\boldsymbol{W}}_{1a}^{\mathrm{T}}(t)\frac{\partial S_1(z_1)}{\partial z_1^{\mathrm{T}}}\times\frac{\partial^{\mathrm{T}}S_1(z_1)}{\partial z_1}\hat{\boldsymbol{W}}_{1a}(t)+(1+\frac{\gamma_{1a}}{2})\boldsymbol{W}_1^{*\mathrm{T}}(t)\\&\times\frac{\partial S_1(z_1)}{\partial z_1^{\mathrm{T}}}\times\frac{\partial^{\mathrm{T}}S_1(z_1)}{\partial z_1}\boldsymbol{W}_1^{*}(t)+\frac{\gamma_{1c}}{2(1+\|\boldsymbol{\sigma}_1(t)\|^2)}\rho_1^2(t)+\frac{1}{2}\|\dot{\boldsymbol{X}}_{\mathrm{d}}(t)\|^2\end{aligned}\tag{5-61}$$

进一步，将式（5-61）写为如下形式：

$$\dot{L}_1(t)\leqslant -\xi_1^{\mathrm{T}}(t)\boldsymbol{A}_1(t)\xi_1(t)+C_1(t)+\frac{1}{2}\left\|z_2\right\|^2-(\frac{\gamma_{1a}}{2}-\frac{\gamma_{1c}^2}{2})\hat{\boldsymbol{W}}_{1a}^{\mathrm{T}}(t)\frac{\partial S_1(z_1)}{\partial \boldsymbol{z}_1^{\mathrm{T}}}\times\frac{\partial^{\mathrm{T}} S_1(z_1)}{\partial z_1}\hat{\boldsymbol{W}}_{1a}(t) \tag{5-62}$$

其中

$$\xi_1(t)=[\boldsymbol{z}_1^{\mathrm{T}}\quad \tilde{\boldsymbol{W}}_{1a}^{\mathrm{T}}(t)\quad \tilde{\boldsymbol{W}}_{1c}^{\mathrm{T}}(t)]^{\mathrm{T}}$$

$$\boldsymbol{A}_1(t)=\begin{bmatrix}\beta_1-2 & 0 & 0\\ 0 & \frac{\gamma_{1a}}{2}-\frac{\gamma_{1c}^2}{2}-\frac{1}{32}\boldsymbol{W}_1^{*\mathrm{T}}(t)\boldsymbol{\sigma}_1(t)\boldsymbol{\sigma}_1^{\mathrm{T}}(t)\boldsymbol{W}_1^*(t) & 0\\ 0 & 0 & \begin{matrix}\frac{1}{1+\left\|\boldsymbol{\sigma}_1(t)\right\|^2}(\frac{\gamma_{1c}}{2}-\frac{1}{32}\boldsymbol{W}_1^{*\mathrm{T}}(t)\frac{\partial S_1(z_1)}{\partial \boldsymbol{z}_1^{\mathrm{T}}}\\ \times\frac{\partial^{\mathrm{T}} S_1(z_1)}{\partial z_1}\boldsymbol{W}_1^*(t))\boldsymbol{\sigma}_1(t)\boldsymbol{\sigma}_1^{\mathrm{T}}(t)\end{matrix}\end{bmatrix}$$

$$C_1(t)=(1+\frac{\gamma_{1a}}{2})\boldsymbol{W}_1^{*\mathrm{T}}(t)\frac{\partial S_1(z_1)}{\partial \boldsymbol{z}_1^{\mathrm{T}}}\times\frac{\partial^{\mathrm{T}} S_1(z_1)}{\partial z_1}\boldsymbol{W}_1^*(t)+\frac{\gamma_{1c}}{2(1+\left\|\boldsymbol{\sigma}_1(t)\right\|^2)}\rho_1^2(t)+\frac{1}{2}\left\|\dot{\boldsymbol{X}}_{\mathrm{d}}(t)\right\|^2$$

并且通过选择合适的参数 β_1、γ_{1a}、γ_{1c} 使矩阵 $\boldsymbol{A}_1(t)$ 正定，进而式（5-62）可以写为如下形式：

$$\dot{L}_1(t)\leqslant\frac{1}{2}\|z_2\|^2-a_1\|\xi_1(t)\|^2+c_1 \tag{5-63}$$

其中，$a_1=\inf\limits_{t\geqslant 0}\{\lambda_{\min}(\boldsymbol{A}_1(t))\}$，$c_1=\sup\limits_{t\geqslant 0}\{C_1(t)\}$。

进一步，建立 Lyapunov 函数如下：

$$L(t)=L_1(t)+\frac{1}{2}\boldsymbol{z}_2^{\mathrm{T}}\boldsymbol{z}_2+\frac{1}{2}\tilde{\boldsymbol{W}}_{2a}^{\mathrm{T}}(t)\tilde{\boldsymbol{W}}_{2a}(t)+\frac{1}{2}\tilde{\boldsymbol{W}}_{2c}^{\mathrm{T}}(t)\tilde{\boldsymbol{W}}_{2c}(t) \tag{5-64}$$

其中，$\tilde{\boldsymbol{W}}_{2a}(t)=\hat{\boldsymbol{W}}_{2a}(t)-\boldsymbol{W}_2^*(t)$ 和 $\tilde{\boldsymbol{W}}_{2c}(t)=\hat{\boldsymbol{W}}_{2c}(t)-\boldsymbol{W}_2^*(t)$ 分别表示 Actor 网络和 Critic 网络的权值估计误差。

对 $L(t)$ 求导可得：

$$\begin{aligned}\dot{L}(t)=&\dot{L}_1(t)+\boldsymbol{z}_2^{\mathrm{T}}(\boldsymbol{f}-\dot{\hat{\alpha}}_1(z_1)+\boldsymbol{\tau})+\tilde{\boldsymbol{W}}_{2a}^{\mathrm{T}}(t)\times(\frac{1}{2}\frac{\partial S_2(z_2)}{\partial \boldsymbol{z}_2^{\mathrm{T}}}\boldsymbol{z}_2\\&-\gamma_{2a}\frac{\partial S_2(z_2)}{\partial \boldsymbol{z}_2^{\mathrm{T}}}\times\frac{\partial^{\mathrm{T}} S_2(z_2)}{\partial z_2}\hat{\boldsymbol{W}}_{2a}(t)+\frac{\gamma_{2c}}{4(1+\left\|\boldsymbol{\sigma}_2(t)\right\|^2)}\frac{\partial S_2(z_2)}{\partial \boldsymbol{z}_2^{\mathrm{T}}}\times\frac{\partial^{\mathrm{T}} S_2(z_2)}{\partial z_2}\hat{\boldsymbol{W}}_{2c}(t)\boldsymbol{\sigma}_2^{\mathrm{T}}(t)\hat{\boldsymbol{W}}_{2c}(t))\\&-\frac{\gamma_{2c}}{1+\left\|\boldsymbol{\sigma}_2(t)\right\|^2}\tilde{\boldsymbol{W}}_{2c}^{\mathrm{T}}(t)\boldsymbol{\sigma}_2(t)\times(\boldsymbol{\sigma}_2^{\mathrm{T}}(t)\hat{\boldsymbol{W}}_{2c}(t)-(\beta_2^2-1)\boldsymbol{z}_2^2\\&+2\beta_2\boldsymbol{z}_2^{\mathrm{T}}(\boldsymbol{f}-\dot{\hat{\alpha}}_1(z_1))+\frac{1}{4}\hat{\boldsymbol{W}}_{2a}^{\mathrm{T}}(t)\frac{\partial S_2(z_2)}{\partial \boldsymbol{z}_2^{\mathrm{T}}}\times\frac{\partial^{\mathrm{T}} S_2(z_2)}{\partial z_2}\hat{\boldsymbol{W}}_{2a}(t)\end{aligned} \tag{5-65}$$

结合式（5-35），可得：

$$\begin{aligned}\dot{L}(t)\leqslant&\dot{L}_1(t)-(\beta_2-3)\|z_2\|^2-\frac{\gamma_{2a}}{2}\tilde{W}_{2a}^{T}(t)\frac{\partial S_2(z_2)}{\partial z_2^{T}}\times\frac{\partial^{T}S_2(z_2)}{\partial z_2}\tilde{W}_{2a}(t)\\&-\frac{\gamma_{2a}}{2}\hat{W}_{2a}^{T}(t)\frac{\partial S_2(z_2)}{\partial z_2^{T}}\times\frac{\partial^{T}S_2(z_2)}{\partial z_2}\hat{W}_{2a}(t)\\&-\frac{\gamma_{2c}}{4(1+\|\sigma_2(t)\|^2)}\tilde{W}_{2c}^{T}(t)\frac{\partial S_2(z_2)}{\partial z_2^{T}}\times\frac{\partial^{T}S_2(z_2)}{\partial z_2}\hat{W}_{2c}(t)\sigma_2^{T}(t)\hat{W}_{2c}(t)-\frac{\gamma_{2c}}{1+\|\sigma_2(t)\|^2}\tilde{W}_{2c}^{T}(t)\sigma_2(t)\\&\times(\sigma_2^{T}(t)\hat{W}_{2c}(t)-(\beta_2^2-1)z_2^2+2\beta_2z_2^{T}(f-\dot{\hat{\alpha}}_1(z_1))+\frac{1}{4}\hat{W}_{2a}^{T}(t)\frac{\partial S_2(z_2)}{\partial z_2^{T}}\times\frac{\partial^{T}S_2(z_2)}{\partial z_2}\hat{W}_{2a}(t))\\&+(1+\frac{\gamma_{2a}}{2})W_2^{*T}(t)\frac{\partial S_2(z_2)}{\partial z_2^{T}}\times\frac{\partial^{T}S_2(z_2)}{\partial z_2}W_2^{*}(t)+\frac{1}{2}f^2+\frac{1}{2}\|\dot{\alpha}_1(z_1)\|^2\end{aligned}\tag{5-66}$$

由式（5-33）可得：

$$\begin{aligned}&-(\beta_2^2-1)\|z_2\|^2+2\beta_2z_2^{T}\times(f-\dot{\alpha}_1(z_1))\\&=-\sigma_2^{T}(t)W_2^{*}(t)-\hat{W}_{2a}^{T}(t)\frac{\partial S_2(z_2)}{\partial z_2^{T}}\times\frac{\partial^{T}S_2(z_2)}{\partial z_2}W_2^{*}(t)+\frac{1}{4}\left\|\frac{\partial^{T}S_2(z_2)}{\partial z_2}W_2^{*}(t)\right\|^2-\rho_2(t)\end{aligned}\tag{5-67}$$

将式（5-67）代入式（5-66）得到：

$$\begin{aligned}\dot{L}(t)\leqslant&\dot{L}_1(t)-(\beta_2-3)\|z_2\|^2-(\frac{\gamma_{2a}}{2}-\frac{\gamma_{2c}^2}{2}-\frac{1}{32}W_2^{*T}(t)\sigma_2(t)\sigma_2^{T}(t)W_2^{*}(t))\tilde{W}_{2a}^{T}(t)\\&\frac{\partial S_2(z_2)}{\partial z_2^{T}}\times\frac{\partial^{T}S_2(z_2)}{\partial z_2}\tilde{W}_{2a}(t)+\frac{\gamma_{2c}}{1+\|\sigma_2(t)\|^2}(\frac{\gamma_{2c}}{2}-\frac{1}{32}\times\frac{\partial S_2(z_2)}{\partial z_2^{T}}\times\frac{\partial^{T}S_2(z_2)}{\partial z_2})\\&\tilde{W}_{2c}^{T}(t)\sigma_2(t)\sigma_2^{T}(t)\tilde{W}_{2c}(t)-(\frac{\gamma_{2a}}{2}-\frac{\gamma_{2c}^2}{2})\hat{W}_{2a}^{T}(t)\frac{\partial S_2(z_2)}{\partial z_2^{T}}\times\frac{\partial^{T}S_2(z_2)}{\partial z_2}\hat{W}_{2a}(t)\\&+(1+\frac{\gamma_{2a}}{2})W_2^{*T}(t)\frac{\partial S_2(z_2)}{\partial z_2^{T}}\times\frac{\partial^{T}S_2(z_2)}{\partial z_2}W_2^{*}(t)+\frac{1}{2}f^2+\frac{1}{2}\|\dot{\alpha}_1(z_1)\|^2+\frac{\gamma_{2c}}{2}\rho_2^2(t)\end{aligned}\tag{5-68}$$

进一步整理得：

$$\begin{aligned}\dot{L}(t)\leqslant&-a_1\|\xi_1(t)\|^2+c_1-\xi_2^{T}(t)A_2(t)\xi_2(t)+C_2(t)\\&-(\frac{\gamma_{2a}}{2}-\frac{\gamma_{2c}^2}{2})\hat{W}_{2a}^{T}(t)\frac{\partial S_2(z_2)}{\partial z_2^{T}}\times\frac{\partial^{T}S_2(z_2)}{\partial z_2}\hat{W}_{2a}(t)\end{aligned}\tag{5-69}$$

其中

$$\xi_2(t)=[z_2^{T}\quad\tilde{W}_{2a}^{T}(t)\quad\tilde{W}_{2c}^{T}(t)]^{T}$$

$$
\boldsymbol{A}_2(t)=\begin{bmatrix}
\beta_2-3\dfrac{1}{2} & 0 & 0\\
0 & \dfrac{\gamma_{2a}}{2}-\dfrac{\gamma_{2c}^2}{2}-\dfrac{1}{32}\boldsymbol{W}_2^{*\mathrm{T}}(t)\boldsymbol{\sigma}_2(t)\boldsymbol{\sigma}_2^{\mathrm{T}}(t)\boldsymbol{W}_2^{*}(t) & 0\\
0 & 0 & \dfrac{\gamma_{2c}}{1+\|\boldsymbol{\sigma}_1(t)\|^2}\left(\dfrac{\gamma_{2c}}{2}-\dfrac{1}{32}\boldsymbol{W}_2^{*\mathrm{T}}(t)\dfrac{\partial S_2(z_2)}{\partial z_2^{\mathrm{T}}}\times\dfrac{\partial^{\mathrm{T}}S_2(z_2)}{\partial z_2}\boldsymbol{W}_2^{*}(t)\right)\boldsymbol{\sigma}_2(t)\boldsymbol{\sigma}_2^{\mathrm{T}}(t)
\end{bmatrix}
$$

$$
C_2(t)=(1+\frac{\gamma_{2a}}{2})\boldsymbol{W}_2^{*\mathrm{T}}(t)\frac{\partial S_2(z_2)}{\partial z_2^{\mathrm{T}}}\times\frac{\partial^{\mathrm{T}}S_2(z_2)}{\partial z_2}\boldsymbol{W}_2^{*}(t)+\frac{\gamma_{2c}}{2}\boldsymbol{f}^2+\frac{1}{2}\left\|\dot{\alpha}_1(z_1)\right\|^2+\frac{\gamma_{2c}}{2}\rho_2^2(t)
$$

并且通过选择合适的参数 β_2、γ_{2a}、γ_{2c} 使矩阵 $\boldsymbol{A}_2(t)$ 正定，进而式（5-69）可以写为如下形式：

$$
\dot{L}(t)\leqslant -a_1\|\xi_1\|^2-a_2\|\xi_2\|^2+c_1+c_2 \tag{5-70}
$$

其中 $a_2=\inf\limits_{t\geqslant 0}\{\lambda_{\min}(\boldsymbol{A}_2(t))\}$ 和 $c_2=\sup\limits_{t\geqslant 0}\{C_2(t)\}$。

这样由式（5-70）可知，在强化学习控制器（5-36）和网络权值自适应律作用下，人机系统位置跟踪误差、速度跟踪误差、Critic 网络权值估计误差和 Actor 网络权值估计误差均达到 SGUUB。

5.1.3　仿真分析

为了验证本节提出的强化学习最优控制方法的有效性，对医生指定的训练轨迹进行了仿真实验，轨迹描述如下：

$$
\begin{cases}
x(t)=1+\cos(0.1t)\\
y(t)=2+\sin(0.1t)\\
\theta(t)=\pi/4
\end{cases} \tag{5-71}
$$

仿真康复机器人相关物理参数如表 5-1 所示，初始运动位置和速度分别为 $[1.9\ 2\ 0.2]^{\mathrm{T}}$ 和 $[0.1\ 0.2\ 0.1]^{\mathrm{T}}$，神经网络初始权值与学习率如表 5-2 所示，且 $\hat{\boldsymbol{W}}_{1a}(0)=\hat{\boldsymbol{W}}_{2a}(0)=[1.2\cdots1.2]^{\mathrm{T}}$，$\hat{\boldsymbol{W}}_{1c}(0)=\hat{\boldsymbol{W}}_{2c}(0)=[1.2\cdots1.2]^{\mathrm{T}}$。

表 5-1　ODW 的物理参数

m	M	L	I	r_0
60kg	58kg	0.4m	$27.7\mathrm{kg\cdot m^2}$	0.16m

表 5-2　初始权值与学习率

γ_{1a}	γ_{1c}	β_1	γ_{2a}	γ_{2c}	β_2
0.3	0.55	10	0.4	0.01	14

仿真结果如图 5-1 ～图 5-4 所示。

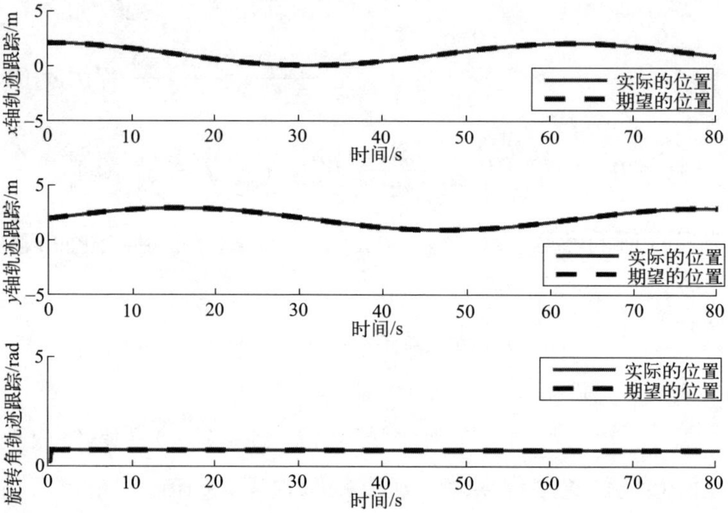

图 5-1　ODW 轨迹跟踪

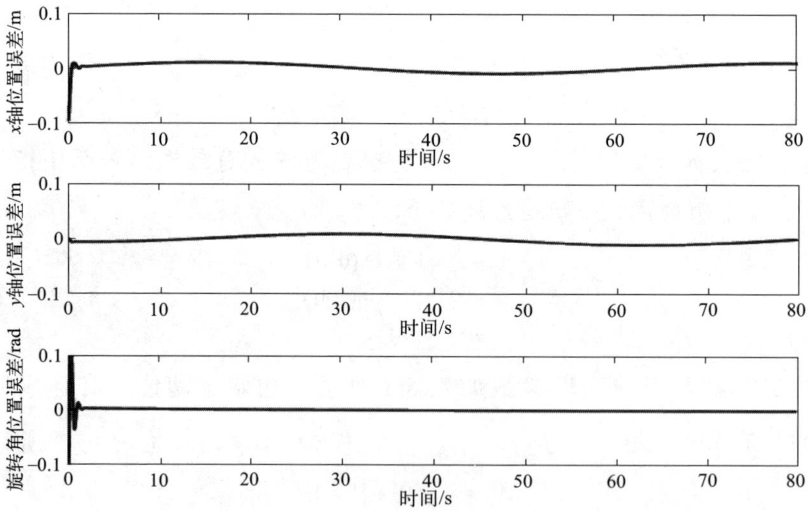

图 5-2　轨迹跟踪误差

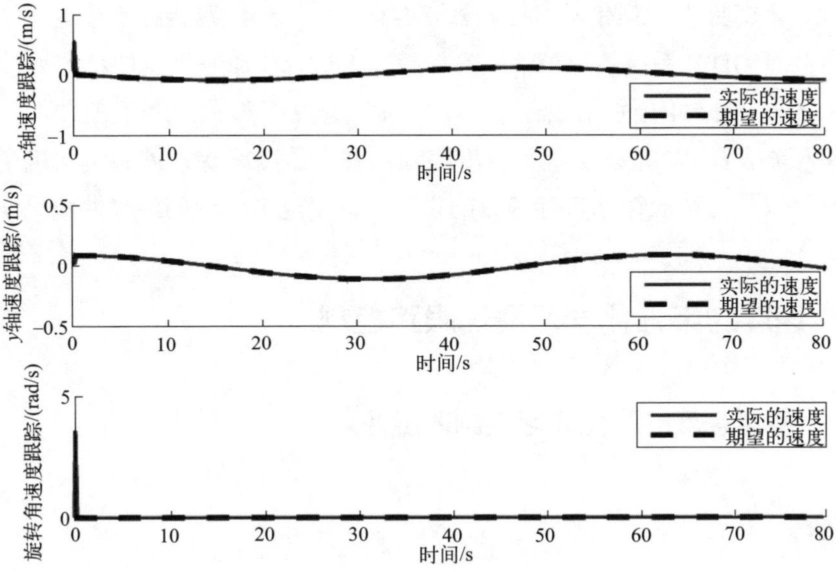

图 5-3　ODW 速度跟踪

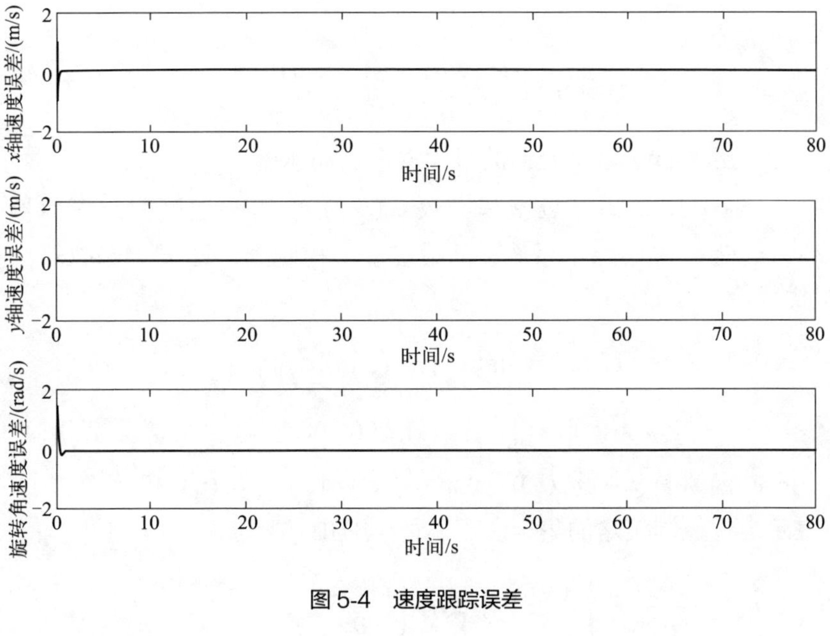

图 5-4　速度跟踪误差

图 5-1、图 5-2 分别给出了 ODW 各轴的轨迹跟踪曲线和误差曲线，由图可以看出，ODW 系统稳定跟踪了医生指定的训练轨迹，跟踪误差系统实现了

稳定性，本节提出的强化学习控制器（5-36）使轨迹跟踪目标函数达到了最优值，提高了 ODW 系统的跟踪性能，保障了人机合作康复训练的稳定性。

图 5-3、图 5-4 分别给出了 ODW 各轴的速度跟踪曲线和误差曲线，由仿真结果可知，ODW 系统实现了速度跟踪，并且速度跟踪误差系统实现了稳定性，网络权值自适应律和目标函数的设计保障了速度跟踪的最优性能。

5.2 速度约束强化学习最优跟踪控制

5.2.1 安全速度的强化学习控制器设计

考虑具有速度约束的康复机器人动力学模型如下：

$$\begin{cases} \dot{\boldsymbol{x}}_1(t)=\boldsymbol{x}_2^0(t) \\ \dot{\boldsymbol{x}}_2^0(t)=-\boldsymbol{M}_1^{-1}\boldsymbol{M}_2\dot{\boldsymbol{X}}(t)+\boldsymbol{M}_1^{-1}\bar{\boldsymbol{B}}(\theta)\bar{\boldsymbol{u}}(t) \end{cases} \tag{5-72}$$

其中，$\boldsymbol{x}_2^0(t)=\mathrm{sat}(\boldsymbol{x}_2(t))$ 表示利用饱和函数约束的运动速度，并且 $\mathrm{sat}(\boldsymbol{x}_2(t))$ 表达形式如下：

$$\mathrm{sat}(\boldsymbol{x}_2)=\begin{cases} \mathrm{sgn}(\boldsymbol{x}_2(t))\boldsymbol{v}_{\max}, & |\boldsymbol{x}_2(t)|\geqslant \boldsymbol{v}_{\max} \\ \boldsymbol{x}_2(t), & |\boldsymbol{x}_2(t)|<\boldsymbol{v}_{\max} \end{cases} \tag{5-73}$$

其中，$\boldsymbol{v}_{\max}$ 表示 ODW 系统允许的最大安全运动速度。

将式（5-6）中 $\boldsymbol{x}_2(t)$ 通过饱和函数 $\mathrm{sat}(\boldsymbol{x}_2(t))$，得到速度受约束信号 $\boldsymbol{x}_2^0(t)$，并定义 $\alpha_v^*(z_1)$ 为位置跟踪子系统 z_1 的最优虚拟控制器，即 $\boldsymbol{x}_2^0(t)=\alpha_v^*(z_1)$。因此，设计最优代价函数如下：

$$\begin{aligned} V_v^*(z_1) &= \min_{\alpha_v\in\Psi_v(\Omega)}\int_t^\infty r_v(z_1(s),\alpha_v(z_1))\mathrm{d}s \\ &= \int_t^\infty r_v(z_1(s),\alpha_v^*(z_1))\mathrm{d}s \end{aligned} \tag{5-74}$$

其中，正定函数 $r_v(z_1(s),\alpha_v(z_1))=z_1^{\mathrm{T}}z_1+\alpha_v^{\mathrm{T}}(z_1)\alpha_v(z_1)$，$\alpha_v(z_1)$ 表示虚拟控制器，$\Psi_v(\Omega)$ 表示容许控制策略的集合。于是得到 HJB 方程如下：

$$\begin{aligned} H_v\left(z_1,\alpha_v^*(z_1),\frac{\partial V_v^*(z_1)}{\partial z_1}\right) &= r_v(z_1,\alpha_v^*(z_1))+\left(\frac{\partial V_v^*(z_1)}{\partial z_1}\right)^{\mathrm{T}}\dot{z}_1 \\ &= z_1^{\mathrm{T}}z_1+\alpha_v^{*\mathrm{T}}(z_1)\alpha_v^*(z_1)+\left(\frac{\partial V_v^*(z_1)}{\partial z_1}\right)^{\mathrm{T}}(\alpha_v^*(z_1)-\dot{\boldsymbol{X}}_{\mathrm{d}}(t))=\boldsymbol{0} \end{aligned} \tag{5-75}$$

假设式（5-75）的解存在且唯一，则通过求解 $\partial H_v(z_1,\alpha_v^*(z_1),\partial V_v^*(z_1)/\partial z_1)/\partial\alpha_v^*(z_1)=\mathbf{0}$ 得到最优虚拟控制 $\alpha_v^*(z_1)$ 如下：

$$\alpha_v^*(z_1)=-\frac{1}{2}\times\frac{\partial V_v^*(z_1)}{\partial z_1} \tag{5-76}$$

令最优代价函数表达形式如下：

$$V_v^*(z_1)=\beta_v\|z_1\|^2+V_v^0(z_1) \tag{5-77}$$

其中，β_v 表示给定的正常数。

由于代价函数 $V_v^0(z_1)$ 对于 z_1 是连续的，于是利用神经网络的逼近性质可以得到：

$$V_v^0(z_1)=\boldsymbol{G}_v^{*\mathrm{T}}(t)S_v(z_1)+\varepsilon_v(z_1) \tag{5-78}$$

其中，$\boldsymbol{G}_v^*(t)$ 表示神经网络权值的最优值；$S_v(z_1)$ 表示基函数向量；$\varepsilon_v(z_1)$ 表示神经网络的逼近误差，且有 $|\varepsilon_v(z_1)|\leqslant\delta_v$。

进一步，构造 Critic 网络和 Actor 网络分别用于评估控制性能和执行虚拟控制，于是得到：

$$\hat{V}_v^*(z_1)=\beta_v\|z_1\|^2+S_v(z_1) \tag{5-79}$$

$$\hat{\alpha}_v(z_1)=-\beta_v z_1-\frac{1}{2}\times\frac{\partial^{\mathrm{T}}S_v(z_1)}{\partial z_1}\hat{\boldsymbol{G}}_{va}(t) \tag{5-80}$$

接下来，通过构建 HJB 方程使贝尔曼残差最小，进而获得 Actor 网络和 Critic 网络的权值自适应律。

将式（5-79）和式（5-80）代入式（5-75），得到 HJB 方程如下：

$$\begin{aligned}H_v(z_1,\hat{\alpha}_v(z_1),\hat{\boldsymbol{G}}_v^*(t))=&\boldsymbol{z}_1^{\mathrm{T}}\boldsymbol{z}_1+\left\|\beta_v z_1+\frac{1}{2}\times\frac{\partial^{\mathrm{T}}S_v(z_1)}{\partial z_1}\hat{\boldsymbol{G}}_{va}(t)\right\|^2-\left(2\beta_v z_1+\frac{\partial^{\mathrm{T}}S_v(z_1)}{\partial z_1}\hat{\boldsymbol{G}}_{vc}(t)\right)^{\mathrm{T}}\\&\times\left(\beta_v z_1+\frac{1}{2}\times\frac{\partial^{\mathrm{T}}S_v(z_1)}{\partial z_1}\hat{\boldsymbol{G}}_{va}(t)+\dot{\boldsymbol{X}}_{\mathrm{d}}(t)\right)\end{aligned} \tag{5-81}$$

将贝尔曼残差 $\boldsymbol{e}_v(t)$ 定义为：

$$\begin{aligned}\boldsymbol{e}_v(t)&=H_v(z_1,\hat{\alpha}_v(z_1),\hat{\boldsymbol{G}}_v^*(t))-H_v(z_1,\alpha_v^*(z_1),\boldsymbol{G}_v^*(t))\\&=H_v(z_1,\hat{\alpha}_v(z_1),\hat{\boldsymbol{G}}_v^*(t))\end{aligned} \tag{5-82}$$

根据以上分析，最优解 $\alpha_v^*(z_1)$ 需要满足 $\boldsymbol{e}_v(t)=H_v(z_1,\alpha_v^*(z_1),\hat{\boldsymbol{G}}_v^*(t))=\mathbf{0}$。若 $H_v(z_1,\alpha_v^*(z_1),\hat{\boldsymbol{G}}_v^*(t))=\mathbf{0}$ 成立且有唯一解，则等价于如下表达式：

$$\frac{\partial H_{\nu}(z_1,\alpha_{\nu}^*(z_1),\hat{\boldsymbol{G}}_{\nu}^*(t))}{\partial\hat{\boldsymbol{G}}_{\nu a}(t)}=\frac{1}{2}\times\frac{\partial S_1(z_1)}{\partial \boldsymbol{z}_1^{\mathrm{T}}}\times\frac{\partial^{\mathrm{T}}S_1(z_1)}{\partial z_1}\left(\hat{\boldsymbol{G}}_{\nu a}(t)-\hat{\boldsymbol{G}}_{\nu c}(t)\right)=\boldsymbol{0} \tag{5-83}$$

为了简化强化学习跟踪控制算法，消除第 5.1 节中对持续激励条件的依赖性，构造函数 $P(t)$ 如下：

$$P(t)=(\hat{\boldsymbol{G}}_{\nu a}(t)-\hat{\boldsymbol{G}}_{\nu c}(t))^{\mathrm{T}}(\hat{\boldsymbol{G}}_{\nu a}(t)-\hat{\boldsymbol{G}}_{\nu c}(t)) \tag{5-84}$$

显然，$P(t)=0$ 等价于式（5-83）。

因此，设计 Critic 网络和 Actor 网络的权值自适应律如下：

$$\dot{\hat{\boldsymbol{G}}}_{\nu c}(t)=-r_{\nu c}\frac{\partial S_{\nu}(z_1)}{\partial \boldsymbol{z}_1^{\mathrm{T}}}\times\frac{\partial^{\mathrm{T}}S_{\nu}(z_1)}{\partial z_1}\hat{\boldsymbol{G}}_{\nu c}(t) \tag{5-85}$$

$$\dot{\hat{\boldsymbol{G}}}_{\nu a}(t)=-\frac{\partial S_{\nu}(z_1)}{\partial \boldsymbol{z}_1^{\mathrm{T}}}\times\frac{\partial^{\mathrm{T}}S_{\nu}(z_1)}{\partial z_1}(r_{\nu a}(\hat{\boldsymbol{G}}_{\nu a}(t)-\hat{\boldsymbol{G}}_{\nu c}(t))+r_{\nu c}\hat{\boldsymbol{G}}_{\nu c}(t)) \tag{5-86}$$

其中，$r_{\nu c}>0$，$r_{\nu a}>0$ 表示待设计的参数，并且满足 $r_{\nu a}>r_{\nu c}>r_{\nu a}/2$，$r_{\nu a}>1/2$，$\beta_{\nu}>2$。

由于 $\partial P(t)/\partial\hat{\boldsymbol{G}}_{\nu a}(t)=-\partial P(t)/\hat{\boldsymbol{G}}_{\nu c}(t)=2\left(\hat{\boldsymbol{G}}_{\nu a}(t)-\hat{\boldsymbol{G}}_{\nu c}(t)\right)$，计算 $P(t)$ 沿式（5-85）和式（5-86）的导数得到：

$$\begin{aligned}\frac{\partial P(t)}{\partial t}&=\frac{\partial P(t)}{\partial\hat{\boldsymbol{G}}_{\nu c}^{\mathrm{T}}(t)}\dot{\hat{\boldsymbol{G}}}_{\nu c}(t)+\frac{\partial P(t)}{\partial\hat{\boldsymbol{G}}_{\nu a}^{\mathrm{T}}(t)}\dot{\hat{\boldsymbol{G}}}_{\nu a}(t)\\&=-r_{\nu c}\frac{\partial P(t)}{\partial\hat{\boldsymbol{G}}_{\nu c}^{\mathrm{T}}(t)}\times\frac{\partial S_{\nu}(z_1)}{\partial \boldsymbol{z}_1^{\mathrm{T}}}\times\frac{\partial^{\mathrm{T}}S_{\nu}(z_1)}{\partial z_1}\hat{\boldsymbol{G}}_{\nu c}(t)-\frac{\partial P(t)}{\partial\hat{\boldsymbol{G}}_{\nu a}^{\mathrm{T}}(t)}\times\frac{\partial P(t)}{\partial\hat{\boldsymbol{G}}_{\nu c}^{\mathrm{T}}(t)}\times\frac{\partial S_{\nu}(z_1)}{\partial \boldsymbol{z}_1^{\mathrm{T}}}\\&\quad\times\left(r_{\nu a}\left(\hat{\boldsymbol{G}}_{\nu a}(t)-\hat{\boldsymbol{G}}_{\nu c}(t)\right)+r_{\nu c}\hat{\boldsymbol{G}}_{\nu c}(t)\right)\\&=-\frac{r_{\nu a}}{2}\times\frac{\partial P(t)}{\partial\hat{\boldsymbol{G}}_{\nu a}^{\mathrm{T}}(t)}\times\frac{\partial S_{\nu}(z_1)}{\partial \boldsymbol{z}_1^{\mathrm{T}}}\times\frac{\partial^{\mathrm{T}}S_{\nu}(z_1)}{\partial z_1}\times\frac{\partial P(t)}{\partial\hat{\boldsymbol{G}}_{\nu a}(t)}\leqslant 0\end{aligned} \tag{5-87}$$

显然，式（5-87）意味着通过式（5-85）和式（5-86）可以实现 $P(t)=0$，从而式（5-83）成立，由此可知残差 $\boldsymbol{e}_{\nu}(t)$ 趋近于零。

进一步，由于 $\boldsymbol{x}_2(t)$ 受到饱和函数的约束，速度跟踪误差变化为 $\boldsymbol{z}_2^0=\boldsymbol{x}_2^0(t)-\hat{\alpha}_{\nu}(z_1)$，求导可得：

$$\dot{\boldsymbol{z}}_2^0=\boldsymbol{f}-\dot{\hat{\alpha}}_{\nu}(z_1)+\boldsymbol{\tau} \tag{5-88}$$

其中，$\dot{\hat{\alpha}}_{\nu}(z_1)=-\beta_{\nu}(\boldsymbol{x}_2^0(t)-\dot{\boldsymbol{X}}_{\mathrm{d}})-\frac{1}{2}(\dot{\hat{\boldsymbol{G}}}_{\nu a}^{\mathrm{T}}(t)\frac{\partial S_{\nu}(z_1)}{\partial \boldsymbol{z}_1^{\mathrm{T}}}+\hat{\boldsymbol{G}}_{\nu a}^{\mathrm{T}}(t)(\mathrm{d}\frac{\partial S_{\nu}(z_1)}{\partial \boldsymbol{z}_1^{\mathrm{T}}}/\mathrm{d}t))$。

建立最优代价函数如下：

$$
\begin{aligned}
V_p^*(z_2^0) &= \min_{\tau\in\Psi_v(\Omega)}\left(\int_t^\infty r_p(z_2^0(s),\tau(z_2^0))\mathrm{d}s\right) \\
&= \int_t^\infty r_2(z_2^0(s),\tau^*(z_2^0))\mathrm{d}s
\end{aligned}
\tag{5-89}
$$

其中，$r_2(z_2^0(s),\tau(z_2))=(z_2^0)^2+\tau^2$，$\tau^*$ 表示最优控制，并且构造 HJB 方程如下：

$$
H_p\left(z_2^0,\tau^*,\frac{\partial V_p^*(z_2^0)}{\partial z_2}\right)=z_2^{0\mathrm{T}}z_2^0+\tau^{*\mathrm{T}}\tau^*+\frac{\partial V_p^*(z_2^0)}{\partial^{\mathrm{T}}z_2^0}(\boldsymbol{f}-\dot{\alpha}_v(z_1)+\tau^*)=\boldsymbol{0}
\tag{5-90}
$$

通过求解 $\partial H_p\left(z_2^0,\tau^*,\dfrac{\partial V_p^*(z_2^0)}{\partial z_2}\right)/\partial\tau^*=\boldsymbol{0}$，得到最优控制 τ^* 为：

$$
\tau^*=-\frac{1}{2}\times\frac{\partial V_p^*(z_2^0)}{\partial z_2^0}
\tag{5-91}
$$

令最优代价函数表示为如下形式：

$$
V_p^*(z_2^0)=\beta_p\left\|z_2^0\right\|^2+V_p^0(z_2^0)
\tag{5-92}
$$

其中，β_p 表示给定的正常数。

将式（5-92）代入式（5-91），得到最优虚拟控制：

$$
\tau^*=-\frac{1}{2}\times\frac{\partial V_p^*(z_2^0)}{\partial z_2^0}=-\beta_p z_2^0-\frac{1}{2}\times\frac{\partial V_p^0(z_2^0)}{\partial z_2^0}
\tag{5-93}
$$

由于代价函数 $V_p^0(z_2^0)$ 对于 z_2^0 是连续的，利用神经网络的逼近性质可得：

$$
V_p^0(z_2^0)=\boldsymbol{G}_p^{*\mathrm{T}}(t)S_p(z_2^0)+\varepsilon_p(z_2^0)
\tag{5-94}
$$

其中，$\boldsymbol{G}_p^*(t)$ 表示神经网络权值的最优值；$S_p(z_2^0)$ 表示基函数向量；$\varepsilon_p(z_2^0)$ 表示神经网络的逼近误差，且有 $\left|\varepsilon_p(z_2^0)\right|\leqslant\delta_p$。

由于 $\boldsymbol{G}_p^*(t)$ 是未知的权值，为了获得有效的最优控制，构造 Critic 网络和 Actor 网络进行在线学习，分别用于评估控制性能和执行虚拟控制。

$$
\hat{V}_p^*(z_2^0)=\beta_p\left\|z_2^0(t)\right\|^2+\hat{\boldsymbol{G}}_{pc}^{\mathrm{T}}(t)S_p(z_2^0)
\tag{5-95}
$$

$$
\tau=-\beta_p z_2^0-\frac{1}{2}\times\frac{\partial^{\mathrm{T}}S_p(z_2^0)}{\partial z_2^0}\hat{\boldsymbol{G}}_{pa}(t)
\tag{5-96}
$$

因此，由式（5-96）得到 ODW 系统具有运动速度约束的最优跟踪控制器如下：

$$
\bar{\boldsymbol{u}}(t)=\boldsymbol{M}_1\bar{\boldsymbol{B}}^{-1}(\theta)\left(-\beta_p z_2^0-\frac{1}{2}\times\frac{\partial^{\mathrm{T}}S_p(z_2^0)}{\partial z_2^0}\hat{\boldsymbol{G}}_{pa}(t)\right)
\tag{5-97}
$$

进一步，推导步骤类似于式（5-81）～式（5-87），设计速度跟踪子系统 z_2^0 的 Critic 网络和 Actor 网络权值自适应律如下：

$$
\dot{\hat{\boldsymbol{G}}}_{pc}(t)=r_{pc}\frac{\partial S_p(z_2^0)}{\partial^{\mathrm{T}}z_2^0}\times\frac{\partial^{\mathrm{T}}S_p(z_2^0)}{\partial z_2^0}\hat{\boldsymbol{G}}_{pc}(t)
\tag{5-98}
$$

$$\dot{\hat{G}}_{pa}(t) = -\frac{\partial S_p(z_2^0)}{\partial^{\mathrm{T}} z_2^0} \times \frac{\partial^{\mathrm{T}} S_p(z_2^0)}{\partial z_2^0}\left(r_{pa}\left(\hat{G}_{pa}(t) - \hat{G}_{pc}(t)\right) + r_{pc}\hat{G}_{pc}(t)\right) \tag{5-99}$$

其中，$r_{pc} > 0$，$r_{pa} > 0$ 表示待设计的参数，且满足 $r_{pa} > r_{pc} > r_{pa}/2$，$r_{pa} > 1/2$，$\beta_p > 3$。

5.2.2 稳定性分析

定理 5.2 考虑运动速度约束的康复机器人系统（5-72），设计的 Critic 网络权值自适应律如式（5-85）和式（5-98），并且 Actor 网络权值自适应律如式（5-86）和式（5-99），则在运动速度约束的强化学习最优跟踪控制器（5-97）作用下，可使跟踪误差系统实现SGUUB，同时将运动速度约束在指定范围内，保证了人机系统运动速度的安全性。

证明： 定义误差变量 $z_2^0 = x_2^0(t) - \hat{\alpha}_v(z_1)$，得到

$$\dot{z}_1 = z_2^0 + \hat{\alpha}_v(z_1) - \dot{X}_d(t) \tag{5-100}$$

针对位置误差 z_1 设计李雅普诺夫函数 $L_v(t)$ 如下：

$$L_v(t) = \frac{1}{2}\|z_1\|^2 + \frac{1}{2}\tilde{G}_{va}^{\mathrm{T}}(t)\tilde{G}_{va}(t) + \frac{1}{2}\tilde{G}_{vc}^{\mathrm{T}}(t)\tilde{G}_{vc}(t) \tag{5-101}$$

其中，$\tilde{G}_{va}(t) = \hat{G}_{va}(t) - G_v^*(t)$，$\tilde{G}_{vc}(t) = \hat{G}_{vc}(t) - G_v^*(t)$ 分别表示 Actor 网络和 Critic 网络的权值误差。沿式（5-100）、式（5-85）和式（5-86）对 $L_v(t)$ 求导，可得：

$$\begin{aligned}\dot{L}_v(t) = &-\beta_v\|z_1\|^2 + z_1^{\mathrm{T}} z_2^0 - z_1^{\mathrm{T}}\dot{X}_d(t) - \frac{1}{2}z_1^{\mathrm{T}}\frac{\partial^{\mathrm{T}} S_v(z_1)}{\partial z_1}\hat{G}_{va}(t) + \gamma_{vc}\tilde{G}_{vc}^{\mathrm{T}}(t)\\ &\times\frac{\partial S_v(z_1)}{\partial z_1^{\mathrm{T}}} \times \frac{\partial^{\mathrm{T}} S_v(z_1)}{\partial z_1}\hat{G}_{vc}(t) - \tilde{G}_{va}^{\mathrm{T}}(t)\frac{\partial S_v(z_1)}{\partial z_1^{\mathrm{T}}} \times \frac{\partial^{\mathrm{T}} S_v(z_1)}{\partial z_1}\left(r_{va}\left(\hat{G}_{va}(t) - \hat{G}_{vc}(t)\right) + r_{vc}\hat{G}_{vc}(t)\right)\end{aligned} \tag{5-102}$$

根据 Cauchy-Schwarz 不等式得：

$$z_1^{\mathrm{T}} z_2^0 \leqslant \frac{1}{2}\|z_1\|^2 + \frac{1}{2}\|z_2^0\|^2$$

$$-z_1^{\mathrm{T}}\dot{X}_d(t) \leqslant \frac{1}{2}\|z_1\|^2 + \frac{1}{2}\|\dot{X}_d(t)\|^2$$

$$-\frac{1}{2}z_1^{\mathrm{T}}\frac{\partial^{\mathrm{T}} S_v(z_1)}{\partial z_1}\hat{G}_{va}^{\mathrm{T}}(t) \leqslant \|z_1\|^2 + \frac{1}{4}\hat{G}_{va}^{\mathrm{T}}(t)\frac{\partial S_v(z_1)}{\partial z_1^{\mathrm{T}}} \times \frac{\partial^{\mathrm{T}} S_v(z_1)}{\partial z_1}\hat{G}_{va}(t)$$

进而得到：

$$
\begin{aligned}
\dot{L}_v(t) \leqslant & -(\beta_v-2)\|z_1\|^2 - r_{vc}\tilde{\boldsymbol{G}}_{vc}^{\mathrm{T}}(t)\frac{\partial S_v(z_1)}{\partial z_1^{\mathrm{T}}}\times\frac{\partial^{\mathrm{T}} S_v(z_1)}{\partial z_1}\hat{\boldsymbol{G}}_{vc}(t) \\
& -r_{va}\tilde{\boldsymbol{G}}_{va}^{\mathrm{T}}(t)\frac{\partial S_v(z_1)}{\partial z_1^{\mathrm{T}}}\times\frac{\partial^{\mathrm{T}} S_v(z_1)}{\partial z_1}\hat{\boldsymbol{G}}_{va}(t) + \left(r_{va}-r_{vc}\right)\tilde{\boldsymbol{G}}_{va}^{\mathrm{T}}(t) \\
& \times\frac{\partial S_v(z_1)}{\partial z_1^{\mathrm{T}}}\times\frac{\partial^{\mathrm{T}} S_v(z_1)}{\partial z_1}\hat{\boldsymbol{G}}_{vc}(t) + \frac{1}{4}\hat{\boldsymbol{G}}_{va}^{\mathrm{T}}(t)\frac{\partial S_v(z_1)}{\partial z_1^{\mathrm{T}}}\times\frac{\partial^{\mathrm{T}} S_v(z_1)}{\partial z_1}\hat{\boldsymbol{G}}_{va}(t) \\
& +\frac{1}{2}\|z_2^0\|^2 + \frac{1}{2}\|\dot{\boldsymbol{X}}_{\mathrm{d}}(t)\|^2
\end{aligned}
\tag{5-103}
$$

根据网络权值误差可知：

$$
\begin{aligned}
\tilde{\boldsymbol{G}}_{va}^{\mathrm{T}}(t)\frac{\partial S_v(z_1)}{\partial z_1^{\mathrm{T}}}\times\frac{\partial^{\mathrm{T}} S_v(z_1)}{\partial z_1}\hat{\boldsymbol{G}}_{va}(t) = & \frac{1}{2}\tilde{\boldsymbol{G}}_{va}^{\mathrm{T}}(t)\frac{\partial S_v(z_1)}{\partial z_1^{\mathrm{T}}}\times\frac{\partial^{\mathrm{T}} S_v(z_1)}{\partial z_1}\tilde{\boldsymbol{G}}_{va}(t) \\
& +\frac{1}{2}\hat{\boldsymbol{G}}_{va}^{\mathrm{T}}(t)\frac{\partial S_v(z_1)}{\partial z_1^{\mathrm{T}}}\times\frac{\partial^{\mathrm{T}} S_v(z_1)}{\partial z_1}\hat{\boldsymbol{G}}_{va}(t) - \frac{1}{2}\left(\boldsymbol{G}_v^{*\mathrm{T}}(t)\frac{\partial S_v(z_1)}{\partial z_1^{\mathrm{T}}}\right)^2
\end{aligned}
\tag{5-104}
$$

$$
\begin{aligned}
\tilde{\boldsymbol{G}}_{vc}^{\mathrm{T}}(t)\frac{\partial S_v(z_1)}{\partial z_1^{\mathrm{T}}}\times\frac{\partial^{\mathrm{T}} S_v(z_1)}{\partial z_1}\hat{\boldsymbol{G}}_{vc}(t) = & \frac{1}{2}\tilde{\boldsymbol{G}}_{vc}^{\mathrm{T}}(t)\frac{\partial S_v(z_1)}{\partial z_1^{\mathrm{T}}}\times\frac{\partial^{\mathrm{T}} S_v(z_1)}{\partial z_1}\tilde{\boldsymbol{G}}_{vc}(t) \\
& +\frac{1}{2}\hat{\boldsymbol{G}}_{vc}^{\mathrm{T}}(t)\frac{\partial S_v(z_1)}{\partial z_1^{\mathrm{T}}}\times\frac{\partial^{\mathrm{T}} S_v(z_1)}{\partial z_1}\hat{\boldsymbol{G}}_{vc}(t) - \frac{1}{2}\left(\boldsymbol{G}_v^{*\mathrm{T}}(t)\frac{\partial S_v(z_1)}{\partial z_1^{\mathrm{T}}}\right)^2
\end{aligned}
\tag{5-105}
$$

则将式（5-104）、式（5-105）代入式（5-103），得到：

$$
\begin{aligned}
\dot{L}_v(t) \leqslant & -(\beta_v-2)\|z_1\|^2 - \frac{r_{vc}}{2}\tilde{\boldsymbol{G}}_{vc}^{\mathrm{T}}(t)\frac{\partial S_v(z_1)}{\partial z_1^{\mathrm{T}}}\times\frac{\partial^{\mathrm{T}} S_v(z_1)}{\partial z_1}\tilde{\boldsymbol{G}}_{vc}(t) \\
& -\frac{r_{va}}{2}\tilde{\boldsymbol{G}}_{va}^{\mathrm{T}}(t)\frac{\partial S_v(z_1)}{\partial z_1^{\mathrm{T}}}\times\frac{\partial^{\mathrm{T}} S_v(z_1)}{\partial z_1}\tilde{\boldsymbol{G}}_{va}(t) + \left(r_{va}-r_{vc}\right) \\
& \times\tilde{\boldsymbol{G}}_{va}^{\mathrm{T}}(t)\frac{\partial S_v(z_1)}{\partial z_1^{\mathrm{T}}}\times\frac{\partial^{\mathrm{T}} S_v(z_1)}{\partial z_1}\hat{\boldsymbol{G}}_{vc}(t) - \frac{r_{1c}}{2}\hat{\boldsymbol{G}}_{vc}^{\mathrm{T}}(t)\frac{\partial S_v(z_1)}{\partial z_1^{\mathrm{T}}}\times\frac{\partial^{\mathrm{T}} S_v(z_1)}{\partial z_1}\hat{\boldsymbol{G}}_{va}(t) \\
& -\left(\frac{r_{va}}{2}-\frac{1}{4}\right)\hat{\boldsymbol{G}}_{va}^{\mathrm{T}}(t)\frac{\partial S_v(z_1)}{\partial z_1^{\mathrm{T}}}\times\frac{\partial^{\mathrm{T}} S_v(z_1)}{\partial z_1}\hat{\boldsymbol{G}}_{va}(t) + \left(\frac{r_{vc}}{2}+\frac{r_{va}}{2}\right)\left(\boldsymbol{G}_v^{*\mathrm{T}}(t)\frac{\partial S_v(z_1)}{\partial z_1^{\mathrm{T}}}\right)^2 \\
& +\frac{1}{2}\|z_2^0\|^2 + \frac{1}{2}\|\dot{\boldsymbol{X}}_{\mathrm{d}}(t)\|^2
\end{aligned}
\tag{5-106}
$$

根据 Cauchy-Schwarz 不等式可得：

$$\left(r_{va}-r_{vc}\right)\tilde{\boldsymbol{G}}_{va}^{T}(t)\frac{\partial S_v\left(z_1\right)}{\partial \boldsymbol{z}_1^{T}}\times\frac{\partial^{T} S_v\left(z_1\right)}{\partial z_1}\hat{\boldsymbol{G}}_{vc}(t)\leqslant\frac{r_{va}-r_{vc}}{2}\tilde{\boldsymbol{G}}_{va}^{T}(t)\frac{\partial S_1\left(z_1\right)}{\partial \boldsymbol{z}_1^{T}}\times\frac{\partial^{T} S_1\left(z_1\right)}{\partial z_1}\tilde{\boldsymbol{G}}_{va}(t)$$
$$+\frac{r_{va}-r_{vc}}{2}\hat{\boldsymbol{G}}_{vc}^{T}(t)\frac{\partial S_1\left(z_1\right)}{\partial \boldsymbol{z}_1^{T}}\times\frac{\partial^{T} S_1\left(z_1\right)}{\partial z_1}\hat{\boldsymbol{G}}_{vc}(t) \tag{5-107}$$

将式（5-107）代入式（5-106）可得：

$$\begin{aligned}\dot{L}_v(t)\leqslant&-(\beta_v-2)\left\|z_1\right\|^2-\frac{r_{vc}}{2}\tilde{\boldsymbol{G}}_{vc}^{T}(t)\frac{\partial S_v\left(z_1\right)}{\partial \boldsymbol{z}_1^{T}}\times\frac{\partial^{T} S_v\left(z_1\right)}{\partial z_1}\tilde{\boldsymbol{G}}_{vc}(t)\\&-\frac{r_{va}}{2}\tilde{\boldsymbol{G}}_{va}^{T}(t)\frac{\partial S_v\left(z_1\right)}{\partial \boldsymbol{z}_1^{T}}\times\frac{\partial^{T} S_v\left(z_1\right)}{\partial z_1}\tilde{\boldsymbol{G}}_{va}(t)-\left(r_{vc}-\frac{r_{va}}{2}\right)\hat{\boldsymbol{G}}_{vc}^{T}(t)\frac{\partial S_1\left(z_1\right)}{\partial \boldsymbol{z}_1^{T}}\times\frac{\partial^{T} S_1\left(z_1\right)}{\partial z_1}\hat{\boldsymbol{G}}_{va}(t)\\&-\left(\frac{r_{va}}{2}-\frac{1}{4}\right)\hat{\boldsymbol{G}}_{va}^{T}(t)\frac{\partial S_v\left(z_1\right)}{\partial \boldsymbol{z}_1^{T}}\times\frac{\partial^{T} S_v\left(z_1\right)}{\partial z_1}\hat{\boldsymbol{G}}_{va}(t)\\&+\left(\frac{r_{vc}}{2}+\frac{r_{va}}{2}\right)\left(\boldsymbol{G}_v^{*T}(t)\frac{\partial S_v\left(z_1\right)}{\partial \boldsymbol{z}_1^{T}}\right)^2+\frac{1}{2}\left\|z_2^0\right\|^2+\frac{1}{2}\left\|\dot{\boldsymbol{X}}_d(t)\right\|^2\end{aligned} \tag{5-108}$$

进一步整理得：

$$\begin{aligned}\dot{L}_v(t)\leqslant&-(\beta_v-2)\left\|z_1\right\|^2-\frac{r_{vc}}{2}\tilde{\boldsymbol{G}}_{vc}^{T}(t)\frac{\partial S_v\left(z_1\right)}{\partial \boldsymbol{z}_1^{T}}\times\frac{\partial^{T} S_v\left(z_1\right)}{\partial z_1}\tilde{\boldsymbol{G}}_{vc}(t)\\&-\frac{r_{va}}{2}\tilde{\boldsymbol{G}}_{va}^{T}(t)\frac{\partial S_v\left(z_1\right)}{\partial \boldsymbol{z}_1^{T}}\times\frac{\partial^{T} S_v\left(z_1\right)}{\partial z_1}\tilde{\boldsymbol{G}}_{va}(t)+C_v(t)+\frac{1}{2}\left\|z_2^0\right\|^2\end{aligned} \tag{5-109}$$

其中，$C_v(t)=\left(r_{vc}/2+r_{va}/2\right)\left(\boldsymbol{G}_v^{*T}(t)\partial S_v\left(z_1\right)/\partial \boldsymbol{z}_1^{T}\right)^2+\frac{1}{2}\left\|\dot{\boldsymbol{X}}_d(t)\right\|^2$，且$\left|C_v(t)\right|\leqslant c_v$，$c_v$表示$C_v(t)$的有界值。

令$\lambda_{S_v}^{\min}$表示$S_v\left(z_1\right)S_v^{T}\left(z_1\right)$的最小特征值，则有：

$$-\tilde{\boldsymbol{G}}_{vc}^{T}(t)\frac{\partial S_v\left(z_1\right)}{\partial \boldsymbol{z}_1^{T}}\times\frac{\partial^{T} S_v\left(z_1\right)}{\partial z_1}\tilde{\boldsymbol{G}}_{vc}(t)\leqslant-\lambda_{S_v}^{\min}\tilde{\boldsymbol{G}}_{vc}^{T}(t)\tilde{\boldsymbol{G}}_{vc}(t) \tag{5-110}$$

$$-\tilde{\boldsymbol{G}}_{va}^{T}(t)\frac{\partial S_v\left(z_1\right)}{\partial \boldsymbol{z}_1^{T}}\times\frac{\partial^{T} S_v\left(z_1\right)}{\partial z_1}\tilde{\boldsymbol{G}}_{va}(t)\leqslant-\lambda_{S_v}^{\min}\tilde{\boldsymbol{G}}_{va}^{T}(t)\tilde{\boldsymbol{G}}_{va}(t) \tag{5-111}$$

则式（5-109）转化为如下形式：

$$\dot{L}_v(t)\leqslant-(\beta_v-2)\left\|z_1\right\|^2-\frac{r_{vc}\lambda_{S_v}^{\min}}{2}\tilde{\boldsymbol{G}}_{vc}^{T}(t)\tilde{\boldsymbol{G}}_{vc}(t)-\frac{r_{va}\lambda_{S_v}^{\min}}{2}\tilde{\boldsymbol{G}}_{va}^{T}(t)\tilde{\boldsymbol{G}}_{va}(t)+c_v+\frac{1}{2}\left\|z_2^0\right\|^2 \tag{5-112}$$

令$a_v=\min\left\{2(\beta_v-2),r_{vc}\lambda_{S_v}^{\min},r_{va}\lambda_{S_v}^{\min}\right\}$，则可得：

$$\dot{L}_v(t)\leqslant-a_vL_v(t)+c_v \tag{5-113}$$

进一步，建立李雅普诺夫函数 $L(t)$ 如下：

$$L(t)=L_v(t)+L_p(t)=L_v(t)+\frac{1}{2}\boldsymbol{z}_2^{0\mathrm{T}}\boldsymbol{z}_2^0+\frac{1}{2}\tilde{\boldsymbol{G}}_{pa}^{\mathrm{T}}(t)\tilde{\boldsymbol{G}}_{pa}(t)+\frac{1}{2}\tilde{\boldsymbol{G}}_{pc}^{\mathrm{T}}(t)\tilde{\boldsymbol{G}}_{pc}(t) \tag{5-114}$$

其中，$\tilde{\boldsymbol{G}}_{pa}(t)=\hat{\boldsymbol{G}}_{pa}(t)-\boldsymbol{G}_p^*(t)$，$\tilde{\boldsymbol{G}}_{pc}(t)=\hat{\boldsymbol{G}}_{pc}(t)-\boldsymbol{G}_p^*(t)$。

对式（5-114）求导可得：

$$\begin{aligned}\dot{L}(t)=&\dot{L}_v(t)+\boldsymbol{z}_2^0\left(-\beta_p\boldsymbol{z}_2^0-\frac{1}{2}\hat{\boldsymbol{G}}_{pa}^{\mathrm{T}}(t)\frac{\partial S_2(\boldsymbol{z}_2^0)}{\partial\boldsymbol{z}_2^{\mathrm{T}}}-\dot{\alpha}_v(z_1)+\boldsymbol{f}\right)\\&-\gamma_{pc}\tilde{\boldsymbol{G}}_{pc}^{\mathrm{T}}(t)\frac{\partial S_p(\boldsymbol{z}_2^0)}{\partial^{\mathrm{T}}\boldsymbol{z}_2^0}\times\frac{\partial^{\mathrm{T}}S_p(\boldsymbol{z}_2^0)}{\partial\boldsymbol{z}_2^0}\hat{\boldsymbol{G}}_{pc}(t)\\&-\tilde{\boldsymbol{G}}_{pa}^{\mathrm{T}}(t)\frac{\partial S_p(\boldsymbol{z}_2^0)}{\partial^{\mathrm{T}}\boldsymbol{z}_2^0}\times\frac{\partial^{\mathrm{T}}S_p(\boldsymbol{z}_2^0)}{\partial\boldsymbol{z}_2^0}\left(r_{pa}\left(\hat{\boldsymbol{G}}_{pa}(t)-\hat{\boldsymbol{G}}_{pc}(t)\right)+r_{pc}\hat{\boldsymbol{G}}_{pc}(t)\right)\end{aligned} \tag{5-115}$$

根据 Cauchy-Schwarz 不等式和网络权值误差，推导步骤类似于式（5-102）～式（5-108），可得：

$$\begin{aligned}\dot{L}(t)\leqslant&\dot{L}_v(t)-(\beta_p-3)\left\|\boldsymbol{z}_2^0\right\|^2-\frac{r_{pc}}{2}\tilde{\boldsymbol{G}}_{pc}^{\mathrm{T}}(t)\frac{\partial S_p(\boldsymbol{z}_2^0)}{\partial^{\mathrm{T}}\boldsymbol{z}_2^0}\times\frac{\partial^{\mathrm{T}}S_p(\boldsymbol{z}_2^0)}{\partial\boldsymbol{z}_2^0}\tilde{\boldsymbol{G}}_{pc}(t)\\&-\frac{r_{pa}}{2}\tilde{\boldsymbol{G}}_{pa}^{\mathrm{T}}(t)\frac{\partial S_p(\boldsymbol{z}_2^0)}{\partial^{\mathrm{T}}\boldsymbol{z}_2^0}\times\frac{\partial^{\mathrm{T}}S_p(\boldsymbol{z}_2^0)}{\partial\boldsymbol{z}_2^0}\tilde{\boldsymbol{G}}_{pa}(t)+C_p(t)\end{aligned} \tag{5-116}$$

其中，$C_p(t)=\left(r_{pc}/2+r_{pa}/2\right)\left(\boldsymbol{G}_p^{*\mathrm{T}}(t)\partial S_p(\boldsymbol{z}_2^0)/\partial^{\mathrm{T}}\boldsymbol{z}_2^0\right)^2+\frac{1}{2}\|\boldsymbol{f}\|^2+\frac{1}{2}\left\|\dot{\alpha}_v(z_1)\right\|^2$，且 $\left|C_p(t)\right|\leqslant c_p$，$c_p$ 表示 $C_p(t)$ 的有界值。

令 $\lambda_{S_p}^{\min}$ 表示 $S_p^{\mathrm{T}}(\boldsymbol{z}_2^0)S_p(\boldsymbol{z}_2^0)$ 的最小特征值，进一步整理得：

$$\dot{L}(t)\leqslant\dot{L}_v(t)-(\beta_p-3)\left\|\boldsymbol{z}_2^0\right\|^2-\frac{r_{pc}\lambda_{S_p}^{\min}}{2}\tilde{\boldsymbol{G}}_{pc}^{\mathrm{T}}(t)\tilde{\boldsymbol{G}}_{pc}(t)-\frac{r_{pa}\lambda_{S_p}^{\min}}{2}\tilde{\boldsymbol{G}}_{pa}^{\mathrm{T}}(t)\tilde{\boldsymbol{G}}_{pa}(t)+c_p \tag{5-117}$$

令 $a_p=\min\left\{2(\beta_p-3),r_{pc}\lambda_{S_p}^{\min},r_{pa}\lambda_{S_p}^{\min}\right\}$，则可得：

$$\dot{L}(t)\leqslant-a_vL_v(t)-a_pL_p(t)+c_v+c_p \tag{5-118}$$

由式（5-118）可知，在具有运动速度约束的强化学习最优跟踪控制器（5-97）和网络权值自适应律作用下，位置跟踪误差、速度跟踪误差、Critic 网络权值估计误差和 Actor 网络权值估计误差均达到 SGUUB，同时 ODW 运动速度被约束在指定范围内，保证了人机系统运动速度的安全性。

5.2.3　仿真分析

为了验证本节提出的具有速度约束强化学习控制方法的有效性，对医生指定的训练轨迹进行了跟踪，轨迹方程描述如下：

$$\begin{cases} x(t) = 2(\cos(0.1t))^3 \\ y(t) = 2(\sin(0.1t))^3 \\ \theta(t) = \pi / 4 \end{cases} \tag{5-119}$$

仿真康复机器人初始运动位置和速度分别为$\left[1.5\ 0.1\ \dfrac{\pi}{4}\right]^{\mathrm{T}}$和$[0.1\ 0.3\ 0.1]^{\mathrm{T}}$，神经网络初始权值与学习率如表 5-3 所示，且$\hat{\boldsymbol{G}}_{va}(0)=\hat{\boldsymbol{G}}_{pa}(0)=[0.2\cdots0.2]^{\mathrm{T}}$，$\hat{\boldsymbol{G}}_{vc}(0)=\hat{\boldsymbol{G}}_{pc}(0)=[0.2\cdots0.2]^{\mathrm{T}}$，各轴运动速度约束范围$\left|\boldsymbol{x}_2^0(t)\right|=[0.5\mathrm{m/s}\quad 0.5\mathrm{m/s}\quad 0.5\mathrm{rad/s}]^{\mathrm{T}}$。

表 5-3　初始权值与学习率

r_{va}	r_{vc}	β_v	r_{pa}	r_{pc}	β_p
0.55	0.1	8	0.65	0.2	13

仿真结果如图 5-5 ～图 5-10 所示。

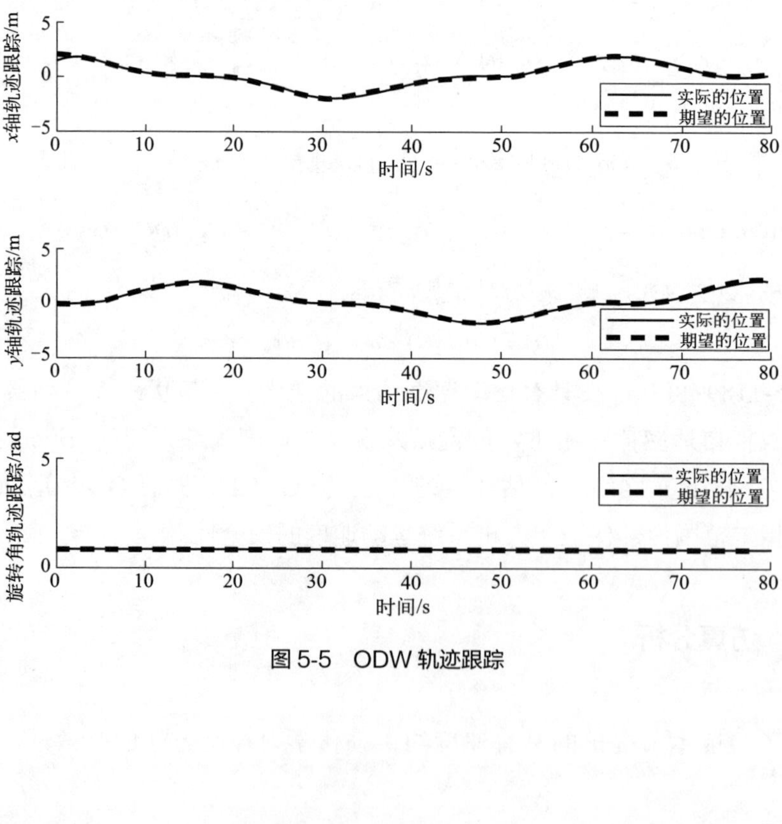

图 5-5　ODW 轨迹跟踪

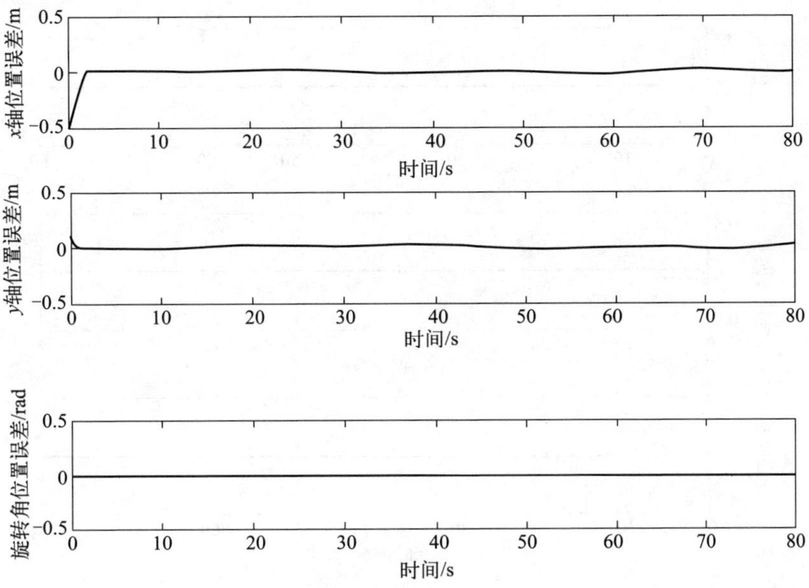

图 5-6　轨迹跟踪误差

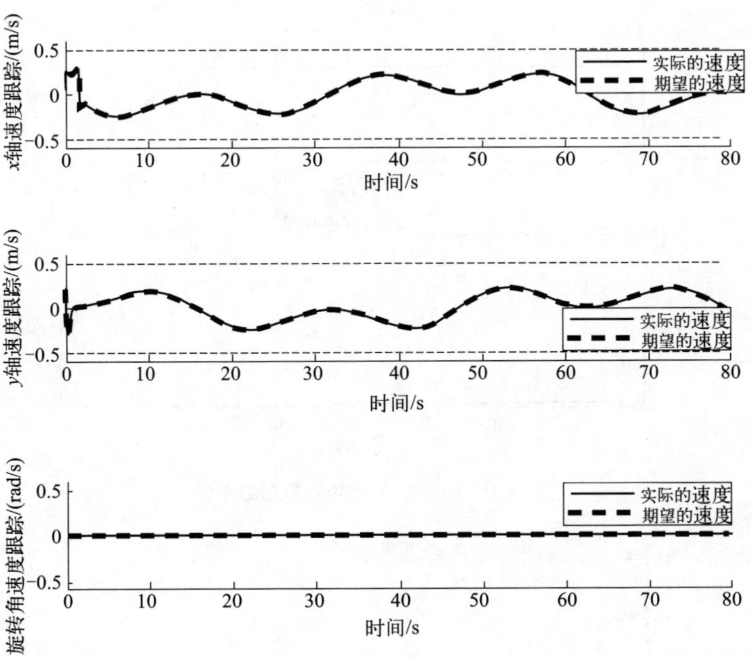

图 5-7　ODW 速度跟踪

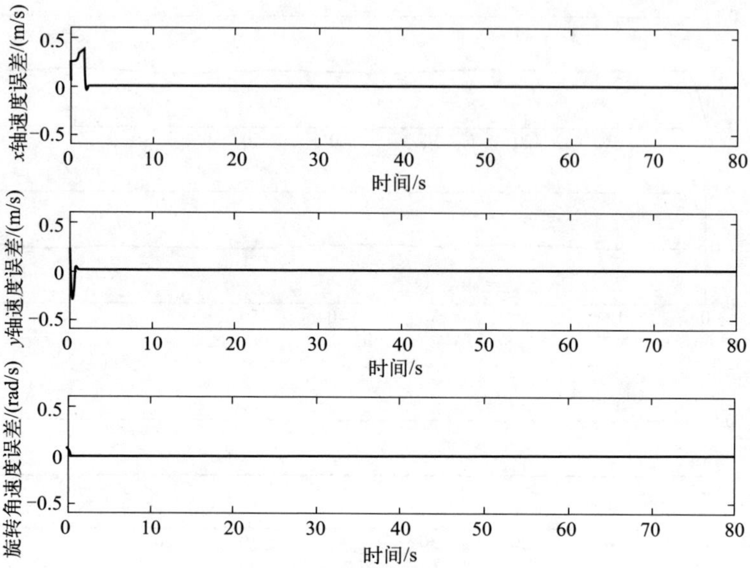

图 5-8 速度跟踪误差

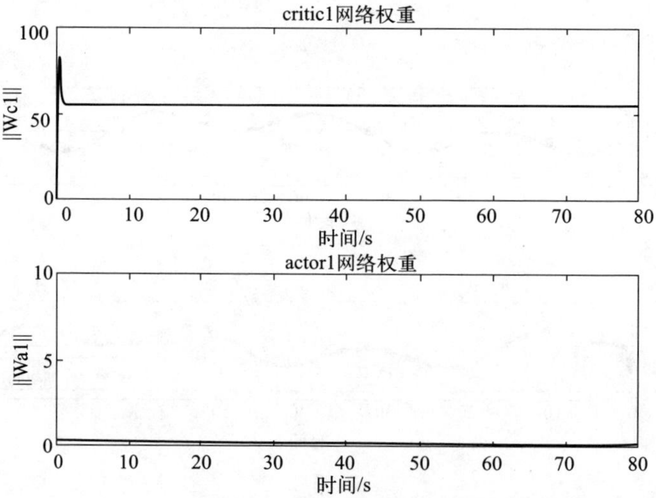

图 5-9 位置跟踪网络权值收敛曲线

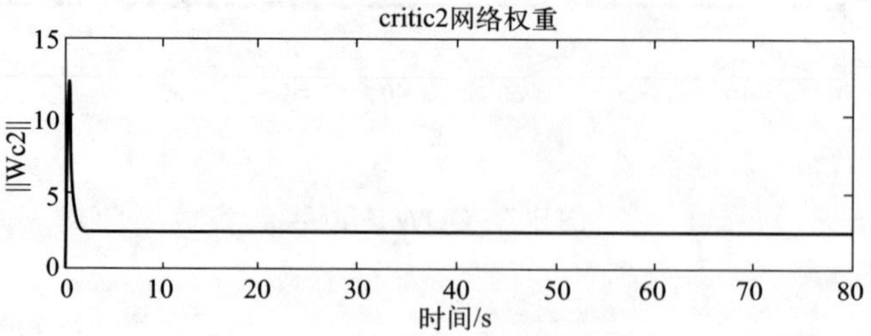

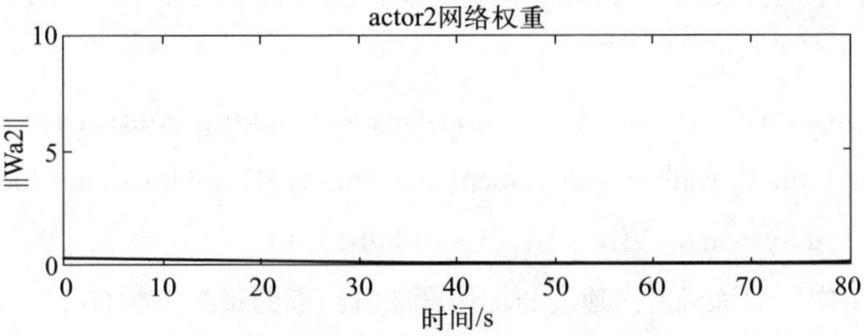

图 5-10　速度跟踪网络权值收敛曲线

图 5-5、图 5-6 分别给出了 ODW 系统各轴轨迹跟踪曲线和跟踪误差曲线，由图可知，ODW 实现了轨迹跟踪，并保障了跟踪误差系统的稳定性。图 5-7、图 5-8 分别给出了 ODW 系统各轴速度跟踪曲线和跟踪误差曲线，可以看出，ODW 实现了速度跟踪，并将运动速度约束在指定的安全范围内，保障了人机合作训练运动速度的安全性。图 5-9、图 5-10 分别给出了强化学习最优位置跟踪和速度跟踪控制中 Actor 网络权值和 Critic 网络权值的收敛曲线，显然，应用强化学习控制使 ODW 实现了位置跟踪和速度跟踪，Actor 网络和 Critic 网络也同步实现了收敛，目标函数达到了最优性能。

5.3　本章小结

本章研究了康复机器人的强化学习最优跟踪控制问题。首先，将人机合作运动分为位置跟踪系统和速度跟踪系统，并分别利用跟踪误差设计目标函数，通过建立 HJB 方程，采用 Actor-Critic 框架设计跟踪控制器，使目标函数达到最优性能。进一步，为了保障人机系统运动速度的安全性，利用饱和函数技术约束康复机器人的运动速度，同时利用等效正定函数代替贝尔曼残差获得网络更新策略，构建了 ODW 系统的强化学习最优跟踪控制器，并通过 Lyapunov 函数分析了轨迹跟踪误差系统和速度跟踪误差系统的稳定性。仿真结果表明了本章强化学习跟踪控制方法的有效性。

参考文献

[1] Sun P，Wang S Y. Redundant input safety tracking control for omnidirectional rehabilitative

training walker with control constraints [J].Asian Journal of Control，2017，19（1）：116-130.

[2] Sun P，Wang S Y.Guaranteed cost non-fragile tracking control for omnidirectional rehabilitative training walker with velocity constraints [J] .International Journal of Control，Automation and Systems，2016，14（5）：1340-1351.

[3] 孙平.不确定康复训练机器人速度与加速度同时约束的跟踪控制 [J] .北京理工大学学报，2018，38（10）：1067-1072.

[4] Peng Z，Luo R，Hu J，et al. Optimal tracking control of nonlinear multiagent systems using internal reinforce Q-learning [J] .IEEE Transactions on Neural Networks and Learning Systems，2022，33（8）：4043-4055.

[5] Wang N，Gao Y，Zhao H，et al.Reinforcement learning-based optimal tracking control of an unknown unmanned surface vehicle [J].IEEE Transactions on Neural Networks and Learning Systems，2021，32（7）：3034-3045.

[6] Kasaura K，Miura S，Kozuno T，et al.Benchmarking actor-critic deep reinforcement learning algorithms for robotics control with action constraints [J].IEEE Robotics and Automation Letters，2023，8（8）：4449-4456.

[7] Cao S，Sun L，Jiang J，et al.Reinforcement learning-based fixed-time trajectory tracking control for uncertain robotic manipulators with input saturation [J] .IEEE transactions on neural networks and learning systems，2023，34（8）:4584-4595.

[8] Mehmood A，Shaikh I，Ali A. Application of deep reinforcement learning for tracking control of 3WD omnidirectional mobile robot [J].Information Technology and Control，2021，50（3）：507-521.

[9] Sun P，Huang L S，Wang S Y，et al.Data-driven safety control with velocity and input force constraints for rehabilitation walker considering human-robot training environment [J]. International Journal of Control，2024: 1-18.

[10] 孙平.速度受限的全方向康复步行训练机器人 Backstepping 补偿跟踪控制 [J]. 信息与控制，2015，44（3）：309-315.

[11] Sun P，Wang S Y，Shan R.Finite-time tracking control with velocity constraints for the stochastic rehabilitative training walker systems considering different rehabilitee masses [J]. Nonlinear Dynamics，2021，106（4）：3285-3304.

[12] Fu Y，Chen W，Fu J.A new optimal tracking controller of linear strongly coupled systems and its applications [J].IEEE Transactions on Circuits and Systems II: Express Briefs，2022，

69（3）: 1387-1391.

[13] Vamvoudakis K G，Lewis F L.Online actor-critic algorithm to solve the continuous-time infinite horizon optimal control problem [J].Automatica，2010，46（5）: 878-888.

[14] Wen G X，Chen P，Ge S S，et al.Optimized adaptive nonlinear tracking control using actor-critic reinforcement learning strategy [J].IEEE Transactions on Industrial Informatics，2019，15（9）: 4969-4977.

第6章 康复机器人人机速度协调的迭代学习跟踪控制

近年来，康复机器人迭代学习控制研究受到了学者们的广泛关注[1-5]。研究者们提出了多种跟踪控制方法，如迭代学习阻抗控制[6]、主动训练双迭代补偿学习控制[7]、自适应迭代学习控制[8]、基于神经网络的多任务迭代学习控制[9]等。然而，上述方法都没有考虑学习时间的约束问题，并且也没有考虑迭代学习中信息具有遗忘性的本质特点，导致康复机器人暂态运动阶段调节时间过长，使人机系统康复运动训练过程中的跟踪性能不理想。

事实上，迭代学习时间的长短直接决定了机器人控制系统的跟踪性能，针对给定学习时间的系统控制问题，已有一定的研究结果，如倒立摆系统的有限时间迭代学习控制[10]、分数阶多智能体的有限时间迭代学习控制[11]、奇异多智能体的有限时间迭代学习控制[12]、基于观测器的线性多智能体有限时间自适应迭代学习控制[13]等。虽然上述研究涉及了有限时间的学习问题，但实质上仅是直接指定了每次学习的常数时间，没有考虑在指定的学习时间内系统能否实现稳定，还未能解决学习时间的约束问题。

另外，康复步行训练机器人不同于一般的机械系统，通常需要人机合作才能完成康复训练任务[14, 15]。因此，机器人与训练者的运动速度保持协调一致，对保证人机系统的安全性具有重大意义。文献［16］通过运动学模型限制了康复机器人的运动速度，并利用受限的速度提出了一种迭代学习控制方法；文献［17］基于数据驱动迭代学习方法，研究了非完整约束轮式移动机器人的速度受限问题。虽然上述方法通过约束机器人运动速度提高了系统的安全性，但是仅解决了机器人被动跟踪运动轨迹的速度约束问题，无法实现康复者主动训练状态下人机速度协调的安全运动。

实际上，康复机器人通常设计成多个训练模式，包括被动训练、主动训练、被动与主动混合训练[18]等。当康复者经过被动训练阶段后，随着腿部力量和平衡能力的提高，其会有主动参与训练的愿望。如果机器人能感知康复者的运动速度，并不断进行自身调整以与康复者保持一致，不仅能提高机器人的智能性，还能保证人机系统的安全性。目前尚无关于人机速度协调运动及在有限学习时间内实现稳定迭代跟踪控制的相关研究结果。

鉴于以上分析，本章研究了康复机器人人机运动速度协调的迭代学习跟踪控制技术[19，20]。通过建立人机系统具有不确定偏移特征的动力学模型，并提出康复机器人的运动速度感知方法，使 ODW 系统不断决策自身速度，进而与康复者的主动步行速度相协调，在此基础上提出限时学习迭代控制方法；进一步，为了保证 ODW 运动速度的安全性，提出了运动速度约束的迭代学习控制方法，并基于 Lyapunov 理论分析了跟踪误差系统的稳定性，为保证人机系统运动速度协调的康复训练提供了技术。

6.1　运动速度感知的迭代学习控制

6.1.1　运动速度感知方法

康复者进行步行训练时，将前臂放在扶板上以支撑身体重量，随 ODW 步行运动跟踪医生指定的训练轨迹。当康复者步行能力增强后，由被动训练模式进入主动训练模式，此时人机协调运动是提高训练效果的关键。在实际训练中，康复者通常需要调整运动位姿，使人机系统发生不确定偏移。因此，建立具有不确定偏移量的人机系统动力学模型对实现准确的轨迹跟踪训练至关重要。

当 ODW 跟踪运动迭代学习到第 k 次时，系统模型（2-29）可写成如下形式：

$$\boldsymbol{M}_1\ddot{\boldsymbol{X}}_k(t)+\boldsymbol{M}_2\dot{\boldsymbol{X}}_k(t)=\boldsymbol{B}(\theta)\boldsymbol{u}_k(t) \tag{6-1}$$

其中，$k\in\mathbf{z}^+$，$\boldsymbol{u}_k(t)$ 表示第 k 次迭代学习的输入力。根据模型（6-1），分离系

数矩阵$\boldsymbol{M}_1$中受训练者位姿变化影响的物理量，记$\boldsymbol{M}_1=\boldsymbol{M}_a+\Delta\boldsymbol{M}_a$，其中

$$\boldsymbol{M}_a=\begin{bmatrix} M+m & 0 & 0 \\ 0 & M+m & 0 \\ 0 & 0 & I_0 \end{bmatrix}，\Delta\boldsymbol{M}_a=\begin{bmatrix} 0 & 0 & p(M+m) \\ 0 & 0 & q(M+m) \\ 0 & 0 & mr_0^2 \end{bmatrix}。$$

于是建立具有系统不确定偏移量的ODW动力学模型如下：

$$\ddot{\boldsymbol{X}}_k(t)=\boldsymbol{M}_a^{-1}\boldsymbol{B}(\theta)\boldsymbol{u}_k(t)+\boldsymbol{\eta}(t) \tag{6-2}$$

其中，$\boldsymbol{\eta}(t)=-\boldsymbol{M}_a^{-1}(\Delta\boldsymbol{M}_a\ddot{\boldsymbol{X}}_k(t)+\boldsymbol{M}_2\dot{\boldsymbol{X}}_k(t))$表示系统偏移量，由物理含义可得$\boldsymbol{\eta}(t)$有界。

在主动训练模式下，康复者有提高运动速度进行康复训练的意愿。此时，康复机器人需要不断调整自身的运动速度，以便与康复者的速度达到协调一致，从而更好地辅助康复者进行步行训练。本节基于强化学习提出了一种新的速度感知方法，通过设计机器人的速度决策状态、动作以及奖惩函数，实现ODW运动速度感知。

在主动训练模式下，利用传感器测量康复者的步行速度，并与ODW的实际运动速度进行比较，依据比较的速度值之差设计决策过程的奖惩值函数；以ODW加速、减速、匀速运动作为速度决策的动作，从而保证人机速度协调一致。ODW运动速度决策状态描述如下：

$$\text{state}_1: v_t<V_t \tag{6-3}$$

$$\text{state}_2: v_t=V_t \tag{6-4}$$

$$\text{state}_3: v_t>V_t \tag{6-5}$$

其中，v_t表示机器人当前速度值，V_t表示训练者当前速度值，ODW每次动作调整的速度值变化值为Δv。其中，v_{t+1}表示机器人下一时刻速度值，决策动作描述如下：

加速动作
$$a_1: v_{t+1}=v_t+\Delta v \tag{6-6}$$

匀速动作
$$a_2: v_{t+1}=v_t \tag{6-7}$$

减速动作
$$a_3: v_{t+1}=v_t-\Delta v \tag{6-8}$$

设$\Delta V=v_t-V_t$，表示ODW和康复者当前时刻的速度值之差，奖惩值函数R设计为：

$$R=\begin{cases} 100, & |\Delta V|\leqslant\tau \\ -1000|\Delta V|, & |\Delta V|>\tau \end{cases} \tag{6-9}$$

其中，τ表示预先指定的速度值之差。

ODW运动速度感知步骤如下：

步骤 1：对 ODW 初始速度、初始状态的状态行为对 (S,A) 进行初始化，其中 S 为 ODW 当前状态，A 为机器人当前采取的动作；设置机器人更新状态学习速率 α 、衰减系数 γ 、决策动作的选择概率 ε，其中 $\alpha\in[0,1]$，$\gamma\in[0,1]$，$\varepsilon\in[0,1]$。

步骤 2：对 ODW 和康复者的当前速度值比较大小，并判断机器人在 state_1、state_2、state_3 中所处的状态，将其记为 S，ODW 以概率 ε 选取 a_1、a_2、a_3 中的任意一个动作，并记为 A，确定当前时刻的状态行为对 (S,A)；进一步，根据 R 获得奖惩值，使 ODW 进入下一个状态，记为 S'，再利用概率 ε 选择新的动作 A'，获得新的状态行为对 (S',A')，同时根据当前时刻的奖惩值函数 R 获得奖惩值对 (S,A) 的价值进行更新，更新过程为：

$$Q(S,A)\leftarrow Q(S,A)+\alpha\left[R+\gamma Q(S',A')-Q(S,A)\right] \tag{6-10}$$

其中，$Q(S,A)$ 为当前状态行为对 (S,A) 获得的价值；$Q(S',A')$ 为下一时刻状态行为对 (S',A') 的价值。这样根据式（6-10）的价值更新过程，可以完成一次动作决策。

步骤 3：将 (S',A') 作为当前新的状态动作对，重复步骤 2，机器人不断进行动作决策，直到速度值误差满足 $|\Delta V|\leqslant\tau$，ODW 通过不断调整速度，保证人机速度协调一致。

通过比较康复机器人当前的运动速度和康复者的实际步行速度，设计机器人的运动速度决策状态［式（6-3）～式（6-5）］和动作［式（6-6）～式（6-8）］，依据速度值之差设计了决策过程中的奖惩值函数［式（6-9）］，通过奖惩值对 $Q(S,A)$ 价值进行不断更新，进而不断调整机器人的速度，直到人机速度误差满足 $|\Delta V|\leqslant\tau$，使人机速度达到协调，ODW 实现运动速度感知。

6.1.2　人机系统每步限时学习控制方法

由于人机系统的步行训练是重复的运动过程，因此通过反复迭代可以使康复机器人不断提高跟踪精度。通过约束每步迭代学习的时间，提出了限时学习控制方法，在建立轨迹跟踪误差和速度跟踪误差系统的基础上，设计第 k 次学习控制器，基于李雅普诺夫稳定理论保证误差系统有限时间稳定，进而人机系统同时实现轨迹跟踪和感知速度跟踪。

令 $\boldsymbol{x}_{1,k}(t)=\boldsymbol{X}_k(t)$，$\boldsymbol{x}_{2,k}(t)=\dot{\boldsymbol{X}}_k(t)$，模型（6-2）转化为如下形式：

$$\begin{cases}\dot{\boldsymbol{x}}_{1,k}(t)=\boldsymbol{x}_{2,k}(t)\\ \dot{\boldsymbol{x}}_{2,k}(t)=\boldsymbol{M}_a^{-1}\boldsymbol{B}(\theta)\boldsymbol{u}_k(t)-\boldsymbol{\eta}(t)\end{cases} \tag{6-11}$$

根据机器人在第 k 次迭代学习的运动轨迹 $\boldsymbol{x}_{1,k}(t)$ 和指定轨迹 $\boldsymbol{x}_{\mathrm{d}}(t)$，设计轨迹跟踪误差和速度跟踪误差分别为

$$\begin{cases}\boldsymbol{e}_{1,k}(t)=\boldsymbol{x}_{1,k}(t)-\boldsymbol{x}_{\mathrm{d}}(t)\\ \boldsymbol{e}_{2,k}(t)=\boldsymbol{x}_{2,k}(t)-\boldsymbol{V}(t)\end{cases} \tag{6-12}$$

其中，$\boldsymbol{V}(t)=[v_x(t)\quad v_y(t)\quad v_\theta(t)]^{\mathrm{T}}$ 表示 ODW 感知的康复者步行速度。设计辅助变量 $\boldsymbol{z}_k(t)=\boldsymbol{e}_{2,k}(t)-\varphi(\boldsymbol{e}_{1,k}(t))$，$\varphi(\boldsymbol{e}_{1,k}(t))=-\boldsymbol{R}_1\mathbf{Sig}(\boldsymbol{e}_{1,k}(t))^{\varpi}$，其中 $\boldsymbol{R}_1=\mathbf{diag}(r_{11},r_{12},r_{13})$，$r_{1n}>0$，$n=1,2,3$。

令 $\ell=\boldsymbol{e}_{1,k}(t)$ ，定义如下公式

$$\mathbf{Sig}(\ell)^{\tau}=[|\ell_1|^{\sigma}\mathrm{sgn}(\ell_1)|\ell_2|^{\sigma}\mathrm{sgn}(\ell_2)\ldots|\ell_\mu|^{\sigma}\mathrm{sgn}(\ell_\mu)]^{\mathrm{T}},\qquad \mathrm{sgn}(\ell_\upsilon)=\begin{cases}1\ ,\ \ell_\upsilon>0\\ 0\ ,\ \ell_\upsilon=0\\ -1\ ,\ \ell_\upsilon<0\end{cases},$$

$\upsilon=1,2,\cdots,\mu$。

其中，$0<\sigma<1$。

由式（6-11）和式（6-12）可知，跟踪误差系统为：

$$\begin{cases}\dot{\boldsymbol{e}}_{1,k}(t)=\boldsymbol{z}_k(t)+\varphi(\boldsymbol{e}_{1,k}(t))\\ \dot{\boldsymbol{z}}_k(t)=\boldsymbol{M}_a^{-1}\boldsymbol{B}(\theta)\boldsymbol{u}_k(t)+\boldsymbol{\eta}(t)-\ddot{\boldsymbol{x}}_{\mathrm{d}}(t)-\dot{\varphi}(\boldsymbol{e}_{1,k}(t))\end{cases} \tag{6-13}$$

设计第 k 次学习的控制器如下：

$$\begin{aligned}\boldsymbol{u}_k(t)=\widehat{\boldsymbol{B}}(\theta)\boldsymbol{M}_a(&\ddot{\boldsymbol{x}}_{\mathrm{d}}(t)+\dot{\varphi}(\boldsymbol{e}_{1,k}(t))-\boldsymbol{e}_{1,k}(t)\\ &-\sigma\widehat{\boldsymbol{z}}_k^{\mathrm{T}}(t)\boldsymbol{e}_{1,k}^{\mathrm{T}}(0)\boldsymbol{e}_{1,k}(0)+\varphi(\boldsymbol{z}_k(t))\\ &-\hat{\boldsymbol{\eta}}_k(t)-\omega\frac{\boldsymbol{z}_k(t)}{\|\boldsymbol{z}_k(t)\|}\end{aligned} \tag{6-14}$$

$$\hat{\boldsymbol{\eta}}_k(t)=\hat{\boldsymbol{\eta}}_{k-1}(t)-\vartheta\boldsymbol{z}_k(t) \tag{6-15}$$

其中 $\widehat{\boldsymbol{B}}(\theta)=(\boldsymbol{B}^{\mathrm{T}}(\theta)\boldsymbol{B}(\theta))^{-1}\boldsymbol{B}^{\mathrm{T}}(\theta)$ 是 $\boldsymbol{B}(\theta)$ 的广义逆矩阵，参数 σ 选取为指数函数的表达形式，即 $\sigma=\mathrm{e}^t$，$\widehat{\boldsymbol{z}}_k^{\mathrm{T}}(t)=(\boldsymbol{z}_k(t)\boldsymbol{z}_k^{\mathrm{T}}(t))^{-1}\boldsymbol{z}_k(t)$ 是 $\boldsymbol{z}_k^{\mathrm{T}}(t)$ 的广义逆矩阵，$\varphi(\boldsymbol{z}_k(t))=-\boldsymbol{R}_2\mathbf{Sig}(\boldsymbol{z}_k(t))^{\varpi}$，$\boldsymbol{R}_2=\mathrm{diag}(r_{21},r_{22},r_{23})$，$r_{2o}>0$，$o=1,2,3$，$\hat{\boldsymbol{\eta}}_k(t)$ 为系统偏移量 $\boldsymbol{\eta}(t)$ 在第 k 次学习时的估计值，且估计误差为 $\tilde{\boldsymbol{\eta}}_k(t)=\boldsymbol{\eta}(t)-\hat{\boldsymbol{\eta}}_k(t)$，$\hat{\boldsymbol{\eta}}_{-1}(t)=[0\ \ 0\ \ 0]^{\mathrm{T}}$，$\vartheta>0$ 为学习增益。

6.1.3 跟踪误差系统稳定性分析

定理 6.1 针对具有运动速度感知的 ODW 跟踪误差系统（6-13），设计限

时学习迭代控制器（6-14）和控制器（6-15），经过第 k 次学习后，误差系统在有限时间内可实现稳定，且有限的学习时间满足 $T \leqslant \dfrac{V_k^{1-\delta}(\boldsymbol{e}_{1,k}(0))}{\xi \bar{r}(1-\delta)}$；同时，随迭代学习次数 k 不断增加，限时学习迭代控制器能使跟踪误差趋向于零，即 $\lim\limits_{k\to\infty}\boldsymbol{e}_{1,k}(t)=\lim\limits_{k\to\infty}\boldsymbol{z}_k(t)=0$ 。

证明： 建立如下 Lyapuno 函数

$$V_k(t)=\frac{1}{2}\boldsymbol{e}_{1,k}^{\mathrm{T}}(t)\boldsymbol{e}_{1,k}(t)+\frac{1}{2}\boldsymbol{z}_k^{\mathrm{T}}(t)\boldsymbol{z}_k(t) \tag{6-16}$$

沿误差系统（6-13）对式（6-16）求导，可得

$$\begin{aligned}\dot{V}_k(t)=&-\boldsymbol{e}_{1,k}^{\mathrm{T}}(t)\boldsymbol{R}_1\mathbf{Sig}(\boldsymbol{e}_{1,k}(t))^{\varpi}-\boldsymbol{z}_k^{\mathrm{T}}(t)\boldsymbol{R}_2\mathbf{Sig}(\boldsymbol{z}_k(t))^{\varpi}\\&-\omega\left\|\boldsymbol{z}_k(t)\right\|+\boldsymbol{z}_k^{\mathrm{T}}(t)\tilde{\boldsymbol{\eta}}_k(t)-\sigma\boldsymbol{e}_{1,k}^{\mathrm{T}}(0)\boldsymbol{e}_{1,k}(0)\end{aligned} \tag{6-17}$$

令参数 $\omega>\left\|\tilde{\boldsymbol{\eta}}_k(t)\right\|$，则式（6-17）转化为如下形式

$$\dot{V}_k(t)\leqslant-\boldsymbol{e}_{1,k}^{\mathrm{T}}(t)\boldsymbol{R}_1\mathbf{Sig}(\boldsymbol{e}_{1,k}(t))^{\varpi}-\boldsymbol{z}_k^{\mathrm{T}}(t)\boldsymbol{R}_2\mathbf{Sig}(\boldsymbol{z}_k(t))^{\varpi} \tag{6-18}$$

其中

$$\begin{aligned}-\boldsymbol{e}_{1,k}^{\mathrm{T}}(t)\boldsymbol{R}_1\mathbf{Sig}(\boldsymbol{e}_{1,k}(t))^{\varpi}&=-\sum_{g=1}^{3}r_{1g}\left|\boldsymbol{e}_{1g,k}(t)\right|^{1+\varpi}\\&\leqslant-\bar{r}_{1\min}\left(\frac{1}{2}\sum_{g=1}^{3}\boldsymbol{e}_{1g,k}^{2}(t)\right)^{\frac{1+\varpi}{2}}\\&\leqslant-\bar{r}_1\boldsymbol{e}_{1,k}^{\mathrm{T}}(t)\mathbf{Sig}(\boldsymbol{e}_{1,k}(t))^{\delta}\end{aligned}$$

$$\begin{aligned}-\boldsymbol{z}_k^{\mathrm{T}}(t)\boldsymbol{R}_2\mathbf{Sig}(\boldsymbol{z}_k(t))^{\varpi}&=-\sum_{g=1}^{3}r_{2g}\left|\boldsymbol{z}_{1g,k}(t)\right|^{1+\varpi}\\&\leqslant-\bar{r}_{2\min}\left(\frac{1}{2}\sum_{g=1}^{3}\boldsymbol{z}_{1g,k}^{2}(t)\right)^{\frac{1+\varpi}{2}}\\&\leqslant-\bar{r}_2\boldsymbol{z}_k^{\mathrm{T}}(t)\mathbf{Sig}(\boldsymbol{z}_k(t))^{\delta}\end{aligned}$$

其中 $\delta=\dfrac{1+\varpi}{2}$，$\dfrac{1}{2}<\delta<1$ ，$r_{1\min}=\min\left\{r_{1g}\right\}$，$r_{2\min}=\min\left\{r_{2g}\right\}$，$\bar{r}_1=2^{\delta}r_{1\min}$，$\bar{r}_2=2^{\delta}r_{2\min}$。

则由式（6-18）可得

$$\dot{V}_k(t)\leqslant-\bar{r}V_k^{\delta}(t) \tag{6-19}$$

其中 $\bar{r}=\min\left\{\bar{r}_1,\bar{r}_2\right\}$ 。

设存在参数 $0<\xi<1$，式（6-19）可以写成如下形式

$$\dot{V}_k(t)\leqslant-\xi\bar{r}V_k^{\delta}(t)-(1-\xi)\bar{r}V_k^{\delta}(t) \tag{6-20}$$

对式（6-20）两边同时积分，可得有限的迭代学习时间 T 如下：

$$T \leqslant \frac{V_k^{1-\delta}(\boldsymbol{e}_{1,k}(0))}{\xi \overline{r}(1-\delta)}$$

接下来，进一步说明随着学习次数的增加，限时学习迭代控制器能使人机系统的跟踪误差逐渐趋向于零。

定义 $L_k(t)$ 函数如下：

$$L_k(t) = V_k(t) + \frac{1}{2\vartheta}\int_0^t \tilde{\boldsymbol{\eta}}_k^2(\iota)\mathrm{d}\iota \tag{6-21}$$

结合式（6-17）和式（6-21）可知

$$\begin{aligned}\Delta L_k(t) &= L_k(t) - L_{k-1}(t)\\ &\leqslant -V_{k-1}(t) + V_k(0) - \boldsymbol{e}_{1,k}^{\mathrm{T}}(0)\boldsymbol{e}_{1,k}(0)\mathrm{e}^t \Big|_0^T\\ &\quad + \int_0^t (-\boldsymbol{e}_{1,k}^{\mathrm{T}}(\iota)\boldsymbol{R}_1\mathbf{Sig}(\boldsymbol{e}_{1,k}(\iota))^{\varpi} - \boldsymbol{z}_k^{\mathrm{T}}(\iota)\boldsymbol{R}_2\mathbf{Sig}(\boldsymbol{z}_k(\iota))^{\varpi}\\ &\quad + \boldsymbol{z}_k^{\mathrm{T}}(\iota)\tilde{\boldsymbol{\eta}}_k(\iota))\mathrm{d}\iota + \frac{1}{2\vartheta}\int_0^t (\tilde{\boldsymbol{\eta}}_k^2(\iota) - \tilde{\boldsymbol{\eta}}_{k-1}^2(\iota))\mathrm{d}\iota\end{aligned} \tag{6-22}$$

式中，$L_{k-1}(t) = V_{k-1}(t) + \frac{1}{2\vartheta}\int_0^t \tilde{\boldsymbol{\eta}}_{k-1}^2(\iota)d\iota$，并且

$$\begin{aligned}\tilde{\boldsymbol{\eta}}_k^2(t) - \tilde{\boldsymbol{\eta}}_{k-1}^2(t) &= (\boldsymbol{\eta}(t) - \hat{\boldsymbol{\eta}}_k(t))^2 - (\boldsymbol{\eta}(t) - \hat{\boldsymbol{\eta}}_{k-1}(t))^2\\ &= -(\hat{\boldsymbol{\eta}}_k(t) - \hat{\boldsymbol{\eta}}_{k-1}(t))^2 - 2\tilde{\boldsymbol{\eta}}_k(t)(\hat{\boldsymbol{\eta}}_k(t) - \hat{\boldsymbol{\eta}}_{k-1}(t))\end{aligned} \tag{6-23}$$

取 $\boldsymbol{z}_k(0) = \boldsymbol{0}$，将控制器［式(6-14)］、控制器［式(6-15)］和式(6-23)代入式(6-22)，可得

$$\Delta L_k(t) = L_k(t) - L_{k-1}(t) \leqslant -V_{k-1}(t) + \int_0^t \psi(\iota)\mathrm{d}\iota < 0 \tag{6-24}$$

式中，$\psi(\iota) = -\boldsymbol{e}_{1,k}^{\mathrm{T}}(\iota)\boldsymbol{R}_1\mathbf{Sig}(\boldsymbol{e}_{1,k}(\iota))^{\varpi} - \boldsymbol{z}_k^{\mathrm{T}}(\iota)\boldsymbol{R}_2\mathbf{Sig}(\boldsymbol{z}_k(\iota))^{\varpi}$。

当 $k=0$ 时，对式（6-24）求导，可得

$$\dot{L}_0(t) = \boldsymbol{e}_{1,0}^{\mathrm{T}}(t)(\boldsymbol{z}_0(t) + \varphi(\boldsymbol{e}_{1,0}(t)) + \boldsymbol{z}_0^{\mathrm{T}}(t)\dot{\boldsymbol{z}}_0(t)) + \frac{1}{2\vartheta}\tilde{\eta}_0^2(t) \tag{6-25}$$

将误差系统［式(6-13)］和控制器［式(6-14)］、学习率［式(6-15)］代入式(6-25)，可得

$$\begin{aligned}\dot{L}_0(t) &= -\boldsymbol{e}_{1,0}^{\mathrm{T}}(t)\boldsymbol{R}_1\mathbf{Sig}(\boldsymbol{e}_{1,0}(t))^{\varpi} - \boldsymbol{z}_0^{\mathrm{T}}(t)\boldsymbol{R}_2\mathbf{Sig}(\boldsymbol{z}_0(t))^{\varpi}\\ &\quad + \boldsymbol{z}_0^{\mathrm{T}}(t)(\boldsymbol{\eta}(t) - \vartheta\boldsymbol{z}_0(t)) - \sigma\boldsymbol{e}_{1,0}^{\mathrm{T}}(0)\boldsymbol{e}_{1,0}(0)\\ &\quad + \frac{1}{2\vartheta}(\boldsymbol{\eta}(t) - \vartheta\boldsymbol{z}_0(t))^2\\ &\leqslant \frac{1}{2\vartheta}\boldsymbol{\eta}^2(t)\end{aligned} \tag{6-26}$$

由式（6-22）可知，$L_k(t)$ 可以写成如下形式

$$L_k(t) = L_0(t) + \sum_{j=1}^{k} \Delta L_j(t) \tag{6-27}$$

将式（6-24）代入式（6-27）可得

$$\begin{aligned} L_k(t) &\leqslant L_0(t) - \sum_{j=0}^{k} V_{j-1}(t) \\ &\leqslant L_0(t) - \frac{1}{2}\sum_{j=0}^{k}\int_0^t (\boldsymbol{e}_{1,j-1}^{\mathrm{T}}(\iota)\boldsymbol{e}_{1,j-1}(\iota) + \boldsymbol{z}_{j-1}^{\mathrm{T}}(\iota)\boldsymbol{z}_{j-1}(\iota))\mathrm{d}\iota \end{aligned} \tag{6-28}$$

进一步，由式（6-28）可得

$$\begin{aligned} &\sum_{j=1}^{k}\int_0^t (\boldsymbol{e}_{1,j-1}^{\mathrm{T}}(\iota)\boldsymbol{e}_{1,j-1}(\iota) + \boldsymbol{z}_{j-1}^{\mathrm{T}}(\iota)\boldsymbol{z}_{j-1}(\iota))\mathrm{d}\iota \\ &\leqslant 2(L_0(t) - L_k(t)) \\ &\leqslant 2L_0(t) \end{aligned} \tag{6-29}$$

根据式(6-29)，由级数收敛的必要条件可得

$$\lim_{k\to\infty} \boldsymbol{e}_{1,k}(t) = \lim_{k\to\infty} \boldsymbol{z}_k(t) = \boldsymbol{0}$$

这样，由上述推导过程可知，$L_k(t)$ 为递减函数且连续有界，随着学习次数增加，限时学习控制器能使跟踪误差趋向于零。

由上述误差系统稳定性分析可以看出，针对康复者位姿不确定变化问题，通过分离康复者位姿变化物理量，建立了人机系统具有不确定偏移特征的动力学模型［式(6-2)］。为了抑制不确定偏移对跟踪性能的影响，并且在有限时间内使系统进入稳定状态，通过建立辅助变量 $\varphi(\boldsymbol{e}_{1,k}(t))$ 和 $\varphi(\boldsymbol{z}_k(t))$，设计了具有不确定偏移补偿的限时学习控制器［式(6-14)］，并且在学习率［式(6-15)］的作用下，抑制了不确定偏移，进而使 ODW 在有限的学习时间内实现稳定的跟踪，避免了初始运动阶段调整时间过长，使机器人可能与周围障碍物发生碰撞，影响人机系统的安全。人机系统限时学习控制框图如图 6-1 所示。

6.1.4　仿真分析

为了验证文中机器人速度决策和有限学习时间迭代控制方法的有效性，对医生指定的运动轨迹进行了主动模式的跟踪训练，跟踪轨迹描述如下：

$$\begin{cases} x_{\mathrm{d}}(t) = t + 2\mathrm{e}^{-0.5t} \\ y_{\mathrm{d}}(t) = t + 2\mathrm{e}^{-0.5t} \\ \theta_{\mathrm{d}}(t) = \dfrac{\pi}{4} \end{cases}$$

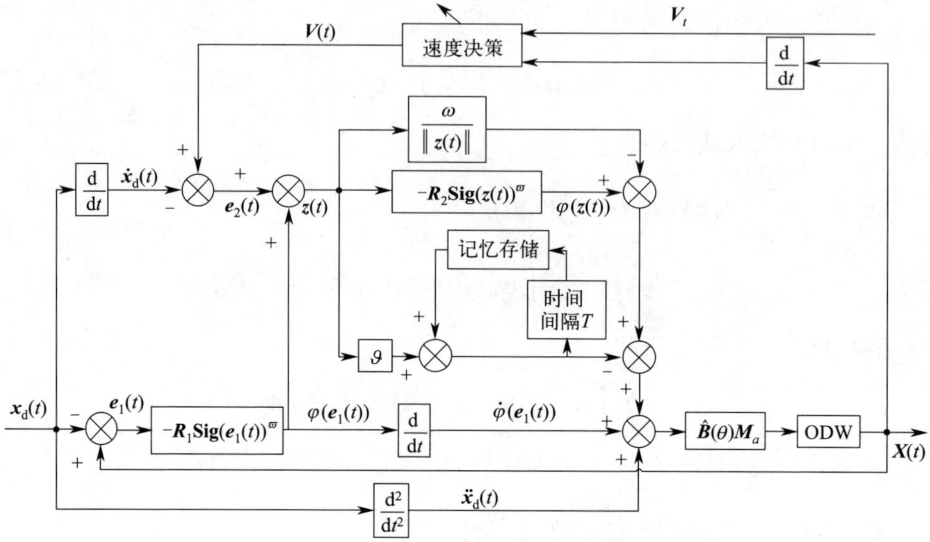

图 6-1 人机系统限时学习控制框图

仿真研究中，机器人决策的速度误差 $\tau = 0.06\,\mathrm{m/s}$，人机系统偏心距 r_0=0.4×(1+rand( ))m，偏心角 $\beta = \pi/4\mathrm{rad}$，ODW 的控制器参数、系统初值分别如表 6-1 和表 6-2 所示。

表 6-1 控制器参数

参数	值	参数	值
α	0.55	ξ	0.5
γ	0.85	ϑ	6
ε	0.67	R_1	diag（35，45，24）
ω	25	R_2	diag（3.8，5，7）
δ	0.9		

表 6-2 系统初值

参数	值	参数	值
$x(0)$	3m	$v_x(0)$	0m/s
$y(0)$	4m	$v_y(0)$	0m/s
$\theta(0)$	0.9rad	$v_\theta(0)$	0rad/s

仿真结果如图 6-2 ～图 6-11 所示。

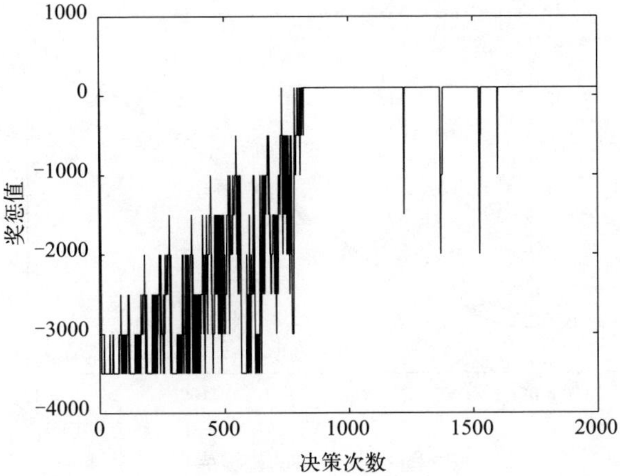

图 6-2　速度决策奖惩值

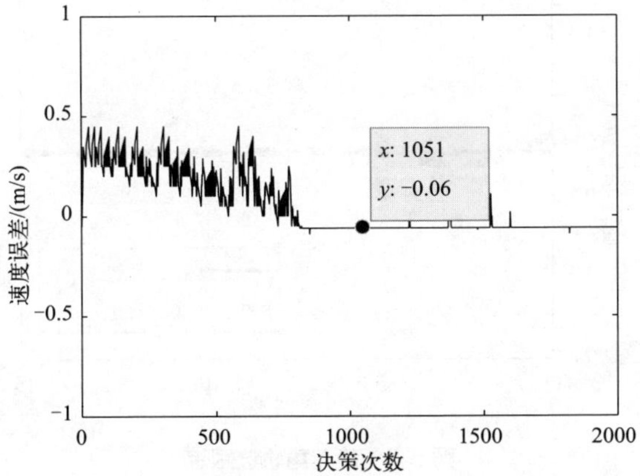

图 6-3　速度误差

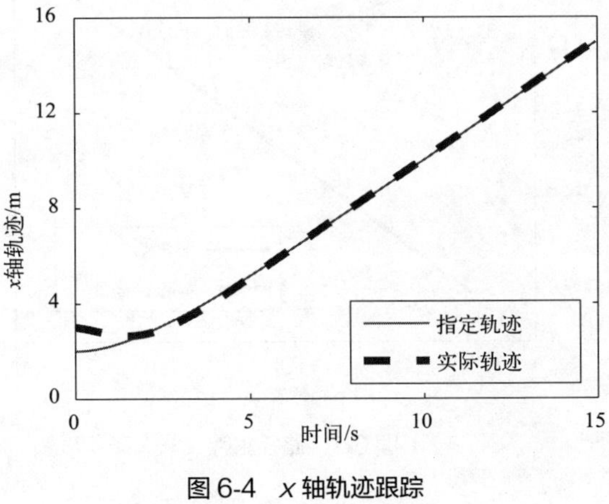

图 6-4　x 轴轨迹跟踪

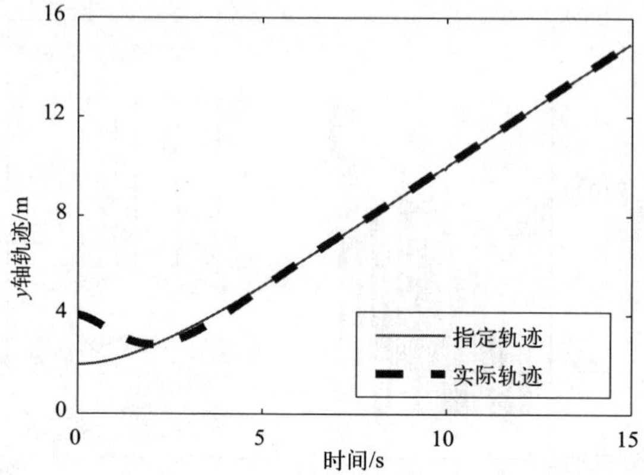

图 6-5　y 轴轨迹跟踪

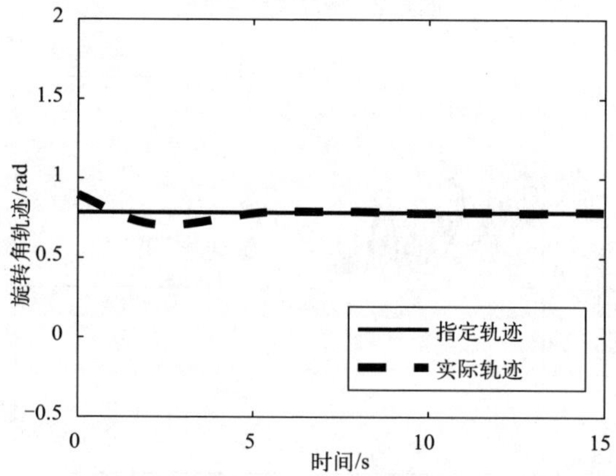

图 6-6　旋转角轨迹跟踪

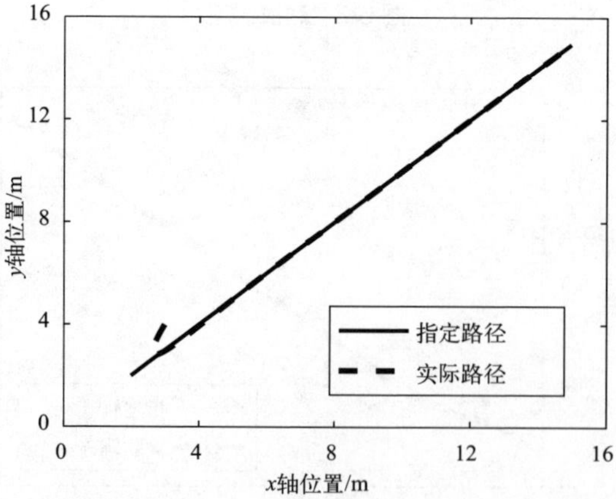

图 6-7　路径跟踪

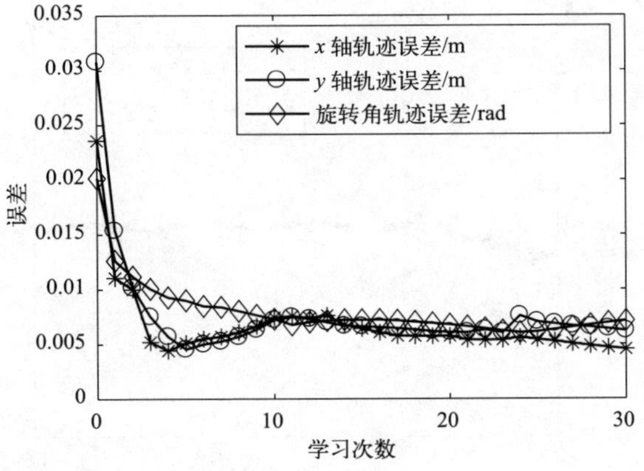

图 6-8　轨迹收敛误差

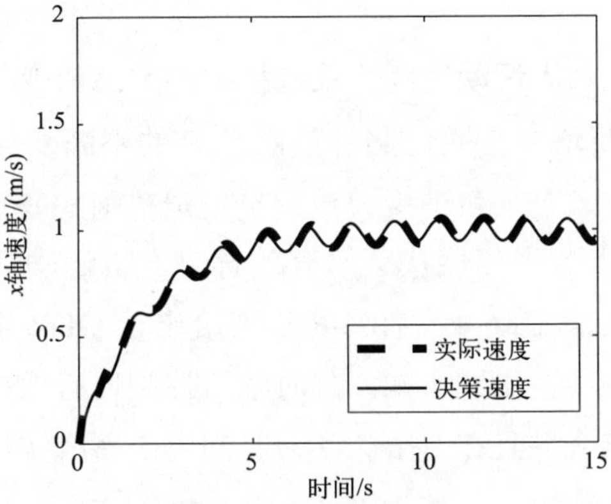

图 6-9　*x* 轴决策速度跟踪

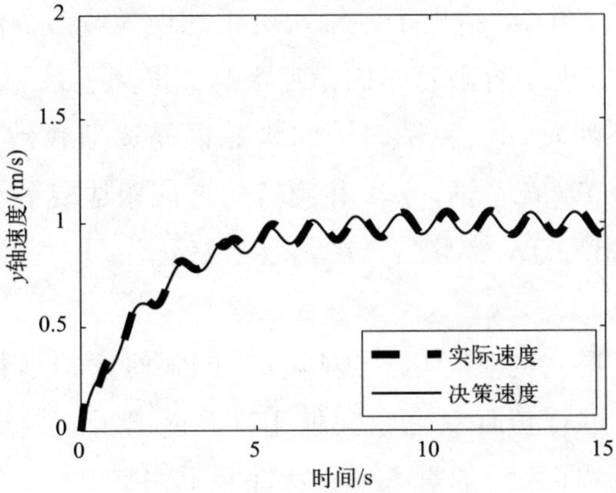

图 6-10　*y* 轴决策速度跟踪

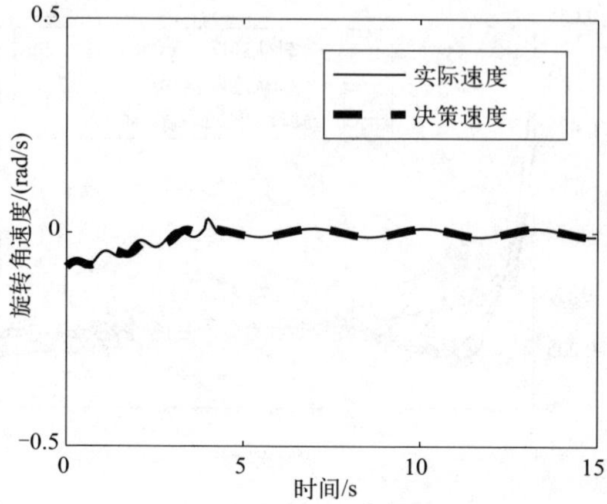

图 6-11 旋转角决策速度跟踪

图 6-2 给出了机器人运动速度决策过程中的奖惩值变化曲线，由图可知随着动作决策次数不断增加，通过奖惩值函数 R 的不断变化更新 $Q(S,A)$ 值来调整机器人的运动速度，使人机速度误差满足指定范围的要求，即 $|\Delta V|\leqslant\tau$（如图 6-3 所示），使机器人实现速度决策，有效解决人机运动速度不协调问题，保证人机系统的安全性。图 6-4 ～图 6-6 分别给出了 ODW 在 x 轴、y 轴和旋转角方向的轨迹跟踪曲线，由图可知，限时学习控制器有效抑制了不确定偏移对系统跟踪性能的影响，并且在有限的学习时间内，系统实现了稳定跟踪，利用表 6-1 和表 6-2 的系统初始位置误差 $\boldsymbol{e}_{1,k}(0)$、参数 ξ 和 δ 计算有限的学习时间 $T\leqslant$ 6s，由图 6-4 ～图 6-6 也可以看出系统是在 6s 之内达到稳定的。路径跟踪曲线如图 6-7 所示。图 6-8 给出了各轴轨迹跟踪误差收敛曲线，人机系统大约经过 5 次学习后便实现了有限时间的稳定跟踪，提高了系统的暂态性能，并且随着学习次数的不断增加，各轴轨迹的跟踪误差逐渐收敛到零。图 6-9 ～图 6-11 分别给出了 ODW 在 x 轴、y 轴和旋转角方向对康复者运动速度的跟踪曲线，由图可以看出 ODW 实现了与康复者主动步行速度协调一致的安全运动。

为了验证本节提出的基于运动速度决策的限时学习迭代控制方法的有效性，与文献［21］进行仿真对比。文献［21］提出了康复训练机器人的随机跟踪控制方法，考虑了系统的重心偏移特性及不完整的位置输出反馈信息，应用文献［21］的控制器跟踪本节的训练轨迹及决策的运动速度，仿真结果如图

6-12 ～图 6-17 所示。

图 6-12 ～图 6-14 分别给出了 ODW 在 x 轴、y 轴和旋转角方向的轨迹跟踪曲线，由图可以看出 ODW 实现了稳定的轨迹跟踪训练，文献［21］中的控制器可以抑制系统偏移量对跟踪性能的影响。图 6-15 ～图 6-17 分别给出了 ODW 在 x 轴、y 轴和旋转角方向对决策速度的跟踪曲线，由图可知，ODW 的实际运动速度无法适应康复者的主动步行速度，这说明文献［21］的方法仅能实现被动训练模式下的速度跟踪，并且机器人不能实现运动速度决策，同时也就无法实现人机速度协调一致。因此，本节方法与文献［21］方法相比，实现了康复者主动训练状态下人机速度协调的安全跟踪运动。

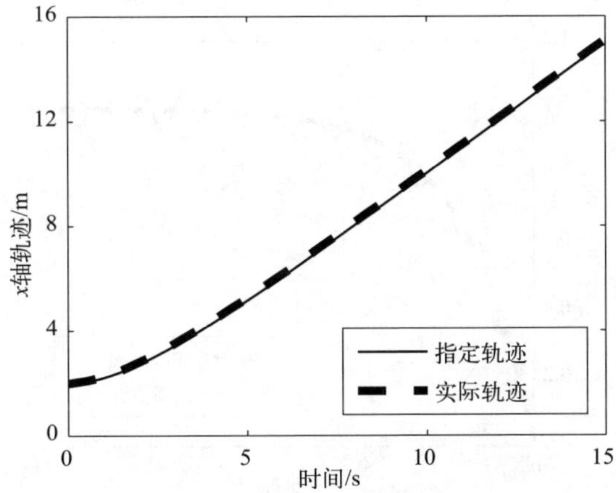

图 6-12 x 轴轨迹跟踪

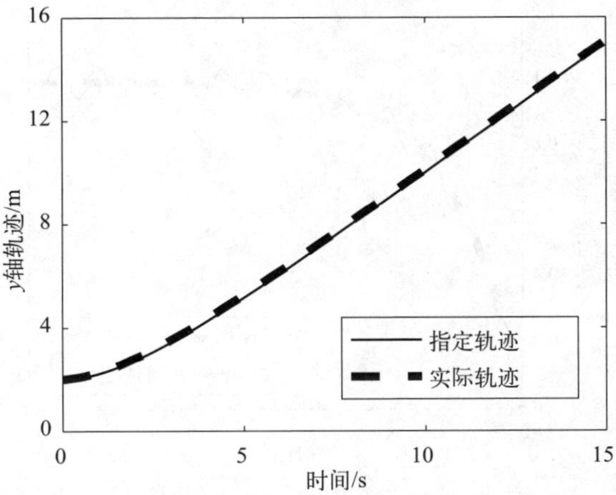

图 6-13 y 轴轨迹跟踪

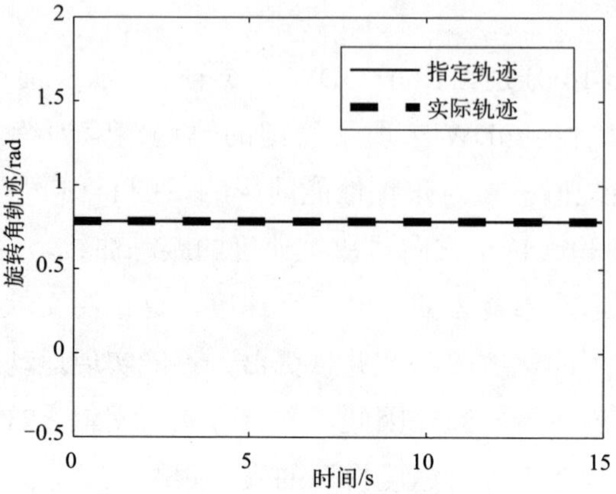

图 6-14　旋转角轨迹跟踪

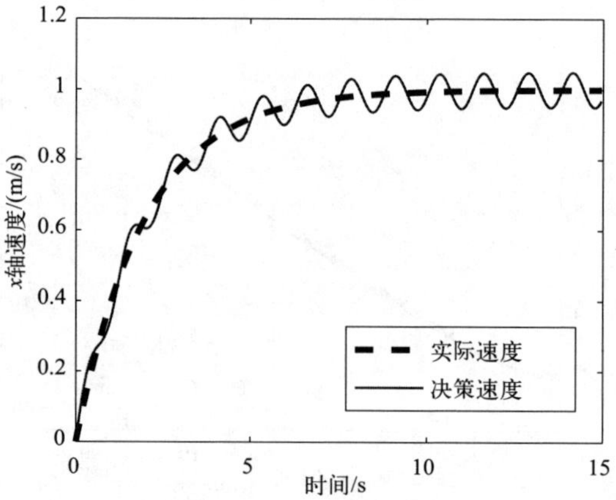

图 6-15　x 轴速度跟踪

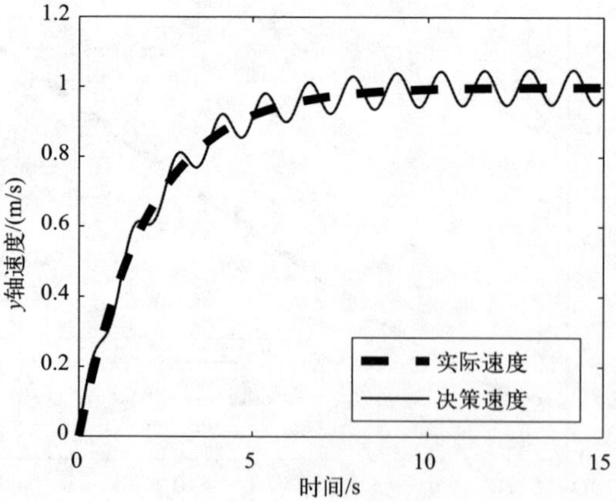

图 6-16　y 轴速度跟踪

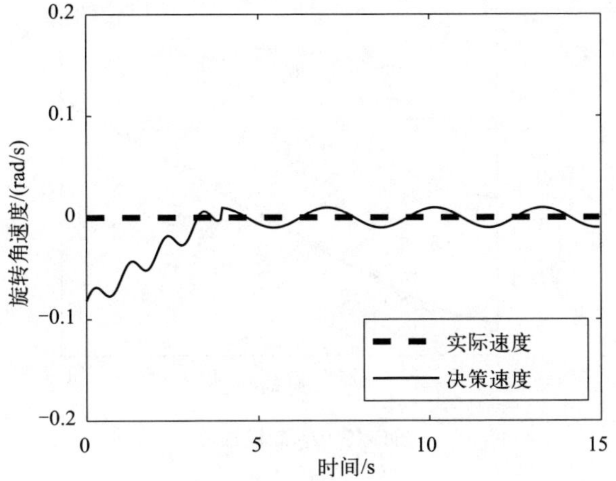

图 6-17　旋转角速度跟踪

接下来，为了进一步说明本节所提出控制方法的优越性，与文献［22］进行仿真对比。文献［22］提出了一种自适应迭代学习控制方法，用于解决外界不确定干扰对双关节自由度刚性机械臂跟踪性能的影响，然而其忽略了机械臂重复学习时间的约束问题，实际上实现的是渐近稳定跟踪。将文献［22］中的迭代控制器加入学习时间约束，仿真结果如图 6-18 ～图 6-20 所示。

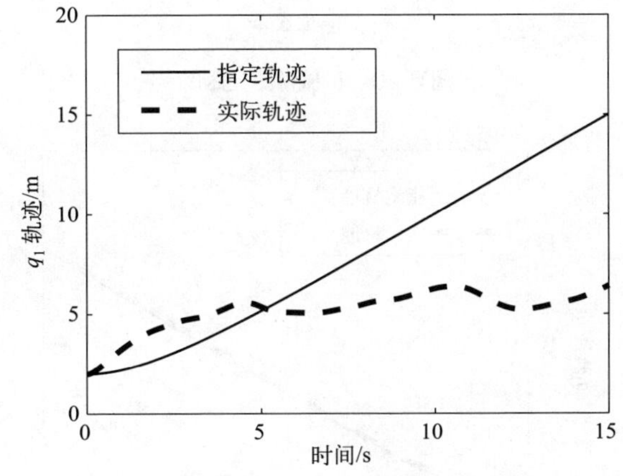

图 6-18　q_1 轨迹跟踪

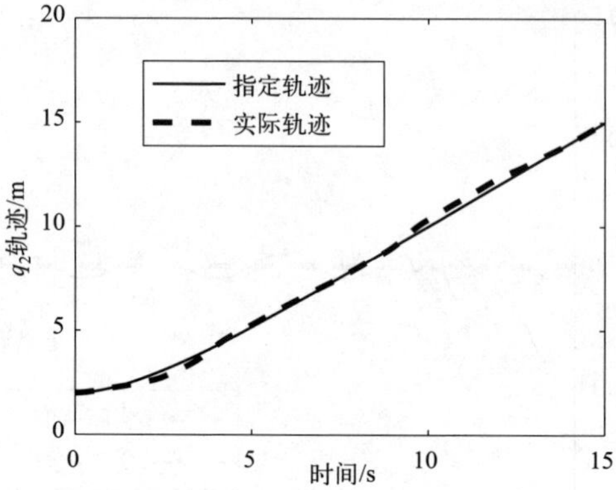

图 6-19 q_2 轨迹跟踪

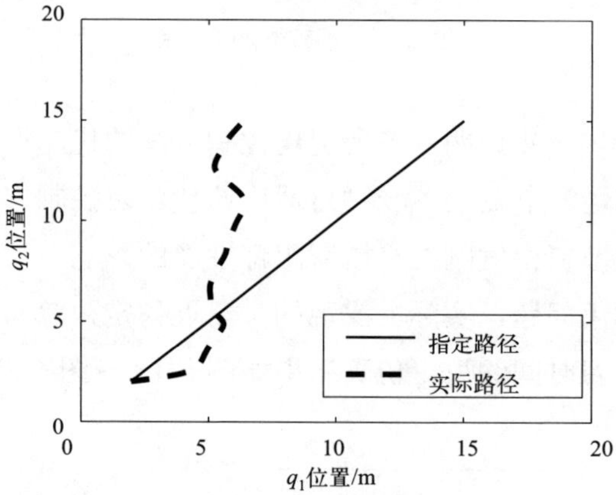

图 6-20 机械臂路径跟踪

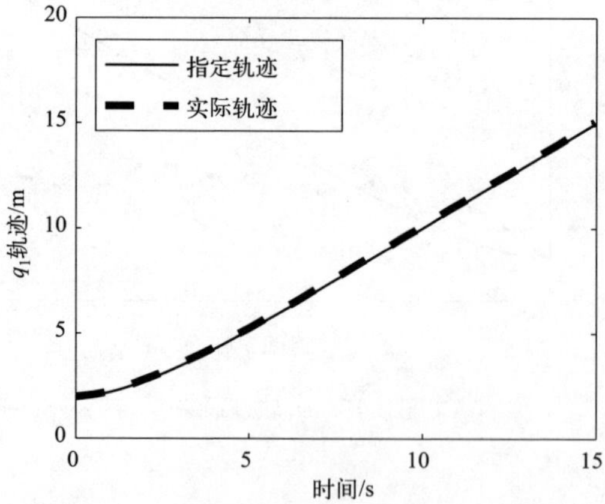

图 6-21 q_1 轨迹跟踪

图6-18、图6-19分别给出了机械臂关节q_1、q_2的角位移跟踪曲线，可以看出双关节q_1和q_2在加入学习时间约束后，无法实现稳定的角位移跟踪。同时，由路径跟踪曲线（图6-20）可知，机械臂实际运动路径与指定路径产生了较大的跟踪误差，有碰撞周围障碍物的危险，这说明文献［22］中的控制器无法在有限的学习时间内实现稳定跟踪。

为了说明本节限时学习迭代控制的有效性，将本节控制器设计方法应用于文献［22］，机械臂跟踪曲线与本节相同，仿真结果如图6-21～图6-25所示。

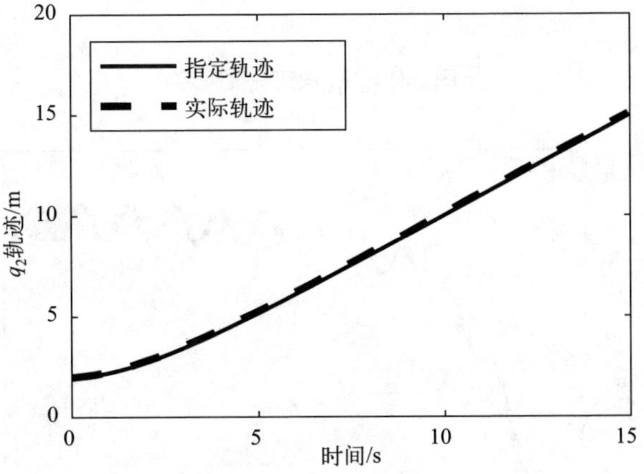

图6-22　q_2轨迹跟踪

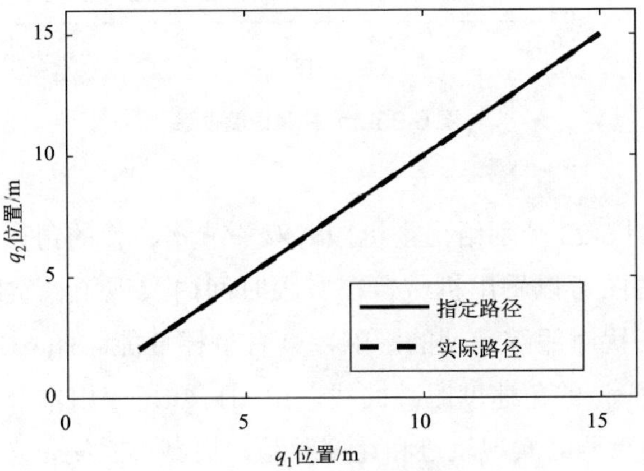

图6-23　机械臂路径跟踪

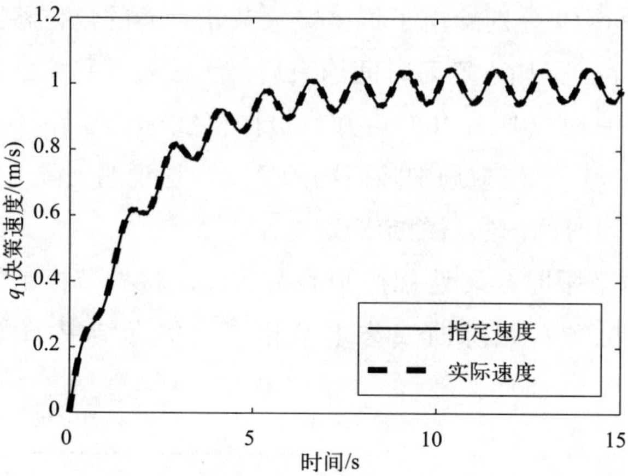

图 6-24 q_1 决策速度跟踪

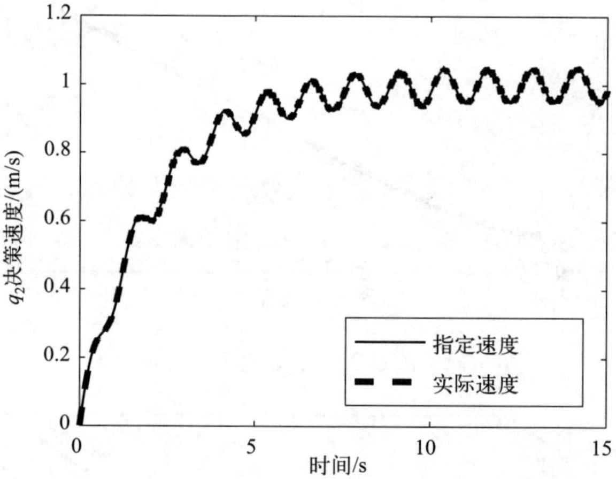

图 6-25 q_2 决策速度跟踪

图 6-21 ～图 6-23 分别给出了机械臂双关节 q_1、q_2 的角位移跟踪曲线和路径跟踪曲线，由图可以看出机械臂在有限时间内实现了稳定跟踪，控制器可以抑制不确定干扰对跟踪运动的影响，具有鲁棒性能。图 6-24、图 6-25 分别给出了关节 q_1 和 q_2 的角速度跟踪曲线，由图可知，应用本节方法设计的控制器在有限时间内可同时实现轨迹和速度跟踪，提高了系统暂态运动阶段的跟踪性能。

进一步，为了验证本节所提每步限时学习控制方法的优越性，与文献［16］进行仿真对比。文献［16］提出了一种带有运动速度约束和部分记忆信息的自适应迭代学习控制方法，用于解决人机不确定性对ODW跟踪性能的影响，同时使康复者在安全速度下完成步行训练。然而，文献［16］忽略了机器人每步学习时间的约束问题，也就意味着文献［16］的跟踪误差系统是渐近稳定的。将文献［16］中的控制器加入时间约束，仿真结果如图6-26～图6-29所示。

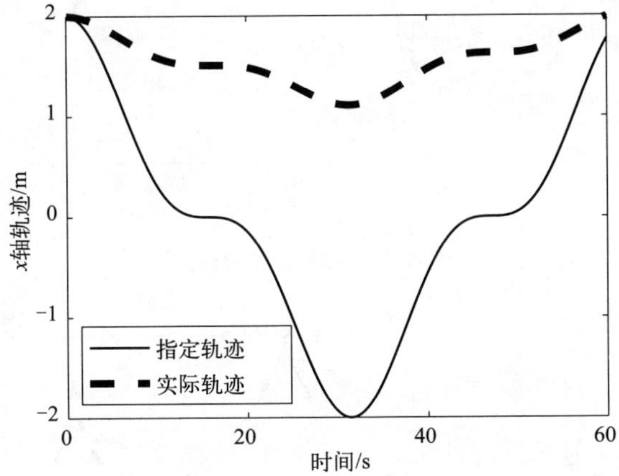

图6-26　x轴轨迹跟踪

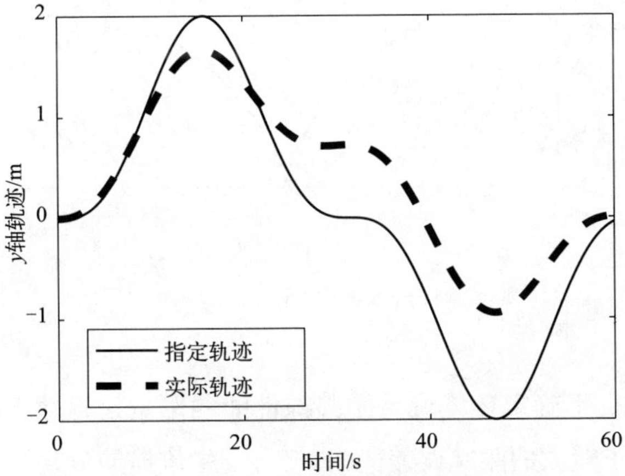

图6-27　y轴轨迹跟踪

图6-26～图6-28给出了ODW在x轴、y轴和旋转角方向的轨迹跟踪曲线，由图可以看出ODW在加入学习时间约束后，无法实现稳定轨迹跟踪。同时，图6-29给出了ODW的路径跟踪曲线，由图可以看出，ODW无法在有限的学

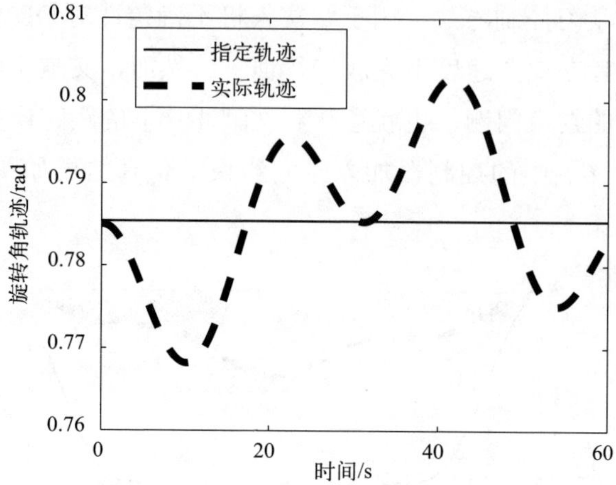

图 6-28　旋转角轨迹跟踪

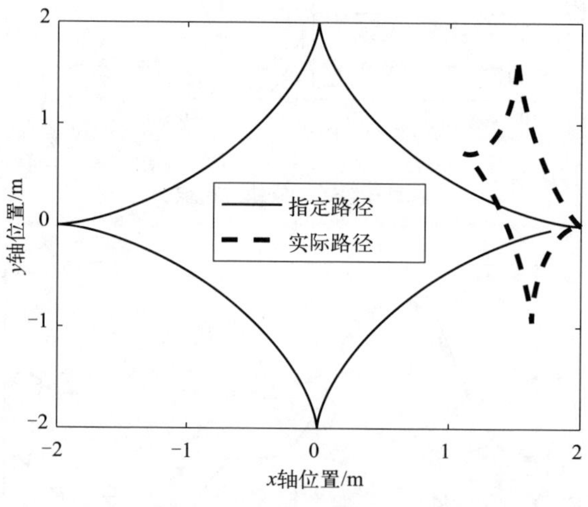

图 6-29　路径跟踪

习时间内抑制人机不确定环境对系统跟踪性能的影响，导致机器人的实际路径与指定路径产生了较大的跟踪误差，ODW有发生碰撞的危险性，说明文献［16］中的控制器无法在有限的学习时间内实现稳定跟踪。因此，与文献［16］方法相比，本节所提方法能够使系统更快地进入稳定状态，避免了初始运动阶段调整时间过长，使机器人可能与周围障碍物发生碰撞，影响人机系统的安全性。

接下来，为了说明本节提出方法的优势，与文献［23］和［16］的控制方法进行性能对比。文献［23］和［16］提出了具有速度约束的康复机器人跟踪控制方法，然而其忽略了康复者在步行训练过程中位姿变化对机器人运动的影响。将本节系统偏移变化量应用于文献［23］和［16］的康复机器人，并且跟踪本节的路径和速度，结果如表 6-3 所示。

表 6-3　控制方法性能对比

参数	本节所提方法	文献［23］方法	文献［16］方法
$\lvert e_{1x}\rvert$	0 ～ 0.005m	0 ～ 1.29m	0 ～ 1.59m
$\lvert e_{1y}\rvert$	0 ～ 0.007m	0 ～ 2.63m	0 ～ 2.63m
$\lvert e_{1\theta}\rvert$	0 ～ 0.008rad	0 ～ 0.65rad	0 ～ 2rad
$\lvert V_x(t)\rvert$	0 ～ 1m/s	0 ～ 0.25m/s	0 ～ 0.25m/s
$\lvert V_y(t)\rvert$	0 ～ 1m/s	0 ～ 0.25m/s	0 ～ 0.25m/s
$\lvert V_\theta(t)\rvert$	0 ～ 0.1rad/s	0 ～ 0.25rad/s	0 ～ 0.25rad/s

由表 6-3 可知，与文献［23］和［16］对比，本节所提方法抑制了系统不确定偏移量对人机系统跟踪性能的影响，提高了跟踪精度。文献［23］和［16］方法将 ODW 实际速度约束在指定范围内，保障了人机系统运动速度的安全。尽管本节中 ODW 采用主动训练模式，康复者也不能以过大的主动速度进行训练，这主要是因为过大的速度可能使康复者腿部运动受损，所以约束人机系统的运动速度对保障康复者的安全性也是非常重要的。

6.2　运动速度约束的迭代学习控制方法

6.2.1　速度约束的模型预测方法

由 ODW 运动学模型［式（2-8）］可得：

$$\dot{\boldsymbol{X}}(t)=\boldsymbol{K}_W^{-1}(t)\boldsymbol{V}(t) \tag{6-30}$$

其中，$\boldsymbol{K}_W^{-1}(t)=(\boldsymbol{K}_G^{\mathrm{T}}(t)\boldsymbol{K}_G(t))^{-1}\boldsymbol{K}_G^{\mathrm{T}}(t)$表示$\boldsymbol{K}_G(\mathrm{t})$的广义逆矩阵。令$\boldsymbol{X}(t)=[x(t)\quad y(t)\quad \theta(t)]^{\mathrm{T}}$表示系统状态变量，$\boldsymbol{V}(t)=[v_1(t)\quad v_2(t)\quad v_3(t)\quad v_4(t)]^{\mathrm{T}}$表示系统速度输入，$\boldsymbol{Y}(t)=\dot{\boldsymbol{X}}(t)$表示系统输出，采用前馈差分方法离散化模型［式（6-30）］，并将速度输入写成增量形式，可得 ODW 预测模型如下：

$$\begin{cases}\boldsymbol{X}(k+1)=\boldsymbol{A}\boldsymbol{X}(k)+\boldsymbol{B}\boldsymbol{V}(k)\\ \boldsymbol{V}(k)=\boldsymbol{V}(k-1)+\Delta\boldsymbol{V}(k)\\ \boldsymbol{Y}(k)=\dot{\boldsymbol{X}}(k)=\boldsymbol{B}\boldsymbol{V}(k)\end{cases}$$

其中，$\boldsymbol{V}(k-1)$表示系统前一时刻速度输入，$\Delta\boldsymbol{V}(k)=[\Delta v_1(k)\quad\Delta v_2(k)\quad\Delta v_3(k)\quad\Delta v_4(k)]^{\mathrm{T}}$表示当前时刻速度增量，$\boldsymbol{A}=\boldsymbol{I}_3$为单位矩阵，$\boldsymbol{B}=T\boldsymbol{K}_W^{-1}(t)$为输入矩阵，$T$为采样周期。

设N为预测时域，N_{C}为控制时域。为了约束ODW在x轴、y轴和旋转角三个方向的运动速度，建立预测时域内运动速度$\bar{\dot{\boldsymbol{X}}}$以及各个轮子速度输入$\bar{\boldsymbol{V}}$的约束条件如下：

$$\begin{cases}\bar{\dot{\boldsymbol{X}}}_{\min}\leqslant\bar{\dot{\boldsymbol{X}}}\leqslant\bar{\dot{\boldsymbol{X}}}_{\max}\\ \bar{\boldsymbol{V}}_{\min}\leqslant\bar{\boldsymbol{V}}\leqslant\bar{\boldsymbol{V}}_{\max}\end{cases}\tag{6-31}$$

其中$\bar{\boldsymbol{V}}=[\boldsymbol{V}^{\mathrm{T}}(k|k)\ \boldsymbol{V}^{\mathrm{T}}(k+1|k)\cdots\boldsymbol{V}^{\mathrm{T}}(k+N_{\mathrm{C}}-1|k)]^{\mathrm{T}}$表示控制时域内$k$时刻到$k+N_{\mathrm{C}}-1$时刻的速度输入，$\bar{\dot{\boldsymbol{X}}}=[\dot{\boldsymbol{X}}^{\mathrm{T}}(k|k)\ \dot{\boldsymbol{X}}^{\mathrm{T}}(k+1|k)\cdots\dot{\boldsymbol{X}}^{\mathrm{T}}(k+N-1|k)]^{\mathrm{T}}$表示预测时域内$k$时刻到$k+N-1$时刻的运动速度，$\bar{\boldsymbol{V}}_{\max}$和$\bar{\boldsymbol{V}}_{\min}$分别表示控制时域内系统输入的最大值和最小值，且$\bar{\boldsymbol{V}}_{\max}=-\bar{\boldsymbol{V}}_{\min}$；$\bar{\dot{\boldsymbol{X}}}_{\max}$和$\bar{\dot{\boldsymbol{X}}}_{\min}$分别表示预测时域内ODW运动速度的最大值和最小值，且$\bar{\dot{\boldsymbol{X}}}_{\max}=-\bar{\dot{\boldsymbol{X}}}_{\min}$。

由模型（6-30）可得预测时域内ODW运动速度如下：

$$\bar{\dot{\boldsymbol{X}}}=\boldsymbol{\varGamma}\boldsymbol{V}(k-1)+\boldsymbol{\varTheta}\Delta\bar{\boldsymbol{V}}\tag{6-32}$$

其中，$\Delta\bar{\boldsymbol{V}}=[\Delta\boldsymbol{V}^{\mathrm{T}}(k|k)\ \Delta\boldsymbol{V}^{\mathrm{T}}(k+1|k)\ \cdots\ \Delta\boldsymbol{V}^{\mathrm{T}}(k+N_C-1|k)]^{\mathrm{T}}$表示控制时域内ODW系统输入增量，且$\boldsymbol{\varGamma}=\boldsymbol{F}_q\boldsymbol{Z}_0$，$\boldsymbol{\varTheta}=\boldsymbol{F}_q\boldsymbol{Z}_1$，

$$\boldsymbol{Z}_0=\begin{bmatrix}\boldsymbol{I}_4\\ \boldsymbol{I}_4\\ \vdots\\ \boldsymbol{I}_4\end{bmatrix}_N,\ \boldsymbol{Z}_1=\begin{bmatrix}\boldsymbol{I}_4 & \boldsymbol{0} & \cdots & \boldsymbol{0}\\ \boldsymbol{I}_4 & \boldsymbol{I}_4 & \cdots & \boldsymbol{0}\\ \vdots & \vdots & \ddots & \vdots\\ \boldsymbol{I}_4 & \boldsymbol{I}_4 & \cdots & \boldsymbol{I}_4\end{bmatrix}_N,\ \boldsymbol{F}_q=\begin{bmatrix}\boldsymbol{F}(k) & \boldsymbol{0} & \cdots & \boldsymbol{0}\\ \boldsymbol{0} & \boldsymbol{F}(k+1) & \cdots & \boldsymbol{0}\\ \vdots & \vdots & \ddots & \vdots\\ \boldsymbol{0} & \boldsymbol{0} & \cdots & \boldsymbol{F}(k+N-1)\end{bmatrix}$$

$\boldsymbol{F}(k+\varepsilon)$，$\varepsilon=0,1,\cdots,N-1$表示预测时域内$k$时刻到$k+N-1$时刻系统对应的输入系数矩阵。将式(6-32）代入式(6-31）可得增量$\Delta\bar{\boldsymbol{V}}$的约束条件为：

$$\begin{cases}\boldsymbol{d}_{1\min}\leqslant\boldsymbol{\varTheta}\Delta\bar{\boldsymbol{V}}\leqslant\boldsymbol{d}_{1\max}\\ \boldsymbol{d}_{2\min}\leqslant\boldsymbol{Z}_1\Delta\bar{\boldsymbol{V}}\leqslant\boldsymbol{d}_{2\max}\end{cases}\tag{6-33}$$

其中，

$$\boldsymbol{d}_{1\min}=\bar{\dot{\boldsymbol{X}}}_{\min}-\boldsymbol{\varGamma}\boldsymbol{V}(k-1)$$

$$\boldsymbol{d}_{1\max} = \bar{\dot{\boldsymbol{X}}}_{\max} - \boldsymbol{\Gamma V}(k-1)$$

$$\boldsymbol{d}_{2\min} = \bar{\boldsymbol{V}}_{\min} - \boldsymbol{Z}_0 \boldsymbol{V}(k-1)$$

$$\boldsymbol{d}_{2\max} = \bar{\boldsymbol{V}}_{\max} - \boldsymbol{Z}_0 \boldsymbol{V}(k-1)$$

进一步，式（6-33）可以转化为如下形式：

$$\boldsymbol{\Theta}_0 \Delta \bar{\boldsymbol{V}} \leqslant \boldsymbol{d} \tag{6-34}$$

其中，$\boldsymbol{\Theta}_0 = [-\boldsymbol{\Theta}_1^{\mathrm{T}}\ \boldsymbol{\Theta}_1^{\mathrm{T}}\ -\boldsymbol{Z}_1^{\mathrm{T}}\ \boldsymbol{Z}_1^{\mathrm{T}}]^{\mathrm{T}}$，$\boldsymbol{d} = [-\boldsymbol{d}_{1\min}^{\mathrm{T}}\ \boldsymbol{d}_{1\max}^{\mathrm{T}}\ -\boldsymbol{d}_{2\min}^{\mathrm{T}}\ \boldsymbol{d}_{2\max}^{\mathrm{T}}]^{\mathrm{T}}$。

为了使预测时域内速度跟踪误差和控制时域内速度输入增量最小，建立目标性能函数如下：

$$J = \min(\bar{\dot{\boldsymbol{X}}} - \bar{\dot{\boldsymbol{X}}}_{\mathrm{d}})^{\mathrm{T}} \boldsymbol{\Xi} (\bar{\dot{\boldsymbol{X}}} - \bar{\dot{\boldsymbol{X}}}_{\mathrm{d}}) + \Delta \bar{\boldsymbol{V}}^{\mathrm{T}} \boldsymbol{H} \Delta \bar{\boldsymbol{V}} \tag{6-35}$$

其中，$\bar{\dot{\boldsymbol{X}}}_{\mathrm{d}} = [\dot{\boldsymbol{X}}_{\mathrm{d}}^{\mathrm{T}}(k|k)\ \dot{\boldsymbol{X}}_{\mathrm{d}}^{\mathrm{T}}(k+1|k) \cdots \dot{\boldsymbol{X}}_{\mathrm{d}}^{\mathrm{T}}(k+N-1|k)]^{\mathrm{T}}$ 表示预测时域内 ODW 系统指定的运动速度，$\boldsymbol{\Xi}$ 和 $\boldsymbol{H}$ 分别表示适当维数的正定对称矩阵。将式（6-32）代入式（6-35），目标函数转化为如下形式：

$$J = \min \frac{1}{2} \Delta \bar{\boldsymbol{V}}^{\mathrm{T}} \boldsymbol{Q} \Delta \bar{\boldsymbol{V}} + \boldsymbol{n}^{\mathrm{T}} \Delta \bar{\boldsymbol{V}} \tag{6-36}$$

其中，$\boldsymbol{Q} = 2(\boldsymbol{\Theta}^{\mathrm{T}} \boldsymbol{\Xi} \boldsymbol{\Theta} + \boldsymbol{H})$，$\boldsymbol{n} = 2\boldsymbol{\Theta}^{\mathrm{T}} \boldsymbol{\Xi} \left(\boldsymbol{\Gamma V}(k-1) - \bar{\dot{\boldsymbol{X}}}_{\mathrm{d}} \right)$。结合式（6-34）和式（6-36）得到运动速度约束优化问题如下：

$$\begin{cases} J = \min \dfrac{1}{2} \Delta \bar{\boldsymbol{V}}^{\mathrm{T}} \boldsymbol{Q} \Delta \bar{\boldsymbol{V}} + \boldsymbol{n}^{\mathrm{T}} \Delta \bar{\boldsymbol{V}} \\ \boldsymbol{\Theta}_0 \Delta \bar{\boldsymbol{V}} \leqslant \boldsymbol{d} \end{cases} \tag{6-37}$$

进一步，根据式（6-37）通过求解二次规划问题，可得速度增量 $\Delta \bar{\boldsymbol{V}}(k)$，再利用 ODW 预测模型［式（6-30）］计算 $\boldsymbol{V}(k)$，得到每个轮子受限的运动速度，并将其应用于运动学模型［式（6-29）］，进而约束 ODW 在 x 轴、y 轴和旋转角方向的实际运动速度。

6.2.2 部分记忆信息的迭代学习控制方法

令 $\boldsymbol{x}_{1,i}(t) = \boldsymbol{X}_i(t)$，$\boldsymbol{x}_{2,i}(t) = \dot{\boldsymbol{X}}_i(t)$，则模型［式（6-2）］转化为如下形式：

$$\begin{cases} \dot{\boldsymbol{x}}_{1,i}(t) = \boldsymbol{x}_{2,i}(t) \\ \dot{\boldsymbol{x}}_{2,i}(t) = \boldsymbol{M}_a^{-1} \boldsymbol{B}(\theta) \boldsymbol{u}_i(t) - \boldsymbol{\varphi}_{\mathrm{d}}(t) \end{cases} \tag{6-38}$$

其中，$\boldsymbol{\varphi}_{\mathrm{d}}(t)=\boldsymbol{\eta}(t)$。

令 $\boldsymbol{X}_{\mathrm{d}}(t)$ 表示医生指定的运动轨迹，$\boldsymbol{x}_{1,i}(t)$ 表示 ODW 第 i 次学习的实际运动轨迹，$\boldsymbol{V}(t)$ 表示第 6.2.1 节中受约束的运动速度，令 $\boldsymbol{e}_{1,i}(t)=\boldsymbol{x}_{1,i}(t)-\boldsymbol{X}_{\mathrm{d}}(t)$ 表示轨迹跟踪误差，$\boldsymbol{e}_{2,i}(t)=\boldsymbol{V}(t)-\dot{\boldsymbol{X}}_{\mathrm{d}}(t)$ 表示速度跟踪误差，则可得跟踪误差系统如下：

$$\begin{cases}\dot{\boldsymbol{e}}_{1,i}(t)=\boldsymbol{e}_{2,i}(t)\\ \dot{\boldsymbol{e}}_{2,i}(t)=\boldsymbol{M}_a^{-1}\boldsymbol{B}(\theta)\boldsymbol{u}_i(t)-\boldsymbol{\varphi}_{\mathrm{d}}(t)-\ddot{\boldsymbol{X}}_{\mathrm{d}}(t)\end{cases} \tag{6-39}$$

第 i 次迭代学习控制器设计如下：

$$\boldsymbol{u}_i(t)=\widehat{\boldsymbol{B}}(\theta)\boldsymbol{M}_a(-c\boldsymbol{e}_{1,i}(t)-\varepsilon\boldsymbol{e}_{2,i}(t)-\hat{\boldsymbol{\varphi}}_{\mathrm{d},i}(t)+\ddot{\boldsymbol{X}}_{\mathrm{d}}(t)-\lambda\widehat{\boldsymbol{e}}_{2,i}^{\mathrm{T}}(t)) \tag{6-40}$$

并且为了抑制不同训练者产生的人机不确定性，设计迭代学习自适应律如下：

$$\hat{\boldsymbol{\varphi}}_{\mathrm{d},i}(t)=\alpha\hat{\boldsymbol{\varphi}}_{\mathrm{d},i-1}(t)+\gamma\boldsymbol{e}_{2,i}(t) \tag{6-41}$$

其中，$0<\alpha<1$ 表示部分记忆信息因子，$\gamma>0$ 表示学习增益，$\widehat{\boldsymbol{B}}(\theta)=\boldsymbol{B}^{\mathrm{T}}(\theta)(\boldsymbol{B}(\theta)\boldsymbol{B}^{\mathrm{T}}(\theta))^{-1}$ 表示 $\boldsymbol{B}(\theta)$ 的广义逆矩阵，$\widehat{\boldsymbol{e}}_{2,i}^{\mathrm{T}}(t)=\boldsymbol{e}_{2,i}(t)(\boldsymbol{e}_{2,i}^{\mathrm{T}}(t)\boldsymbol{e}_{2,i}(t))^{-1}$ 表示 $\boldsymbol{e}_{2,i}(t)$ 的广义逆矩阵，$\hat{\boldsymbol{\varphi}}_{\mathrm{d},i}(t)$ 表示人机不确定性 $\boldsymbol{\varphi}_{\mathrm{d}}(t)$ 在第 i 次学习时的估计值，估计误差 $\tilde{\boldsymbol{\varphi}}_{\mathrm{d},i}(t)=\boldsymbol{\varphi}_{\mathrm{d}}(t)-\hat{\boldsymbol{\varphi}}_{\mathrm{d},i}(t)$，且 $\hat{\boldsymbol{\varphi}}_{\mathrm{d},-1}(t)=\begin{bmatrix}0 & 0 & 0\end{bmatrix}^{\mathrm{T}}$。

6.2.3 跟踪误差系统稳定性分析

定理 6.2 针对人机不确定性 ODW 跟踪误差系统［式（6-39)］，设计具有部分记忆信息的自适应迭代学习限速控制器［式（6-40)］、迭代学习自适应律［式（6-41)］，随迭代学习次数 i 不断增加，则跟踪误差系统渐近稳定，即 $\lim\limits_{i\to\infty}\boldsymbol{e}_{1,i}(t)=\lim\limits_{i\to\infty}\boldsymbol{e}_{2,i}(t)=\boldsymbol{0}$。

证明： 设计如下 Lyapunov 函数

$$V_i(t)=\frac{1}{2}\boldsymbol{e}_{1,i}^{\mathrm{T}}(t)\boldsymbol{e}_{1,i}(t)+\frac{1}{2}\boldsymbol{e}_{2,i}^{\mathrm{T}}(t)\boldsymbol{e}_{2,i}(t) \tag{6-42}$$

沿跟踪误差系统（6-39）对式（6-42）求导，可得：

$$\begin{aligned}\dot{V}_i(t)&=\boldsymbol{e}_{1,i}^{\mathrm{T}}(t)\boldsymbol{e}_{2,i}(t)+\boldsymbol{e}_{2,i}^{\mathrm{T}}(t)\dot{\boldsymbol{e}}_{2,i}(t)\\&=\boldsymbol{e}_{1,i}^{\mathrm{T}}(t)\boldsymbol{e}_{2,i}(t)-\boldsymbol{e}_{2,i}^{\mathrm{T}}(t)(\boldsymbol{M}_3^{-1}\boldsymbol{B}(\theta)\boldsymbol{u}_i(t)-\boldsymbol{\varphi}_{\mathrm{d}}(t)-\ddot{\boldsymbol{X}}_{\mathrm{d}}(t))\\&\leqslant-\beta\boldsymbol{e}_{2,i}^{\mathrm{T}}(t)\boldsymbol{e}_{2,i}(t)-\boldsymbol{e}_{2,i}^{\mathrm{T}}(t)\tilde{\boldsymbol{\varphi}}_{d,i}(t)-\lambda\end{aligned} \tag{6-43}$$

选取 $\lambda\geqslant\dfrac{1}{2\gamma}\left[(1-\alpha)\boldsymbol{\varphi}_{\mathrm{d}}^2(t)-(\alpha-\alpha^2)\hat{\boldsymbol{\varphi}}_{\mathrm{d},i-1}^2(t)\right]$，并定义 $\boldsymbol{L}_i(t)$ 函数如下：

$$\boldsymbol{L}_i(t)=\boldsymbol{V}_i(t)+\frac{1}{2\gamma}\int_0^t\tilde{\boldsymbol{\varphi}}_{\mathrm{d},i}^2(\tau)\,\mathrm{d}\tau \tag{6-44}$$

其中，

$$\begin{aligned}\boldsymbol{V}_i(t)&=\boldsymbol{V}_i(0)+\int_0^t\dot{\boldsymbol{V}}_i(\tau)\mathrm{d}\tau\\&\leqslant\boldsymbol{V}_i(0)+\int_0^t-\beta\boldsymbol{e}_{2,i}^{\mathrm{T}}(\tau)\boldsymbol{e}_{2,i}(\tau)-\boldsymbol{e}_{2,i}^{\mathrm{T}}(\tau)\tilde{\boldsymbol{\varphi}}_{\mathrm{d},i}(\tau)-\lambda\mathrm{d}\tau\end{aligned} \tag{6-45}$$

令

$$\begin{aligned}\Delta\boldsymbol{L}_i(t)&=\boldsymbol{L}_i(t)-\alpha\boldsymbol{L}_{i-1}(t)\\&=\boldsymbol{V}_i(t)-\alpha\boldsymbol{V}_{i-1}(t)+\frac{1}{2\gamma}\int_0^t\tilde{\boldsymbol{\varphi}}_{\mathrm{d},i}^2(\tau)-\alpha\tilde{\boldsymbol{\varphi}}_{\mathrm{d},i-1}^2(\tau)\mathrm{d}\tau\\&\leqslant-\alpha\boldsymbol{V}_{i-1}(t)+\boldsymbol{V}_i(0)+\int_0^t-\varepsilon\boldsymbol{e}_{2,i}^{\mathrm{T}}(\tau)\boldsymbol{e}_{2,i}(\tau)\\&\quad-\boldsymbol{e}_{2,i}^{\mathrm{T}}(\tau)\tilde{\boldsymbol{\varphi}}_{\mathrm{d},i}(\tau)-\lambda\mathrm{d}\tau+\frac{1}{2\gamma}\int_0^t\tilde{\boldsymbol{\varphi}}_{\mathrm{d},i}^2(\tau)-\alpha\tilde{\boldsymbol{\varphi}}_{\mathrm{d},i-1}^2(\tau)\mathrm{d}\tau\end{aligned} \tag{6-46}$$

其中，

$$\begin{aligned}\tilde{\boldsymbol{\varphi}}_{\mathrm{d},i}^2(t)-\alpha\tilde{\boldsymbol{\varphi}}_{\mathrm{d},i-1}^2(t)&=(\boldsymbol{\varphi}_{\mathrm{d}}(t)-\hat{\boldsymbol{\varphi}}_{\mathrm{d},i}(t))^2-\alpha(\boldsymbol{\varphi}_{\mathrm{d}}(t)-\hat{\boldsymbol{\varphi}}_{\mathrm{d},i-1}(t))^2\\&=-(\hat{\boldsymbol{\varphi}}_{\mathrm{d},i}(t)-\alpha\hat{\boldsymbol{\varphi}}_{\mathrm{d},i-1}(t))^2-2\tilde{\boldsymbol{\varphi}}_{\mathrm{d},i}^{\mathrm{T}}(\hat{\varphi}_{\mathrm{d},i}(t)-\\&\quad\alpha\hat{\boldsymbol{\varphi}}_{\mathrm{d},i-1}(t))+(1-\alpha)\boldsymbol{\varphi}_{\mathrm{d}}^2-(\alpha-\alpha^2)\hat{\boldsymbol{\varphi}}_{\mathrm{d},i-1}^2(t)\end{aligned} \tag{6-47}$$

令 $\boldsymbol{V}_i(0)=0$，由此可得：

$$\Delta\boldsymbol{L}_i(t)\leqslant-\alpha\boldsymbol{V}_{i-1}(t)-\varepsilon\int_0^t\boldsymbol{e}_{2,i}^{\mathrm{T}}(\tau)\,\boldsymbol{e}_{2,i}(\tau)\mathrm{d}\tau<0 \tag{6-48}$$

由于 $0<\alpha<1$，根据式（6-48）可知 $\boldsymbol{L}_i(t)$ 为递减函数。

接下来，当 i=0 时，对式(6-44）求导，可得：

$$\dot{\boldsymbol{L}}_0(t)=\boldsymbol{e}_{1,0}^{\mathrm{T}}(t)\boldsymbol{e}_{2,0}(t)+\boldsymbol{e}_{2,0}^{\mathrm{T}}(t)\dot{\boldsymbol{e}}_{2,0}(t)+\frac{1}{2\gamma}\tilde{\boldsymbol{\varphi}}_{\mathrm{d},0}^2(t) \tag{6-49}$$

其中，

$$\begin{aligned}&\boldsymbol{e}_{1,0}^{\mathrm{T}}(t)\boldsymbol{e}_{2,0}(t)+\boldsymbol{e}_{2,0}^{\mathrm{T}}(t)\dot{\boldsymbol{e}}_{2,0}(t)\\&\leqslant-\beta\boldsymbol{e}_{2,0}^{\mathrm{T}}(t)\boldsymbol{e}_{2,0}(t)+\boldsymbol{e}_{2,0}^{\mathrm{T}}(t)\tilde{\boldsymbol{\varphi}}_{\mathrm{d},0}(t)\\&\leqslant-\beta\boldsymbol{e}_{2,0}^{\mathrm{T}}(t)\boldsymbol{e}_{2,0}(t)+\boldsymbol{e}_{2,0}^{\mathrm{T}}(t)(\boldsymbol{\varphi}_{\mathrm{d}}(t)-\hat{\boldsymbol{\varphi}}_{\mathrm{d},0}(t))\end{aligned} \tag{6-50}$$

$$\begin{aligned}\frac{1}{2\gamma}\tilde{\boldsymbol{\varphi}}_{\mathrm{d},0}^2(t)&=\frac{1}{2\gamma}(\boldsymbol{\varphi}_{\mathrm{d}}(t)-\hat{\boldsymbol{\varphi}}_{\mathrm{d},0}(t))^2\\&=\frac{1}{2\gamma}(\boldsymbol{\varphi}_{\mathrm{d}}(t)-\varepsilon\boldsymbol{e}_{2,0}(t))^2\\&=\frac{1}{2\gamma}\boldsymbol{\varphi}_{\mathrm{d}}^2(t)-\boldsymbol{\varphi}_{\mathrm{d}}(t)\boldsymbol{e}_{2,0}(t)+\frac{\gamma}{2}\boldsymbol{e}_{2,0}^2(t)\end{aligned} \tag{6-51}$$

将式（6-50）和式（6-51）代入式（6-49），可得

$$\begin{aligned}\dot{\boldsymbol{L}}_0(t) &\leqslant \frac{1}{2\gamma}\boldsymbol{\varphi}_{\mathrm{d}}^2(t)-\left(\varepsilon+\frac{\gamma}{2}\right)\boldsymbol{e}_{2,0}^{\mathrm{T}}(t)\boldsymbol{e}_{2,0}(t)\\ &\leqslant \frac{1}{2\gamma}\boldsymbol{\varphi}_{\mathrm{d}}^2(t)\end{aligned} \tag{6-52}$$

由于 $\boldsymbol{L}_0(t)$ 可导且导数小于有界值，所以 $\boldsymbol{L}_0(t)$ 在 $t\in[0, T]$ 连续且有界，从而可知 $\boldsymbol{L}_i(t)$ 有界。

进一步，由式（6-46）可得：

$$\boldsymbol{L}_i(t)=\alpha^i\boldsymbol{L}_0(t)+\sum_{j=1}^{i}\alpha^{i-j}\Delta\boldsymbol{L}_j(t) \tag{6-53}$$

根据式（6-48）可知：

$$\boldsymbol{L}_i(t)\leqslant\alpha^i\boldsymbol{L}_0(t)-\alpha\sum_{j=1}^{i}\alpha^{i-j}\boldsymbol{V}_j(t) \tag{6-54}$$

从而可以得到：

$$\sum_{j=1}^{i}\alpha^{i-j}\boldsymbol{V}_{j-1}(t)\leqslant\alpha^{i-1}\boldsymbol{L}_0(t)-\frac{1}{\alpha}\boldsymbol{L}_i(t)\leqslant\boldsymbol{L}_0(t) \tag{6-55}$$

根据式（6-55），由级数收敛的必要条件可得：

$$\lim_{i\to\infty}\boldsymbol{e}_{1,i}(t)=\lim_{i\to\infty}\boldsymbol{e}_{2,i}(t)=\boldsymbol{0}$$

由此可知，随学习次数不断增加，具有部分记忆信息的自适应迭代学习限速控制器可使跟踪误差系统渐近稳定。

6.2.4 仿真分析

为了验证本节提出的控制方法的有效性，对医生指定的如下曲线训练轨迹 $\boldsymbol{X}_{\mathrm{d}}(t)$ 进行了跟踪。

$$x_{\mathrm{d}}(t)=2\cos^3(0.1t)$$
$$y_{\mathrm{d}}(t)=2\sin^3(0.1t)$$

$$\theta_{\mathrm{d}}(t)=\frac{\pi}{4}$$

仿真研究中，设置 M=58kg，m=60×(1+rand( ))kg，L=0.4m，I_0=27.7kg·m²，r_0=0.4m，β=π/4。初始值 $\boldsymbol{X}(0)=[2\ \ 0\ \ \pi/4]^{\mathrm{T}}$，$\boldsymbol{V}(0)=[0\ \ 0\ \ 0\ \ 0]^{\mathrm{T}}$，设学习次数

i=20，控制器参数以及速度约束范围分别如表 6-4 和表 6-5 所示。

表 6-4　控制器参数

α	c	ε	λ	γ	Ξ	H
0.5	25	23	21	16	diag（98，96，98）	diag（1，12，2）

表 6-5　速度约束值

$\lvert v_x(t)\rvert$	$\lvert v_y(t)\rvert$	$\lvert v_\theta(t)\rvert$
0.25m/s	0.25m/s	0.25rad/s

仿真结果如图 6-30 ～图 6-37 所示。

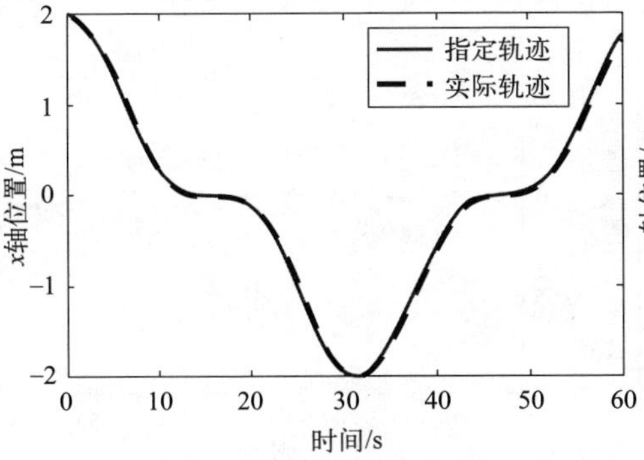

图 6-30　x 轴轨迹跟踪

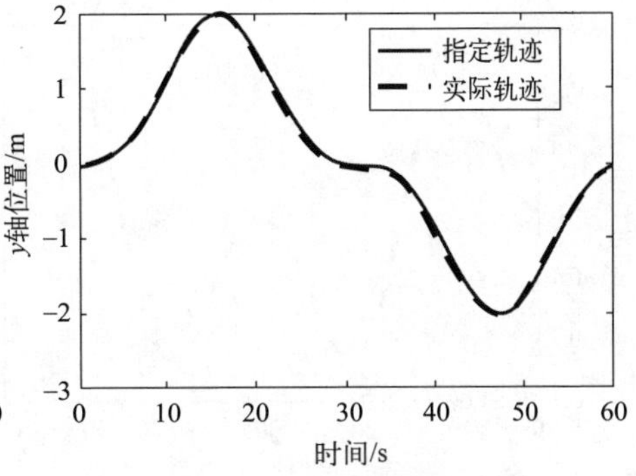

图 6-31　y 轴轨迹跟踪

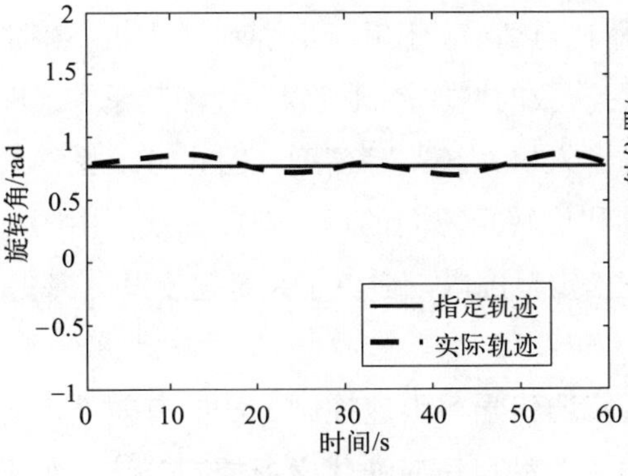

图 6-32　旋转角轨迹跟踪

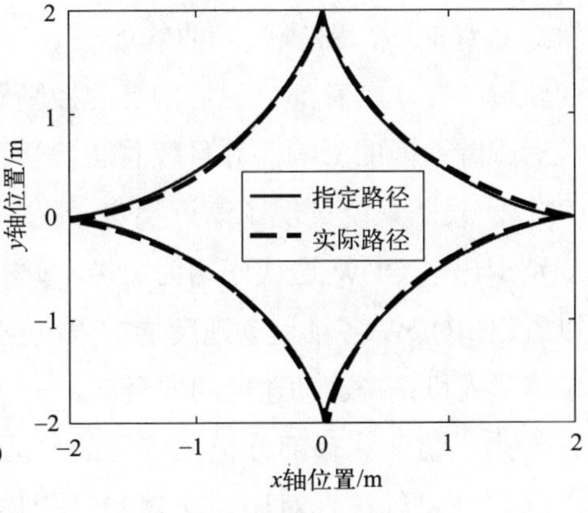

图 6-33　路径跟踪

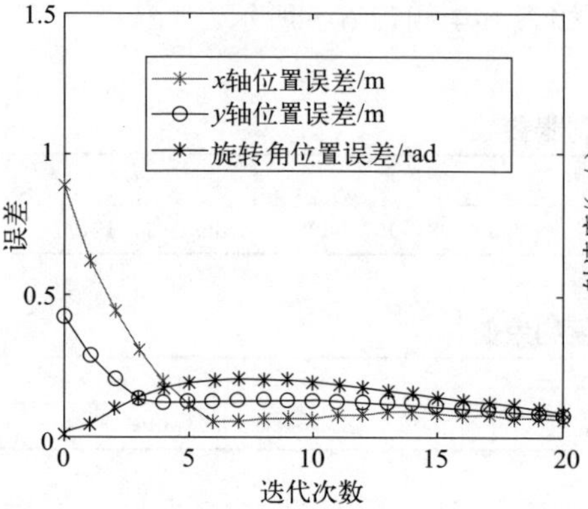

图 6-34　学习 20 次的轨迹跟踪误差

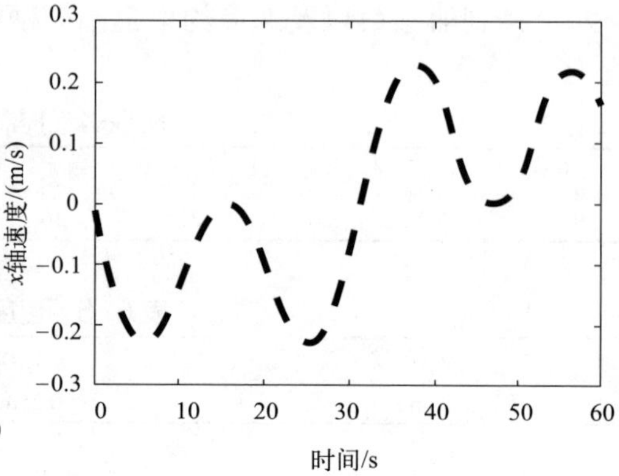

图 6-35　*x* 轴运动速度

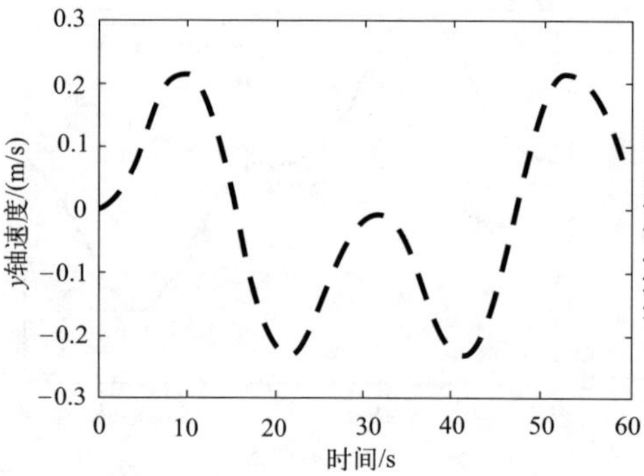

图 6-36　*y* 轴运动速度

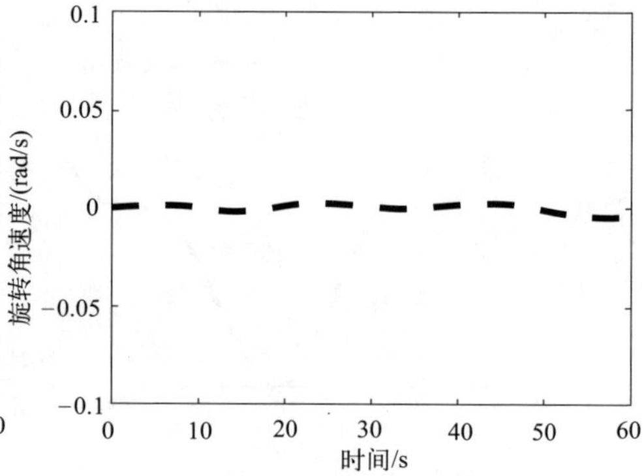

图 6-37　旋转角速度

图 6-30 ～图 6-32 分别给出了 ODW 迭代学习时 x 轴、y 轴和旋转角方向的轨迹跟踪曲线，路径跟踪曲线如图 6-33 所示。由图可知，人机系统实现了稳定的轨迹跟踪，具有部分记忆信息的控制器在自适应律作用下，抑制了人机不确定性对跟踪性能的影响，并且随着迭代学习次数的增加，轨迹误差逐渐趋于零（图 6-34），误差系统实现了渐近稳定，提高了人机系统跟踪精度。图 6-35 ～图 6-37 分别给出了 ODW 迭代学习时 x 轴、y 轴和旋转角方向的运动速度曲线。由图可以看出，ODW 各轴运动速度均被限制在指定范围内，避免了系统速度发生突变，保障了人机系统运动速度的安全性。

为了验证具有部分记忆信息的自适应迭代学习限速控制方法的有效性，与文献 [22] 进行仿真对比。文献 [22] 提出了一种自适应迭代学习控制方法，用于解决刚性机械臂的轨迹跟踪问题，然而其忽略了机械臂重复学习时只能记忆上次学习的部分信息，以及所搬运货物不确定的质量对机械臂跟踪性能的影响；

更重要的是，没有考虑机械臂运动速度约束，严重影响了工作环境的安全性，导致实际应用中具有局限性。将文献 [22] 迭代学习控制器设置为只记忆上一次学习的部分信息，并将货物质量设置为随机变量，机械臂跟踪曲线和控制器与文献 [22] 相同，仿真结果如图 6-38 ～图 6-42 所示。

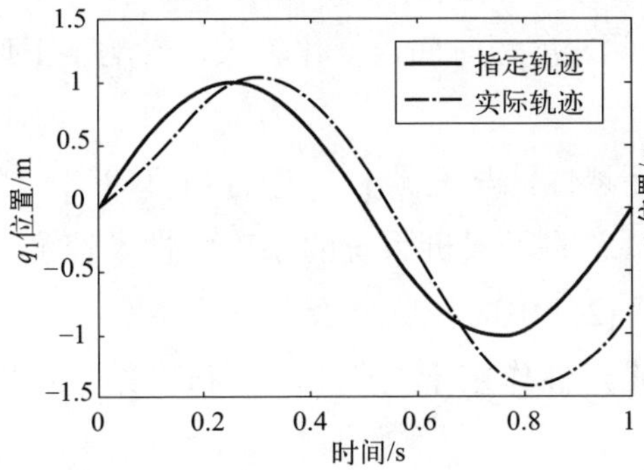

图 6-38　q_1 轨迹跟踪

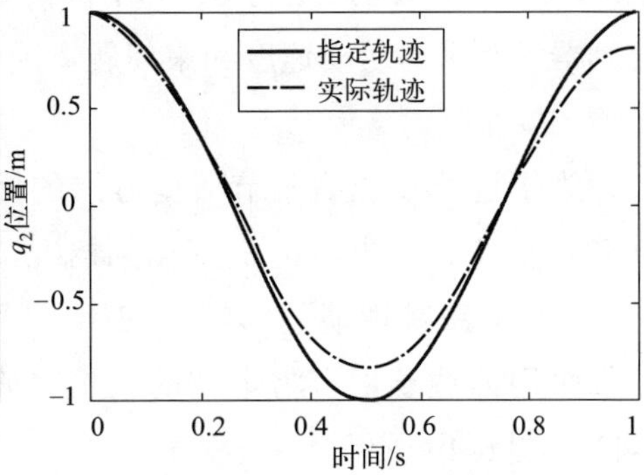

图 6-39　q_2 轨迹跟踪

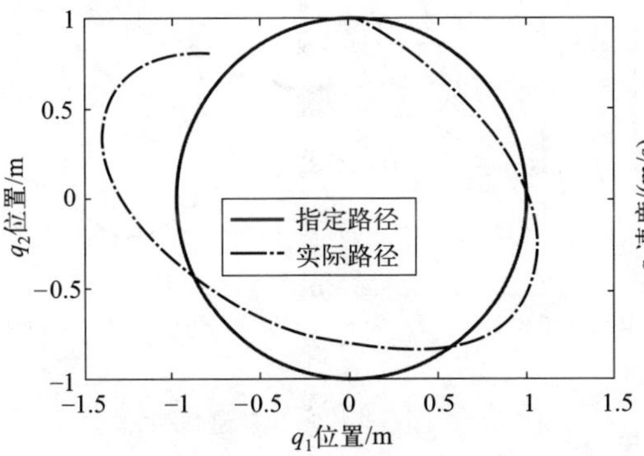

图 6-40　路径跟踪

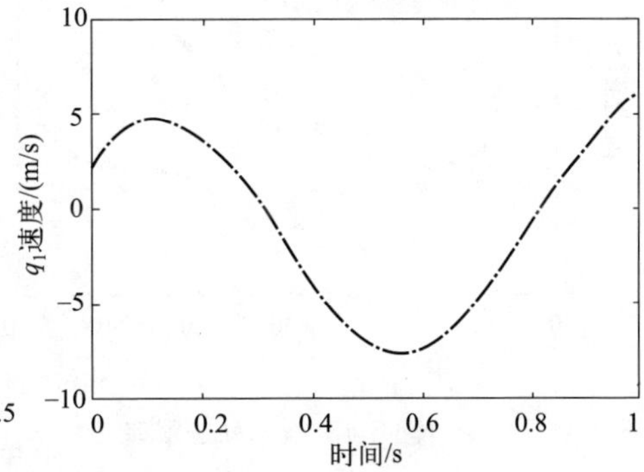

图 6-41　q_1 运动速度

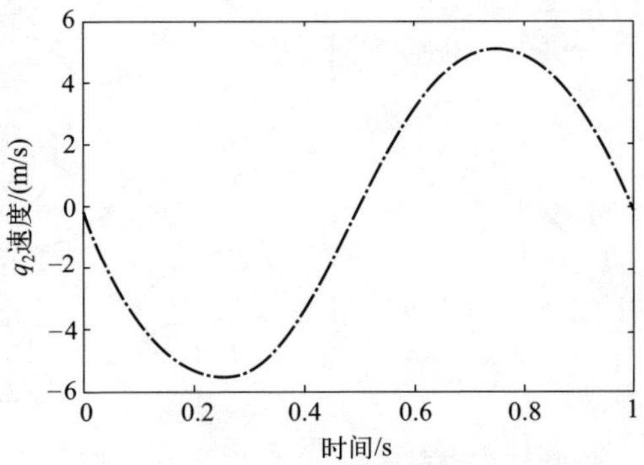

图 6-42　q_2 运动速度

图 6-38 ～图 6-40 分别给出了关节 q_1 和 q_2 的角位移跟踪曲线和路径跟踪曲线。由图可知，关节 q_1 和 q_2 没有实现指定的角位移跟踪，同时机械臂产生了较大的路径跟踪误差，说明文献 [22] 中的迭代学习控制器，在货物质量随机变化以及只记忆部分信息的情况下，无法使 ODW 系统实现稳定跟踪。图 6-41、图 6-42 分别给出了关节 q_1 和 q_2 运动的角速度曲线，由于文献 [22] 中的控制器没有考虑运动速度约束问题，因此速度短时间内变化较大，影响了工作环境的安全性。

为了进一步说明本节所提方法的优越性，与文献 [21] 进行仿真对比。文献 [21] 仅考虑了重心随机变化的情况，忽略了人机系统的不确定性及速度约束对 ODW 跟踪性能的影响。应用文献 [21] 中的控制器及各变量取值，跟踪路径采用曲边菱形，将本节的人机不确定性作用于文献 [21]，仿真结果如图 6-43 ～图 6-49 所示。

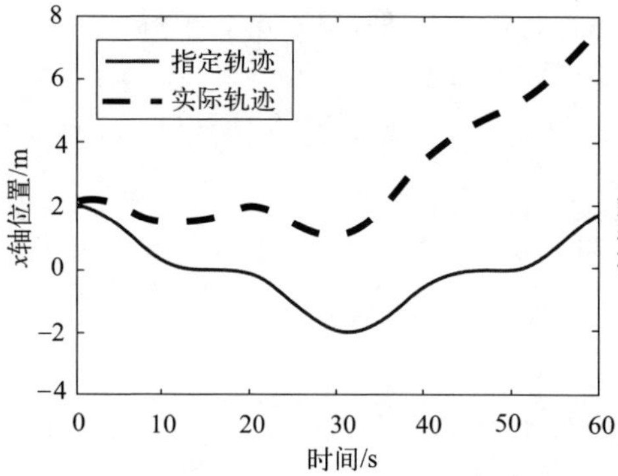

图 6-43　x 轴轨迹跟踪

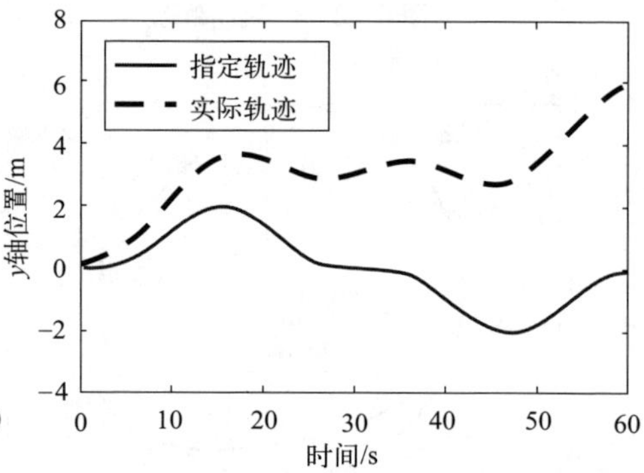

图 6-44　y 轴轨迹跟踪

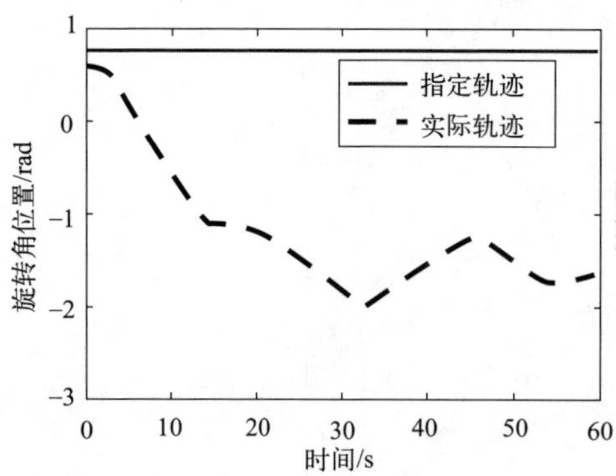

图 6-45　旋转角轨迹跟踪

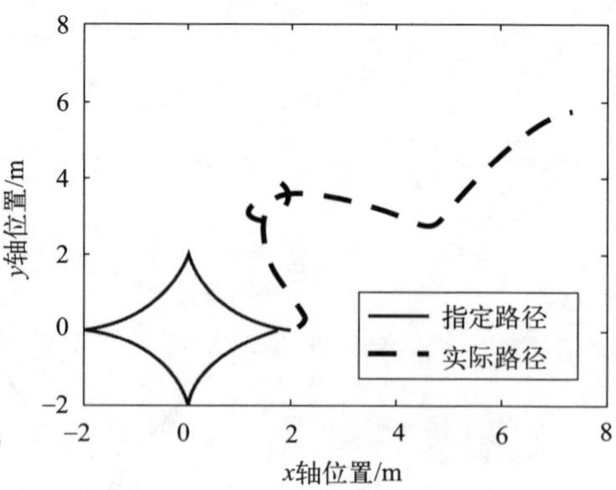

图 6-46　路径跟踪

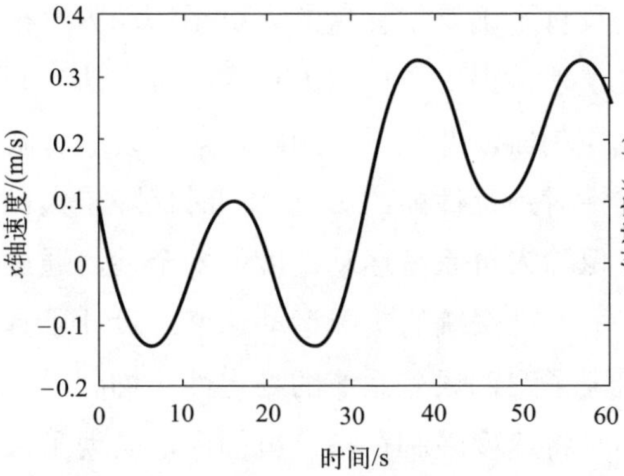

图 6-47　x 轴速度

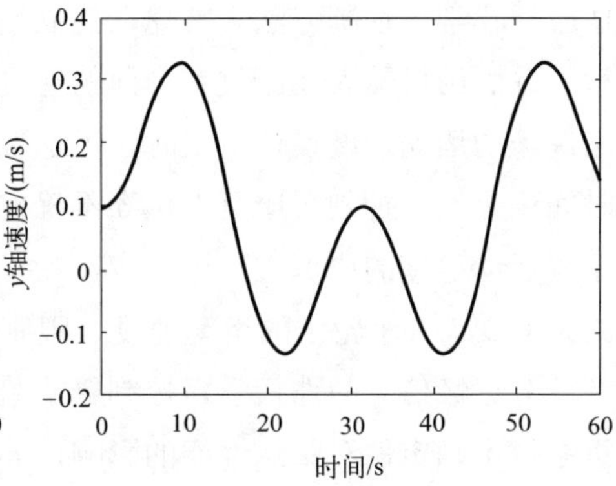

图 6-48　y 轴速度

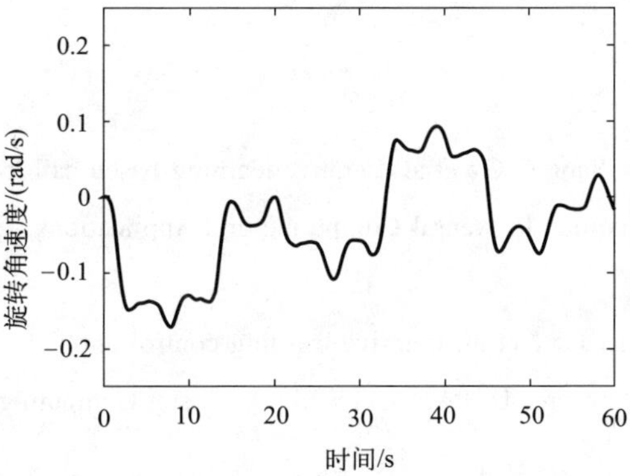

图 6-49　旋转角速度

图 6-43 ～图 6-46 分别给出了 ODW 在 x 轴、y 轴和旋转角方向上的轨迹跟踪曲线和路径跟踪曲线。从图中可以看出，ODW 无法实现稳定的跟踪训练，过大的路径跟踪误差会使 ODW 发生碰撞危险，而且无法抑制人机不确定性对跟踪性能的影响。图 6-47 ～图 6-49 分别给出了 ODW 在 x 轴、y 轴和旋转角方向上的运动速度曲线。由图可以看出，ODW 运动速度没有被限制在指定的安全范围内，过大的速度会导致人机运动不协调而威胁训练者的安全。由此可知，解决人机不确定性及速度约束对提高系统跟踪精度和安全性具有重要作用。

6.3　本章小结

本章提出了一种具有速度感知的限时学习迭代控制方法和速度约束的自

适应迭代学习控制方法。首先，建立了具有不确定偏移量的人机系统动力学模型，并利用机器人和康复者当前的速度误差，提出了机器人速度决策方法；利用决策的运动速度设计了限时学习迭代控制器，并分析了跟踪误差系统的有限时间稳定性，抑制了康复者位姿不确定性对跟踪性能的影响，同时保障了人机系统运动速度的协调性。进一步，为了保障人机系统运动速度的安全性，通过约束 ODW 每个轮子的运动速度，限制了人机系统的实际运动速度；设计了具有部分记忆信息的迭代学习控制器，验证了跟踪误差系统的稳定性，抑制了人机系统不确定性对跟踪性能的影响，同时将速度限制在指定范围内，实现了人机系统速度协调的安全训练。

参考文献

［1］Maqsood K，Luo J，Yang C G，et al. Iterative learning-based path control for robot-assisted upper-limb rehabilitation [J]. Neural Computing and Applications，2023，35（32）：23329-23341.

［2］Tu X K，Zhou X，Li J X，et al. Iterative learning control applied to a hybrid rehabilitation exoskeleton system powered by PAM and FES [J]. Cluster Computing，2017，20（4）：2855-2868.

［3］Esmaeili B，Madani S S，Salim M，et al. Model-free adaptive iterative learning integral terminal sliding mode control of exoskeleton robots [J]. Journal of Vibration and Control，2022，28（21/22）：3120-3139.

［4］Sun Z B，Li F，Duan X Q，et al. A novel adaptive iterative learning control approach and human-in-the-loop control pattern for lower limb rehabilitation robot in disturbances environment [J]. Autonomous Robots，2021，45（4）：595-610.

［5］Octavio N，Pierre-jean M，Stephen T，et al. Robust control of the sit-to-stand movement for a powered lower limb orthosis [J]. IEEE Transactions on Control Systems Technology，2020，28（6）：2390-2403.

［6］Li X，Liu Y H，Yu H Y. Iterative learning impedance control for rehabilitation robots driven by series elastic actuators [J]. Automatica，2018，90: 1-7.

［7］Zhu X F，Wang J H. Double iterative compensation learning control for active training of upper limb rehabilitation robot [J]. International Journal of Control，Automation and

Systems，2018，16（3）：1312-1322.

[8] 刘红霞，史玄玄，沈某全 . 基于数据驱动的非线性网络系统自适应迭代学习控制 [J]. 控制与决策，2021，36（6）：1523-1528.

[9] Zhang D L，Wang Z N，Masayoshi T. Neural-network-based iterative learning control for multiple tasks [J]. IEEE Transactions on Neural Networks and Learning Systems，2021，32（9）：4178-4190.

[10] 齐丽强，孙明轩，管海娃 . 非参数不确定系统的有限时间迭代学习控制 [J]. 自动化学报，2014，40（7）：1320-1327.

[11] Luo D H，Wang J R，Shen D，et al. Iterative learning control for fractional-order multi-agent systems [J]. Journal of The Franklin Institute-Engineering and Applied Mathematics，2019，356（12）：6328-6351.

[12] Gu P P，Tian S P. Consensus control of singular multi-agent systems based on iterative learning approach [J]. IMA Journal of Mathematical Control and Information 2020，37（1）：531-559.

[13] Li J S，Liu S Y，Li J M. Observer-based distributed adaptive iterative learning control for linear multi-agent systems [J]. International Journal of Systems Science，2017，48（14）：2948-2955.

[14] Ao D，Song R，Gao J W. Movement performance of human-robot cooperation control based on EMG-driven hill-type and proportional models for an ankle power-assist exoskeleton robot [J]. IEEE Transactions on Neural Systems & Rehabilitation Engineering，2017，25(8)：1125-1134.

[15] Ge Y Y，Zhu F，Huang W，et al. Multi-agent cooperation Q-learning algorithm based on constrained Markov Game [J]. Computer Science and Information Systems，2020，17（2）：647-664.

[16] 孙平，单芮，王硕玉 . 人机不确定条件下康复步行训练机器人的部分记忆迭代学习限速控制 [J]. 机器人，2021，43（4）：502-512.

[17] Hou R，Cui L Z，Bu X H，et al. Distributed formation control for multiple non-holonomic wheeled mobile robots with velocity constraint by using improved data-driven iterative learning [J]. Applied Mathematics and Computation，2021，395：125829.

[18] Sun P，Shan R，Wang S Y. An intelligent rehabilitation robot with passive and active direct switching training：Improving intelligence and security of human-robot interaction systems[J]. IEEE Robotics & Automation Magazine，2023，30（1）：72-83.

［19］Sun P，Wang S Y，Chang H B. Tracking control and identification of interaction forces for a rehabilitative training walker whose centre of gravity randomly shifts [J]. International Journal of Control，2021，94（5）：1143-1155.

［20］单芮，孙平，王硕玉．康复机器人具有速度决策的每步限时学习控制方法 [J]. 控制与决策，2024，39（8）：2679-2684.

［21］Chang H B，Sun P，Wang S Y. Output tracking control for an omnidirectional rehabilitative training walker with incomplete measurements and random parameters [J]. International Journal of Systems Science，2017，48（12）：2509-2521.

［22］Tayebi A. Adaptive iterative learning control for robot manipulators [J]. Automatica，2004，40（7）：1195-1203.

［23］Sun P，Wang S Y，Shan R. Finite-time tracking control with velocity constraints for the stochastic rehabilitative training walker systems considering different rehabilitee masses [J]. Nonlinear Dynamics，2021，106（4）：3285-3304.

第7章

康复机器人意图轨迹识别的速度约束跟踪控制

康复机器人在主动训练模式下通常需要识别训练者的运动意图，尤其是在训练者经过一段时间的被动训练后，其步行能力和平衡能力得到了提升，他们更希望主动参与康复训练，而不再是仅仅依赖医生指定的路径完成步行训练[1]。对于训练者的意图识别，利用惯性传感器、力传感器来反馈患肢运动状态，已经实现了一定的识别功能[2]。除此之外，肌电信号、脑电信号、眼电信号等分析患者运动意图的方法也得到了发展[3, 4]。

随着康复者对主动训练的需求增加，近年来研究者们提出了多种运动策略。例如：一种神经网络自适应导纳控制实现了不同强度的主动康复训练[5]；针对穿戴式上肢康复机器人，采用直接力控制和阻抗控制开展了主动康复训练的研究[6]；通过建立系统动态模型和力传感器识别患者施加的人机交互力，并利用弹簧阻尼模型研究了下肢康复机器人主动柔顺控制方法[7]；为了识别康复者的运动意图，利用前臂对下肢康复机器人的压力，采用模糊拉格朗日插值法识别了康复者的运动方向[8]。然而，提高意图识别的准确性依然需要深入研究。

另外，在康复机器人帮助训练者完成步行训练的过程中，由于训练者位姿变化、反馈信息不完整等不确定因素，人机系统运动速度发生突变是难以避免的，因此保障运动速度的安全性极为重要[9-11]。文献 [12，13] 通过幅值受限函数约束系统运动状态，其控制器设计复杂，难以实时跟踪运动轨迹。文献 [14，15] 利用受限的状态变量建立有界函数，通过 Lyapunov 稳定理论求解控制器，由于反馈信息测量误差等，当系统实际状态超出约束范围时，控制器没有主动限制系统状态的性能。文献 [16] 利用模型预测控制方法约束康复机器人的各轴运动速度，通过建立性能指标函数并进行优化求解，使跟踪性能达到最优。然而，上述关于约束系统运动速度的研究，都没有考虑系统的运动环境。实际上，当系统的运动速度受到约束时，往往会使其跟踪性能下降 [17]。如果再考虑人机系统的环境变化，无疑增加了控制器设计的难度。

鉴于以上分析，本章将研究康复者意图训练轨迹的识别方法，并利用障碍李雅普诺夫函数（BLF），设计人机系统速度约束控制器，补偿运动环境对跟踪性能的影响，同时实现意图训练轨迹的精确跟踪，保障运动速度的安全性。

7.1 康复机器人主动训练意图轨迹识别方法

7.1.1 意图轨迹识别的方案设计

康复机器人运动意图轨迹识别主要依靠五个压力传感器，实时测量患者在步行训练中前臂对支撑扶板的压力变化趋势。通过对压力数据进行模糊化处理，从而准确判断患者的意图运动方向，进而识别意图运动轨迹。

意图轨迹识别系统主要包括压力传感器信息采集、压力传感器信息提取以及意图轨迹识别算法三个主要部分。第一部分：患者朝着指定方向运动时，记录患者前臂对支撑扶板的压力变化数据；第二部分：对压力传感器信息进行预处理和特征提取；第三部分：采用模糊推理算法，确定患者的运动意图方向，进而规划患者的意图运动轨迹。意图轨迹识别方案如图 7-1 所示。

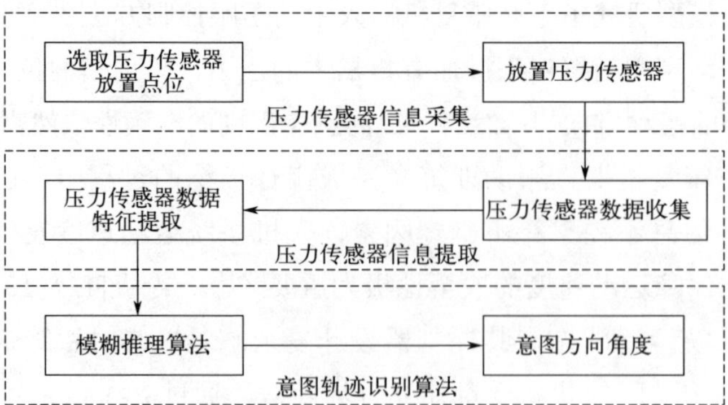

图 7-1 意图轨迹识别方案

康复机器人实际应用中，压力传感器用于测量前臂对支撑扶板产生的压力信息。当患者对其施加压力时，会改变传感器电阻值，从而影响输出电压的数值。为了准确地测量和获取康复者的压力数据，在康复机器人前臂扶板放置的压力传感器如图 7-2 所示。其中 s1 和 s2 为肘部处压力传感器，s3 和 s4 为腕部处压力传感器，s5 为前部的压力传感器。这样放置可以确保获取更全面、精确的压力数据信息，从而更好地识别康复者的运动意图方向。

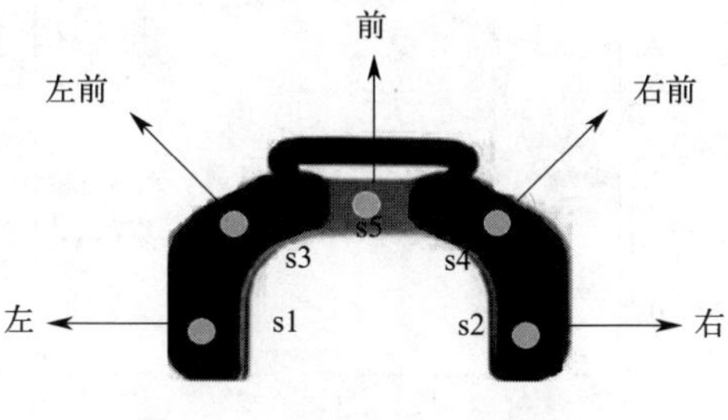

图 7-2　前臂扶板放置的压力传感器

7.1.2　意图轨迹识别的压力数据信息

构建压力数据信息，选取研究生作为实验对象，要求其分别沿着左（0°）、左前（45°）、前（90°）、右前（135°）、右（180°）不同方向行走，将压力传感器与电压模块相连，把实时检测的压力信号转换为相应的电压信号，并通过单片机与电脑端连接，以获取压力的变化数据；同时，对受到干扰导致轻微晃动引起的压力变化，可以进行滤波处理消除产生干扰的压力数据，最终以电压形式呈现的压力变化趋势如图 7-3 所示。

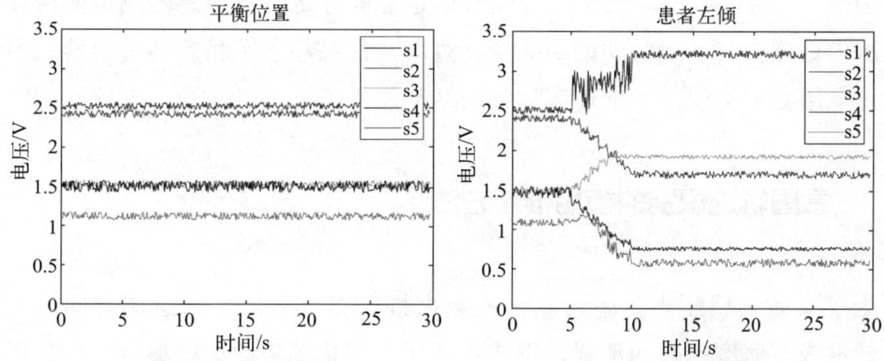

(a) 平稳行走时传感器的电压　(b) 向左运动时传感器的电压

图 7-3

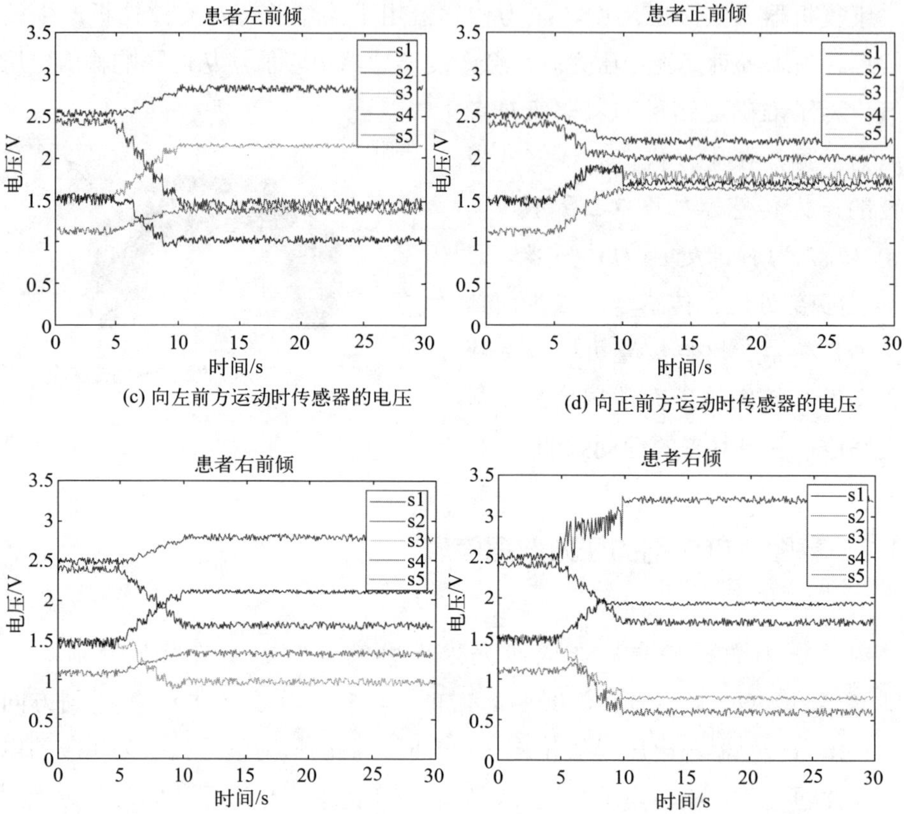

(c) 向左前方运动时传感器的电压

(d) 向正前方运动时传感器的电压

(e) 向右前方运动时传感器的电压

(f) 向右运动时传感器的电压

图 7-3　不同运动方向的压力传感器变化趋势

由图 7-3 可以看出，当实验者朝着指定方向行走时，传感器测得前臂对扶板的压力数据会有一段时间的明显变化过程，然后趋于平稳。各传感器受力情况通过电压数据呈现，为推理康复者的运动意图方向提供了数据支撑。

7.1.3　意图轨迹识别的模糊推理方法

为了有效利用压力传感器测得的数据推理康复者的运动意图方向，需要将其转换成隶属度函数的形式，形成描述压力变化趋势的模糊集合；再将压力传感器提供的输入信号进行模糊化处理，设计模糊规则，并确定每条规则的隶属度函数；进一步，采用最大隶属度函数平均法进行去模糊化处理，得到康复者的运动意图方向，进而规划意图运动轨迹。

当康复者运动方向在（0°，90°）内时，PB 表示左侧压力传感器的模糊输入，PS 表示左前侧压力传感器的模糊输入，ZO 表示正前方压力传感器的模糊输入，NB 表示输出角度范围（0°，45°），NS 表示输出角度范围（30°，60°），PB 表示输出角度范围（60°，90°）；当运动方向在（90°，180°）内时，PB 表示右侧压力传感器的模糊输入，PS 表示右前侧压力传感器的模糊输入，ZO 表示正前方压力传感器的模糊输入，NB 表示输出角度范围（90°，135°），NS 表示输出角度范围（135°，160°），PB 表示输出角度范围（160°，180°）。

当康复者的运动方向在（0°，90°）和（90°，180°）范围内时，处于对称位置的压力传感器变化情况表现出相似性，利用 s1、s3 和 s5 三个压力传感器的信号变化趋势，以 NB 的模糊输出为例，制定模糊规则如表 7-1 所示。

表 7-1　意图运动方向模糊规则

模糊规则	s1	s3	s5	输出 θ
规则 1	PB	PB	PB	NB
规则 2	PB	PB	PS	NB
规则 3	PB	PB	ZO	NB
规则 4	PB	PS	PB	NB
规则 5	PB	PS	PS	NB
规则 6	PB	PS	ZO	NB
规则 7	PB	PO	PB	NB
规则 8	PB	PO	PS	NB
规则 9	PB	PO	ZO	NB

当运动方向在（90°，180°）时，s2、s4 和 s5 的模糊规则制定与 s1、s3 和 s5 相似，只需改变对应运动方向，并把 s1 和 s3 替换为 s2 和 s4 即可。

利用建立的压力信息数据库、相应的隶属度函数以及制定的模糊规则，采用最大隶属度函数平均法进行去模糊化处理，并选取所有规则推理结果的模糊集合中隶属度最大的元素作为意图运动方向 θ，结果如图 7-4 所示。

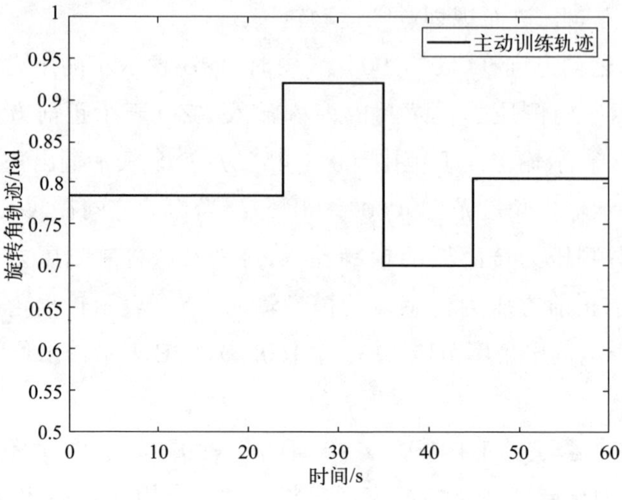

图 7-4　旋转角方向意图运动轨迹

在获得康复者运动意图方向 θ 的基础上，令康复机器人的指定运动速度为 v，利用 x 轴、y 轴运动速度与运动意图方向 θ 的关系，规划 x 轴和 y 轴意图运动轨迹如下：

$$\begin{aligned}\dot{x}_{\mathrm{d}}(t) &= v\cos\theta \\ \dot{y}_{\mathrm{d}}(t) &= v\sin\theta\end{aligned} \tag{7-1}$$

对式（7-1）积分，并利用推理获得的康复者运动意图方向 θ，当运动时间 $t\in[0,24)$ 时，意图运动轨迹为：

$$\begin{aligned}x_{\mathrm{d}}(t) &= vt\cos\theta \\ y_{\mathrm{d}}(t) &= vt\sin\theta \\ \theta_{\mathrm{d}}(t) &= \theta = 0.785\end{aligned} \tag{7-2}$$

当运动时间为 $t\in[24,35)$ 时，意图运动轨迹为：

$$\begin{aligned}x_{\mathrm{d}}(t) &= 24v\cos 0.785 + v(t-24)\cos\theta \\ y_{\mathrm{d}}(t) &= 24v\sin 0.785 + v(t-24)\sin\theta \\ \theta_{\mathrm{d}}(t) &= \theta = 0.921\end{aligned} \tag{7-3}$$

当运动时间为 $t\in[35,45)$ 时，意图运动轨迹为：

$$\begin{aligned}x_{\mathrm{d}}(t) &= 24v\cos 0.785 + 11v\cos 0.921 + v(t-35)\cos\theta \\ y_{\mathrm{d}}(t) &= 24v\sin 0.785 + 11v\sin 0.921 + v(t-35)\sin\theta \\ \theta_{\mathrm{d}}(t) &= \theta = 0.701\end{aligned} \tag{7-4}$$

当运动时间为 $t\in[45,60]$ 时，意图运动轨迹为：

$$\begin{aligned}&x_{\rm d}(t)=24v\cos0.785+11v\cos0.921+10v\cos0.701+v(t-45)\cos\theta\\&y_{\rm d}(t)=24v\sin0.785+11v\sin0.921+10v\sin0.701+0.6\times(t-45)\sin\theta\\&\theta_{\rm d}(t)=\theta=0.806\end{aligned}\tag{7-5}$$

当令康复机器人运动速度 v=0.6m/s 时，得到康复者的 x 轴和 y 轴意图运动轨迹如图 7-5、图 7-6 所示。

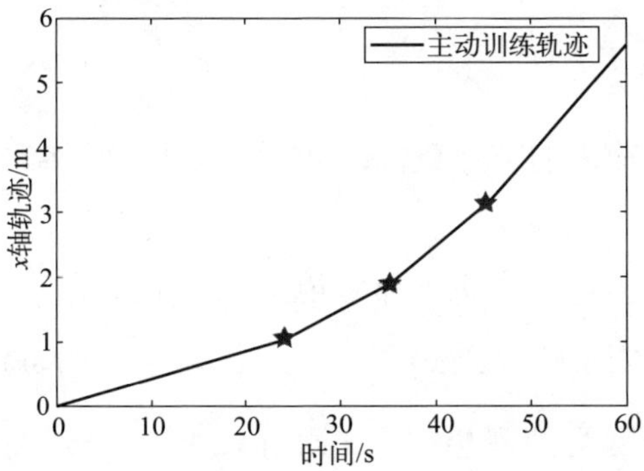

图 7-5　*x* 轴意图运动轨迹

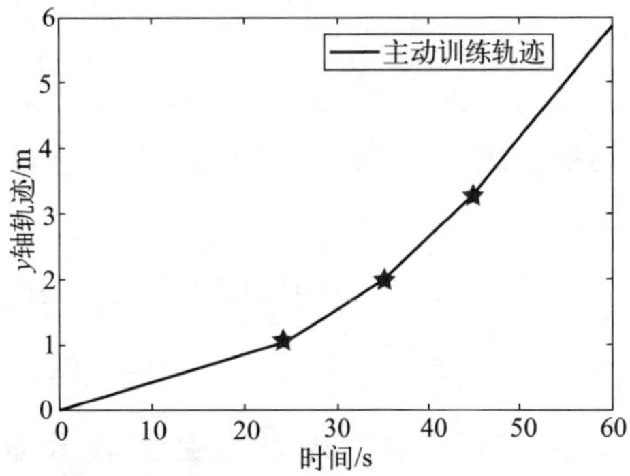

图 7-6　*y* 轴意图运动训练

由图 7-5、图 7-6 可以看出，通过模糊推理获得康复者的意图运动方向后，利用式（7-1）便可以规划康复机器人在 x 轴和 y 轴的意图运动轨迹，从而使康复机器人按照训练者的意图进行步行运动，提高了康复者参与训练的主动性。

7.2　康复机器人运动速度约束跟踪控制

7.2.1　人机合作环境的 RBF 神经网络估计

在实际训练过程中，康复机器人往往容易受到外部环境的干扰，导致产生轨迹跟踪偏差；此外，为了确保康复机器人辅助训练时的安全性，避免速度过快带来的潜在风险，需要对康复机器人的运动速度进行约束。利用康复机器人动力学模型，并考虑人机合作训练环境的不确定干扰，构建 ODW 人机系统如下：

$$\ddot{\boldsymbol{X}}(t)=\boldsymbol{M}_1^{-1}\left[\boldsymbol{B}(\theta)\boldsymbol{u}(t)-\boldsymbol{M}_2\dot{\boldsymbol{X}}(t)\right]+\boldsymbol{\Phi}(t)\tag{7-6}$$

其中，$\boldsymbol{u}(t)=[f_1\quad f_2\quad f_3\quad f_4]^{\rm T}$ 表示系统的控制输入力；$\boldsymbol{\Phi}(t)$ 表示人机合作环境干

扰，对其利用 RBF（Radial Basis Function，径向基函数）神经网络进行估计。非线性激活函数 $h_j(t)$ 表示如下：

$$h_j(t)=\exp\left(-\frac{\left\|\boldsymbol{x}-c_j\right\|^2}{2b_j^2}\right), j=1,2,\cdots,q \tag{7-7}$$

其中，c_j 和 b_j 分别表示第 j 个神经元的中心和高斯基函数的宽度，q 表示神经网络隐含层的节点数。RBF 神经网络的输出形式表示如下：

$$y_i(t)=\sum_{i=1}^{p}W_{ij}h_j(t) \tag{7-8}$$

其中，W_{ij} 表示神经网络的权值，p 表示输出的节点数，y_i（t）表示神经网络的输出。

以 $\boldsymbol{x}=[\boldsymbol{e}(t)\quad \boldsymbol{z}(t)]^{\mathrm{T}}$ 作为神经网络的输入，则人机合作环境干扰表示如下：

$$\boldsymbol{\Phi}(t)=f(\boldsymbol{x})=\boldsymbol{W}^{*\mathrm{T}}h(\boldsymbol{x})+\varepsilon^*(\boldsymbol{x}) \tag{7-9}$$

其中，$\boldsymbol{W}^*=\left[\boldsymbol{W}_1^*\ \ \boldsymbol{W}_2^*\right]^{\mathrm{T}}\in\mathbb{R}^{2\times N}$ 表示神经网络的理想权值，$h(\boldsymbol{x})\in\mathbb{R}^{N\times 1}$ 表示高斯基函数，$\varepsilon^*(\boldsymbol{x})=\left[\varepsilon_1^*\ \ \varepsilon_2^*\right]^{\mathrm{T}}\in\mathbb{R}^{2\times 1}$ 表示神经网络的理想逼近误差，$\boldsymbol{e}(t)$ 和 $\boldsymbol{z}(t)$ 分别表示轨迹跟踪误差和速度跟踪误差。

由于理想权值 $\boldsymbol{W}^*$ 以及理想神经网络逼近误差 $\varepsilon^*(\boldsymbol{x})$ 未知，则有估计误差：

$$\tilde{\boldsymbol{W}}=\hat{\boldsymbol{W}}-\boldsymbol{W}^* \tag{7-10}$$

$$\tilde{\varepsilon}(\boldsymbol{x})=\hat{\varepsilon}(\boldsymbol{x})-\varepsilon^*(\boldsymbol{x}) \tag{7-11}$$

其中，$\hat{\boldsymbol{W}}=\left[\hat{\boldsymbol{W}}_1\ \ \hat{\boldsymbol{W}}_2\right]^{\mathrm{T}}\in\mathbb{R}^{2\times N}$ 表示 $\boldsymbol{W}^*$ 的估计值，$\hat{\varepsilon}(\boldsymbol{x})=\left[\hat{\varepsilon}_1\ \ \hat{\varepsilon}_2\right]^{\mathrm{T}}\in\mathbb{R}^{2\times 1}$ 表示 $\varepsilon^*(\boldsymbol{x})$ 的估计值，则人机合作环境干扰估计如下：

$$\hat{\boldsymbol{\Phi}}(t)=\hat{f}(\boldsymbol{x})=\hat{\boldsymbol{W}}^{\mathrm{T}}h(\boldsymbol{x})+\hat{\varepsilon}(\boldsymbol{x}) \tag{7-12}$$

其中，权值估计值 $\hat{\boldsymbol{W}}$ 和误差估计值 $\hat{\varepsilon}(\boldsymbol{x})$ 需要进行自适应更新设计，以确保人机合作环境不确定干扰估计的准确性。

7.2.2　对数型 BLF 速度约束控制器的设计

令 $\boldsymbol{X}_{\mathrm{d}}(t)$ 表示康复者的意图运动轨迹，$\boldsymbol{x}_1(t)$ 表示康复机器人的实际运动轨迹，轨迹跟踪误差表示如下：

$$\boldsymbol{e}(t)=\boldsymbol{x}_1(t)-\boldsymbol{X}_{\mathrm{d}}(t) \tag{7-13}$$

对式（7-13）求导得到：

$$\dot{\boldsymbol{e}}(t)=\dot{\boldsymbol{x}}_1(t)-\dot{\boldsymbol{X}}_\mathrm{d}(t)=\boldsymbol{x}_2(t)-\dot{\boldsymbol{X}}_\mathrm{d}(t) \tag{7-14}$$

其中，$\boldsymbol{x}_2(t)=\begin{bmatrix}\dot{x}(t) & \dot{y}(t) & \dot{\theta}(t)\end{bmatrix}^\mathrm{T}$ 表示康复机器人在 x 轴、y 轴和旋转角三个方向实际运动的速度。

设计虚拟控制量为：

$$\boldsymbol{\alpha}=-\boldsymbol{e}(t)+\dot{\boldsymbol{X}}_\mathrm{d}(t) \tag{7-15}$$

对式（7-15）求导得到：

$$\dot{\boldsymbol{\alpha}}=-\dot{\boldsymbol{e}}(t)+\ddot{\boldsymbol{X}}_\mathrm{d}(t) \tag{7-16}$$

定义康复机器人系统的速度跟踪误差为：

$$\boldsymbol{z}(t)=\boldsymbol{x}_2(t)-\boldsymbol{\alpha} \tag{7-17}$$

结合式（7-14）和式（7-17）得到：

$$\dot{\boldsymbol{e}}(t)=\boldsymbol{z}(t)+\boldsymbol{\alpha}-\dot{\boldsymbol{X}}_\mathrm{d}(t) \tag{7-18}$$

对式（7-18）求导并结合康复机器人系统式（7-6），得到：

$$\dot{\boldsymbol{z}}(t)=\dot{\boldsymbol{x}}_2(t)-\dot{\boldsymbol{\alpha}}=\boldsymbol{M}_1^{-1}\left[\boldsymbol{B}(\theta)\boldsymbol{u}(t)-\boldsymbol{M}_2\dot{\boldsymbol{X}}(t)\right]+\boldsymbol{\Phi}(t)-\dot{\boldsymbol{\alpha}} \tag{7-19}$$

设计速度约束控制器和神经网络自适应律如下：

$$\boldsymbol{u}(t)=\widehat{\boldsymbol{B}}(\theta)\{\boldsymbol{M}_1[\dot{\boldsymbol{\alpha}}-\boldsymbol{z}(t)-\boldsymbol{e}(t)(\boldsymbol{k}^\mathrm{T}\boldsymbol{k}-\boldsymbol{z}^\mathrm{T}(t)\boldsymbol{z}(t))]+\boldsymbol{M}_2\dot{\boldsymbol{x}}_1(t)-\hat{\boldsymbol{W}}^\mathrm{T}h(\boldsymbol{x})-\hat{\varepsilon}(\boldsymbol{x})\} \tag{7-20}$$

$$\dot{\hat{\boldsymbol{W}}}_\delta=h(\boldsymbol{x})\frac{\boldsymbol{z}^\mathrm{T}(t)}{\boldsymbol{k}^\mathrm{T}\boldsymbol{k}-\boldsymbol{z}^\mathrm{T}(t)\boldsymbol{z}(t)}-\rho\hat{\boldsymbol{W}}_\delta \tag{7-21}$$

$$\dot{\hat{\varepsilon}}_\delta(\boldsymbol{x})=\frac{\boldsymbol{z}^\mathrm{T}(t)}{\boldsymbol{k}^\mathrm{T}\boldsymbol{k}-\boldsymbol{z}^\mathrm{T}(t)\boldsymbol{z}(t)}-\sigma\hat{\varepsilon}_\delta(\boldsymbol{x}) \tag{7-22}$$

其中，$\widehat{\boldsymbol{B}}(\theta)=\boldsymbol{B}^\mathrm{T}(\theta)\left(\boldsymbol{B}(\theta)\boldsymbol{B}^\mathrm{T}(\theta)\right)^{-1}$ 表示 $\boldsymbol{B}(\theta)$ 的伪逆矩阵，$\boldsymbol{k}$ 表示控制器调节参数矩阵，且 $\boldsymbol{k}^\mathrm{T}\boldsymbol{k}>\boldsymbol{z}(0)^\mathrm{T}\boldsymbol{z}(0)$；$\rho>0$ 和 $\sigma>0$ 表示自适应律调节参数，δ=1,2。

7.2.3　跟踪误差系统稳定性分析

引理 7.1[18]　对于 BLF 式（7-23），$k>0$ 表示给定常数，且满足 $|\boldsymbol{z}(0)|<k$，

$$V(t)=\frac{1}{2}\ln\left(\frac{k^2}{k^2-\boldsymbol{z}(t)^2}\right) \tag{7-23}$$

如果 $z(t) \to k$ 时，则 $V(t) \to \infty$，所以只需 $V(t)$ 有界，那么对于 $\forall t \geqslant 0$，均有 $|z(t)| < k$ 成立。

引理 7.2[19] 如果两个变量满足 $|y| < x$，那么

$$-\frac{y^2}{x^2-y^2} < -\ln\frac{y^2}{x^2-y^2} \tag{7-24}$$

定理 7.1 考虑康复机器人跟踪误差系统［式(7-18)、式(7-19)］，在设计的速度约束控制器(7-20)和神经网络自适应律［式(7-21)、式(7-22)］作用下，可使轨迹跟踪误差和速度跟踪误差达到一致有界；并且对于给定的正常数 k，速度跟踪误差满足 $|z(t)| < k$，实现了人机系统运动速度约束。

证明：设计如下含有对数项的 BLF

$$V(t)=\frac{1}{2}\boldsymbol{e}^{\mathrm{T}}(t)\boldsymbol{e}(t)+\frac{1}{2}\ln\frac{\boldsymbol{k}^{\mathrm{T}}\boldsymbol{k}}{\boldsymbol{k}^{\mathrm{T}}\boldsymbol{k}-\boldsymbol{z}^{\mathrm{T}}(t)\boldsymbol{z}(t)}+\frac{1}{2}\tilde{\boldsymbol{W}}_{\delta}^{\mathrm{T}}\tilde{\boldsymbol{W}}_{\delta}+\frac{1}{2}\tilde{\varepsilon}_{\delta}^{\mathrm{T}}(\boldsymbol{x})\tilde{\varepsilon}_{\delta}(\boldsymbol{x}) \tag{7-25}$$

沿式(7-18)和式(7-19)对 $V(t)$ 求导，可得：

$$\begin{aligned}
\dot{V}(t)&=\boldsymbol{e}^{\mathrm{T}}(t)\dot{\boldsymbol{e}}(t)+\frac{\boldsymbol{z}^{\mathrm{T}}(t)\dot{\boldsymbol{z}}(t)}{\boldsymbol{k}^{\mathrm{T}}\boldsymbol{k}-\boldsymbol{z}^{\mathrm{T}}(t)\boldsymbol{z}(t)}+\tilde{\boldsymbol{W}}_{\delta}^{\mathrm{T}}\dot{\hat{\boldsymbol{W}}}_{\delta}+\tilde{\varepsilon}_{\delta}^{\mathrm{T}}(\boldsymbol{x})\dot{\hat{\varepsilon}}_{\delta}(\boldsymbol{x})\\
&=\boldsymbol{e}^{\mathrm{T}}(t)(\boldsymbol{z}(t)+\boldsymbol{\alpha}-\dot{\boldsymbol{X}}_{\mathrm{d}}(t))+\frac{\boldsymbol{z}^{\mathrm{T}}(t)}{\boldsymbol{k}^{\mathrm{T}}\boldsymbol{k}-\boldsymbol{z}^{\mathrm{T}}(t)\boldsymbol{z}(t)}(\boldsymbol{M}_1^{-1}\boldsymbol{B}(\theta)\boldsymbol{u}(t)-\\
&\quad\boldsymbol{M}_1^{-1}\boldsymbol{M}_2\dot{\boldsymbol{x}}_1(t)+\boldsymbol{\Phi}(t)-\dot{\boldsymbol{\alpha}})+\tilde{\boldsymbol{W}}_{\delta}^{\mathrm{T}}\dot{\hat{\boldsymbol{W}}}_{\delta}+\tilde{\varepsilon}_{\delta}^{\mathrm{T}}(\boldsymbol{x})\dot{\hat{\varepsilon}}_{\delta}(\boldsymbol{x})\\
&=\boldsymbol{e}^{\mathrm{T}}(t)\boldsymbol{z}(t)-\boldsymbol{e}^{\mathrm{T}}(t)\boldsymbol{e}(t)+\frac{\boldsymbol{z}^{\mathrm{T}}(t)}{\boldsymbol{k}^{\mathrm{T}}\boldsymbol{k}-\boldsymbol{z}^{\mathrm{T}}(t)\boldsymbol{z}(t)}(\boldsymbol{M}_1^{-1}\boldsymbol{B}(\theta)\boldsymbol{u}(t)-\\
&\quad\boldsymbol{M}_1^{-1}\boldsymbol{M}_2\dot{\boldsymbol{x}}_1(t)+\boldsymbol{W}_{\delta}^{*\mathrm{T}}h(\boldsymbol{x})+\varepsilon_{\delta}^{*\mathrm{T}}(\boldsymbol{x})-\dot{\boldsymbol{\alpha}})+\tilde{\boldsymbol{W}}_{\delta}^{\mathrm{T}}\dot{\hat{\boldsymbol{W}}}_{\delta}+\tilde{\varepsilon}_{\delta}^{\mathrm{T}}(\boldsymbol{x})\dot{\hat{\varepsilon}}_{\delta}(\boldsymbol{x})
\end{aligned} \tag{7-26}$$

将控制器(7-20)代入式(7-26)得到：

$$\begin{aligned}
\dot{V}(t)&=\boldsymbol{e}^{\mathrm{T}}(t)\boldsymbol{z}(t)-\boldsymbol{e}^{\mathrm{T}}(t)\boldsymbol{e}(t)+\frac{\boldsymbol{z}^{\mathrm{T}}(t)}{\boldsymbol{k}^{\mathrm{T}}\boldsymbol{k}-\boldsymbol{z}^{\mathrm{T}}(t)\boldsymbol{z}(t)}(-\boldsymbol{z}(t)-\boldsymbol{e}(t)(\boldsymbol{k}^{\mathrm{T}}\boldsymbol{k}-\boldsymbol{z}^{\mathrm{T}}(t)\boldsymbol{z}(t))\\
&\quad-\hat{\boldsymbol{W}}_{\delta}^{\mathrm{T}}h(\boldsymbol{x})-\hat{\varepsilon}_{\delta}^{\mathrm{T}}(\boldsymbol{x})+\boldsymbol{W}_{\delta}^{*\mathrm{T}}h(\boldsymbol{x})+\varepsilon_{\delta}^{*\mathrm{T}}(\boldsymbol{x}))+\tilde{\boldsymbol{W}}_{\delta}^{\mathrm{T}}\dot{\hat{\boldsymbol{W}}}_{\delta}+\tilde{\varepsilon}_{\delta}^{\mathrm{T}}(\boldsymbol{x})\dot{\hat{\varepsilon}}_{\delta}(\boldsymbol{x})\\
&=-\boldsymbol{e}^{\mathrm{T}}(t)\boldsymbol{e}(t)-\frac{\boldsymbol{z}^{\mathrm{T}}(t)\boldsymbol{z}(t)}{\boldsymbol{k}^{\mathrm{T}}\boldsymbol{k}-\boldsymbol{z}^{\mathrm{T}}(t)\boldsymbol{z}(t)}+\frac{\boldsymbol{z}^{\mathrm{T}}(t)}{\boldsymbol{k}^{\mathrm{T}}\boldsymbol{k}-\boldsymbol{z}^{\mathrm{T}}(t)\boldsymbol{z}(t)}(-\hat{\boldsymbol{W}}_{\delta}^{\mathrm{T}}h(\boldsymbol{x})-\hat{\varepsilon}_{\delta}^{\mathrm{T}}(\boldsymbol{x})\\
&\quad+\boldsymbol{W}_{\delta}^{*\mathrm{T}}h(\boldsymbol{x})+\varepsilon_{\delta}^{*\mathrm{T}}(\boldsymbol{x}))+\tilde{\boldsymbol{W}}_{\delta}^{\mathrm{T}}\dot{\hat{\boldsymbol{W}}}_{\delta}+\tilde{\varepsilon}_{\delta}^{\mathrm{T}}(\boldsymbol{x})\dot{\hat{\varepsilon}}_{\delta}(\boldsymbol{x})\\
&=-\boldsymbol{e}^{\mathrm{T}}(t)\boldsymbol{e}(t)-\frac{\boldsymbol{z}^{\mathrm{T}}(t)\boldsymbol{z}(t)}{\boldsymbol{k}^{\mathrm{T}}\boldsymbol{k}-\boldsymbol{z}^{\mathrm{T}}(t)\boldsymbol{z}(t)}-\frac{\boldsymbol{z}^{\mathrm{T}}(t)}{\boldsymbol{k}^{\mathrm{T}}\boldsymbol{k}-\boldsymbol{z}^{\mathrm{T}}(t)\boldsymbol{z}(t)}(\tilde{\boldsymbol{W}}_{\delta}^{\mathrm{T}}h(\boldsymbol{x})+\tilde{\varepsilon}_{\delta}^{\mathrm{T}}(\boldsymbol{x}))\\
&\quad+\tilde{\boldsymbol{W}}_{\delta}^{\mathrm{T}}\dot{\hat{\boldsymbol{W}}}_{\delta}+\tilde{\varepsilon}_{\delta}^{\mathrm{T}}(\boldsymbol{x})\dot{\hat{\varepsilon}}_{\delta}(\boldsymbol{x})
\end{aligned} \tag{7-27}$$

将神经网络权值自适应律（7-21）和逼近误差自适应律（7-22）代入式（7-27），可得：

$$\begin{aligned}\dot{V}(t)&=-\boldsymbol{e}^{\mathrm{T}}(t)\boldsymbol{e}(t)-\frac{\boldsymbol{z}^{\mathrm{T}}(t)\boldsymbol{z}(t)}{\boldsymbol{k}^{\mathrm{T}}\boldsymbol{k}-\boldsymbol{z}^{\mathrm{T}}(t)\boldsymbol{z}(t)}-\tilde{\boldsymbol{W}}_{\delta}^{\mathrm{T}}\left(\frac{\boldsymbol{z}^{\mathrm{T}}(t)}{\boldsymbol{k}^{\mathrm{T}}\boldsymbol{k}-\boldsymbol{z}^{\mathrm{T}}(t)\boldsymbol{z}(t)}h(\boldsymbol{x})-\dot{\hat{\boldsymbol{W}}}_{\delta}\right)\\&\quad-\tilde{\varepsilon}_{\delta}^{\mathrm{T}}(\boldsymbol{x})\left(\frac{\boldsymbol{z}^{\mathrm{T}}(t)}{\boldsymbol{k}^{\mathrm{T}}\boldsymbol{k}-\boldsymbol{z}^{\mathrm{T}}(t)\boldsymbol{z}(t)}-\dot{\tilde{\varepsilon}}_{\delta}^{\mathrm{T}}(\boldsymbol{x})\right)\\&=-\boldsymbol{e}^{\mathrm{T}}(t)\boldsymbol{e}(t)-\frac{\boldsymbol{z}^{\mathrm{T}}(t)\boldsymbol{z}(t)}{\boldsymbol{k}^{\mathrm{T}}\boldsymbol{k}-\boldsymbol{z}^{\mathrm{T}}(t)\boldsymbol{z}(t)}-\rho\tilde{\boldsymbol{W}}_{\delta}^{\mathrm{T}}\hat{\boldsymbol{W}}_{\delta}-\sigma\tilde{\varepsilon}_{\delta}^{\mathrm{T}}(\boldsymbol{x})\hat{\varepsilon}_{\delta}(\boldsymbol{x})\end{aligned}\tag{7-28}$$

对式（7-28）中 $\tilde{\boldsymbol{W}}_{\delta}^{\mathrm{T}}\hat{\boldsymbol{W}}_{\delta}$ 化简可得：

$$\begin{aligned}\tilde{\boldsymbol{W}}_{\delta}^{\mathrm{T}}\hat{\boldsymbol{W}}_{\delta}&=\frac{1}{2}\tilde{\boldsymbol{W}}_{\delta}^{\mathrm{T}}(\tilde{\boldsymbol{W}}_{\delta}+\boldsymbol{W}_{\delta}^{*})+\frac{1}{2}(\hat{\boldsymbol{W}}_{\delta}-\boldsymbol{W}_{\delta}^{*})^{\mathrm{T}}\hat{\boldsymbol{W}}_{\delta}\\&=\frac{1}{2}\tilde{\boldsymbol{W}}_{\delta}^{\mathrm{T}}\tilde{\boldsymbol{W}}_{\delta}+\frac{1}{2}(\hat{\boldsymbol{W}}_{\delta}-\boldsymbol{W}_{\delta}^{*})^{\mathrm{T}}\boldsymbol{W}_{\delta}^{*}+\frac{1}{2}\hat{\boldsymbol{W}}_{\delta}^{\mathrm{T}}\hat{\boldsymbol{W}}_{\delta}-\frac{1}{2}\boldsymbol{W}_{\delta}^{*\mathrm{T}}\hat{\boldsymbol{W}}_{\delta}\\&=\frac{1}{2}\left\|\tilde{\boldsymbol{W}}_{\delta}\right\|^{2}+\frac{1}{2}\hat{\boldsymbol{W}}_{\delta}^{\mathrm{T}}\boldsymbol{W}_{\delta}^{*}-\frac{1}{2}\left\|\boldsymbol{W}_{\delta}^{*}\right\|^{2}+\frac{1}{2}\left\|\hat{\boldsymbol{W}}_{\delta}\right\|^{2}-\frac{1}{2}\boldsymbol{W}_{\delta}^{*\mathrm{T}}\hat{\boldsymbol{W}}_{\delta}\\&=\frac{1}{2}\left\|\tilde{\boldsymbol{W}}_{\delta}\right\|^{2}-\frac{1}{2}\left\|\boldsymbol{W}_{\delta}^{*}\right\|^{2}+\frac{1}{2}\left\|\hat{\boldsymbol{W}}_{\delta}\right\|^{2}\geqslant\frac{1}{2}\left\|\tilde{\boldsymbol{W}}_{\delta}\right\|^{2}-\frac{1}{2}\left\|\boldsymbol{W}_{\delta}^{*}\right\|^{2}\end{aligned}\tag{7-29}$$

同理，$\tilde{\varepsilon}_{\delta}^{\mathrm{T}}(\boldsymbol{x})\hat{\varepsilon}_{\delta}(\boldsymbol{x})$ 化简可得：

$$\tilde{\varepsilon}_{\delta}^{\mathrm{T}}(\boldsymbol{x})\hat{\varepsilon}_{\delta}(\boldsymbol{x})\geqslant\frac{1}{2}\left\|\tilde{\varepsilon}_{\delta}(\boldsymbol{x})\right\|^{2}-\frac{1}{2}\left\|\varepsilon_{\delta}^{*}(\boldsymbol{x})\right\|^{2}\tag{7-30}$$

将式（7-29）和式（7-30）代入式（7-28），并根据引理 7.2，可得：

$$\begin{aligned}\dot{V}(t)&\leqslant-\boldsymbol{e}^{\mathrm{T}}(t)\boldsymbol{e}(t)-\frac{\boldsymbol{z}^{\mathrm{T}}(t)\boldsymbol{z}(t)}{\boldsymbol{k}^{\mathrm{T}}\boldsymbol{k}-\boldsymbol{z}^{\mathrm{T}}(t)\boldsymbol{z}(t)}\\&\quad-\frac{1}{2}\rho\left\|\tilde{\boldsymbol{W}}_{\delta}\right\|^{2}-\frac{1}{2}\sigma\left\|\tilde{\varepsilon}_{\delta}(\boldsymbol{x})\right\|^{2}+\frac{1}{2}\rho\left\|\boldsymbol{W}_{\delta}^{*}\right\|^{2}+\frac{1}{2}\sigma\left\|\varepsilon_{\delta}^{*}(\boldsymbol{x})\right\|^{2}\\&\leqslant-\boldsymbol{e}^{\mathrm{T}}(t)\boldsymbol{e}(t)-\ln\frac{\boldsymbol{z}^{\mathrm{T}}(t)\boldsymbol{z}(t)}{\boldsymbol{k}^{\mathrm{T}}\boldsymbol{k}-\boldsymbol{z}^{\mathrm{T}}(t)\boldsymbol{z}(t)}\\&\quad-\frac{1}{2}\rho\left\|\tilde{\boldsymbol{W}}_{\delta}\right\|^{2}-\frac{1}{2}\sigma\left\|\tilde{\varepsilon}_{\delta}(\boldsymbol{x})\right\|^{2}+\frac{1}{2}\rho\left\|\boldsymbol{W}_{\delta}^{*}\right\|^{2}+\frac{1}{2}\sigma\left\|\varepsilon_{\delta}^{*}(\boldsymbol{x})\right\|^{2}\\&\leqslant-AV(t)+B\end{aligned}\tag{7-31}$$

其中，A=min$\{2,2,\rho,\sigma\}$，$B=\frac{1}{2}\rho\left\|\boldsymbol{W}_{\delta}^{*}\right\|^{2}+\frac{1}{2}\sigma\left\|\varepsilon_{\delta}^{*}(\boldsymbol{x})\right\|^{2}$。

对式（7-31）两边同时乘以 e^{At}，并在 $[0,t]$ 区间进行积分，可得：

$$0 \leqslant V(t) \leqslant \left[V(0) - \frac{B}{A}\right]\mathrm{e}^{-At} + \frac{B}{A} \tag{7-32}$$

由式（7-32）可得：

$$\lim_{t \to \infty} V(t) = \frac{B}{A} \tag{7-33}$$

这样由式（7-32）和式（7-33）可知，当 $t \to \infty$ 时，$V(t)$ 是一致有界的，ODW 实现了训练轨迹和运动速度跟踪，并且根据引理 7.1 可得 $|\boldsymbol{z}(t)| < k$，即将速度跟踪误差约束在了指定的范围内，保证了人机系统运动速度的安全性。

7.2.4　仿真分析

为了验证本节所设计的主动训练意图轨迹识别的精确性以及 BLF 速度约束控制器在人机合作环境中抑制干扰的有效性，并确保康复机器人能够精确跟踪训练者的运动意图轨迹，对康复机器人轨迹跟踪和速度跟踪进行了仿真实验。康复者的意图训练轨迹如式（7-2）～式（7-5）所示，康复机器人初始运动位置和运动速度分别为 $\boldsymbol{x}_1(0)=[1.46\text{m}\ \ 0\text{m}\ \ 0.79\text{rad}]^{\mathrm{T}}$ 和 $\boldsymbol{x}_2(0)=[-0.18\text{m/s}\ \ -0.18\text{m/s}\ \ 0\text{rad/s}]^{\mathrm{T}}$，各轴运动速度约束范围满足 $[0.2\text{m/s}\ \ 0.2\text{m/s}\ \ 1.0\text{rad/s}]^{\mathrm{T}}$，控制器参数如表 7-2 所示。

表 7-2　控制器参数

k_1	k_2	k_3	ρ	σ
0.2	0.2	1.0	5	0.85

仿真结果如图 7-7 ～图 7-16 所示。

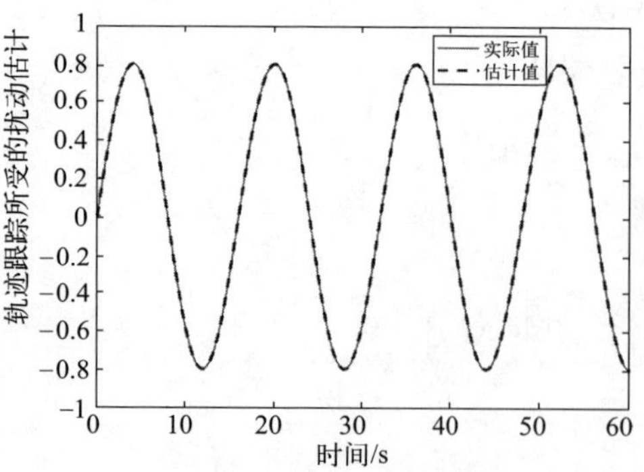

图 7-7　轨迹跟踪所受的扰动估计

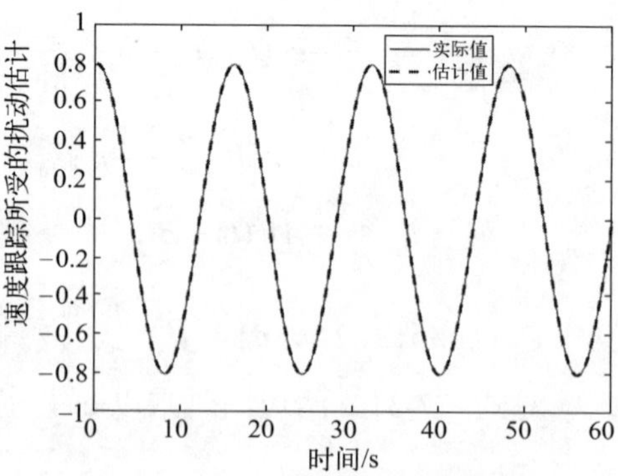

图 7-8　速度跟踪所受的扰动估计

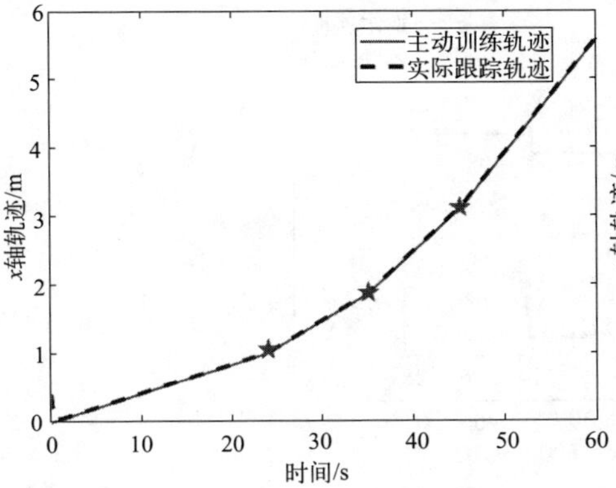

图 7-9 x 轴轨迹跟踪

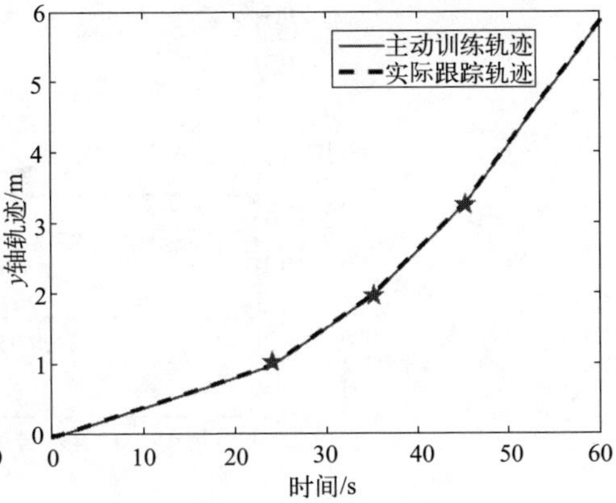

图 7-10 y 轴轨迹跟踪

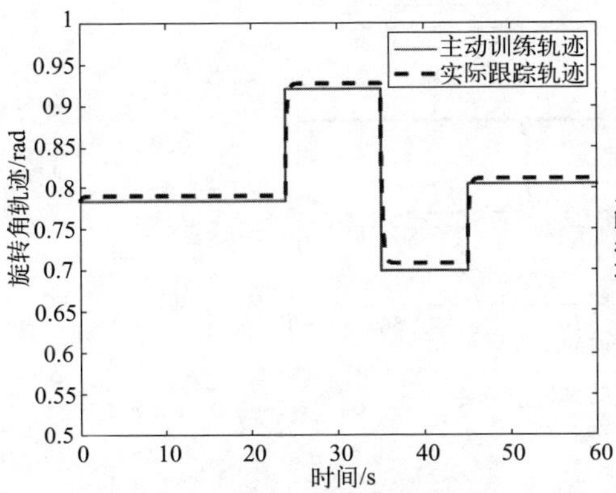

图 7-11 旋转角轨迹跟踪

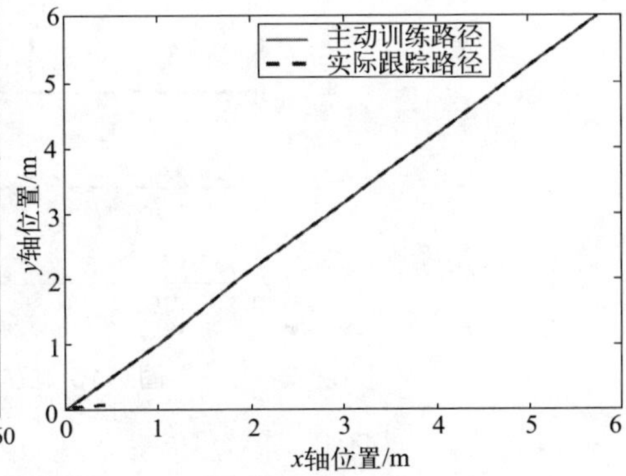

图 7-12 训练路径跟踪

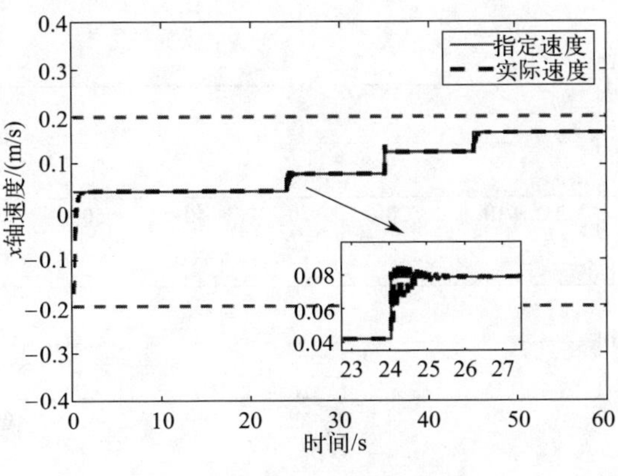

图 7-13 x 轴速度跟踪

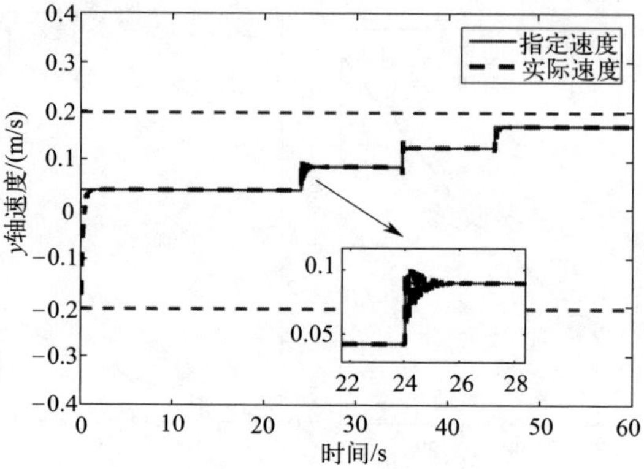

图 7-14 *y* 轴速度跟踪

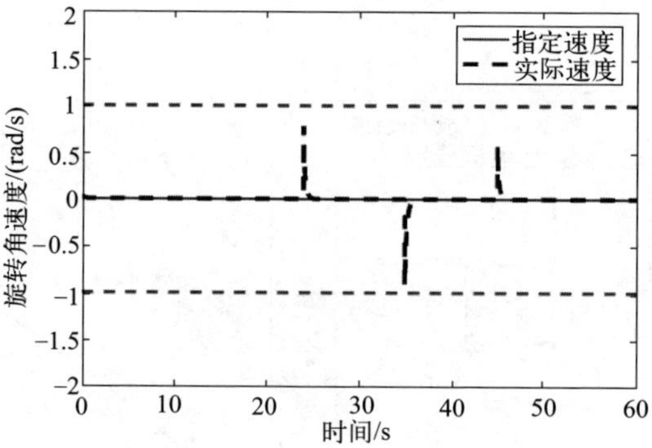

图 7-15 旋转角速度跟踪

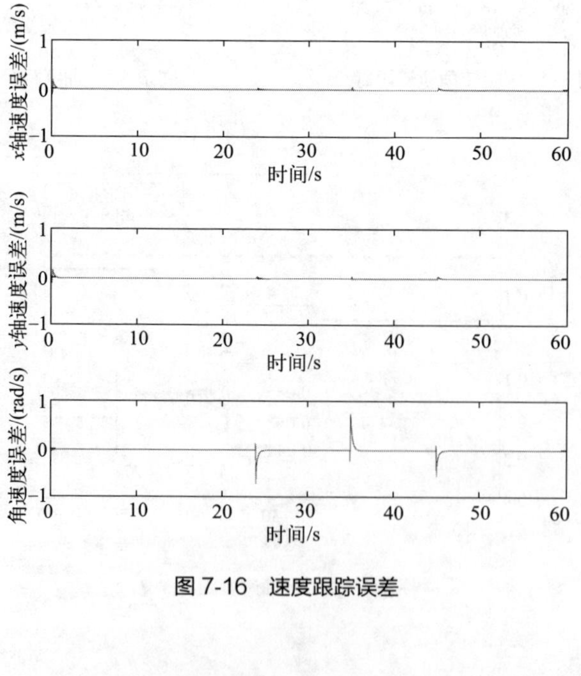

图 7-16 速度跟踪误差

图 7-7、图 7-8 分别给出了 ODW 在轨迹跟踪和速度跟踪过程中受到的干扰情况，利用 RBF 神经网络对人机合作运动的不确定干扰 $\boldsymbol{\Phi}(x)=[0.8t\sin(\pi/8)\ 0.8t\cos(\pi/8)]^{\mathrm{T}}$ 实现了有效估计。图 7-9 ～图 7-11 分别描述了康复机器人在 x 轴、y 轴和旋转角方向的轨迹跟踪情况。由图可知，设计的控制器（7-20）补偿了干扰对各轴跟踪性能的影响，ODW 实现了康复者意图运动轨迹的稳定跟踪。在 24s、35s、45s 时，康复机器人改变了行走方向，轨迹跟踪出现轻微误差波动，通过不断调整 ODW 逐渐实现精确跟踪运动，表明本节提出的控制方法有效实现了意图运动轨迹的跟踪。路径跟踪曲线如图 7-12 所示，ODW 能稳定地帮助康复者进行步行跟踪训练。

图 7-13 ～图 7-15 分别描述了康复机器人在 x 轴、y 轴和旋转角三个方向上的速度跟踪情况。由图可以看出，在 24s、35s、45s 时，康复者意图运动方向发生变化，康复机器人在跟踪意图轨迹时需要改变运动方向，使得 ODW 在速度跟踪过程中产生轻微波动，通过 BLF 速度约束控制器对跟踪误差的限制，ODW 逐渐实现稳定的速度跟踪。速度跟踪误差如图 7-16 所示，误差均被约束在了指定的范围内，保障了人机合作训练运动速度的安全性。

为了验证本节提出的 BLF 速度约束控制方法的优越性，与文献 [20] 进行了仿真对比。文献 [20] 考虑了康复机器人系统的重心随机偏移和人机交互力的观测问题，采用随机控制方法解决重心偏移干扰并抑制交互力对跟踪性能的影响。将文献 [20] 的控制器应用于本节的康复机器人系统，仿真结果如图 7-17 ～图 7-20 所示。

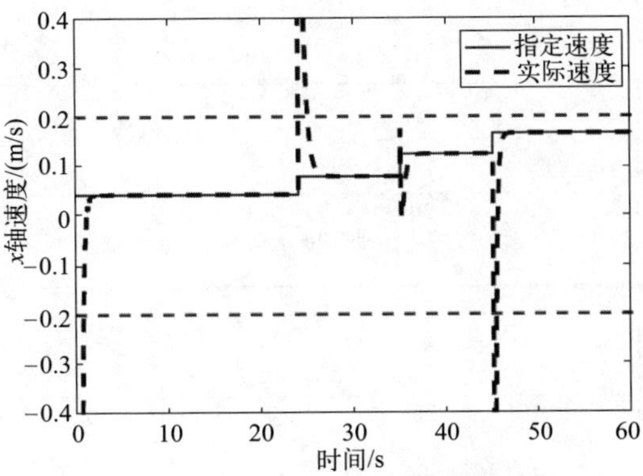

图 7-17　x 轴速度跟踪

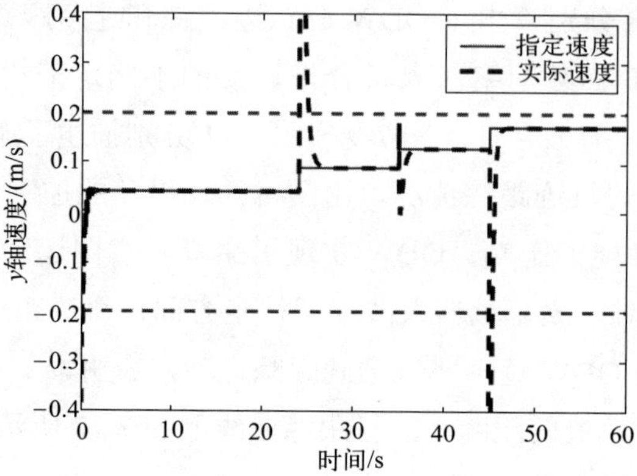

图 7-18　y 轴速度跟踪

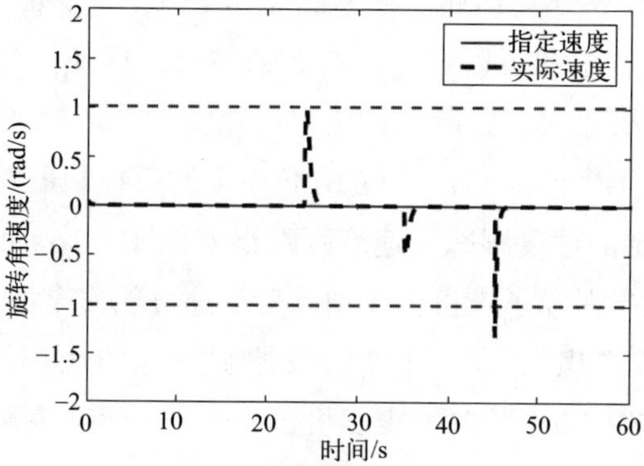

图 7-19　旋转角速度跟踪

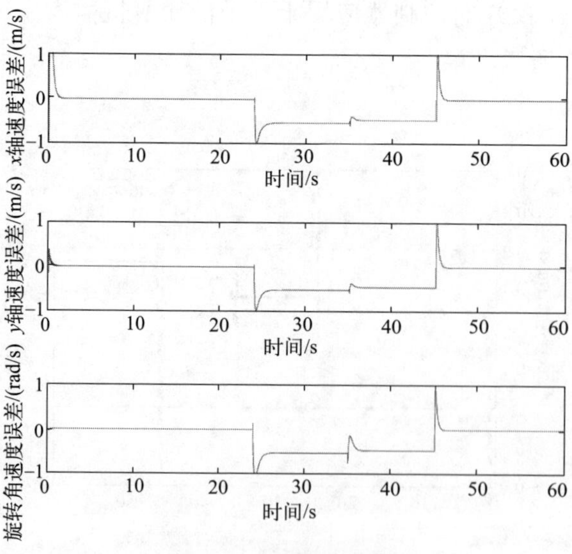

图 7-20　速度跟踪误差

图 7-17 ～图 7-19 给出了 ODW 应用文献 [20] 的控制器在 x 轴、y 轴和旋转角方向上的速度跟踪曲线。由图可以清晰地看到，当康复者意图运动方向发生变化时，ODW 在 24s、35s 和 45s 时都会产生较大的速度跟踪误差，使得实际运动速度远远超过指定的约束范围。速度跟踪误差曲线如图 7-20 所示，ODW 系统无法实现速度跟踪误差系统的稳定性。由此可见，文献 [20] 的控制器无法适应康复者运动意图方向的变化，使得速度跟踪在意图方向变化时发生突变，严重威胁了人机合作训练的安全性。通过对比可得，本节提出的 BLF 速度约束控制方法避免了 ODW 速度的突然变化，实现了稳定的速度跟踪，保障了安全的人机步行康复训练。

7.3　康复机器人各轴速度约束跟踪控制

7.3.1　双曲正弦型 BLF 各轴速度约束控制器的设计

在第 7.2 节中，利用对数型 BLF 方法约束了 ODW 的运动速度，但从控制器设计及稳定分析过程中可以看出，控制器（7-20）实质上实现了 ODW 整体速度的约束，并没有限制 ODW 系统各轴的运动速度。虽然在仿真结果中给出了各轴的速度约束值，也从中看到了各轴速度在指定范围内，然而其并没有实现各轴速度被约束的性能指标。对于与康复者合作训练的机器人来讲，保证其高度安全性是重要的性能要求，即便整体运动速度被限制在指定的范围内，也无法保证各轴运动速度的安全性。如果 x 轴、y 轴和旋转角各方向中，某一运动轴的速度超过指定范围，同样会严重威胁训练者的安全。因此，设计人机系统跟踪控制器，并实现各轴运动速度的约束，将会极大地提高康复机器人系统的安全性。

令 $\boldsymbol{X}(t)$ 表示康复机器人的实际运动轨迹，$\dot{\boldsymbol{X}}(t)=[\dot{x}(t)\ \ \dot{y}(t)\ \ \dot{\theta}(t)]^{\mathrm{T}}$ 表示 x 轴、y 轴和旋转角各轴的实际运动速度，设计速度约束条件如下：

$$\dot{\boldsymbol{X}}_{\min}(t) < \dot{\boldsymbol{X}}(t) < \dot{\boldsymbol{X}}_{\max}(t) \tag{7-34}$$

并且各轴速度约束如下：

$$\dot{x}_{\min}(t) < \dot{x}(t) < \dot{x}_{\max}(t) \tag{7-35}$$

$$\dot{y}_{\min}(t) < \dot{y}(t) < \dot{y}_{\max}(t) \tag{7-36}$$

$$\dot{\theta}_{\min}(t) < \dot{\theta}(t) < \dot{\theta}_{\max}(t) \tag{7-37}$$

康复机器人最大安全速度设计如下：

$$\dot{\boldsymbol{X}}_{\max}(t) = \dot{\boldsymbol{X}}_{\mathrm{d}}(t) + \boldsymbol{k} \tag{7-38}$$

其中，$\boldsymbol{k}=[k_1\ k_2\ k_3]^{\mathrm{T}}(k_1 > 0,\ k_2 > 0,\ k_3 > 0)$ 表示常数向量，得到：

$$\dot{x}_{\max}(t) = \dot{x}_{\mathrm{d}}(t) + k_1 \tag{7-39}$$

$$\dot{y}_{\max}(t) = \dot{y}_{\mathrm{d}}(t) + k_2 \tag{7-40}$$

$$\dot{\theta}_{\max}(t) = \dot{\theta}_{\mathrm{d}}(t) + k_3 \tag{7-41}$$

当康复机器人实际速度 $\dot{\boldsymbol{X}}(t)$ 大于指定速度 $\dot{\boldsymbol{X}}_{\mathrm{d}}(t)$ 时，即：

$$\dot{\boldsymbol{X}}_{\mathrm{d}}(t) < \dot{\boldsymbol{X}}(t) < \dot{\boldsymbol{X}}_{\max}(t) \tag{7-42}$$

将式（7-38）代入式（7-42）得到：

$$\dot{\boldsymbol{X}}_{\mathrm{d}}(t) < \dot{\boldsymbol{X}}(t) < \dot{\boldsymbol{X}}_{\mathrm{d}}(t)+\boldsymbol{k} \tag{7-43}$$

根据式（7-43）可得：

$$\boldsymbol{0} < \boldsymbol{z}(t) < \boldsymbol{k} \tag{7-44}$$

其中，

$$\boldsymbol{z}(t) = \dot{\boldsymbol{X}}(t) - \dot{\boldsymbol{X}}_{\mathrm{d}}(t) \tag{7-45}$$

康复机器人最小安全速度设计如下：

$$\dot{\boldsymbol{X}}_{\min}(t) = \dot{\boldsymbol{X}}_{\mathrm{d}}(t) - \boldsymbol{k} \tag{7-46}$$

从而可得：

$$\dot{x}_{\min}(t) = \dot{x}_{\mathrm{d}}(t) - k_1 \tag{7-47}$$

$$\dot{y}_{\min}(t) = \dot{y}_{\mathrm{d}}(t) - k_2 \tag{7-48}$$

$$\dot{\theta}_{\min}(t) = \theta_{\mathrm{d}}(t) - k_3 \tag{7-49}$$

当康复机器人实际速度 $\dot{\boldsymbol{X}}(t)$ 小于指定速度 $\dot{\boldsymbol{X}}_{\mathrm{d}}(t)$ 时，即：

$$\dot{\boldsymbol{X}}_{\min}(t) < \dot{\boldsymbol{X}}(t) < \dot{\boldsymbol{X}}_{\mathrm{d}}(t) \tag{7-50}$$

将式（7-46）代入式（7-50）可得：

$$\dot{\boldsymbol{X}}_{\mathrm{d}}(t) - \boldsymbol{k} < \dot{\boldsymbol{X}}(t) < \dot{\boldsymbol{X}}_{\mathrm{d}}(t) \tag{7-51}$$

根据式（7-51）可得：

$$-\boldsymbol{k} < \boldsymbol{z}(t) < \boldsymbol{0} \tag{7-52}$$

因此，由上述推导过程可知，当 $|\boldsymbol{z}(t)|<\boldsymbol{k}$ 时，可确保 $\dot{\boldsymbol{X}}_{\min}(t)<\dot{\boldsymbol{X}}(t)<\dot{\boldsymbol{X}}_{\max}(t)$。

定义康复机器人轨迹跟踪误差为：

$$\boldsymbol{e}(t)=\boldsymbol{X}(t)-\boldsymbol{X}_{\mathrm{d}}(t)=\boldsymbol{x}_1(t)-\boldsymbol{X}_{\mathrm{d}}(t) \tag{7-53}$$

根据式（7-53）可得：

$$\dot{\boldsymbol{e}}(t)=\dot{\boldsymbol{X}}(t)-\dot{\boldsymbol{X}}_{\mathrm{d}}(t)=\boldsymbol{x}_2(t)-\dot{\boldsymbol{X}}_{\mathrm{d}}(t) \tag{7-54}$$

设计虚拟控制器为：

$$\boldsymbol{\alpha}=-\boldsymbol{e}(t)+\dot{\boldsymbol{X}}_{\mathrm{d}}(t) \tag{7-55}$$

对式（7-55）求导可得：

$$\dot{\boldsymbol{\alpha}}=-\dot{\boldsymbol{e}}(t)+\ddot{\boldsymbol{X}}_{\mathrm{d}}(t) \tag{7-56}$$

定义康复机器人速度跟踪误差为：

$$\boldsymbol{z}(t)=\boldsymbol{x}_2(t)-\boldsymbol{\alpha} \tag{7-57}$$

其中，$\boldsymbol{z}(t)=[z_1(t)\quad z_2(t)\quad z_3(t)]^{\mathrm{T}}$ 分别表示康复机器人在 x 轴、y 轴和旋转角方向的速度跟踪误差。

将式（7-57）代入式（7-54）可得：

$$\dot{\boldsymbol{e}}(t)=\boldsymbol{z}(t)+\boldsymbol{\alpha}-\dot{\boldsymbol{X}}_{\mathrm{d}}(t) \tag{7-58}$$

利用式（7-57）并结合 ODW 人机系统（7-6），得到：

$$\dot{\boldsymbol{z}}(t)=\dot{\boldsymbol{x}}_2(t)-\dot{\boldsymbol{\alpha}}=\boldsymbol{M}_1^{-1}[\boldsymbol{B}(\theta)\boldsymbol{u}(t)-\boldsymbol{M}_2\dot{\boldsymbol{X}}(t)]+\boldsymbol{\Phi}(t)-\dot{\boldsymbol{\alpha}} \tag{7-59}$$

设计控制器为

$$\boldsymbol{u}(t)=\widehat{\boldsymbol{B}}(\theta)\boldsymbol{M}_1[\dot{\boldsymbol{\alpha}}-\boldsymbol{\psi}-\widehat{\boldsymbol{\psi}}^{\mathrm{T}}\boldsymbol{e}^{\mathrm{T}}(t)\boldsymbol{z}(t)+\boldsymbol{M}_1^{-1}\boldsymbol{M}_2\dot{\boldsymbol{x}}_1(t)-\hat{\boldsymbol{\Phi}}(t)] \tag{7-60}$$

其中，

$$\boldsymbol{\psi}=\begin{bmatrix}\sinh\left(\dfrac{2k_1^2z_1(t)}{k_1^2-z_1^2(t)}\right)\dfrac{k_1^2\left(k_1^2+z_1^2(t)\right)}{\left(k_1^2-z_1^2(t)\right)^2}\\ \sinh\left(\dfrac{2k_2^2z_2(t)}{k_2^2-z_2^2(t)}\right)\dfrac{k_2^2\left(k_2^2+z_2^2(t)\right)}{\left(k_2^2-z_2^2(t)\right)^2}\\ \sinh\left(\dfrac{2k_3^2z_3(t)}{k_3^2-z_3^2(t)}\right)\dfrac{k_3^2\left(k_3^2+z_3^2(t)\right)}{\left(k_3^2-z_3^2(t)\right)^2}\end{bmatrix} \tag{7-61}$$

$\widehat{\boldsymbol{\psi}}=\boldsymbol{\psi}^{\mathrm{T}}(\boldsymbol{\psi}\boldsymbol{\psi}^{\mathrm{T}})^{-1}$ 表示 $\boldsymbol{\psi}$ 的伪逆矩阵。

7.3.2 跟踪误差系统稳定性分析

引理 7.3[21] 对于连续函数 $V(t)\geqslant 0\left(\forall t\in\mathbb{R}^{+}\right)$ 且 $V(0)$ 有界，若 $\dot{V}(t)\leqslant -c_1V(t)+c_2$（$c_1>0$，$c_2$ 为常数）成立，则 $V(t)$ 有界。

针对康复机器人误差系统，设计含有双曲正弦项的 BLF 函数如下：

$$V(t)=\frac{1}{2}\boldsymbol{e}^{\mathrm{T}}(t)\boldsymbol{e}(t)+\sum_{i=1}^{3}\sinh^{2}\left(\frac{k_i^2 z_i(t)}{k_i^2-z_i^2(t)}\right) \tag{7-62}$$

其中，$k_i^2>z_i^2(0)$，i=1,2,3。

对式（7-62）求导可得：

$$\begin{aligned}\dot{V}(t)&=\boldsymbol{e}^{\mathrm{T}}(t)\dot{\boldsymbol{e}}(t)+2\sum_{i=1}^{3}\sinh\left(\frac{k_i^2 z_i(t)}{k_i^2-z_i^2(t)}\right)\cosh\left(\frac{k_i^2 z_i(t)}{k_i^2-z_i^2(t)}\right)\frac{k_i^2\left(k_i^2+z_i^2(t)\right)}{\left(k_i^2-z_i^2(t)\right)^2}\dot{z}_i(t)\\&=\boldsymbol{e}^{\mathrm{T}}(t)\dot{\boldsymbol{e}}(t)+\sum_{i=1}^{3}\sinh\left(\frac{2k_i^2 z_i(t)}{k_i^2-z_i^2(t)}\right)\frac{k_i^2\left(k_i^2+z_i^2(t)\right)}{\left(k_i^2-z_i^2(t)\right)^2}\dot{z}_i(t)\end{aligned} \tag{7-63}$$

根据式（7-61）可得：

$$\dot{V}(t)=\boldsymbol{e}^{\mathrm{T}}(t)\dot{\boldsymbol{e}}(t)+\boldsymbol{\psi}^{\mathrm{T}}\dot{\boldsymbol{z}}(t) \tag{7-64}$$

将式（7-58）、式（7-59）代入式（7-64）可得：

$$\begin{aligned}\dot{V}(t)&=-\boldsymbol{e}^{\mathrm{T}}(t)\boldsymbol{e}(t)+\boldsymbol{e}^{\mathrm{T}}(t)\boldsymbol{z}(t)+\boldsymbol{\psi}^{\mathrm{T}}(\dot{\boldsymbol{x}}_2(t)-\dot{\boldsymbol{\alpha}})\\&=-\boldsymbol{e}^{\mathrm{T}}(t)\boldsymbol{e}(t)+\boldsymbol{e}^{\mathrm{T}}(t)\boldsymbol{z}(t)\\&\quad+\boldsymbol{\psi}^{\mathrm{T}}\left(\boldsymbol{M}_1^{-1}\left[\boldsymbol{B}(\theta)\boldsymbol{u}(t)-\boldsymbol{M}_2\dot{\boldsymbol{X}}(t)\right]+\boldsymbol{\Phi}(t)-\dot{\boldsymbol{\alpha}}\right)\end{aligned} \tag{7-65}$$

将控制器（7-60）代入式（7-65）可得：

$$\begin{aligned}\dot{V}(t)&=-\boldsymbol{e}^{\mathrm{T}}(t)\boldsymbol{e}(t)+\boldsymbol{e}^{\mathrm{T}}(t)\boldsymbol{z}(t)+\boldsymbol{\psi}^{\mathrm{T}}(-\boldsymbol{\psi}-\widehat{\boldsymbol{\psi}}^{\mathrm{T}}\boldsymbol{e}^{\mathrm{T}}(t)\boldsymbol{z}(t))\\&=-\boldsymbol{e}^{\mathrm{T}}(t)\boldsymbol{e}(t)-\boldsymbol{\psi}^{\mathrm{T}}\boldsymbol{\psi}\end{aligned} \tag{7-66}$$

根据双曲正弦函数性质有：

$$\sum_{i=1}^{3}\sinh^{2}\left(\frac{k_i^2 z_i(t)}{k_i^2-z_i^2(t)}\right)\leqslant\sum_{i=1}^{3}\sinh^{2}\left(\frac{2k_i^2 z_i(t)}{k_i^2-z_i^2(t)}\right) \tag{7-67}$$

并且

$$\frac{k_i^2\left(k_i^2+z_i^2(t)\right)}{\left(k_i^2-z_i^2(t)\right)^2}\geqslant 1 \tag{7-68}$$

利用式（7-68）和式（7-67）可得：

$$\begin{aligned}\sum_{i=1}^{3}\sinh^2\left(\frac{k_i^2 z_i(t)}{k_i^2-z_i^2(t)}\right)&\leqslant\sum_{i=1}^{3}\sinh^2\left(\frac{2k_i^2 z_i(t)}{k_i^2-z_i^2(t)}\right)\left[\frac{k_i^2\left(k_i^2+z_i^2(t)\right)}{\left(k_i^2-z_i^2(t)\right)^2}\right]^2\\&\leqslant\boldsymbol{\psi}^{\mathrm{T}}\boldsymbol{\psi}\end{aligned} \tag{7-69}$$

结合式（7-69）和式（7-66）得到：

$$\begin{aligned}\dot{V}(t)&\leqslant-\boldsymbol{e}^{\mathrm{T}}(t)\boldsymbol{e}(t)-\sum_{i=1}^{3}\sinh^2\left(\frac{k_i^2 z_i(t)}{k_i^2-z_i^2(t)}\right)\\&\leqslant-\frac{1}{2}\boldsymbol{e}^{\mathrm{T}}(t)\boldsymbol{e}(t)-\sum_{i=1}^{3}\sinh^2\left(\frac{k_i^2 z_i(t)}{k_i^2-z_i^2(t)}\right)\\&\leqslant-V(t)\end{aligned} \tag{7-70}$$

于是，由引理 7.3 可知 $V(t)$ 有界，并且根据双曲正弦函数性质可知，对于 $\forall t\geqslant 0$，均有 $z_i^2(t)\leqslant k_i^2$，即 $|\boldsymbol{z}(t)|<\boldsymbol{k}$ 成立，这样可得 $\dot{\boldsymbol{X}}_{\min}(t)<\dot{\boldsymbol{X}}(t)<\dot{\boldsymbol{X}}_{\max}(t)$。由此可知，康复机器人各轴运动速度均被约束在了指定的安全范围内，保证了人机系统各轴运动速度的安全性。

7.3.3　仿真分析

为了验证本节提出的各轴速度约束跟踪控制算法的有效性，对康复者意图训练轨迹进行了仿真研究，轨迹描述如下：

$$x_{\mathrm{d}}(t)=10\cos(0.01t) \tag{7-71}$$

$$y_{\mathrm{d}}(t)=10\sin(0.01t) \tag{7-72}$$

$$\theta_{\mathrm{d}}(t)=0.001\pi t+0.005\pi \tag{7-73}$$

仿真中，偏心距 r_0=0.16m，康复者质量 m=60kg，康复机器人各轴速度约束值为 $\boldsymbol{k}=[0.1\quad 0.1\quad 0.1]^{\mathrm{T}}$，初始运动位置 $\boldsymbol{X}_{\mathrm{d}}(0)=[10\quad 0\quad 0]^{\mathrm{T}}$，初始运动速度为 $\dot{\boldsymbol{X}}_{\mathrm{d}}(0)=[0.05\quad 0.15\quad 0.001]^{\mathrm{T}}$。仿真结果如图 7-21 ～图 7-30 所示。

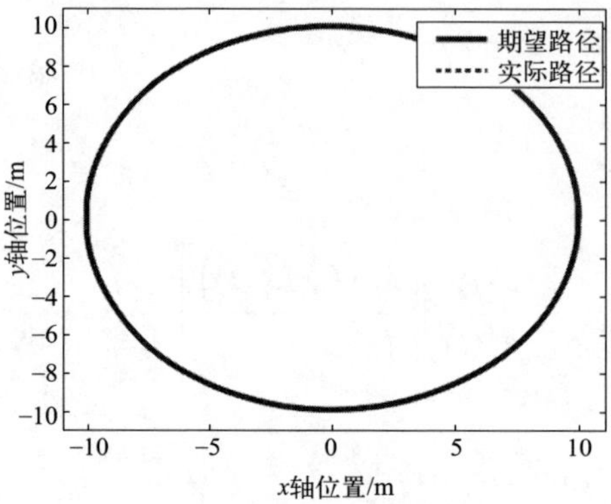

图 7-21 路径跟踪

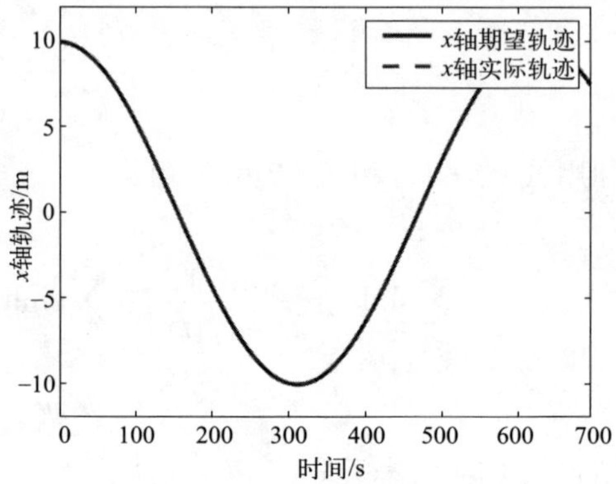

图 7-22 x 轴轨迹跟踪

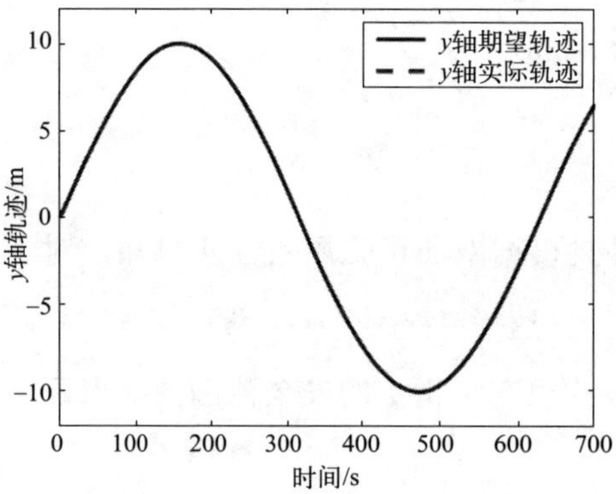

图 7-23 y 轴轨迹跟踪

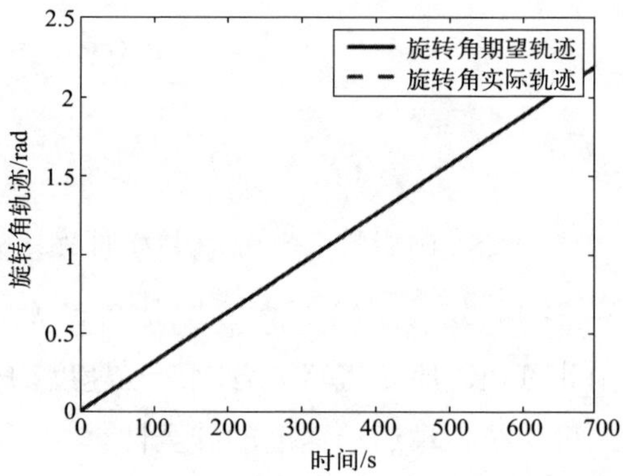

图 7-24 旋转角轨迹跟踪

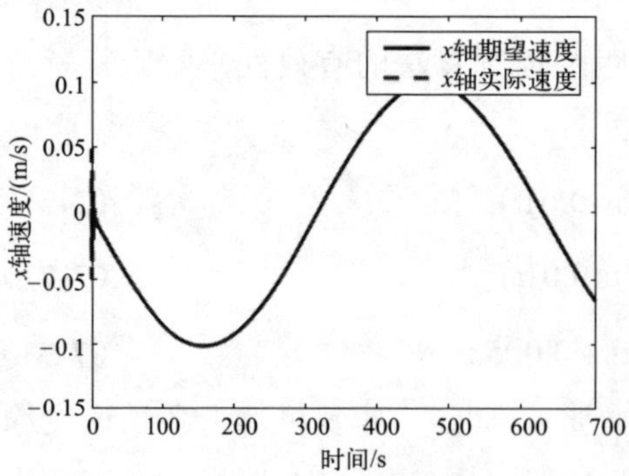

图 7-25 x 轴速度跟踪

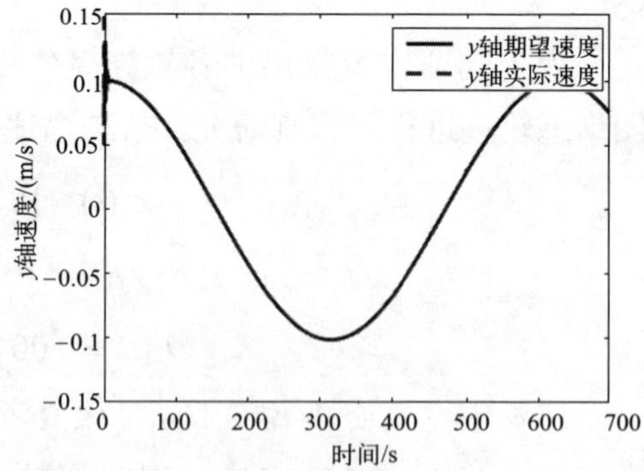

图 7-26 y 轴速度跟踪

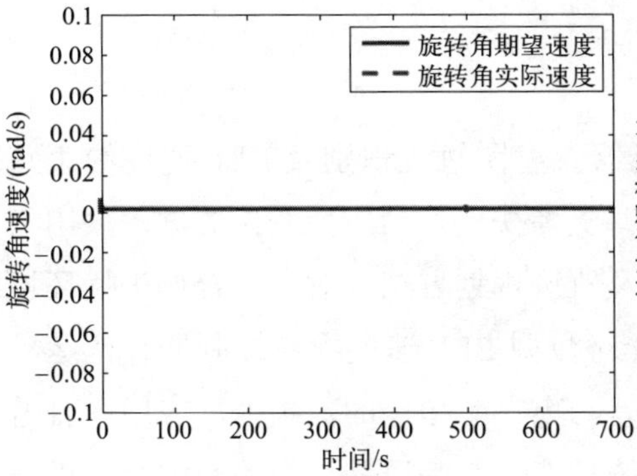

图 7-27　旋转角速度跟踪

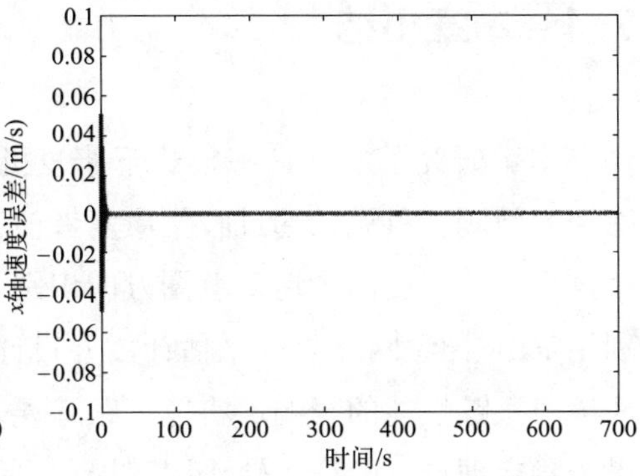

图 7-28　x 轴速度误差

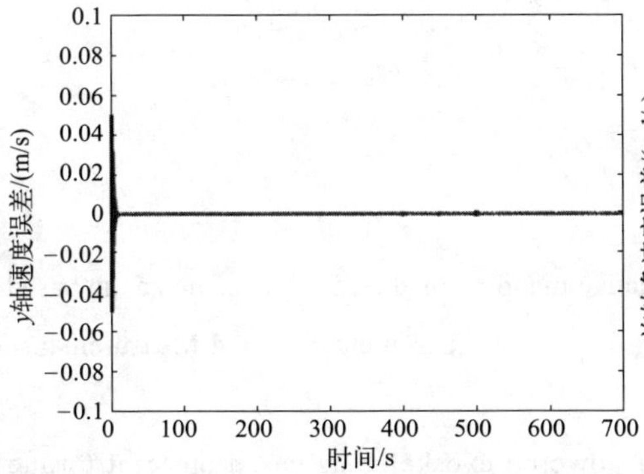

图 7-29　y 轴速度误差

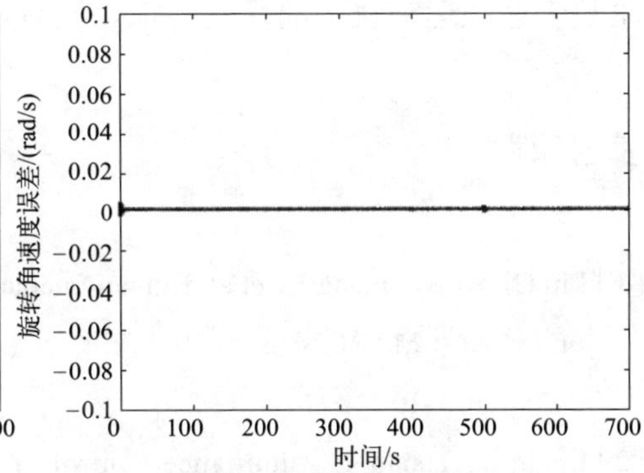

图 7-30　旋转角速度误差

图 7-21 ～图 7-24 分别给出了康复机器人系统路径及各轴轨迹的跟踪曲线，由图可知，康复机器人实现了稳定的跟踪运动，本节所提出控制器补偿了人机合作环境干扰对机器人运动的影响，提高了康复机器人跟踪运动的鲁棒性。

图 7-25 ～图 7-27 分别给出了康复机器人在 x 轴、y 轴和旋转角方向的速度跟踪曲线，由图可以看出康复机器人实现了速度跟踪，并且各轴运动速度均被限制在指定的范围内，这表明本节设计的双曲正弦型 BLF 方法有效实现了运动速度约束。图 7-28 ～图 7-30 分别给出了各轴速度跟踪误差曲线，从图中可以明显地看到速度跟踪误差实现了渐近稳定，本节设计的控制器可以保障人机系统以安全速度稳定地跟踪训练。

7.4 本章小结

本章研究了主动训练模式下康复机器人意图轨迹识别及 BLF 速度约束跟踪控制问题。首先，通过收集康复者前臂支撑扶板上的压力变化数据，采用模糊推理算法，提出了运动意图方向识别及轨迹规划方法；对人机合作干扰环境利用 RBF 神经网络进行了估计，并设计对数型 BLF 速度约束控制器补偿运动环境对跟踪性能的影响，将速度跟踪误差约束在了指定的范围内，应用李雅普诺夫稳定理论，验证了轨迹跟踪误差系统和速度跟踪误差系统的稳定性；进一步，设计了各轴运动速度约束的双曲正弦型 BLF 跟踪控制器，并实现了各轴运动速度的同时约束。仿真及对比分析结果表明，本章提出的控制方法实现了康复者意图运动轨迹的稳定跟踪，同时保障了人机系统运动速度的安全性。

参考文献

[1] Liu G，Yu B，Huang L，et al. Human-interactive mapping method for indoor magnetic based on low-cost MARG sensors [J]. IEEE Transactions on Instrumentation and Measurement，2021，70: 1-10.

[2] Liang C，Hsiao T. Admittance control of powered exoskeletons based on joint torque estimation [J]. IEEE Access，2020，8: 94404-94414.

[3] Huang C，Xiao Y，Xu G. Predicting human intention-behavior through EEG signal analysis using multi-scale CNN [J]. IEEE/ACM Transactions on Computational Biology and Bioinformatics，2021，18（5）：1722-1729.

[4] 曹梦琳，陈宇豪，王珏，等 . 基于表面肌电图的人体运动意图识别研究进展 [J]. 中国康复理论与实践，2021，27（5）：595-603.

[5] 吴青聪，张祖国 . 基于屏障 Lyapunov 函数的上肢康复机器人自适应主动交互训练控制 [J]. 仪器仪表学报，2022，43（2）：216-224.

[6] 刘鹏，葛小青，李宇，等 . 上肢康复机器人主动康复训练控制策略 [J]. 中国科学院大学学报，2019，36（4）：570-576.

[7] Hu J，Meng Q，Zhu Y，et al. Spring damping based control for a novel lower limb rehabilitation robot with active flexible training planning [J]. Technology and Health Care，2023，31（2）：565-578.

[8] 黄劲松，蔡亚澜．老年人下肢康复训练机器人运动识别方法研究 [J]. 科技促进发展，2021，17（6）：1204-1210.

[9] 孙平，张帅．康复步行训练机器人位置和速度跟踪误差同时约束的安全预测控制 [J]. 电机与控制学报，2019，23（6）：119-128.

[10] Sun P，Wang S Y，Shan R. Finite-time tracking control with velocity constraints for the stochastic rehabilitative training walker systems considering different rehabilitee masses [J]. Nonlinear Dynamics，2021，106（4）：3285-3304.

[11] 孙平，单芮，王硕玉．人机不确定条件下康复步行训练机器人的部分记忆迭代学习限速控制 [J]. 机器人，2021，43（4）：502-512.

[12] 周洪波，裴海龙，贺跃帮，等．状态受限的小型无人直升机轨迹跟踪控制 [J]. 控制理论与应用，2012，29（6）：778-784.

[13] Lu L，Yao B. A performance oriented multi-loop constrained adaptive robust tracking control of one-degree-of-freedom mechanical systems: theory and experiments [J]. Automatica，2014，50（4）：1143-1150.

[14] Niu B，Zhao J. Output tracking control for a class of switched non-linear systems with partial state constraints [J]. IET Control Theory and Applications，2013，7（4）：623-631.

[15] Han S I，Lee J M. Output-tracking-error-constrained robust positioning control for a nonsmooth nonlinear dynamic system [J]. IEEE Transactions on Industrial Electronics，2014，61（12）：6882-6891.

[16] Sun P，Zhang S，Wang S Y，Chang H B. Nonfragile predictive control for an omnidirectional rehabilitative training walker with constraints on the tracking errors of position and velocity [J]. Optimation Control Applications and Methods，2020，5：1-24.

[17] Li Y M，Tong S C，Li T S. Adaptive fuzzy output-feedback control for output constrained nonlinear systems in the presence of input saturation [J]. Fuzzy Sets and Systems，2014，248：138-155.

[18] 崔义．具有运动速度约束的移动机器人跟踪控制方法研究 [D]．沈阳：沈阳工业大学，2023.

[19] 董晟．输出约束下船舶事件触发轨迹跟踪控制 [D]．大连：大连海事大学，2023.

[20] Sun P，Wang S，Chang H. Tracking control and identification of interaction forces for a rehabilitative training walker whose centre of gravity randomly shifts [J]. International Journal of Control，2021，94（5）：1143-1155.

[21] Ge S，Wang C. Adaptive neural control of uncertain MIMO nonlinear systems [J]. IEEE Transactions on Neural Networks，2004，15（3）：674-692.

第8章

康复机器人主被动切换训练的跟踪控制

近年来，中国脑卒中患者数量每年都在增长，步行障碍患者逐年增多[1]。然而，由于医护资源严重短缺，理疗师的工作量过饱和，患者无法得到及时有效的康复训练。因此，康复机器人的发展不仅减轻了理疗师的工作压力，而且能够帮助患者及时恢复步行能力。由于患者在训练初期腿部力量较弱，往往需要被动跟踪医生指定的训练轨迹，如具有轨迹跟踪功能的下肢康复机器人[2]、运动模型和关节模型驱动的康复机器人[3]等。然而，上述机器人仅具备被动训练模式，无法帮助康复者进行主动模式的康复训练。

事实上，关于康复机器人的主动训练研究已有一些研究成果，如踝关节康复机器人根据视觉或听觉指令，在机器人的辅助下通过旋转关节，在主动预定时间内完成训练任务[4]；跑步机式外骨骼机器人，使用触觉反馈辅助运动策略，从而增强运动的主动性[5]；JAIST 机器人采用滤波方法估计和预测患者的运动性能，实现了训练者自然流畅的下肢运动，其训练模式由患者自主选择[6]；混合步行康复训练机器人，利用被动、辅助主动和主动训练三种模式帮助不同康复阶段的患者进行步行训练[7]；此外，末端执行器型康复机器人，其被动模式由机器人完全引导行走，主动模式需要确定机器人的辅助情况进行长时间的康复训练[8]。然而，当上述机器人处于被动训练模式时，需要停止当前运动才能切换到主动训练模式，对于腿部力量较弱的患者来说，通常需要利用上肢支撑体重，因此通过手动操作切换训练模式是非常危险的[9]。

实际应用中，康复机器人通常需要跟踪医生指定的训练轨迹，为此研究者们提出了多种跟踪控制方法，如康复环境中的模糊滑模跟踪控制[10]、踝关节训练的鲁棒最优控制[11]、康复机器人的神经网络控制[12]等。然而，上述方法无论是在被动训练模式下还是在主动训练模式下，都忽略了人机运动中的不确定环境对跟踪性能的影响，同时没有考虑康复机器人运动速度的约束问题。当机器人速度发生突变时，康复过程的安全性会受到严重威胁，因此，确保人机系统安全运动的控制技术是康复机器人设计的关键因素。

另外，将主动训练和被动训练相结合可以显著提高步行康复效果[13-15]。现有主动训练和被动训练混合模式的机器人，包括镜像运动康复机器人[16]、多自由度柔性关节机器人[17]、步态康复训练机器人[18]等。这些机器人还无法实现主动训练和被动训练之间的循环切换，往往需要频繁地进行启动和停止操作，这给康复者独立训练带来了困难，并可能由于系统的惯性运动而导致腿部受伤[19]。因此，研究主动训练和被动训练循环切换的控制方法极为重要。

鉴于上述分析，本章研究了被动训练到主动训练直接切换以及被动训练和主动训练循环切换的控制方法，并解决了人机系统不确定训练环境对跟踪运动的影响，提出了运动速度约束方法和训练模式切换的控制策略，为设计康复机器人新的训练模式提供了关键技术。

8.1　被动训练到主动训练直接切换的控制方法

8.1.1　人机系统不确定环境估计

实际训练过程中，康复机器人需要跟踪医生指定的步行轨迹。由于康复者的位姿和腿部力量不同，康复机器人面临变化的运动环境，因此，构建不确定环境中的康复机器人动态模型至关重要。

ODW 人机系统重心偏移的动力学模型如式（2-29），从模型中分离影响康复者位姿变化的物理量，建立不确定环境下的 ODW 动力学模型如下：

$$\ddot{\boldsymbol{X}}(t)=\boldsymbol{M}_a^{-1}\boldsymbol{B}(\theta)\boldsymbol{u}(t)+\xi(t) \tag{8-1}$$

其中，

$$\boldsymbol{M}_a=\begin{bmatrix} M+m & 0 & 0 \\ 0 & M+m & 0 \\ 0 & 0 & I_0 \end{bmatrix},\quad \Delta\boldsymbol{M}_a=\begin{bmatrix} 0 & 0 & p(M+m) \\ 0 & 0 & q(M+m) \\ 0 & 0 & mr_0^2 \end{bmatrix}$$

$\xi(t)=-\boldsymbol{M}_a^{-1}(\Delta\boldsymbol{M}_a\ddot{\boldsymbol{X}}(t)+\boldsymbol{M}_2\dot{\boldsymbol{X}}(t))$ 表示人机不确定环境。

接下来，采用随机配置网络（SCN）方法，对人机不确定环境进行估计，具体算法如下。

步骤 1：将 ODW 人机系统的运动轨迹和运动速度 $\boldsymbol{x}(t)=[\boldsymbol{X}(t),\dot{\boldsymbol{X}}(t)]^{\mathrm{T}}$ 作为 SCN 的输入，通过权值 $\boldsymbol{\omega}$ 和阈值 $\boldsymbol{b}$ 与隐含层连接，并利用高斯函数获得隐含层输出 $G(\boldsymbol{x}(t))$ 如下

$$G(\boldsymbol{x}(t))=[g_1(\boldsymbol{\omega}_1\boldsymbol{x}(t)+b_1)\cdots g_Q(\boldsymbol{\omega}_Q\boldsymbol{x}(t)+b_Q)]^{\mathrm{T}} \tag{8-2}$$

其中，

$$\boldsymbol{\omega}=[\boldsymbol{\omega}_1 \quad \boldsymbol{\omega}_2 \quad \cdots \quad \boldsymbol{\omega}_Q]^{\mathrm{T}}=\begin{bmatrix} \omega_{11} & \cdots & \omega_{i1} & \cdots & \omega_{61} \\ \vdots & \cdots & \vdots & \cdots & \vdots \\ \omega_{1j} & \cdots & \omega_{ij} & \cdots & \omega_{6j} \\ \vdots & \cdots & \vdots & \cdots & \vdots \\ \omega_{1Q} & \cdots & \omega_{iQ} & \cdots & \omega_{6Q} \end{bmatrix},$$

$$\boldsymbol{b}=[b_1 \quad b_2 \quad \cdots \quad b_Q]^{\mathrm{T}},\quad (i=1,2,\cdots,6;\ j=1,2,\cdots,Q)$$

$\boldsymbol{X}(t)$ 和 $\dot{\boldsymbol{X}}(t)$ 分别表示人机系统的运动轨迹和运动速度。

步骤 2：隐含层通过权值 $\hat{\boldsymbol{\beta}}$ 与输出层连接，人机系统不确定环境的 SCN 输出 $\hat{\xi}_Q(t)$ 如下

$$\hat{\xi}_Q(t)=\hat{\boldsymbol{\beta}}^{\mathrm{T}}G(\boldsymbol{x}(t)) \tag{8-3}$$

其中，$\hat{\boldsymbol{\beta}}^{\mathrm{T}}=[\hat{\beta}_1 \quad \hat{\beta}_2 \quad \cdots \quad \hat{\beta}_Q]$。

步骤 3：令隐含层节点数为 $Q-1$ 时人机不确定环境估计误差 $\boldsymbol{\varepsilon}_{Q-1}=\xi(t)-\hat{\xi}_{Q-1}(t)$，随机配置第 Q 个隐含层节点的参数，并使其满足如下条件

$$\delta_Q=\frac{((\boldsymbol{\varepsilon}_{Q-1})^{\mathrm{T}}g_Q(\boldsymbol{\omega}_Q\boldsymbol{x}_k(t)+b_Q))^2}{(g_Q(\boldsymbol{\omega}_Q\boldsymbol{x}_k(t)+b_Q))^{\mathrm{T}}g_L(\boldsymbol{\omega}_Q\boldsymbol{x}_k(t)+b_Q)} -(1-r-\mu_Q)(\boldsymbol{\varepsilon}_{Q-1})^{\mathrm{T}}\boldsymbol{\varepsilon}_{Q-1}>0 \tag{8-4}$$

其中，参数 $0<r<1$，$\{\mu_Q\}$ 表示非负实数序列且 $\lim_{Q\to+\infty}\mu_Q=0$，$\mu_Q\leqslant 1-r$。并且 $\hat{\boldsymbol{\beta}}_Q$ 设计如下：

$$\hat{\boldsymbol{\beta}}_Q^{\mathrm{T}}=\frac{(\boldsymbol{\varepsilon}_{Q-1})^{\mathrm{T}}g_Q(\boldsymbol{\omega}_Q\boldsymbol{x}_k(t)+b_Q)}{(g_Q(\boldsymbol{\omega}_Q\boldsymbol{x}_k(t)+b_Q))^{\mathrm{T}}g_L(\boldsymbol{\omega}_Q\boldsymbol{x}_k(t)+b_Q)} \tag{8-5}$$

于是，如下不等式成立：

$$\begin{aligned}
&\boldsymbol{\varepsilon}_Q^{\mathrm{T}}\boldsymbol{\varepsilon}_Q-(r+\mu_Q)\boldsymbol{\varepsilon}_{Q-1}^{\mathrm{T}}\boldsymbol{\varepsilon}_{Q-1}\\
&\quad=(\xi(t)-\hat{\xi}_{Q-1}(t)+\hat{\xi}_{Q-1}(t)-\hat{\xi}_Q(t))^2-(r+\mu_Q)\boldsymbol{\varepsilon}_{Q-1}^{\mathrm{T}}\boldsymbol{\varepsilon}_{Q-1}\\
&\quad=(1-r-\mu_Q)\boldsymbol{\varepsilon}_{Q-1}^{\mathrm{T}}\boldsymbol{\varepsilon}_{Q-1}-\frac{((\boldsymbol{\varepsilon}_{Q-1})^{\mathrm{T}}g_Q(\boldsymbol{\omega}_Q\boldsymbol{x}_k(t)+b_Q))^2}{(g_Q(\boldsymbol{\omega}_Q\boldsymbol{x}_k(t)+b_Q))^{\mathrm{T}}g_L(\boldsymbol{\omega}_Q\boldsymbol{x}_k(t)+b_Q)}\\
&\quad=-\delta_Q<0
\end{aligned} \tag{8-6}$$

因此，由式（8-6）可知 $\boldsymbol{\varepsilon}_Q^{\mathrm{T}}\boldsymbol{\varepsilon}_Q\leqslant(r+\mu_Q)\boldsymbol{\varepsilon}_{Q-1}^{\mathrm{T}}\boldsymbol{\varepsilon}_{Q-1}$ 成立，这样随着隐含层节点数不断增加，人机环境估计误差达到 $\lim_{Q\to\infty}\boldsymbol{\varepsilon}_Q=\boldsymbol{0}$，利用 SCN 方法实现了不确定环境估计，即 $\hat{\xi}_Q(t)=\xi(t)$。不确定环境估计的 SCN 结构如图 8-1 所示。

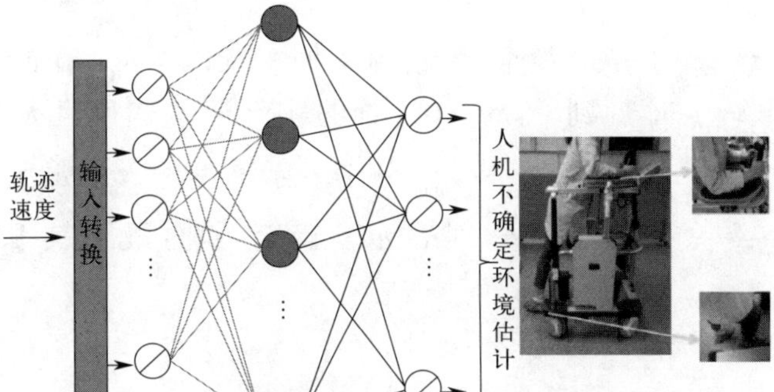

图 8-1　不确定环境估计的 SCN 结构设计

8.1.2　被动训练的速度约束补偿控制

在被动训练模式下，由于人机协调运动环境的不确定性，速度的突然变化是不可避免的，这会严重威胁康复者的安全。因此，为了保证人机运动速度的安全性，需要约束 ODW 的速度。本节利用 ODW 的运动学模型，从限制每个轮子运动速度的视角实现速度约束。由运动学模型（2-1）可得：

$$\dot{\boldsymbol{X}}(t)=\boldsymbol{K}_N(t)\boldsymbol{V}(t) \tag{8-7}$$

其中，$\boldsymbol{K}_N(t)=(\boldsymbol{K}_G^{\mathrm{T}}(t)\boldsymbol{K}_G(t))^{-1}\boldsymbol{K}_G^{\mathrm{T}}(t)$ 表示 $\boldsymbol{K}_G(t)$ 的伪逆矩阵。

将 ODW 系统实际位置输出表示为 $\boldsymbol{Y}(t)=\dot{\boldsymbol{X}}(t)$，并将速度输入 $\boldsymbol{V}(t)$ 写成增量形式得到：

$$\begin{cases}\boldsymbol{X}(k+1)=\boldsymbol{A}\boldsymbol{X}(k)+\boldsymbol{B}\boldsymbol{V}(k)\\ \boldsymbol{V}(k)=\boldsymbol{V}(k-1)+\Delta\boldsymbol{V}(k)\\ \boldsymbol{Y}(k)=\dot{\boldsymbol{X}}(k)=\boldsymbol{B}\boldsymbol{V}(k)\end{cases} \tag{8-8}$$

其中，$\boldsymbol{V}(k-1)$ 表示系统前一时刻的速度输入；$\Delta\boldsymbol{V}(k)$ 表示当前时刻的速度增量，且矩阵 $\boldsymbol{A}=\boldsymbol{I}_3$，$\boldsymbol{I}_3$ 表示单位矩阵；$\boldsymbol{B}=T\boldsymbol{K}_N(t)$ 表示输入矩阵；T 表示采样周期。

为了约束 ODW 的实际速度，建立约束条件如下：

$$\begin{cases}\bar{\dot{\boldsymbol{X}}}_{\min}\leqslant\bar{\dot{\boldsymbol{X}}}\leqslant\bar{\dot{\boldsymbol{X}}}_{\max}\\ \bar{\boldsymbol{V}}_{\min}\leqslant\bar{\boldsymbol{V}}\leqslant\bar{\boldsymbol{V}}_{\max}\end{cases} \tag{8-9}$$

其中，$\bar{\boldsymbol{V}}$ 和 $\bar{\dot{\boldsymbol{X}}}$ 分别表示控制时域内 k 时刻到 $k+N_{\mathrm{C}}-1$ 时刻的速度输入和预测时域内 k 时刻到 $k+N-1$ 时刻的实际运动速度，N 和 N_{C} 分别表示预测时域和控制时域；$\bar{\boldsymbol{V}}_{\max}$ 和 $\bar{\boldsymbol{V}}_{\min}$ 分别表示速度输入的最大值和最小值，且 $\bar{\boldsymbol{V}}_{\max}=-\bar{\boldsymbol{V}}_{\min}$；$\bar{\dot{\boldsymbol{X}}}_{\max}$ 和 $\bar{\dot{\boldsymbol{X}}}_{\min}$ 分别表示实际速度的最大值和最小值，且 $\bar{\dot{\boldsymbol{X}}}_{\max}=-\bar{\dot{\boldsymbol{X}}}_{\min}$。

构建 ODW 系统预测速度模型如下：

$$\bar{\dot{\boldsymbol{X}}}=\boldsymbol{\varGamma}\boldsymbol{V}(k-1)+\boldsymbol{\varTheta}\Delta\bar{\boldsymbol{V}} \tag{8-10}$$

其中，$\Delta\bar{\boldsymbol{V}}=\begin{bmatrix}\Delta\boldsymbol{V}^{\mathrm{T}}(k|k) & \Delta\boldsymbol{V}^{\mathrm{T}}(k+1|k) & \cdots & \Delta\boldsymbol{V}^{\mathrm{T}}(k+N_{\mathrm{C}}-1|k)\end{bmatrix}^{\mathrm{T}}$；$\boldsymbol{\varGamma}=\boldsymbol{F}_q\boldsymbol{Z}_0$；$\boldsymbol{\varTheta}=\boldsymbol{F}_q\boldsymbol{Z}_1$，$\boldsymbol{Z}_0=\begin{bmatrix}\boldsymbol{I}_4 & \boldsymbol{I}_4 & \cdots & \boldsymbol{I}_4\end{bmatrix}_N^{\mathrm{T}}$。

$$\boldsymbol{Z}_1=\begin{bmatrix}\boldsymbol{I}_4 & \boldsymbol{0} & \cdots & \boldsymbol{0}\\ \boldsymbol{I}_4 & \boldsymbol{I}_4 & \cdots & \boldsymbol{0}\\ \vdots & \vdots & \ddots & \vdots\\ \boldsymbol{I}_4 & \boldsymbol{I}_4 & \cdots & \boldsymbol{I}_4\end{bmatrix}_N,\quad \boldsymbol{F}_q=\begin{bmatrix}\boldsymbol{F}(k) & \boldsymbol{0} & \cdots & \boldsymbol{0}\\ \boldsymbol{0} & \boldsymbol{F}(k+1) & \cdots & \boldsymbol{0}\\ \vdots & \vdots & \ddots & \vdots\\ \boldsymbol{0} & \boldsymbol{0} & \cdots & \boldsymbol{F}(k+N-1)\end{bmatrix}$$

$\boldsymbol{Z}_1$ 和 $\boldsymbol{F}_q$ 分别表示模型（8-10）中系数 $\boldsymbol{\varGamma}$ 和 $\boldsymbol{\varTheta}$ 的分解矩阵，$\boldsymbol{F}(k+\omega)$，$\omega=$

$0,1,\cdots,N-1$ 表示预测时域内 k 时刻到 $k+N-1$ 时刻系统对应的输矩阵。

进一步，由式（8-9）和式（8-10）可得：

$$\boldsymbol{\Theta}_0 \Delta \bar{\boldsymbol{V}} \leqslant \boldsymbol{d} \tag{8-11}$$

其中，$\boldsymbol{\Theta}_0=[-\boldsymbol{\Theta}^{\mathrm{T}}\ \boldsymbol{\Theta}^{\mathrm{T}}\ -\boldsymbol{Z}_1^{\mathrm{T}}\ \boldsymbol{Z}_1^{\mathrm{T}}]^{\mathrm{T}}$，$\boldsymbol{d}=[-\boldsymbol{d}_{1\min}^{\mathrm{T}}\ \boldsymbol{d}_{1\max}^{\mathrm{T}}\ -\boldsymbol{d}_{2\min}^{\mathrm{T}}\ \boldsymbol{d}_{2\max}^{\mathrm{T}}]^{\mathrm{T}}$；$\boldsymbol{d}_{1\min}=\dot{\bar{\boldsymbol{X}}}_{\min}-\boldsymbol{\Gamma V}(k-1)$；$\boldsymbol{d}_{1\max}=\dot{\bar{\boldsymbol{X}}}_{\max}-\boldsymbol{\Gamma V}(k-1)$；$\boldsymbol{d}_{2\min}=\bar{\boldsymbol{V}}_{\min}-\boldsymbol{Z}_0\boldsymbol{V}(k-1)$；$\boldsymbol{d}_{2\max}=\bar{\boldsymbol{V}}_{\max}-\boldsymbol{Z}_0\boldsymbol{V}(k-1)$。

为了使 ODW 系统实际速度跟踪误差和各轮速度输入增量最小，建立目标函数如下：

$$J=\min\frac{1}{2}(\dot{\bar{\boldsymbol{X}}}-\dot{\bar{\boldsymbol{X}}}_{\mathrm{d}})^{\mathrm{T}}\boldsymbol{\Pi}(\dot{\bar{\boldsymbol{X}}}-\dot{\bar{\boldsymbol{X}}}_{\mathrm{d}})+\Delta\bar{\boldsymbol{V}}^{\mathrm{T}}\boldsymbol{\Lambda}\Delta\bar{\boldsymbol{V}} \tag{8-12}$$

结合式（8-10）和式（8-12），得到运动约束的优化问题如下：

$$\begin{cases} J=\min\dfrac{1}{2}\Delta\bar{\boldsymbol{V}}^{\mathrm{T}}\boldsymbol{P}\Delta\bar{\boldsymbol{V}}+\boldsymbol{b}^{\mathrm{T}}\Delta\bar{\boldsymbol{V}} \\ \boldsymbol{\Theta}_0\Delta\bar{\boldsymbol{V}}\leqslant\boldsymbol{d} \end{cases} \tag{8-13}$$

其中，$\boldsymbol{P}=2(\boldsymbol{\Theta}^{\mathrm{T}}\boldsymbol{\Pi\Theta}+\boldsymbol{\Lambda})$；$\boldsymbol{b}=2\boldsymbol{\Theta}^{\mathrm{T}}\boldsymbol{\Pi}(\boldsymbol{\Gamma V}\ (k-1)-\dot{\bar{\boldsymbol{X}}}_{\mathrm{d}})$；$\boldsymbol{\Pi}$ 和 $\boldsymbol{\Lambda}$ 分别表示具有适当维数的正定对称矩阵。

这样，通过求解优化问题［式（8-13）］得到受约束的速度增量 $\Delta\bar{\boldsymbol{V}}(k)$，进而利用式（8-8）约束 ODW 系统的运动速度 $\boldsymbol{V}(k)$，从而保证人机系统运动速度的安全性。

令 $\boldsymbol{x}_1(t)=\boldsymbol{X}(t)$，$\boldsymbol{x}_2(t)=\dot{\boldsymbol{X}}(t)$，由式（8-1）可得不确定环境的 ODW 系统模型如下：

$$\begin{cases} \dot{\boldsymbol{x}}_1(t)=\boldsymbol{x}_2(t) \\ \dot{\boldsymbol{x}}_2(t)=\boldsymbol{M}_a^{-1}\boldsymbol{B}(\theta)\boldsymbol{u}(t)+\boldsymbol{\xi}(t) \end{cases} \tag{8-14}$$

设医生指定的康复训练轨迹为 $\boldsymbol{X}_{\mathrm{d}}(t)$，ODW 的实际运动轨迹为 $\boldsymbol{x}_1(t)$，指定的运动速度为 $\dot{\boldsymbol{X}}_{\mathrm{d}}(t)$，受约束的安全运动速度为 $\boldsymbol{V}(t)$。因此，轨迹跟踪误差和速度跟踪误差表示为：

$$\begin{cases} \boldsymbol{e}_1(t)=\boldsymbol{x}_1(t)-\boldsymbol{X}_{\mathrm{d}}(t) \\ \boldsymbol{e}_2(t)=\boldsymbol{V}(t)-\dot{\boldsymbol{X}}_{\mathrm{d}}(t) \end{cases} \tag{8-15}$$

根据式（8-14）和式（8-15），建立跟踪误差系统如下：

$$\begin{cases}\dot{\boldsymbol{e}}_1(t)=\boldsymbol{e}_2(t)\\ \dot{\boldsymbol{e}}_2(t)=\boldsymbol{M}_a^{-1}\boldsymbol{B}(\theta)\boldsymbol{u}(t)+\xi(t)-\ddot{\boldsymbol{X}}_{\mathrm{d}}(t)\end{cases} \tag{8-16}$$

在被动训练阶段，跟踪控制器设计如下：

$$\boldsymbol{u}(t)=\widehat{\boldsymbol{B}}(\theta)\boldsymbol{M}_a(\ddot{\boldsymbol{X}}_{\mathrm{d}}(t)-\boldsymbol{e}_1(t)-\boldsymbol{e}_2(t)-\hat{\xi}_Q(t)) \tag{8-17}$$

其中，$\hat{\xi}_Q(t)$表示人机不确定环境估计，且其 SCN 网络输出权值自适应律设计如下：

$$\dot{\hat{\boldsymbol{\beta}}}=G(\boldsymbol{x}(t))+\tilde{\boldsymbol{\beta}} \tag{8-18}$$

其中，$\tilde{\boldsymbol{\beta}}=\boldsymbol{\beta}-\hat{\boldsymbol{\beta}}$表示权值$\boldsymbol{\beta}$的估计误差。

接下来，分析被动训练跟踪误差系统在控制器［式（8-17）］作用下的稳定性。建立李雅普诺夫函数如下：

$$V(t)=\frac{1}{2}\boldsymbol{e}_1^{\mathrm{T}}(t)\boldsymbol{e}_1(t)+\frac{1}{2}\boldsymbol{e}_2^{\mathrm{T}}(t)\boldsymbol{e}_2(t)+\frac{1}{2}\tilde{\boldsymbol{\beta}}^{\mathrm{T}}\tilde{\boldsymbol{\beta}} \tag{8-19}$$

沿跟踪误差系统（8-16）对式（8-19）求导，可得：

$$\dot{V}(t)=\boldsymbol{e}_1^{\mathrm{T}}(t)\boldsymbol{e}_2(t)+\boldsymbol{e}_2^{\mathrm{T}}(t)(\boldsymbol{M}_a^{-1}\boldsymbol{B}(\theta)\boldsymbol{u}(t)+\xi(t))-\ddot{\boldsymbol{X}}_d(t)-\tilde{\boldsymbol{\beta}}^{\mathrm{T}}\dot{\hat{\boldsymbol{\beta}}} \tag{8-20}$$

将控制器（8-17）和网络权值自适应律（8-18）代入式（8-20）可得：

$$\begin{aligned}\dot{V}(t)&=-\boldsymbol{e}_2^{\mathrm{T}}(t)\boldsymbol{e}_2(t)+G(\boldsymbol{x}(t))\tilde{\boldsymbol{\beta}}-\tilde{\boldsymbol{\beta}}^{\mathrm{T}}\dot{\hat{\boldsymbol{\beta}}}\\&=-\boldsymbol{e}_2^{\mathrm{T}}(t)\boldsymbol{e}_2(t)-\tilde{\boldsymbol{\beta}}^{\mathrm{T}}\tilde{\boldsymbol{\beta}}\leqslant 0\end{aligned} \tag{8-21}$$

由式（8-21）可知，ODW 系统以受约束的运动速度跟踪医生指定的训练轨迹，并抑制了不确定运动环境对跟踪性能的影响，保证了人机系统运动速度的安全性。

康复者经过被动训练阶段后，随着腿部支撑力量和平衡能力的不断提升，其有主动参与康复训练的意愿，实际上主动训练更加有利于激发康复者的训练热情，从而更好地促进步行功能的恢复。

8.1.3　主动训练的有限时间学习控制

随着 ODW 系统进入主动训练阶段，康复机器人需要识别患者的主动步行速度，并在有限的学习时间内实现稳定跟踪，以保证人机系统的协调运动。

在主动训练过程中，使用传感器测量康复者的步行速度，并与 ODW 的实际运动速度进行比较。根据速度值的差异，设计决策过程的奖惩值函数。速度决策保证了康复机器人与训练者运动速度的一致性。决策状态描述为：

$$\begin{cases} \text{state}_1 : v_t < V_t \\ \text{state}_2 : v_t = V_t \\ \text{state}_3 : v_t > V_t \end{cases} \tag{8-22}$$

其中，v_t 表示 ODW 当前的速度值，V_t 表示康复者当前的速度值。决策动作描述为：

$$\begin{cases} a_1 : v_{t+1} = v_t + \Delta v \\ a_2 : v_{t+1} = v_t \\ a_3 : v_{t+1} = v_t - \Delta v \end{cases} \tag{8-23}$$

Δv 表示 ODW 调整的速度变化值，v_{t+1} 表示机器人下一时刻的速度值。奖惩值函数 R 设计为：

$$R = \begin{cases} 100, & |\Delta V| \leqslant \tau \\ 0, & |\Delta V| > \tau \end{cases} \tag{8-24}$$

$\Delta V = v_t - V_t$ 表示康复者与 ODW 当前时刻的速度值之差，τ 表示预先指定的非常小的速度值之差，且 $\tau \geqslant 0$。ODW 运动速度决策的步骤如下：

步骤 1：对 ODW 速度、状态行为对 (S, A) 进行初始化。其中 S 表示 ODW 当前状态，A 表示机器人当前采取的动作，设置机器人更新状态学习速率 α、衰减系数 γ、决策动作的选择概率 ε，且 $\alpha \in [0,1]$，$\gamma \in [0,1]$，$\varepsilon \in [0,1]$。

步骤 2：将 ODW 与康复者的当前速度值进行比较，并判断 ODW 在 state_1、state_2、state_3 中所处的状态 S，ODW 依据概率 ε 选取 a_1、a_2、a_3 中任意一个动作 A，并根据奖惩值 R，ODW 进入下一个状态 S'，再利用概率 ε 选择新的动作 A'，从而获得新的状态行为对 (S', A')。同时根据当前时刻奖惩值 R 获得 (S, A)，且 $Q(S, A)$ 值更新计算如下：

$$Q(S, A) \leftarrow Q(S, A) + \alpha\left[R + \gamma Q(S', A') - Q(S, A)\right] \tag{8-25}$$

其中，$Q(S, A)$ 表示当前状态行为对 (S, A) 获得的价值，$Q(S', A')$ 表示下一时刻状态行为对 (S', A') 获得的价值。

步骤 3：将 (S', A') 作为当前新的状态行为对，重复步骤 2，ODW 不断进行动作决策，直到人机速度误差满足 $|\Delta V| \leqslant \tau$，通过 ODW 对运动速度的不断

调整，保证人机速度协调一致。

系统模型（8-1）的第k次学习表示为：

$$\ddot{\boldsymbol{X}}_k(t)=\boldsymbol{M}_a^{-1}\boldsymbol{B}(\theta)\boldsymbol{u}_k(t)+\boldsymbol{\xi}(t) \tag{8-26}$$

令$\boldsymbol{x}_{1,k}(t)=\boldsymbol{X}_k(t)$，$\boldsymbol{x}_{2,k}(t)=\dot{\boldsymbol{X}}_k(t)$，则具有不确定环境的ODW系统模型如下：

$$\begin{cases}\dot{\boldsymbol{x}}_{1,k}(t)=\boldsymbol{x}_{2,k}(t)\\ \dot{\boldsymbol{x}}_{2,k}(t)=\boldsymbol{M}_a^{-1}\boldsymbol{B}(\theta)\boldsymbol{u}_k(t)+\boldsymbol{\xi}(t)\end{cases} \tag{8-27}$$

设医生指定的康复训练轨迹为$\boldsymbol{X}_{\mathrm{d}}(t)$，ODW的实际运动轨迹为$\boldsymbol{x}_{1,k}(t)$，实际运动速度为$\boldsymbol{x}_{2,k}(t)$，决策的运动速度为$\boldsymbol{V}(t)$，则系统第$k$次学习的跟踪误差系统如下：

$$\begin{aligned}\boldsymbol{e}_{1,k}(t)&=\boldsymbol{x}_{1,k}(t)-\boldsymbol{X}_{\mathrm{d}}(t)\\ \boldsymbol{e}_{2,k}(t)&=\boldsymbol{x}_{2,k}(t)-\boldsymbol{V}(t)\end{aligned} \tag{8-28}$$

其中，$\boldsymbol{V}(t)=[v_x(t)v_y(t)v_\theta(t)]^{\mathrm{T}}$表示机器人的决策速度。设计辅助变量$\boldsymbol{z}_k(t)=\boldsymbol{e}_{2,k}(t)-\varphi(\boldsymbol{e}_{1,k}(t))$，$\varphi(\boldsymbol{e}_{1,k}(t))=-\boldsymbol{R}_1\mathbf{Sig}(\boldsymbol{e}_{1,k}(t))^{\varpi}$，$\boldsymbol{R}_1=\mathrm{diag}(r_{11},r_{12},r_{13})$，$r_{1n}>0$，$n=1,2,3$，可得：

$$\mathbf{Sig}(\boldsymbol{\eta})^{\varpi}=[|\eta_1|^{\varpi}\operatorname{sgn}(\eta_1)\quad |\eta_Z|^{\varpi}\operatorname{sgn}(\eta_2)\quad |\eta_3|^{\varpi}\operatorname{sgn}(\vartheta_3)]^{\mathrm{T}},0<\varpi<1$$

$$\operatorname{sgn}(\eta_g)=\begin{cases}1, & \eta_g>0\\ 0, & \eta_g=0\\ -1, & \eta_g<0\end{cases},\quad g=1,2,3$$

其中，$\boldsymbol{\eta}=\boldsymbol{e}_{1,k}(t)$。根据式（8-27）和式（8-28），跟踪误差系统表示为：

$$\begin{cases}\dot{\boldsymbol{e}}_{1,k}(t)=\boldsymbol{z}_k(t)+\varphi(\boldsymbol{e}_{1,k}(t))\\ \dot{\boldsymbol{z}}_k(t)=\boldsymbol{M}_a^{-1}\boldsymbol{B}(\theta)\boldsymbol{u}_k(t)+\boldsymbol{\xi}(t)-\ddot{\boldsymbol{X}}_d(t)-\dot{\varphi}(\boldsymbol{e}_{1,k}(t))\end{cases} \tag{8-29}$$

针对误差系统（8-29），设计有限时间学习控制器如下：

$$\begin{aligned}\boldsymbol{u}_k(t)=\widehat{\boldsymbol{B}}(\theta)\boldsymbol{M}_a(&\ddot{\boldsymbol{X}}_{\mathrm{d}}(t)+\dot{\varphi}(\boldsymbol{e}_{1,k}(t))-\boldsymbol{e}_{1,k}(t)+\varphi(\boldsymbol{z}_k(t))-\hat{\boldsymbol{\xi}}_k(t)\\ &-\alpha\frac{\boldsymbol{z}_k(t)}{\|\boldsymbol{z}_k(t)\|})\end{aligned} \tag{8-30}$$

$$\hat{\boldsymbol{\xi}}_k(t)=\hat{\boldsymbol{\xi}}_{k-1}(t)-\vartheta\boldsymbol{z}_k(t) \tag{8-31}$$

其中，参数$\alpha>\|\hat{\boldsymbol{\xi}}_k(t)\|$，$\varphi(\boldsymbol{z}_k(t))=-\boldsymbol{R}_2\mathbf{Sig}(\boldsymbol{z}_k(t))^{\varpi}$，$\boldsymbol{R}_2=\mathrm{diag}(r_{21},r_{22},r_{23}),r_{2n}>0$。$\hat{\boldsymbol{\xi}}_k(t)$表示$\boldsymbol{\xi}(t)$在第$k$次学习时的估计值，$\hat{\boldsymbol{\xi}}_{-1}(t)=[0\ 0\ 0]^{\mathrm{T}}$，$\vartheta>0$表示学习增益。

接下来，分析主动训练跟踪误差系统在控制器［式（8-30）］和学习率［式（8-31）］作用下的稳定性。建立李雅普诺夫函数如下：

$$V_k(t)=\frac{1}{2}\boldsymbol{e}_{1,k}^{\mathrm{T}}(t)\boldsymbol{e}_{1,k}(t)+\frac{1}{2}z_k^{\mathrm{T}}(t)z_k(t) \tag{8-32}$$

沿误差系统［式（8-29）］对式（8-32）求导，可得：

$$\begin{aligned}\dot{V}_k(t)=&-\boldsymbol{e}_{1,k}^{\mathrm{T}}(t)\boldsymbol{R}_1\mathbf{Sig}(\boldsymbol{e}_{1,k}(t))^{\varpi}-\boldsymbol{z}_k^{\mathrm{T}}(t)\boldsymbol{R}_2\mathbf{Sig}(\boldsymbol{z}_k(t))^{\varpi}\\&-\alpha\|\boldsymbol{z}_k(t)\|+\boldsymbol{z}_k^{\mathrm{T}}(t)\tilde{\boldsymbol{\xi}}_k(t)\end{aligned} \tag{8-33}$$

利用参数α的取值范围，式（8-33）可以写为：

$$\dot{V}_k(t)\leqslant-\boldsymbol{e}_{1,k}^{\mathrm{T}}(t)\boldsymbol{R}_1\mathbf{Sig}(\boldsymbol{e}_{1,k}(t))^{\varpi}-\boldsymbol{z}_k^{\mathrm{T}}(t)\boldsymbol{R}_2\mathbf{Sig}(\boldsymbol{z}_k(t))^{\varpi} \tag{8-34}$$

其中

$$\begin{aligned}-\boldsymbol{e}_{1,k}^{T}(t)\boldsymbol{R}_1\mathbf{Sig}(\boldsymbol{e}_{1,k}(t))^{\varpi}&=-\sum_{n=1}^{3}r_{1n}\left|e_{1n,k}(t)\right|^{1+\varpi}\leqslant-\overline{r}_{1\min}\left(\frac{1}{2}\sum_{n=1}^{3}e_{1n,k}^{2}(t)\right)^{\frac{1+\varpi}{2}}\\&\leqslant-\overline{r}_1\boldsymbol{e}_{1,k}^{\mathrm{T}}(t)\mathbf{Sig}(\boldsymbol{e}_{1,k}(t))^{\zeta}\end{aligned}$$

$$\begin{aligned}-\boldsymbol{z}_k^{\mathrm{T}}(t)\boldsymbol{R}_2\mathbf{Sig}(\boldsymbol{z}_k(t))^{\varpi}&=-\sum_{n=1}^{3}r_{2n}\left|z_{n,k}(t)\right|^{1+\varpi}\leqslant-\overline{r}_{2\min}\left(\frac{1}{2}\sum_{n=1}^{3}z_{n,k}^{2}(t)\right)^{\frac{1+\varpi}{2}}\\&\leqslant-\overline{r}_2\boldsymbol{z}_k^{\mathrm{T}}(t)\mathbf{Sig}(\boldsymbol{z}_k(t))^{\zeta}\end{aligned}$$

并且$\zeta=\dfrac{1+\varpi}{2}$，$\dfrac{1}{2}<\zeta<1$，$r_{1\min}=\min\{r_{1n}\}$，$r_{2\min}=\min\{r_{2n}\}$，$\overline{r}_1=2^{\zeta}r_{1\min}$，$\overline{r}_2=2^{\zeta}r_{2\min}$。

因此，由式（8-34）可得：

$$\dot{V}_k(t)\leqslant-\overline{r}V_k^{\varsigma}(t) \tag{8-35}$$

其中，$\overline{r}=\min\{\overline{r}_1,\overline{r}_2\}$。于是可知 ODW 在第$k$次学习时跟踪误差系统有限时间稳定，有限的调整时间$T$满足$T\leqslant\dfrac{V_k^{1-\zeta}(\boldsymbol{e}_{1,k}(0))}{\overline{r}(1-\zeta)}$。

进一步，继续分析随着迭代学习次数的不断增加，有限时间控制器（8-30）和控制器（8-31）可使跟踪误差逐渐趋近于零。建立 Lyapunov 函数如下：

$$\Delta L_k(t)=V_k(t)+\frac{1}{2\vartheta}\int_0^t\tilde{\xi}_k^2(\iota)\mathrm{d}\iota \tag{8-36}$$

结合式（8-34）和式（8-36）可得：

$$\begin{aligned}\Delta L_k(t)&=L_k(t)-L_{k-1}(t)\\&\leqslant-V_{k-1}(t)+V_k(0)+\int_0^t(-\boldsymbol{e}_{1,k}^{\mathrm{T}}(\iota)R_1\mathbf{Sig}(\boldsymbol{e}_{1,k}(\iota))^{\varpi}\\&\quad-\boldsymbol{z}_k^{\mathrm{T}}(\iota)R_2\mathbf{Sig}(\boldsymbol{z}_k(\iota))^{\varpi}+\boldsymbol{z}_k^{\mathrm{T}}(\iota)\tilde{\boldsymbol{\xi}}_{2,k}(\iota))\mathrm{d}\iota\\&\quad+\frac{1}{2\vartheta}\int_0^t(\tilde{\xi}_k^2(\iota)-\tilde{\xi}_{k-1}^2(\iota))\mathrm{d}\iota\end{aligned} \tag{8-37}$$

其中

$$\begin{aligned}\tilde{\xi}_k^2(t)-\tilde{\xi}_{k-1}^2(t)&=(\xi(t)-\hat{\xi}_k(t))^2-(\xi(t)-\hat{\xi}_{k-1}(t))^2\\&=-(\hat{\xi}_k(t)-\hat{\xi}_{k-1}(t))^2-2\tilde{\xi}_k(t)(\hat{\xi}_k(t)-\hat{\xi}_{k-1}(t))\end{aligned}\tag{8-38}$$

将式（8-30）、式（8-31）和式（8-38）代入式（8-37）得到：

$$\Delta L_k(t)=L_k(t)-L_{k-1}(t)\leqslant -V_{k-1}(t)+\int_0^t\chi(\iota)\mathrm{d}\iota<0\tag{8-39}$$

其中，$\chi(\iota)=-\boldsymbol{e}_{1,k}^{\mathrm{T}}(\iota)\boldsymbol{R}_1\mathbf{Sig}(\boldsymbol{e}_{1,k}(\iota))^{\varpi}-\boldsymbol{z}_k^{\mathrm{T}}(\iota)\boldsymbol{R}_2\mathbf{Sig}(\boldsymbol{z}_k(\iota))^{\varpi}$。

当$k=0$时，对式（8-36）求导得到：

$$\dot{L}_0(t)=\boldsymbol{e}_{1,0}^{\mathrm{T}}(t)(\boldsymbol{z}_0(t)+\eta(\boldsymbol{e}_{1,0}(t))+\boldsymbol{z}_0^{\mathrm{T}}(t)\dot{\boldsymbol{z}}_0(t))+\frac{1}{2\vartheta}\tilde{\xi}_0^2(t)\tag{8-40}$$

将式（8-29）～式（8-31）代入式（8-40）可得：

$$\begin{aligned}\dot{L}_0(t)=&-\boldsymbol{e}_{1,0}^{\mathrm{T}}(t)\boldsymbol{R}_1\mathbf{Sig}(\boldsymbol{e}_{1,0}(t))^{\varpi}-\boldsymbol{z}_0^{\mathrm{T}}(t)\boldsymbol{R}_2\mathbf{Sig}(\boldsymbol{z}_0(t))^{\varpi}\\&+\boldsymbol{z}_0^{\mathrm{T}}(t)(\xi(t)-\vartheta\boldsymbol{z}_0(t))+\frac{1}{2\vartheta}(\xi(t)-\vartheta\boldsymbol{z}_0(t))^2\\\leqslant&\frac{1}{2\vartheta}\xi^2(t)\end{aligned}\tag{8-41}$$

根据式（8-37），$L_k(t)$可以写成如下形式：

$$L_k(t)=L_0(t)+\sum_{j=1}^{i}\Delta L_j(t)\tag{8-42}$$

将式（8-39）代入式（8-42）得到：

$$\begin{aligned}L_k(t)&\leqslant L_0(t)-\sum_{j=0}^{i}V_{j-1}(t)\\&\leqslant L_0(t)-\frac{1}{2}\sum_{j=0}^{i}\int_0^t(\boldsymbol{e}_{1,j-1}^{\mathrm{T}}(\iota)\boldsymbol{e}_{1,j-1}(\iota)+\boldsymbol{z}_{j-1}^{\mathrm{T}}(\iota)\boldsymbol{z}_{j-1}(\iota))\mathrm{d}\iota\end{aligned}\tag{8-43}$$

于是由式（8-43）可得：

$$\sum_{j=1}^{i}\int_0^t(\boldsymbol{e}_{1,j-1}^{\mathrm{T}}(\iota)\boldsymbol{e}_{1,j-1}(\iota)+\boldsymbol{z}_{j-1}^{\mathrm{T}}(\iota)\boldsymbol{z}_{j-1}(\iota))\mathrm{d}\iota\leqslant 2(L_0(t)-L_k(t))\leqslant 2L_0(t)\tag{8-44}$$

由此可知$L_k(t)$是一个连续递减有界的函数，进而由级数收敛的必要条件可得：

$$\lim_{k\to\infty}\boldsymbol{e}_{1,k}(t)=\lim_{k\to\infty}\boldsymbol{e}_{2,k}(t)=\mathbf{0}\tag{8-45}$$

由式（8-45）可得，轨迹跟踪误差和速度跟踪误差随着学习次数不断增加，逐渐收敛到零。这样在主动训练阶段，ODW 系统实现了速度协调安全运动，保证了康复者在训练过程中的安全。本节提出的 ODW 系统被动训练到主动训练直接切换的控制系统框图如图 8-2 所示。

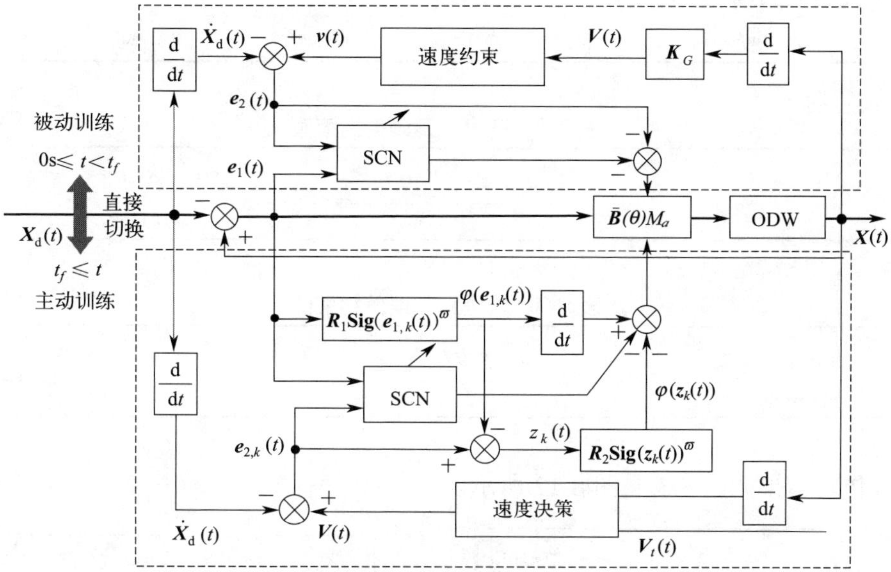

图 8-2　ODW 直接切换训练的控制系统框图

8.1.4　仿真分析

为了验证被动训练到主动训练直接切换方法的有效性，ODW 的性能需要满足：在被动训练阶段，根据训练要求，医生指定的速度约束值如表 8-1 所示；当 $t_f = 8\text{s}$ 时，将被动训练直接切换到主动训练；在主动训练阶段，速度决策误差约束值如表 8-2 所示；在整个训练过程中，轨迹跟踪误差约束值如表 8-3 所示；在医生指定的运动轨迹上进行被动训练到主动训练直接切换的跟踪训练。运动轨迹描述如下：

$$\begin{cases} x_{\mathrm{d}}(t) = t + 2\mathrm{e}^{-0.5t} \\ y_{\mathrm{d}}(t) = t + 2\mathrm{e}^{-0.5t} \\ \theta_{\mathrm{d}}(t) = \dfrac{\pi}{4} \end{cases}$$

仿真研究中，$m = 60\text{kg}$，$r_0 = 0.4 \times (1 + \text{rand}())\text{m}$，ODW 初始运动状态为 $x(0) = 2\text{m}$、$y(0) = 2\text{m}$、$\theta(0) = \pi / 4\text{rad}$、$v_x(0) = 0\text{m/s}$、$v_y(0) = 0\text{m/s}$、$v_\theta(0) = 0\text{rad/s}$，控制器参数为 $\vartheta = 6$、$\boldsymbol{R}_1 = \text{diag}(35,45,24)$ 和 $\boldsymbol{R}_2 = \text{diag}(0.1,5,0.1)$。

表 8-1 被动训练速度约束值

$\lvert v_x(t)\rvert$	$\lvert v_y(t)\rvert$	$\lvert v_\theta(t)\rvert$
1m/s	1m/s	0.25rad/s

表 8-2 速度决策误差约束值

$\lvert \Delta V_x(t)\rvert$	$\lvert \Delta V_y(t)\rvert$	$\lvert \Delta V_\theta(t)\rvert$
0.03m/s	0.03m/s	0.03rad/s

表 8-3 轨迹跟踪误差约束值

$\lvert e_{1x}(t)\rvert$	$\lvert e_{1y}(t)\rvert$	$\lvert e_{1\theta}(t)\rvert$
0.25m	0.25m	0.25rad

仿真结果如图 8-3 ～图 8-12 所示。

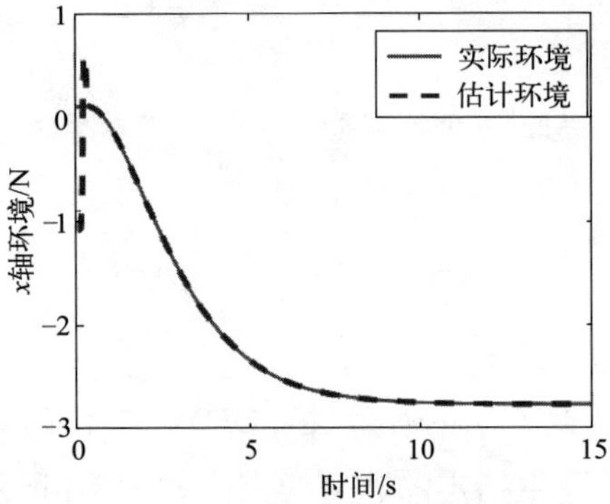

图 8-3 x 轴环境估计

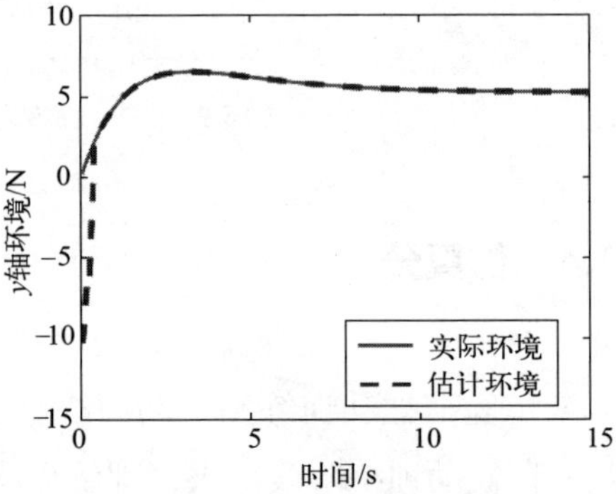

图 8-4 y 轴环境估计

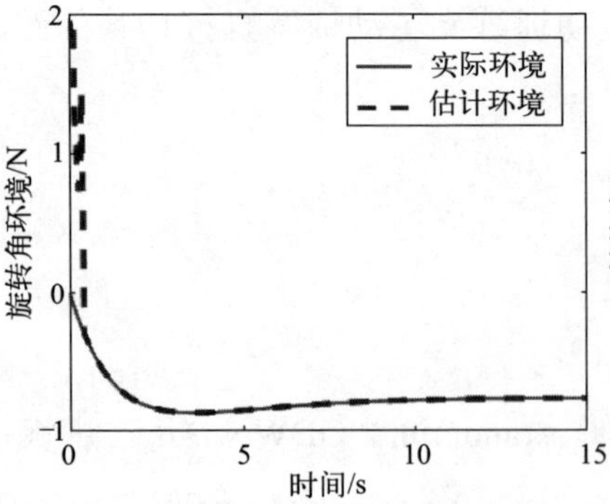

图 8-5 旋转角环境估计

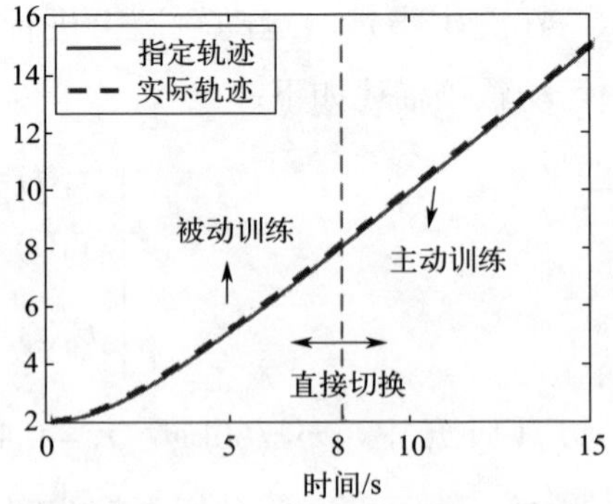

图 8-6 x 轴轨迹跟踪

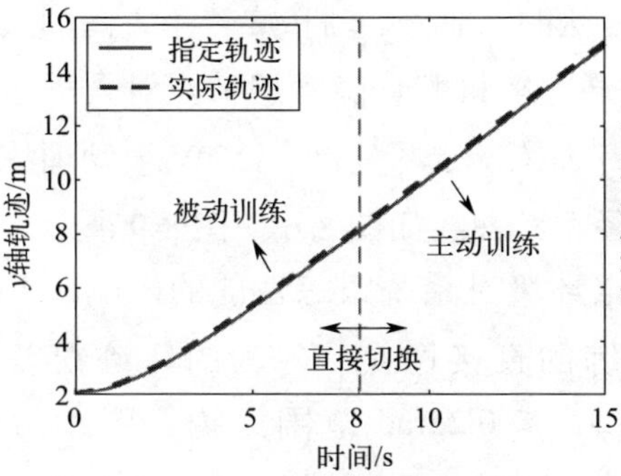

图 8-7　*y* 轴轨迹跟踪

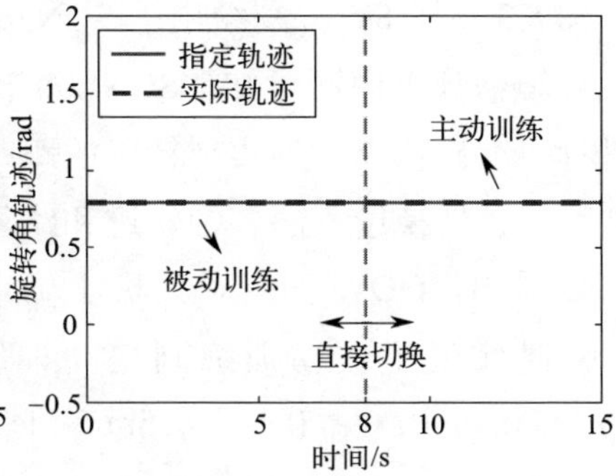

图 8-8　旋转角轨迹跟踪

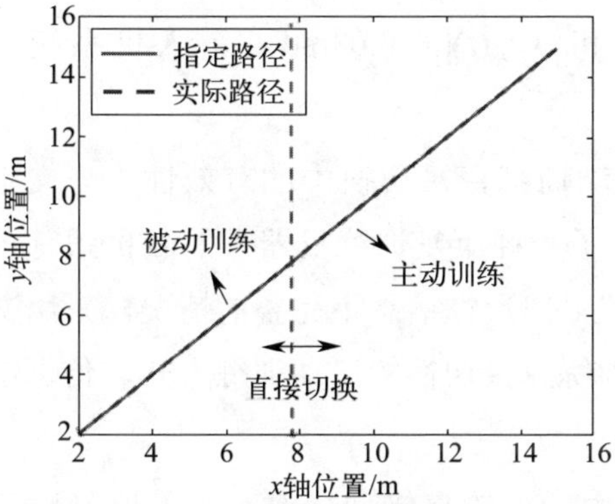

图 8-9　路径跟踪

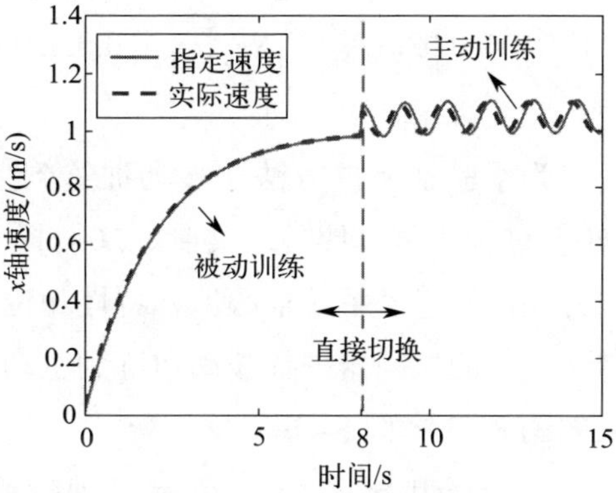

图 8-10　*x* 轴速度跟踪

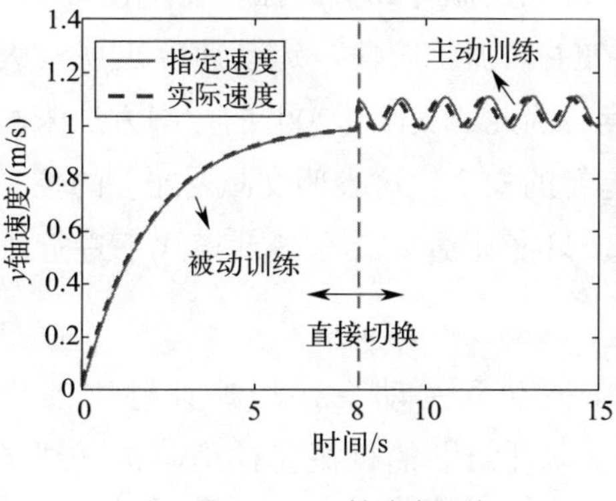

图 8-11　*y* 轴速度跟踪

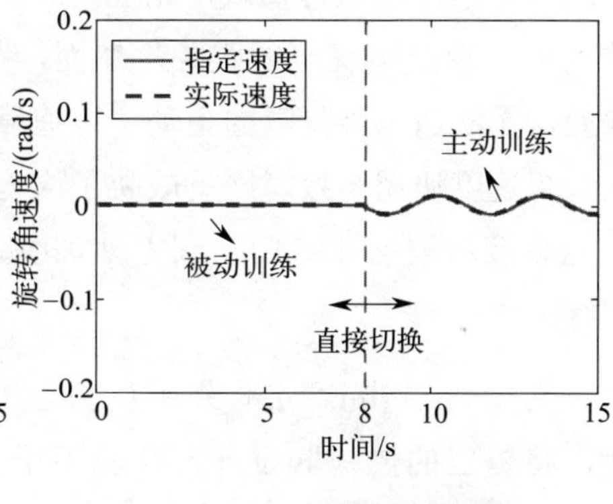

图 8-12　旋转角速度跟踪

图 8-3 ～图 8-5 分别给出了 SCN 方法的 x 轴、y 轴和旋转角方向的人机不确定环境估计。由图可知，SCN 方法通过随机配置隐含层节点对人机运动环境进行了准确估计，为实现精确的跟踪训练奠定了基础。ODW 被动训练到主动训练直接切换过程的各轴轨迹和路径跟踪曲线如图 8-6 ～图 8-9 所示。从图中可以看出，ODW 抑制了人机不确定环境对系统跟踪性能的影响，并且在 $t_f=8\text{s}$ 时实现了被动训练到主动训练的直接切换，各轴的轨迹误差均在 $|e_{1x}(t)|\leqslant 0.25\text{m}$、$|e_{1y}(t)|\leqslant 0.25\text{m}$ 和 $|e_{1\theta}(t)|\leqslant 0.25\text{rad}$ 范围之内。图 8-10 ～图 8-12 给出了被动训练到主动训练直接切换过程中 ODW 的速度跟踪曲线。由图可以看出，ODW 被动训练阶段的速度被约束在指定范围内，随着康复者步行能力的提高，系统直接进入主动训练阶段，各轴速度决策误差满足 $|\Delta V_x(t)|\leqslant 0.03\text{m/s}$、$|\Delta V_y(t)|\leqslant 0.03\text{m/s}$ 和 $|\Delta V_\theta(t)|\leqslant 0.03\text{rad/s}$，人机系统实现了速度协调安全运动。

为了验证所提方法在被动训练到主动训练直接切换中的有效性，与文献［20］进行了仿真比较。文献［20］提出了一种康复训练机器人的随机跟踪控制方法，考虑了系统重心偏移特性和位置输出反馈信息不完整的情况，采用文献［20］的控制器进行被动训练到主动训练直接切换的运动训练方式，仿真结果如图 8-13 ～图 8-16 所示。

图 8-13 描述了 ODW 在被动训练到主动训练直接切换过程中的路径跟踪曲线。由图可以看出，ODW 实现了稳定的路径跟踪并能够抑制系统偏移对跟踪性能的影响。图 8-14 ～图 8-16 描述了 ODW 在被动训练和主动训练直接切换过程中的速度跟踪曲线。由图可知，应用文献［20］的控制器可使 ODW 在被动训练阶段实现速度跟踪，然而，在主动训练阶段，运动速度出现较大的偏差，无法适应康复者的主动步行速度。因此，文献［20］的控制方法未能实现人机速度协调一致，严重威胁了康复者的安全。这表明文献［20］的控制器不能直接从被动训练切换到主动训练，只能让康复者在被动模式下进行跟踪训练。

为了进一步说明本节所提方法在被动到主动直接切换训练中的优越性，将提出的控制器设计方法应用于文献［21］的机械臂模型，仿真结果如图 8-17 ～图 8-19 所示。

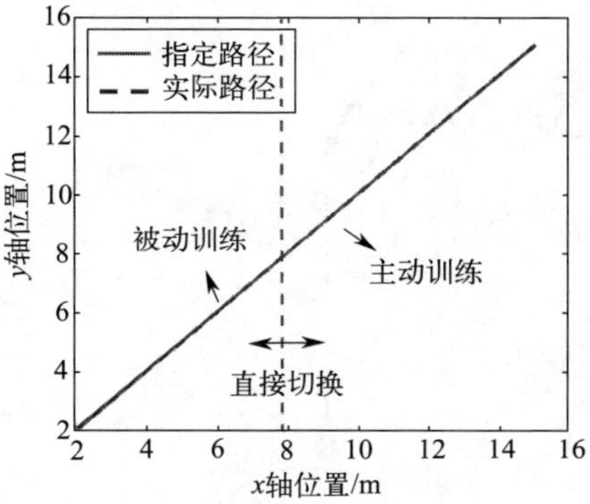

图 8-13　路径跟踪

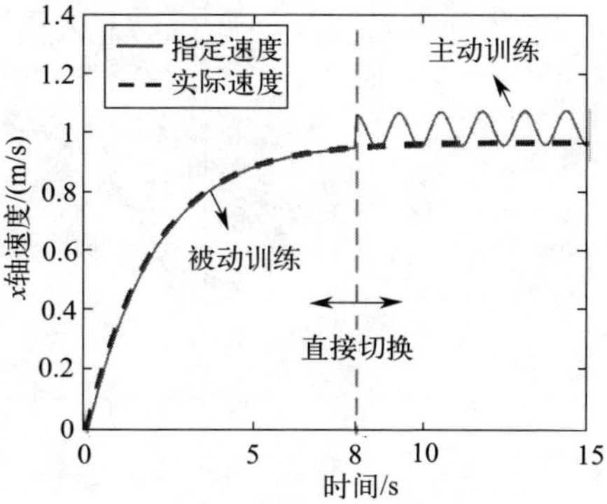

图 8-14　*x* 轴速度跟踪

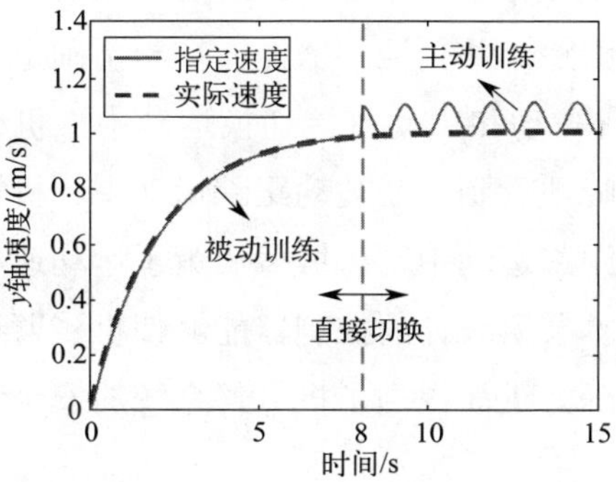

图 8-15　*y* 轴速度跟踪

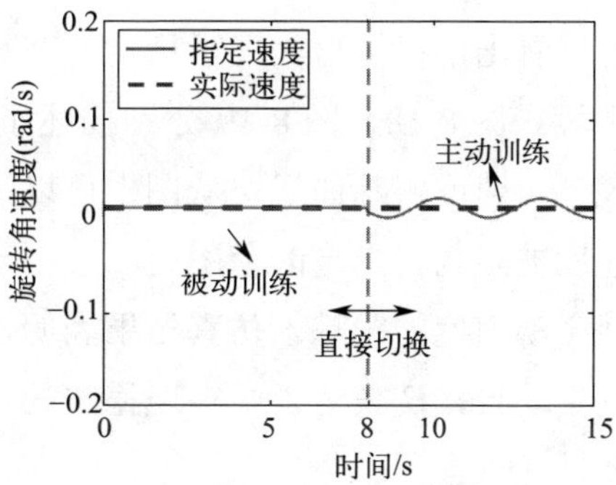

图 8-16　旋转角速度跟踪

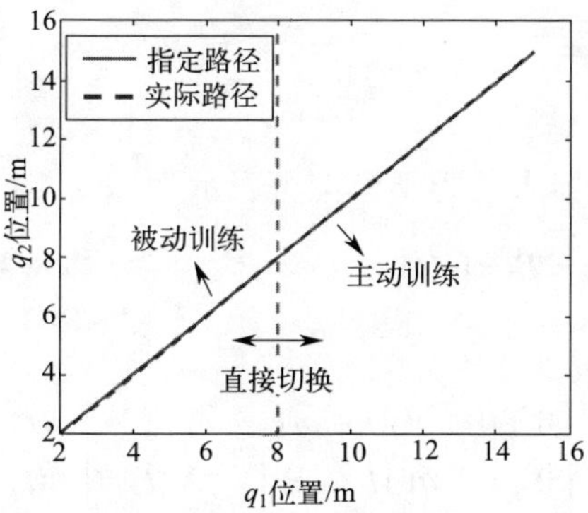

图 8-17　路径跟踪

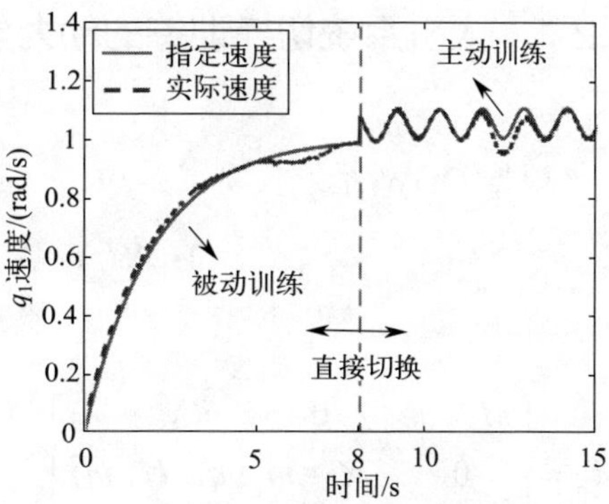

图 8-18　q_1 速度跟踪

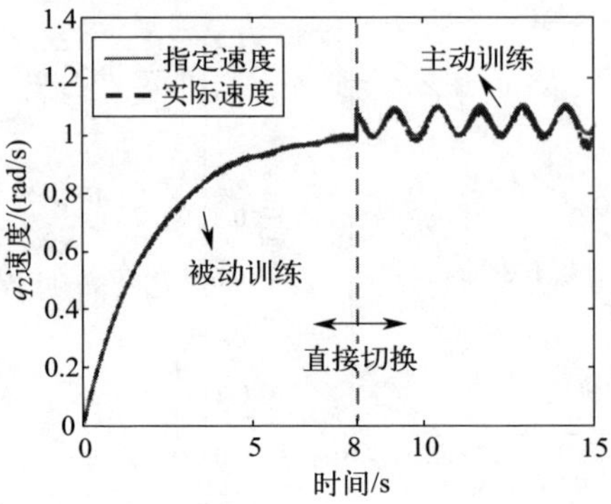

图 8-19　q_2 速度跟踪

图 8-17 给出了机械臂在被动和主动直接切换运动中的路径跟踪曲线。由图可以看出，机械臂实现了稳定的路径跟踪，并且控制器能够抑制不确定的运动环境。图 8-18、图 8-19 分别描述了在被动和主动直接切换运动中，机械臂各关节角速度跟踪曲线。从图中可以清晰地看到，在被动跟踪运动中，机械臂的速度被限制在指定的范围内；在主动跟踪运动中，机械臂决策了运动速度并实现主动速度的跟踪。仿真结果表明，本节所设计的控制器能够使机械臂在被动到主动直接切换运动中实现稳定的跟踪，进而提高了机械臂系统的安全性和智能性。

8.2　被动训练和主动训练循环切换的控制方法

8.2.1　人机系统切换训练的动力学模型

根据 ODW 系统模型（2-29），康复机器人动力学模型可表示为：

$$\boldsymbol{M}_a\ddot{\boldsymbol{X}}(t)+\boldsymbol{M}_b\dot{\boldsymbol{X}}(t)=\boldsymbol{B}(\theta)\boldsymbol{u}(t) \tag{8-46}$$

其中，

$$\boldsymbol{M}_a=\begin{bmatrix} M+m & 0 & p(M+m) \\ 0 & M+m & q(M+m) \\ 0 & 0 & I_0+mr_0^2 \end{bmatrix},\quad \boldsymbol{M}_b=\begin{bmatrix} 0 & 0 & \dot{p}(M+m) \\ 0 & 0 & \dot{q}(M+m) \\ 0 & 0 & 0 \end{bmatrix},\quad \boldsymbol{X}(t)=\begin{bmatrix} x(t) \\ y(t) \\ \theta(t) \end{bmatrix},$$

$$\boldsymbol{B}(\theta)=\begin{bmatrix}-\sin\theta_1 & \sin\theta_2 & \sin\theta_3 & -\sin\theta_4\\ \cos\theta_1 & -\cos\theta_2 & -\cos\theta_3 & \cos\theta_4\\ \lambda_1 & -\lambda_2 & -\lambda_3 & \lambda_4\end{bmatrix},\quad \begin{cases}\lambda_1=l_1\cos(\theta_1-\varphi_1)\\ \lambda_2=l_2\cos(\theta_2-\varphi_2)\\ \lambda_3=l_3\cos(\theta_3-\varphi_3)\\ \lambda_4=l_4\cos(\theta_4-\varphi_4)\end{cases},$$

$$\begin{cases}p=\dfrac{1}{2}[(\lambda_1-\lambda_3)\sin\theta+(\lambda_2-\lambda_4)\cos\theta]\\ q=\dfrac{1}{2}[(\lambda_2-\lambda_4)\sin\theta-(\lambda_1-\lambda_3)\cos\theta]\end{cases},\quad \boldsymbol{u}(t)=\begin{bmatrix}f_1\\ f_2\\ f_3\\ f_4\end{bmatrix}$$

在主动训练过程中，康复者腿部力量较强，通常人机系统的重心与中心重合，使得 $l_1=l_2=l_3=l_4=L$，分解 $\boldsymbol{M}_a$ 和 $\boldsymbol{B}(\theta)$ 中受康复者位姿影响的物理量，从而可以更准确地描述系统在主动训练过程中的动态模型，记 $\boldsymbol{M}_a=\boldsymbol{M}_1+\Delta\boldsymbol{M}_1$ 和 $\boldsymbol{B}(\theta)=\boldsymbol{B}_1(\theta)$。

在被动训练过程中，康复者腿部力量较弱，主要依靠前臂扶板支撑身体重量，并以医生指定的训练速度行走，因此，人机系统重心将发生偏移。分解 $\boldsymbol{M}_a$ 和 $\boldsymbol{B}(\theta)$ 中受康复者位姿变化影响的物理量，记 $\boldsymbol{M}_a=\boldsymbol{M}_2+\Delta\boldsymbol{M}_2$ 和 $\boldsymbol{B}(\theta)=\boldsymbol{B}_2(\theta)+\Delta\boldsymbol{B}_2(\theta)$。

建立人机系统切换训练的动力学模型如下：

$$\begin{cases}\boldsymbol{M}_1\ddot{\boldsymbol{X}}(t)=\boldsymbol{B}_1(\theta)\boldsymbol{u}(t)+\boldsymbol{\Xi}_1(t)\\ \boldsymbol{M}_2\ddot{\boldsymbol{X}}(t)=\boldsymbol{B}_2(\theta)\boldsymbol{u}(t)+\boldsymbol{\Xi}_2(t)\end{cases}\tag{8-47}$$

其中，

$$\boldsymbol{M}_1=\begin{bmatrix}M & 0 & 0\\ 0 & M & 0\\ 0 & 0 & I_0\end{bmatrix},\quad \begin{cases}\boldsymbol{\Xi}_1(t)=-(\Delta\boldsymbol{M}_1\ddot{\boldsymbol{X}}(t)+\boldsymbol{M}_b\dot{\boldsymbol{X}}(t))\\ \boldsymbol{\Xi}_2(t)=-(\Delta\boldsymbol{M}_2\ddot{\boldsymbol{X}}(t)+\boldsymbol{M}_b\dot{\boldsymbol{X}}(t)\\ \qquad\qquad -\Delta\boldsymbol{B}_2(\theta)\boldsymbol{u}(t))\end{cases},$$

$$\boldsymbol{B}_1(\theta)=\begin{bmatrix}-\sin\theta_1 & \sin\theta_2 & \sin\theta_3 & -\sin\theta_4\\ \cos\theta_1 & -\cos\theta_2 & -\cos\theta_3 & \cos\theta_4\\ L & -L & -L & L\end{bmatrix},\quad \Delta\boldsymbol{M}_1=\begin{bmatrix}m & 0 & p(M+m)\\ 0 & m & q(M+m)\\ 0 & 0 & mr_0^2\end{bmatrix},$$

$$\boldsymbol{M}_2=\begin{bmatrix}M+m & 0 & 0\\ 0 & M+m & 0\\ 0 & 0 & I_0\end{bmatrix},\quad \boldsymbol{B}_2(\theta)=\begin{bmatrix}-\sin\theta_1 & \sin\theta_2 & \sin\theta_3 & -\sin\theta_4\\ \cos\theta_1 & -\cos\theta_2 & -\cos\theta_3 & \cos\theta_4\\ \lambda_0 & -\lambda_0 & -\lambda_0 & \lambda_0\end{bmatrix},$$

$$\Delta \boldsymbol{M}_2=\begin{bmatrix}0 & 0 & p(M+m)\\ 0 & 0 & q(M+m)\\ 0 & 0 & mr_0^2\end{bmatrix},\quad \Delta \boldsymbol{B}_2(\theta)=\begin{bmatrix}-\sin\theta_1 & \sin\theta_2 & \sin\theta_3 & -\sin\theta_4\\ \cos\theta_1 & -\cos\theta_2 & -\cos\theta_3 & \cos\theta_4\\ \lambda_1-\lambda_0 & \lambda_0-\lambda_2 & \lambda_0-\lambda_3 & \lambda_4-\lambda_0\end{bmatrix}$$

当ODW在主被动训练任务之间切换时，系统模型（8-47）可表示为如下形式：

$$\boldsymbol{M}_{\sigma(t)}\ddot{\boldsymbol{X}}(t)=\boldsymbol{B}_{\sigma(t)}(\theta)\boldsymbol{u}(t)+\boldsymbol{\varXi}_{\sigma(t)}(t) \tag{8-48}$$

其中，$\sigma(t)=[0,+\infty)\to W=\{1,2,\cdots,w\}$，$W$ 和 $\sigma(t)$ 分别表示训练任务集和切换训练信号。当 $\sigma(t)=r$ 并且 $r\in W$，则第 r 个训练任务被激活，整个系统的动态过程由切换训练信号决定。在这里定义 $w=2$，当 $\sigma(t)=1$ 时，主动训练被激活；当 $\sigma(t)=2$ 时，被动训练被激活。$\boldsymbol{u}(t)$ 表示系统的控制输入力。为了降低符号的复杂性，切换训练信号 $\sigma(t)$ 简写成 σ。于是，得到ODW系统的切换动力学模型为：

$$\ddot{\boldsymbol{X}}(t)=\boldsymbol{M}_\sigma^{-1}\boldsymbol{B}_\sigma(\theta)\boldsymbol{u}(t)+\boldsymbol{\varTheta}_\sigma(t) \tag{8-49}$$

其中，$\boldsymbol{\varTheta}_\sigma(t)=\boldsymbol{M}_\sigma^{-1}\boldsymbol{\varXi}_\sigma(t)$ 表示系统在主被动训练循环切换模式下的不确定运动环境，根据物理意义可知 $\boldsymbol{\varTheta}_\sigma(t)$ 是有界的。

令 $\boldsymbol{x}_1(t)=\boldsymbol{X}(t)$，$\boldsymbol{x}_2(t)=\dot{\boldsymbol{X}}(t)$，则模型（8-49）转化为如下形式：

$$\begin{cases}\dot{\boldsymbol{x}}_1(t)=\boldsymbol{x}_2(t)\\ \dot{\boldsymbol{x}}_2(t)=\boldsymbol{M}_\sigma^{-1}\boldsymbol{B}_\sigma(\theta)\boldsymbol{u}(t)+\boldsymbol{\varTheta}_\sigma(t)\end{cases} \tag{8-50}$$

为了实现主被动训练循环切换的模式，通过分解系数矩阵 $\boldsymbol{M}_a$ 和 $\boldsymbol{B}(\theta)$，构建了ODW的切换动力学模型（8-50）。这种分解不仅突出了主动训练和被动训练的特点，而且为主被动切换训练的控制器设计奠定了基础。在主被动循环切换训练中，康复者逐渐从主要依靠前臂扶板的被动训练转变为主要利用自身腿部力量支承体重的主动训练，这样使得人机系统面临不同的训练环境 $\boldsymbol{\varTheta}_\sigma(t)$。

8.2.2 循环切换训练的环境估计

在实际主被动循环切换训练中，人机系统面临变化的运动环境，只有准确估计训练环境，ODW才能抑制环境对其运动的影响，从而提高跟踪精度。本节采用切换随机配置网络（Switched Stochastic Configuration Networks, SSCN）方法估计不确定的训练环境 $\boldsymbol{\varTheta}_\sigma(t)$。

将 ODW 系统的轨迹跟踪误差和速度跟踪误差 $\boldsymbol{\varepsilon}(t)=[\boldsymbol{e}_{1,\sigma}^{\mathrm{T}}(t)\boldsymbol{e}_{2,\sigma}^{\mathrm{T}}(t)]^{\mathrm{T}}$ 作为 SSCN 网络的输入，隐含层输出 $\psi_{\sigma}(\varepsilon(t))$ 表示为：

$$\psi_{\sigma}(\boldsymbol{\varepsilon}(t))=\vartheta_{\sigma}(\boldsymbol{\varpi}_{\sigma}^{\mathrm{T}}\boldsymbol{\varepsilon}(t)+\boldsymbol{\lambda}_{\sigma})=[\vartheta_{1_{\sigma}}(\boldsymbol{\varpi}_{1_{\sigma}}^{\mathrm{T}}\boldsymbol{\varepsilon}(t)+\boldsymbol{\lambda}_{1_{\sigma}})\cdots\vartheta_{j_{\sigma}}(\boldsymbol{\varpi}_{j_{\sigma}}^{\mathrm{T}}\boldsymbol{\varepsilon}(t)+\boldsymbol{\lambda}_{j_{\sigma}})\cdots$$
$$\vartheta_{n_{\sigma}}(\boldsymbol{\varpi}_{n_{\sigma}}^{\mathrm{T}}\boldsymbol{\varepsilon}(t)+\boldsymbol{\lambda}_{n_{\sigma}})]^{\mathrm{T}}$$

其中，$\vartheta_{j_{\sigma}}(\boldsymbol{\varpi}_{j_{\sigma}}^{\mathrm{T}}\boldsymbol{\varepsilon}(t)+\lambda_{j_{\sigma}})$ 表示第 j_{σ} 个隐含层节点的输出，且 $j_{\sigma}=1,2,\cdots,n$，ϑ_{σ} 表示高斯函数，$\boldsymbol{\varpi}_{\sigma}$ 和 $\boldsymbol{\lambda}_{\sigma}$ 表示如下：

$$\boldsymbol{\varpi}_{\sigma}=[\boldsymbol{\varpi}_{1_{\sigma}}\quad\boldsymbol{\varpi}_{2_{\sigma}}\quad\cdots\quad\boldsymbol{\varpi}_{n_{\sigma}}]^{\mathrm{T}}=\begin{bmatrix}\varpi_{1_{\sigma}1_{\sigma}} & \cdots & \varpi_{d_{\sigma}1_{\sigma}} & \cdots & \varpi_{6_{\sigma}1_{\sigma}}\\ \vdots & \cdots & \vdots & \cdots & \vdots\\ \varpi_{1_{\sigma}j_{\sigma}} & \cdots & \varpi_{d_{\sigma}j_{\sigma}} & \cdots & \varpi_{6_{\sigma}j_{\sigma}}\\ \vdots & \cdots & \vdots & \cdots & \vdots\\ \varpi_{1_{\sigma}n_{\sigma}} & \cdots & \varpi_{d_{\sigma}n_{\sigma}} & \cdots & \varpi_{6_{\sigma}n_{\sigma}}\end{bmatrix},$$
$$\boldsymbol{\lambda}_{\sigma}=[\lambda_{1_{\sigma}}\quad\cdots\quad\lambda_{j_{\sigma}}\quad\cdots\quad\lambda_{n_{\sigma}}]^{\mathrm{T}}。$$

其中，$\varpi_{d_{\sigma}j_{\sigma}}$ 表示第 j_{σ} 个输入层节点到第 d_{σ} 个隐含层节点的权值，且 $d_{\sigma}=1,2,\cdots,6$。$\lambda_{j_{\sigma}}$ 表示第 j_{σ} 个隐含层节点的阈值。

将 SSCN 隐含层连接到输出层，并通过输出权值 $\hat{\boldsymbol{\delta}}_{\sigma}$ 得到主被动训练不确定环境估计 $\hat{\boldsymbol{\Theta}}_{n_{\sigma}}(t)$ 如下：

$$\hat{\boldsymbol{\Theta}}_{n_{\sigma}}(t)=\hat{\boldsymbol{\delta}}_{\sigma}^{\mathrm{T}}\psi_{\sigma}(\boldsymbol{\varepsilon}(t)) \tag{8-51}$$

其中，$\hat{\delta}_{\sigma}^{\mathrm{T}}=[\hat{\delta}_{1_{\sigma}}\quad\hat{\delta}_{2_{\sigma}}\quad\cdots\quad\hat{\delta}_{n_{\sigma}}]$。

进一步，当隐含层节点数为 $n_{\sigma}-1$ 时，不确定训练环境估计误差表示为 $\boldsymbol{E}_{n_{\sigma}-1}=\boldsymbol{\Theta}_{\sigma}(t)-\hat{\boldsymbol{\Theta}}_{n_{\sigma}-1}(t)$。接下来，随机配置第 n_{σ} 个隐含层的节点参数，使其满足如下表达式：

$$\begin{aligned}&o_{n_{\sigma}}=\frac{(\boldsymbol{E}_{n_{\sigma}-1}{}^{\mathrm{T}}\vartheta_{n_{\sigma}}(\boldsymbol{\varpi}_{n_{\sigma}}^{\mathrm{T}}\boldsymbol{\varepsilon}(t)+\boldsymbol{\lambda}_{n_{\sigma}}))^{2}}{(\vartheta_{n_{\sigma}}(\boldsymbol{\varpi}_{n_{\sigma}}^{\mathrm{T}}\boldsymbol{\varepsilon}(t)+\boldsymbol{\lambda}_{n_{\sigma}}))^{\mathrm{T}}\vartheta_{n_{\sigma}}(\boldsymbol{\varpi}_{n_{\sigma}}^{\mathrm{T}}\boldsymbol{\varepsilon}(t)+\boldsymbol{\lambda}_{n_{\sigma}})}-(1-\mathfrak{I}_{\sigma}-\aleph_{n_{\sigma}})(\boldsymbol{E}_{n_{\sigma}-1})^{\mathrm{T}}\\&\boldsymbol{E}_{n_{\sigma}-1}>0\end{aligned} \tag{8-52}$$

其中，$\{\aleph_{n_{\sigma}}\}$ 表示非负实数序列且 $\lim\limits_{n_{\sigma}\to+\infty}\aleph_{n_{\sigma}}=0$，$\aleph_{n_{\sigma}}\leqslant 1-\mathfrak{I}_{\sigma}$，$0<\mathfrak{I}_{\sigma}<1$。输出权值 $\hat{\boldsymbol{\delta}}_{n_{\sigma}}$ 设计如下：

$$\hat{\boldsymbol{\delta}}_{n_{\sigma}}^{\mathrm{T}}=\frac{(\boldsymbol{E}_{n_{\sigma}-1})^{\mathrm{T}}\vartheta_{n_{\sigma}}(\boldsymbol{\varpi}_{n_{\sigma}}^{\mathrm{T}}\boldsymbol{\varepsilon}(t)+\boldsymbol{\lambda}_{n_{\sigma}})}{(\vartheta_{n_{\sigma}}(\boldsymbol{\varpi}_{n_{\sigma}}^{\mathrm{T}}\boldsymbol{\varepsilon}(t)+\boldsymbol{\lambda}_{n_{\sigma}}))^{\mathrm{T}}\vartheta_{n_{\sigma}}(\boldsymbol{\varpi}_{n_{\sigma}}^{\mathrm{T}}\boldsymbol{\varepsilon}(t)+\boldsymbol{\lambda}_{n_{\sigma}})} \tag{8-53}$$

接下来，进一步分析在式（8-52）的作用下，不确定训练环境估计误差可以收敛至零。于是计算如下：

$$
\begin{aligned}
& \boldsymbol{E}_{n_\sigma}^{\mathrm{T}}\boldsymbol{E}_{n_\sigma} - (\mathfrak{I}_\sigma + \aleph_{n_\sigma})\boldsymbol{E}_{n_\sigma-1}^{\mathrm{T}}\boldsymbol{E}_{n_\sigma-1} \\
&= \left(\boldsymbol{\Theta}_\sigma(t) - \hat{\boldsymbol{\Theta}}_{n_\sigma-1}(t) + \hat{\boldsymbol{\Theta}}_{n_\sigma-1}(t) - \hat{\boldsymbol{\Theta}}_{n_\sigma}(t)\right)^2 - (\mathfrak{I}_\sigma + \aleph_{n_\sigma})\boldsymbol{E}_{n_\sigma-1}^{\mathrm{T}}\boldsymbol{E}_{n_\sigma-1} \\
&= (1 - \mathfrak{I}_\sigma - \aleph_{n_\sigma})(\boldsymbol{E}_{n_\sigma-1})^{\mathrm{T}}\boldsymbol{E}_{n_\sigma-1} - \frac{(\boldsymbol{E}_{n_\sigma-1}{}^{\mathrm{T}}\vartheta_{n_\sigma}(\boldsymbol{\varpi}_{n_\sigma}^{\mathrm{T}}\boldsymbol{\varepsilon}(t) + \lambda_{n_\sigma}))^2}{(\vartheta_{n_\sigma}(\boldsymbol{\varpi}_{n_\sigma}^{\mathrm{T}}\boldsymbol{\varepsilon}(t) + \lambda_{n_\sigma}))^{\mathrm{T}}\vartheta_{n_\sigma}(\boldsymbol{\varpi}_{n_\sigma}^{\mathrm{T}}\boldsymbol{\varepsilon}(t) + \lambda_{n_\sigma})} \\
&\leqslant 0
\end{aligned}
\tag{8-54}
$$

由式（8-54）可知，$\boldsymbol{E}_{n_\sigma}^{\mathrm{T}}\boldsymbol{E}_{n_\sigma} \leqslant (\mathfrak{I}_\sigma + \aleph_{n_\sigma})\boldsymbol{E}_{n_\sigma-1}^{\mathrm{T}}\boldsymbol{E}_{n_\sigma-1}$ 成立。这样随着隐含层节点数 n_σ 不断增加，可使 $\lim\limits_{n_\sigma \to \infty} \boldsymbol{E}_{n_\sigma} = \boldsymbol{0}$，从而实现了主被动不确定训练环境估计 $\boldsymbol{\Theta}_\sigma(t) = \hat{\boldsymbol{\Theta}}_{n_\sigma}(t)$。

令输出权值 $\hat{\boldsymbol{\delta}}_\sigma$ 的最优值为 $\boldsymbol{\delta}_\sigma^*$，则有

$$
\boldsymbol{\delta}_\sigma^{*\mathrm{T}} = [\delta_{1_\sigma}^* \quad \delta_{2_\sigma}^* \quad \cdots \quad \delta_{n_\sigma}^*] = \arg\min_{\hat{\delta}_\sigma} \left\| \boldsymbol{\Theta}_\sigma(t) - \sum_{j=1}^{n_\sigma} \hat{\delta}_{j_\sigma}^{\mathrm{T}} \vartheta_{j_\sigma}(\boldsymbol{\varpi}_{j_\sigma}^{\mathrm{T}}\boldsymbol{\varepsilon}(t) + \lambda_{j_\sigma}) \right\|
$$

对于一个给定的小正常数 ι_σ^*，训练环境估计误差 $\boldsymbol{E}_{n_\sigma}$ 表示为：

$$
\left\| \boldsymbol{E}_{n_\sigma} \right\| = \left\| \boldsymbol{\Theta}_\sigma(t) - \boldsymbol{\delta}_\sigma^{*\mathrm{T}}\psi_\sigma(\boldsymbol{\varepsilon}(t)) \right\| \leqslant \iota_\sigma^* \tag{8-55}
$$

因此，主被动循环切换训练的不确定环境表示如下：

$$
\boldsymbol{\Theta}_\sigma(t) = \boldsymbol{\delta}_\sigma^{*\mathrm{T}}\psi_\sigma(\boldsymbol{\varepsilon}(t)) + \iota_\sigma \tag{8-56}
$$

其中，ι_σ 表示不确定环境估计误差。这样由式（8-56）可以看出，本节提出的 SSCN 方法通过巧妙地切换输出权值估计不确定训练环境，为获得人机系统运动环境提供了估计方法。

8.2.3 循环切换训练的跟踪控制方法

令康复机器人主动训练的实际运动轨迹为 $\boldsymbol{x}_1(t)$，指定运动轨迹为 $\boldsymbol{X}_{\mathrm{d}}(t)$，实际运动速度为 $\boldsymbol{x}_2(t)$，指定运动速度为 $\boldsymbol{V}(t)$，则主动训练轨迹跟踪误差 $\boldsymbol{e}_{1,1}(t)$ 和速度跟踪误差 $\boldsymbol{e}_{2,1}(t)$ 表示如下：

$$
\begin{cases}
\boldsymbol{e}_{1,1}(t) = \boldsymbol{x}_1(t) - \boldsymbol{X}_{\mathrm{d}}(t) \\
\boldsymbol{e}_{2,1}(t) = \boldsymbol{x}_2(t) - \boldsymbol{V}(t)
\end{cases}
\tag{8-57}
$$

根据式（8-49）和式（8-57），建立主动训练跟踪误差系统如下：

$$\begin{cases}\dot{\boldsymbol{e}}_{1,1}(t)=\boldsymbol{e}_{2,1}(t)\\ \dot{\boldsymbol{e}}_{2,1}(t)=\boldsymbol{M}_1^{-1}\boldsymbol{B}_1(\theta)\boldsymbol{u}(t)+\boldsymbol{\Theta}_1(t)-\ddot{\boldsymbol{X}}_{\mathrm{d}}(t)\end{cases}\tag{8-58}$$

在被动训练过程中，ODW 以医生规定的速度 $\dot{\boldsymbol{X}}_{\mathrm{d}}(t)$ 跟踪步行运动轨迹，则被动训练轨迹跟踪误差 $\boldsymbol{e}_{1,2}(t)$ 和速度跟踪误差 $\boldsymbol{e}_{2,2}(t)$ 表示如下：

$$\begin{cases}\boldsymbol{e}_{1,2}(t)=\boldsymbol{x}_1(t)-\boldsymbol{X}_{\mathrm{d}}(t)\\ \boldsymbol{e}_{2,2}(t)=\boldsymbol{x}_2(t)-\dot{\boldsymbol{X}}_{\mathrm{d}}(t)\end{cases}\tag{8-59}$$

根据式（8-49）和式（8-59），建立被动训练跟踪误差系统如下：

$$\begin{cases}\dot{\boldsymbol{e}}_{1,2}(t)=\boldsymbol{e}_{2,2}(t)\\ \dot{\boldsymbol{e}}_{2,2}(t)=\boldsymbol{M}_2^{-1}\boldsymbol{B}_2(\theta)\boldsymbol{u}(t)+\boldsymbol{\Theta}_2(t)-\ddot{\boldsymbol{X}}_{\mathrm{d}}(t)\end{cases}\tag{8-60}$$

于是，利用式（8-58）和式（8-60）构建主被动循环切换训练跟踪误差系统为：

$$\begin{cases}\dot{\boldsymbol{e}}_{1,\sigma}(t)=\boldsymbol{e}_{2,\sigma}(t)\\ \dot{\boldsymbol{e}}_{2,\sigma}(t)=\boldsymbol{M}_\sigma^{-1}\boldsymbol{B}_\sigma(\theta)\boldsymbol{u}(t)+\boldsymbol{\Theta}_\sigma(t)-\ddot{\boldsymbol{X}}_{\mathrm{d}}(t)\end{cases}\tag{8-61}$$

为了实现人机系统主被动循环切换训练并抑制不确定训练环境，设计控制器和输出权值自适应律如下：

$$\begin{aligned}\boldsymbol{u}(t)=\widehat{\boldsymbol{B}}_\sigma(\theta)\boldsymbol{M}_\sigma\boldsymbol{T}_\sigma^{-1}[&\boldsymbol{T}_\sigma\ddot{\boldsymbol{X}}_{\mathrm{d},\sigma}(t)-\boldsymbol{T}_\sigma\hat{\boldsymbol{\delta}}_\sigma^{\mathrm{T}}\boldsymbol{\psi}_\sigma-(\widehat{\boldsymbol{e}}_{2,\sigma}^{\mathrm{T}}(t)\boldsymbol{e}_{1,\sigma}^{\mathrm{T}}(t)+\boldsymbol{I})\\&\boldsymbol{P}_\sigma\boldsymbol{e}_{1,\sigma}(t)-\boldsymbol{T}_\sigma\boldsymbol{e}_{2,\sigma}(t)]\end{aligned}\tag{8-62}$$

$$\dot{\hat{\boldsymbol{\delta}}}_\sigma=\ell_\sigma\hat{\boldsymbol{\delta}}_\sigma-\boldsymbol{\psi}_\sigma\boldsymbol{e}_{2,\sigma}^{\mathrm{T}}\boldsymbol{T}_\sigma\tag{8-63}$$

其中，$\widehat{\boldsymbol{B}}_\sigma(\theta)=(\boldsymbol{B}_\sigma^{\mathrm{T}}(\theta)\boldsymbol{B}_\sigma(\theta))^{-1}\boldsymbol{B}_\sigma^{\mathrm{T}}(\theta)$ 表示 $\boldsymbol{B}_\sigma(\theta)$ 的广义逆矩阵，$\widehat{\boldsymbol{e}}_{2,\sigma}^{\mathrm{T}}(t)=(\boldsymbol{e}_{2,\sigma}(t)\boldsymbol{e}_{2,\sigma}^{\mathrm{T}}(t))^{-1}\boldsymbol{e}_{2,\sigma}$ 表示 $\boldsymbol{e}_{2,\sigma}(t)$ 的广义逆矩阵，$\boldsymbol{P}_\sigma$ 和 $\boldsymbol{T}_\sigma$ 表示正定对称矩阵，$\boldsymbol{I}$ 表示单位矩阵，ℓ_σ 表示调节参数。

定义 8.1　对于主被动训练循环切换 ODW 系统，如果存在正数 N_0，使如下不等式成立：

$$N_\sigma(T,t_0)-N_0\leqslant\frac{T-t_0}{\pi_a},\forall T\geqslant t_0\geqslant 0\tag{8-64}$$

那么 π_a 称为人机系统的切换训练时间。其中，$N_\sigma(T,t_0)$ 表示时间间隔 $[t_0,T)$ 内切换训练的次数，$t_0,t_1,\cdots,t_j,\cdots,t_{N_\sigma(T,0)}$ 表示时间间隔 $[0,T)$ 内切换训练的时刻，且 $t_0=0$。

在主被动切换训练过程中，ODW 需要在主动阶段不断调整运动速度以与康复者保持协调一致，实现人机系统的安全运动；并且，人机系统的不确定训练环境是不断变化的，本节提出的 SSCN 方法在输出权值自适应律［式（8-63）］的作用下实现了估计，设计的控制器（8-62）抑制了训练环境变化对跟踪性能的影响。

8.2.4 跟踪误差系统稳定性分析

定理 8.1 考虑 ODW 主被动训练循环切换系统（8-50），如果切换训练时间满足 $\pi_a > \pi_a^* = \dfrac{\ln \upsilon}{\gamma}$，那么对于任意切换训练信号 $\sigma(t)$，设计的控制器（8-62）和输出权值自适应律（8-63）可使主被动训练跟踪误差系统稳定，并且轨迹跟踪误差 $\boldsymbol{e}_{1,\sigma}(t)$ 和速度跟踪误差 $\boldsymbol{e}_{2,\sigma}(t)$ 有界。

证明：建立如下 Lyapunov 函数

$$V_r(t) = \frac{1}{2}\boldsymbol{e}_{2,r}^{\mathrm{T}}(t)\boldsymbol{T}_r\boldsymbol{e}_{2,r}(t) + \frac{1}{2}\boldsymbol{e}_{1,r}^{\mathrm{T}}(t)\boldsymbol{P}_r\boldsymbol{e}_{1,r}(t) + \frac{1}{2}\mathrm{tr}(\tilde{\boldsymbol{\delta}}_r^{\mathrm{T}}\tilde{\boldsymbol{\delta}}_r) \tag{8-65}$$

其中，$\tilde{\boldsymbol{\delta}}_r = \boldsymbol{\delta}_r^* - \hat{\boldsymbol{\delta}}_r$ 表示输出权值估计误差。

对式（8-65）求导，可得：

$$\begin{aligned}
\dot{V}_r(t) &= \boldsymbol{e}_{2,r}^{\mathrm{T}}(t)\boldsymbol{T}_r\dot{\boldsymbol{e}}_{2,r}(t) + \dot{\boldsymbol{e}}_{1,r}^{\mathrm{T}}(t)\boldsymbol{P}_r\boldsymbol{e}_{1,r}(t) + \mathrm{tr}(\tilde{\boldsymbol{\delta}}_r^{\mathrm{T}}\dot{\tilde{\boldsymbol{\delta}}}_r) \\
&= \boldsymbol{e}_{2,r}^{\mathrm{T}}(t)\Big[\boldsymbol{T}_r\boldsymbol{M}_r^{-1}\boldsymbol{B}_r(\theta)\boldsymbol{u}(t) + \boldsymbol{T}_r\boldsymbol{\delta}_r^{*\mathrm{T}}\boldsymbol{\psi}_r + \boldsymbol{T}_r\iota_r - \boldsymbol{T}_r\ddot{\boldsymbol{X}}_{\mathrm{d},r}(t) \\
&\quad + (\hat{\boldsymbol{e}}_{2,r}^{\mathrm{T}}(t)\boldsymbol{e}_{1,r}^{\mathrm{T}}(t) + \boldsymbol{I})\boldsymbol{P}_r\boldsymbol{e}_{1,r}(t)\Big] - \boldsymbol{e}_{1,r}^{\mathrm{T}}(t)\boldsymbol{P}_r\boldsymbol{e}_{1,r}(t) \\
&\quad + \mathrm{tr}(\tilde{\boldsymbol{\delta}}_r^{\mathrm{T}}(\ell_r\hat{\boldsymbol{\delta}}_r - \boldsymbol{\psi}_r\boldsymbol{e}_{2,r}^{\mathrm{T}}\boldsymbol{T}_r)) \\
&= -\boldsymbol{e}_{2,r}^{\mathrm{T}}(t)\boldsymbol{T}_r\boldsymbol{e}_{2,r}(t) - \boldsymbol{e}_{1,r}^{\mathrm{T}}(t)\boldsymbol{P}_r\boldsymbol{e}_{1,r}(t) + \boldsymbol{e}_{2,r}^{\mathrm{T}}(t)\boldsymbol{T}_r\iota_r + \ell_r\mathrm{tr}(\tilde{\boldsymbol{\delta}}_r^{\mathrm{T}}\hat{\boldsymbol{\delta}}_r)
\end{aligned} \tag{8-66}$$

根据杨氏不等式，得到：

$$\tilde{\boldsymbol{\delta}}_r^{\mathrm{T}}\hat{\boldsymbol{\delta}}_r = \tilde{\boldsymbol{\delta}}_r^{\mathrm{T}}\left(\boldsymbol{\delta}_r^* - \tilde{\boldsymbol{\delta}}_r\right) \leqslant -\frac{1}{2}\tilde{\boldsymbol{\delta}}_r^{\mathrm{T}}\tilde{\boldsymbol{\delta}}_r + \frac{1}{2}\boldsymbol{\delta}_r^{*\mathrm{T}}\boldsymbol{\delta}_r^* \tag{8-67}$$

$$\boldsymbol{e}_{2,r}^{\mathrm{T}}(t)\boldsymbol{T}_r\iota_r \leqslant \frac{1}{2}\left\|\boldsymbol{e}_{2,r}^{\mathrm{T}}(t)\right\|^2 + \frac{1}{2}\left\|\boldsymbol{T}_r\right\|^2\iota_r^{*2} \tag{8-68}$$

将式（8-67）和式（8-68）代入式（8-66），可得：

$$\begin{aligned}
\dot{V}_r(t) &\leqslant -\boldsymbol{e}_{2,r}^{\mathrm{T}}(t)\boldsymbol{T}_r\boldsymbol{e}_{2,r}(t) - \boldsymbol{e}_{1,r}^{\mathrm{T}}(t)\boldsymbol{P}_r\boldsymbol{e}_{1,r}(t) \\
&\quad + \frac{1}{2}\left\|\boldsymbol{e}_{2,r}^{\mathrm{T}}(t)\right\|^2 + \frac{1}{2}\left\|\boldsymbol{T}_r\right\|^2\iota_r^{*2} - \frac{\ell_r}{2}\mathrm{tr}(\tilde{\boldsymbol{\delta}}_r^{\mathrm{T}}\tilde{\boldsymbol{\delta}}_r) + \frac{\ell_r}{2}\mathrm{tr}(\boldsymbol{\delta}_r^{*\mathrm{T}}\boldsymbol{\delta}_r^*) \\
&\leqslant -\gamma V_r(t) + \varsigma
\end{aligned} \tag{8-69}$$

其中，$\gamma=\min\{2,2,\ell_r\}$，$\varsigma=\frac{1}{2}\left\|\boldsymbol{e}_{2,r}^{\mathrm{T}}(t)\right\|^2+\frac{1}{2}\left\|\boldsymbol{T}_r\right\|^2 \iota_r^{*2}+\frac{\ell_r}{2}\operatorname{tr}(\boldsymbol{\delta}_r^{*\mathrm{T}}\boldsymbol{\delta}_r^*)$。

构造函数 $Z(t)$ 如下：

$$Z(t)=\mathrm{e}^{\gamma t}V_{\sigma(t)}(\boldsymbol{\chi}(t)) \tag{8-70}$$

其中，$\boldsymbol{\chi}(t)=\left[\boldsymbol{e}_{1,\sigma}^{\mathrm{T}}(t)\boldsymbol{e}_{2,\sigma}^{\mathrm{T}}(t)\tilde{\boldsymbol{\delta}}_{\sigma}^{\mathrm{T}}\right]$。

由式（8-70）可知：

$$\dot{Z}(t)=\gamma\mathrm{e}^{\gamma t}V_{\sigma(t)}(\boldsymbol{\chi}(t))+\mathrm{e}^{\gamma t}\dot{V}_{\sigma(t)}(\boldsymbol{\chi}(t))\leqslant\varsigma\mathrm{e}^{\gamma t} \tag{8-71}$$

由此可得：

$$Z(t_{j+1})\leqslant Z(t_j)+\int_{t_j}^{t_{j+1}}\varsigma\mathrm{e}^{\gamma t}\mathrm{d}t \tag{8-72}$$

根据式（8-65）可知，在时刻 t_j 由训练任务 l 切换到训练任务 r，则：

$$V_r(t_j)\leqslant\upsilon V_l(t_j^-) \tag{8-73}$$

其中，$\sigma(t_j)=r$，$\sigma(t_j^-)=l$，$l\in W$ 和 $l\neq r$，$\upsilon=\max\{\frac{\lambda_{\max}(\boldsymbol{T}_r)}{\lambda_{\min}(\boldsymbol{T}_l)},\frac{\lambda_{\max}(\boldsymbol{P}_r)}{\lambda_{\min}(\boldsymbol{P}_l)}\}$。

进一步，根据式（8-72）和式（8-73），在时间间隔 $\left[t_j,t_{j+1}\right)$ 内可知：

$$\begin{aligned}Z\left(t_{j+1}\right)&=\mathrm{e}^{\gamma t_{j+1}}V_{\sigma\left(t_{j+1}\right)}\left(\boldsymbol{\chi}(t_{j+1})\right)\\&\leqslant\upsilon\mathrm{e}^{\gamma t_{j+1}}V_{\sigma\left(t_{j+1}^-\right)}\left(\boldsymbol{\chi}(t_{j+1}^-)\right)\\&=\upsilon Z\left(t_{j+1}^-\right)\\&\leqslant\upsilon\left[Z\left(t_j\right)+\int_{t_j}^{t_{j+1}}\varsigma\mathrm{e}^{\gamma t}\mathrm{d}t\right]\end{aligned} \tag{8-74}$$

给定一个任意常数 $T>t_0=0$，从 $j=0$ 到 $j=N_\sigma(T,0)-1$ 可得：

$$\begin{aligned}&Z\left(T^-\right)\leqslant Z\left(t_{N_\sigma(T,0)}\right)+\int_{t_{N_\sigma(T,0)}}^{T}\varsigma\mathrm{e}^{\gamma t}\mathrm{d}t\\&\leqslant\upsilon\left[Z\left(t_{N_\sigma(T,0)-1}\right)+\int_{t_{N_\sigma(T,0)-1}}^{t_{N_\sigma(T,0)}}\varsigma\mathrm{e}^{\gamma t}\mathrm{d}t+\upsilon^{-1}\int_{t_{N_\sigma(T,0)}}^{T}\varsigma\mathrm{e}^{\gamma t}\mathrm{d}t\right]\\&\leqslant\cdots\\&\leqslant\upsilon^{N_\sigma(T,0)}\left[Z(0)+\sum_{j=0}^{N_\sigma(T,0)-1}\upsilon^{-j}\int_{t_j}^{t_{j+1}}\varsigma\mathrm{e}^{\gamma t}\mathrm{d}t+\upsilon^{-N_\sigma(T,0)}\int_{t_{N_\sigma(T,0)}}^{T}\varsigma\mathrm{e}^{\gamma t}\mathrm{d}t\right]\end{aligned} \tag{8-75}$$

设计平均训练时间 π_a 满足 $\pi_a>\ln\upsilon/\gamma$，对于 $\hbar\in(0,\gamma-\frac{\ln\upsilon}{\pi_a})$ 有：

$$\pi_a>\frac{\ln\upsilon}{\gamma-\hbar} \tag{8-76}$$

结合式（8-64）和式（8-76）可得：

$$N_{\sigma}(T,t)\leqslant N_{0}+\frac{(\gamma-\hbar)(T-t)}{\ln\upsilon},\forall T\geqslant t\geqslant 0 \tag{8-77}$$

并且

$$N_{\sigma}(T,t)-j\leqslant 1+N_{\sigma}(T,t_{j+1}),j=0,1,\cdots,N_{\sigma}(T,0) \tag{8-78}$$

进而可得：

$$\upsilon^{N_{\sigma}(T,0)-j}\leqslant\upsilon^{1+N_{0}}\mathrm{e}^{(\gamma-\hbar)(T-t_{j+1})} \tag{8-79}$$

由$\gamma>\hbar$可知：

$$\begin{aligned}\int_{t_j}^{t_{j+1}}\varsigma\mathrm{e}^{\gamma t}\mathrm{d}t&=\int_{t_j}^{t_{j+1}}\varsigma\mathrm{e}^{(\gamma-\hbar)t+\hbar t}\mathrm{d}t\\&\leqslant\mathrm{e}^{(\gamma-\hbar)t_{j+1}}\int_{t_j}^{t_{j+1}}\varsigma\mathrm{e}^{\hbar t}\mathrm{d}t\end{aligned} \tag{8-80}$$

结合式（8-75）、式（8-79）和式（8-80），可得：

$$Z(T^{-})\leqslant\upsilon^{N_{\sigma}(T,0)}Z(0)+\upsilon^{1+N_{0}}\mathrm{e}^{(\gamma-\hbar)T}\int_{0}^{T}\varsigma\mathrm{e}^{\hbar t}\mathrm{d}t \tag{8-81}$$

由式（8-81）可得：

$$\begin{aligned}Z\left(T^{-}\right)&=\mathrm{e}^{\gamma T}V_{\sigma(T^{-})}(\chi(T^{-}))\\&\leqslant\upsilon^{N_{\sigma}(T,0)}Z\left(0\right)+\upsilon^{1+N_{0}}\mathrm{e}^{(\gamma-\hbar)T}\frac{\varsigma}{\hbar}(\mathrm{e}^{\hbar T}-1)\end{aligned} \tag{8-82}$$

根据式（8-65）可知，存在$a=\frac{1}{2}\lambda_{\min}(\boldsymbol{T}_r)+\frac{1}{2}\lambda_{\min}(\boldsymbol{P}_r)$和$b=\frac{1}{2}\lambda_{\max}(\boldsymbol{T}_r)+\frac{1}{2}\lambda_{\max}(\boldsymbol{P}_r)$，使下列不等式成立：

$$a\left\|\chi(t)\right\|^{2}\leqslant V_{r}(\chi(t))\leqslant b\left\|\chi(t)\right\|^{2} \tag{8-83}$$

结合式（8-82）和式（8-83），可得：

$$\begin{aligned}a\left\|\chi(T^{-})\right\|^{2}&\leqslant V_{\sigma(T^{-})}(\chi(T^{-}))\\&\leqslant\mathrm{e}^{-\gamma T}\upsilon^{N_{\sigma}(T,0)}b\left\|\chi(0)\right\|^{2}+\mathrm{e}^{-\gamma T}\upsilon^{1+N_{0}}e^{(\gamma-\hbar)T}\frac{\varsigma}{\hbar}(\mathrm{e}^{\hbar T}-1)\\&=\mathrm{e}^{-\gamma T+(N_{0}+\frac{T}{\pi_{a}})\ln\upsilon}b\left\|\chi(0)\right\|^{2}+\upsilon^{1+N_{0}}\frac{\varsigma}{\hbar}(1-\mathrm{e}^{-\hbar T})\\&\leqslant\mathrm{e}^{N_{0}\ln\upsilon}\mathrm{e}^{(\frac{\ln\upsilon}{\pi_{a}}-\gamma)T}b\left\|\chi(0)\right\|^{2}+\upsilon^{1+N_{0}}\frac{\varsigma}{\hbar}\end{aligned} \tag{8-84}$$

由式（8-84）可得：

$$\frac{1}{2}\lambda_{\min}(\boldsymbol{P}_{r})\left\|\chi(T^{-})\right\|^{2}+\frac{1}{2}\lambda_{\min}(\boldsymbol{T}_{r})\left\|\chi(T^{-})\right\|^{2}\leqslant\mathrm{e}^{N_{0}\ln\upsilon}\mathrm{e}^{(\frac{\ln\upsilon}{\pi_{a}}-\gamma)T}b\left\|\chi(0)\right\|^{2}+\upsilon^{1+N_{0}}\frac{\varsigma}{\hbar} \tag{8-85}$$

进一步，在平均训练时间$\pi_a > \pi_a^* = \dfrac{\ln \upsilon}{\gamma}$的条件下，可得：

$$\lim_{t\to\infty}\|\chi(t)\|^2 \leqslant \varPsi \tag{8-86}$$

其中，$\varPsi = (\lambda_{\min}(\boldsymbol{P}_r) + \lambda_{\min}(\boldsymbol{T}_r))^{-1}\upsilon^{1+N_0}\dfrac{2\varsigma}{\hbar}$。

于是，由式（8-86）可知，对任意切换训练信号$\sigma(t)$，在满足平均训练时间π_a的条件下，设计的控制器（8-62）和输出权值自适应律（8-63）有效抑制了不确定训练环境，可使 ODW 系统主被动训练的跟踪误差$\boldsymbol{e}_{1,\sigma}(t)$和$\boldsymbol{e}_{2,\sigma}(t)$有界，保证了循环切换训练的稳定性。

8.2.5　仿真分析

为了验证本节提出的主被动训练跟踪控制算法和 SSCN 训练环境估计方法的有效性，对如下指定的训练轨迹进行了仿真实验。

$$x_{\mathrm{d}}(t) = t + 2\mathrm{e}^{-0.5t}$$
$$y_{\mathrm{d}}(t) = t + 2\mathrm{e}^{-0.5t}$$
$$\theta_{\mathrm{d}}(t) = \frac{\pi}{4}$$

仿真中，控制器参数和输出权值自适应律参数分别为$\boldsymbol{T}_1 = \mathrm{diag}(1,1,1)$，$\boldsymbol{T}_2 = \mathrm{diag}(14,9,11)$，$\boldsymbol{P}_1 = \mathrm{diag}(5,5,100)$，$\boldsymbol{P}_2 = \mathrm{diag}(100,10,100)$，$\ell_1 = 1.3$，$\ell_2 = 1.4$，$\upsilon = \max\{\dfrac{\lambda_{\max}(\boldsymbol{T}_1)}{\lambda_{\min}(\boldsymbol{T}_2)}, \dfrac{\lambda_{\max}(\boldsymbol{P}_1)}{\lambda_{\min}(\boldsymbol{P}_2)}\} = 20$，$\gamma = \min\{2,2,\ell_\upsilon\} = 1.3$；并且，计算得到$\pi_a^* = \dfrac{\ln\upsilon}{\gamma} = 2.9957$，选择切换训练时间$\pi_a = 3$；ODW 系统的初始状态值如表 8-4 所示。

表 8-4　ODW 系统初始状态值

$x(0)$	$y(0)$	$\theta(0)$	$\dot{x}(0)$	$\dot{y}(0)$	$\dot{\theta}(0)$
2m	2m	π/4rad	0.5m/s	0.2m/s	−0.4rad/s

仿真结果如图 8-20 ～图 8-30 所示。

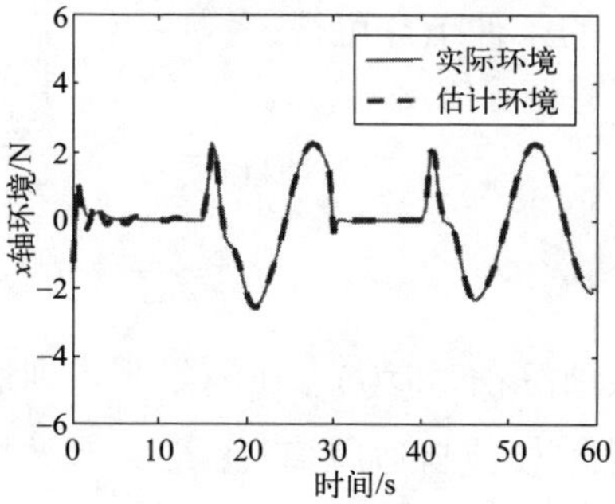

图 8-20 x 轴环境估计

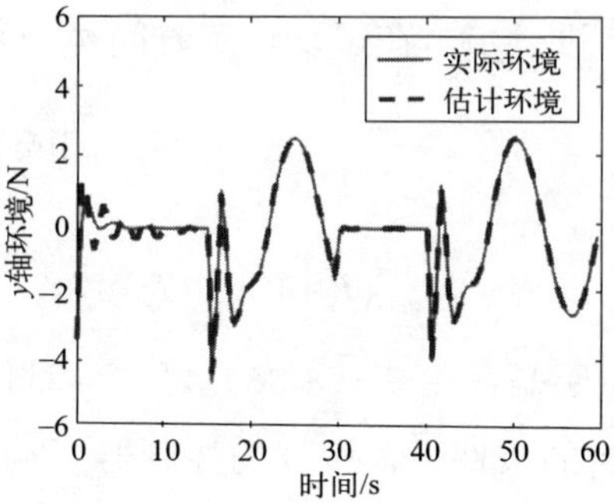

图 8-21 y 轴环境估计

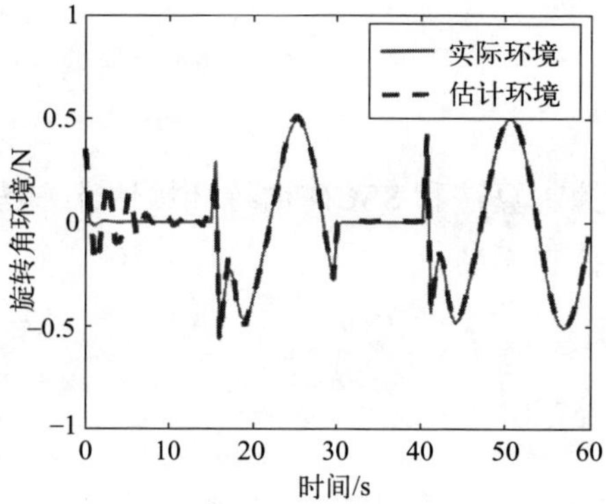

图 8-22 旋转角环境估计

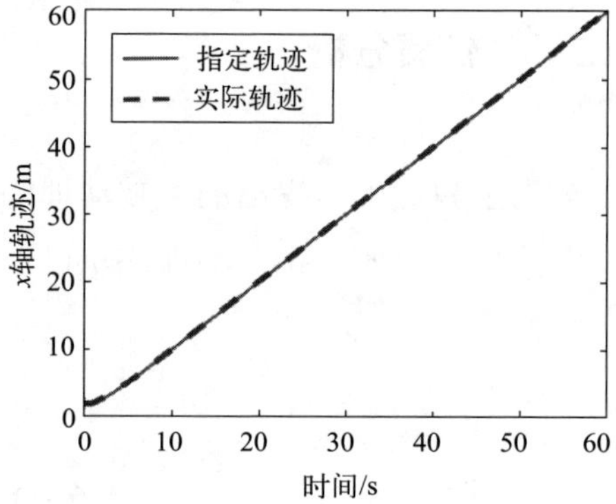

图 8-23 x 轴轨迹跟踪

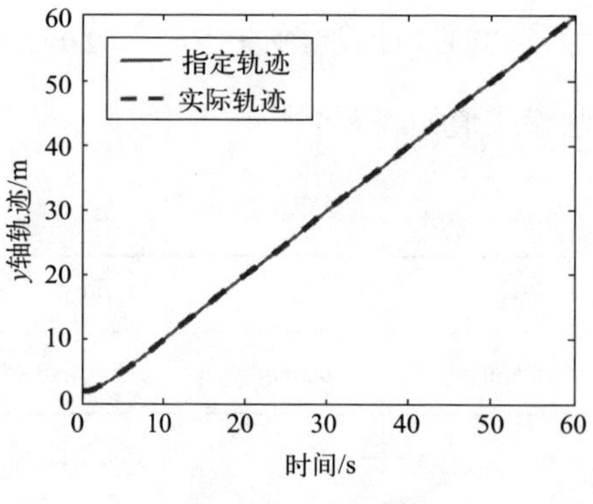

图 8-24 y 轴轨迹跟踪

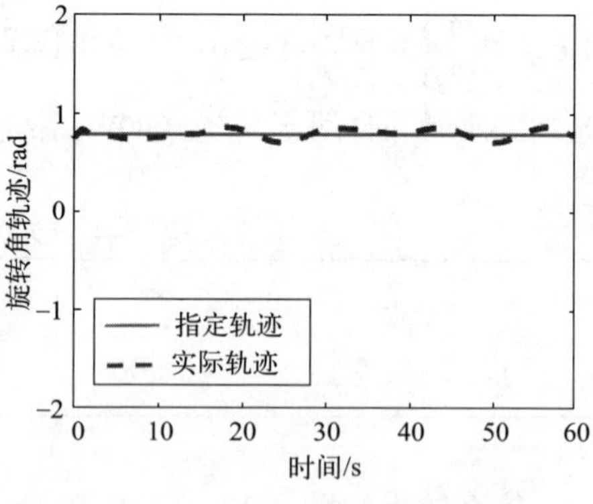

图 8-25 旋转角轨迹跟踪

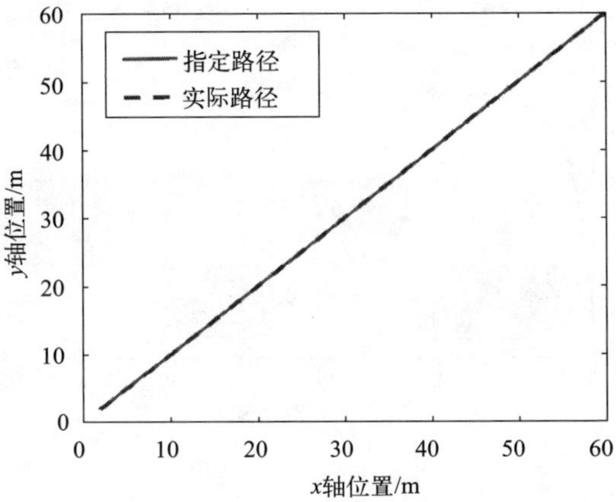

图8-26　路径跟踪

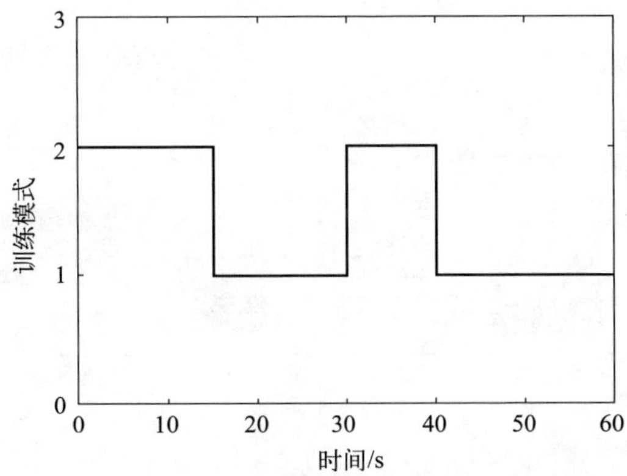

图8-27　切换训练信号

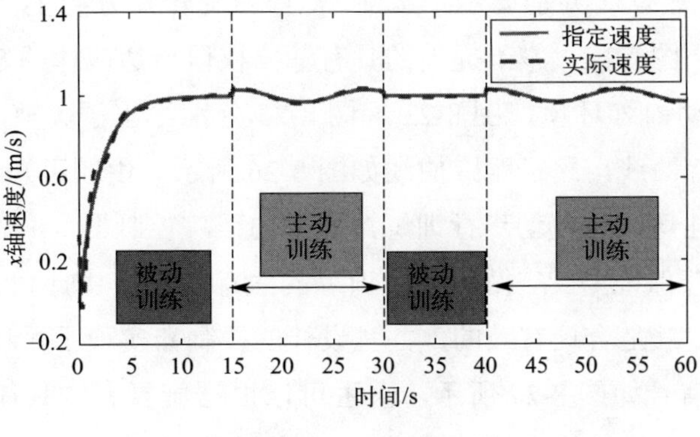

图 8-28　x 轴速度跟踪

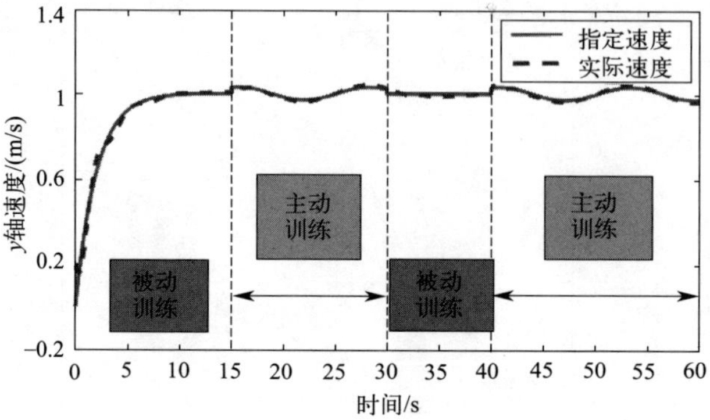

图 8-29 y 轴速度跟踪

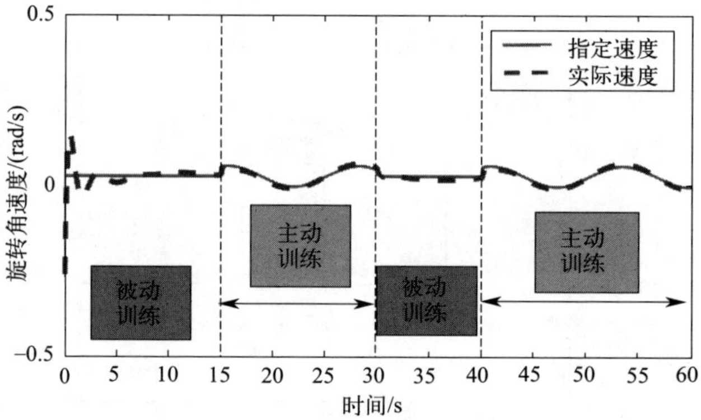

图 8-30 旋转角速度跟踪

图 8-20 ～图 8-22 分别展示了 x 轴、y 轴和旋转角方向主被动不确定训练环境的估计，由图看出，本节提出的具有输出权值自适应律的 SSCN 方法可以准确估计主被动训练环境。图 8-23 ～图 8-25 分别给出了 x 轴、y 轴和旋转角方向的轨迹跟踪曲线，路径跟踪曲线如图 8-26 所示。由图可知，ODW 可以帮助康复者稳定地切换主被动步行训练，提出的跟踪控制器（8-62）在不确定训练环境下，能够保证 ODW 循环切换训练的跟踪性能。由此可见，ODW 切换动力学模型的建立是合理有效的，并且设计的控制器实现了循环切换训练。

切换训练信号如图 8-27 所示，医生可以根据康复者的具体情况决定主被动训练的时间。循环切换训练过程中 ODW 的速度跟踪曲线如图 8-28 ～图 8-30 所示，由图可以看出 ODW 在 t=15s、t=30s 和 t=40s 时进行了主被动切换训练，虽然速度有轻微的波动，但误差保持在很小的范围内，并不影响人机系统的稳定运动。由此可见，本节提出的控制方案能够满足康复者在主被动训练之间循环切换的需求，为康复机器人设计新的训练模式提供了技术。

为了进一步验证本节提出的主被动训练循环切换跟踪控制方案的优越性，与文献［22］进行了仿真对比。文献［22］提出了一种基于速度和状态观测器的输出跟踪控制方法，解决了随机参数和不完全测量的干扰问题。然而，文献［22］没有探讨影响 ODW 跟踪性能的不确定训练环境。将不确定训练环境应用于文献［22］的 ODW 系统，仿真结果如图 8-31 ～图 8-34 所示。

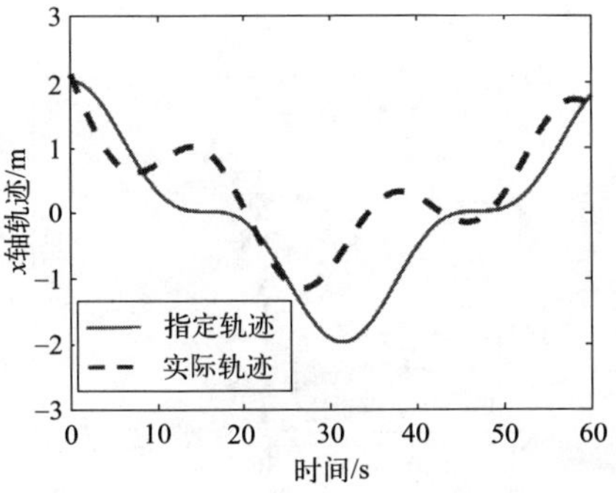

图 8-31　*x* 轴轨迹跟踪

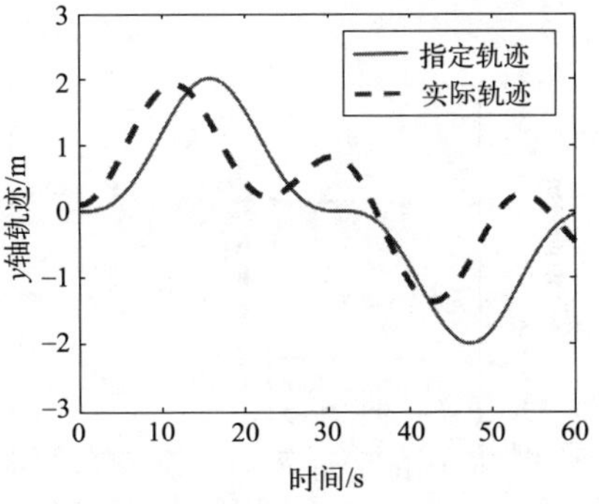

图 8-32　*y* 轴轨迹跟踪

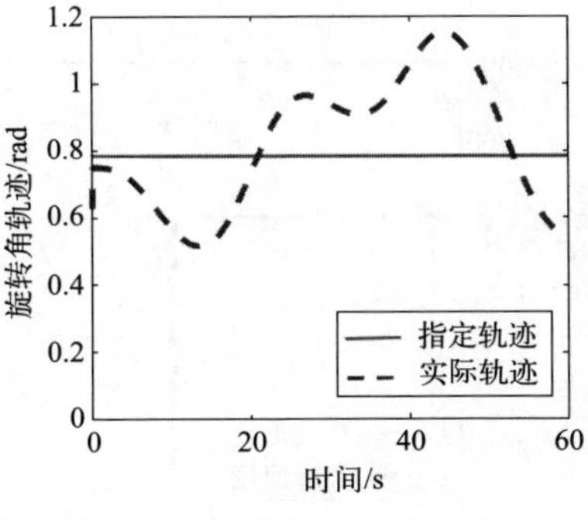

图 8-33　旋转角轨迹跟踪

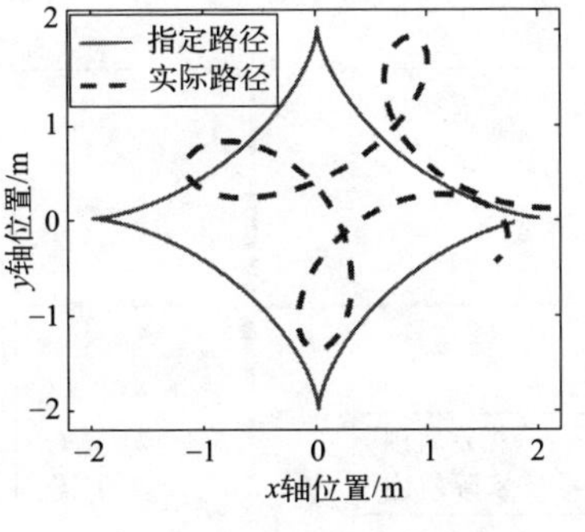

图 8-34　路径跟踪

在不确定训练环境下，ODW 各轴的轨迹跟踪曲线如图 8-31 ～图 8-33 所示。由图可以看出，文献［22］的控制器不能抑制不确定训练环境对跟踪性能的影响，

ODW 无法实现稳定的轨迹跟踪。仿真结果表明，在步行康复训练中，文献［22］的控制器在没有不确定训练环境的情况下才有效。路径跟踪曲线如图 8-34 所示，ODW 的实际运动路径明显地偏离指定路径，过大的跟踪误差可能使 ODW 发生碰撞事故，威胁康复者的安全。因此，对于人机合作的 ODW 系统，只有从根本上解决训练环境的不确定性问题，才能提高跟踪精度，保证康复效果。

为了说明主被动训练循环切换模式的优势，与文献［23］进行了仿真对比。文献［23］提出的控制方案只能从被动模式切换到主动模式，当康复者腿部力量较弱时，没有从主动模式切换到被动模式的功能。将文献［23］的控制器应用于本节的跟踪路径和跟踪速度，其他参数保持不变，仿真结果如图 8-35 ～图 8-40 所示。

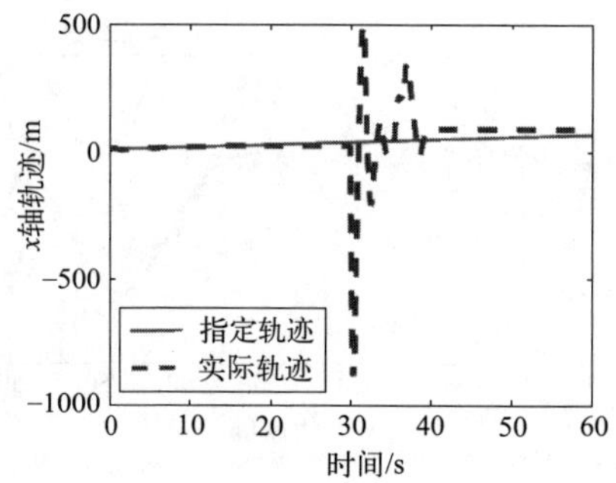

图 8-35　x 轴轨迹跟踪

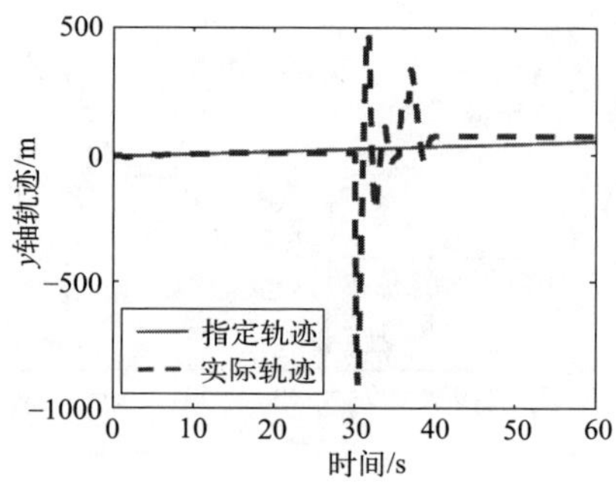

图 8-36　y 轴轨迹跟踪

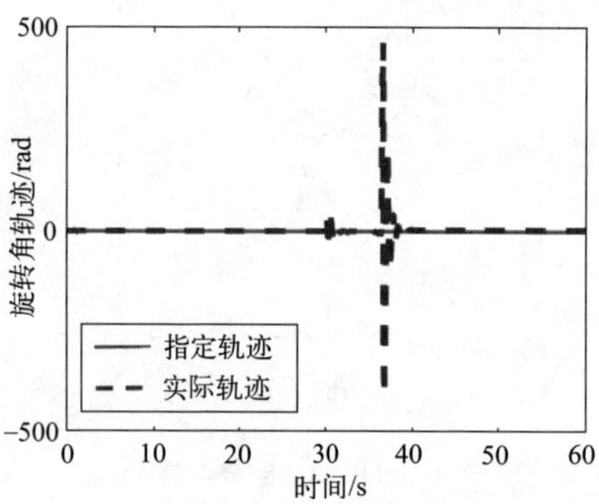

图 8-37　旋转角轨迹跟踪

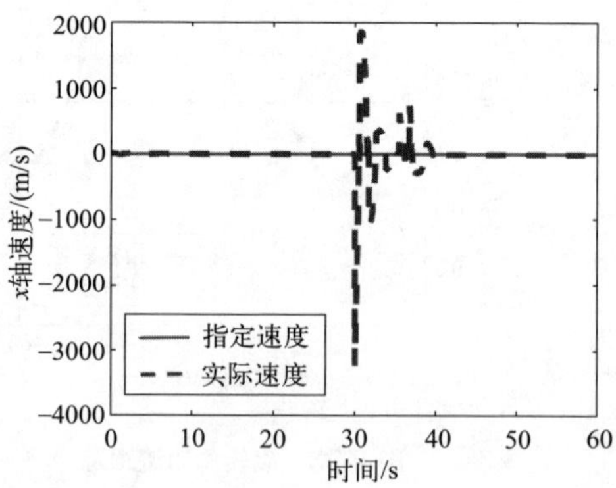

图 8-38　x 轴速度跟踪

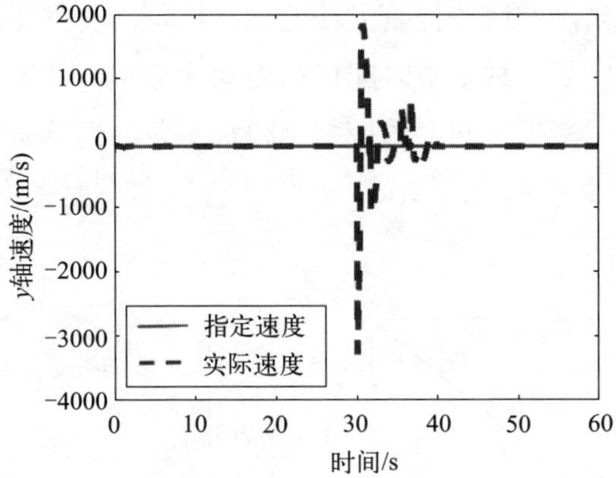

图 8-39　y 轴速度跟踪

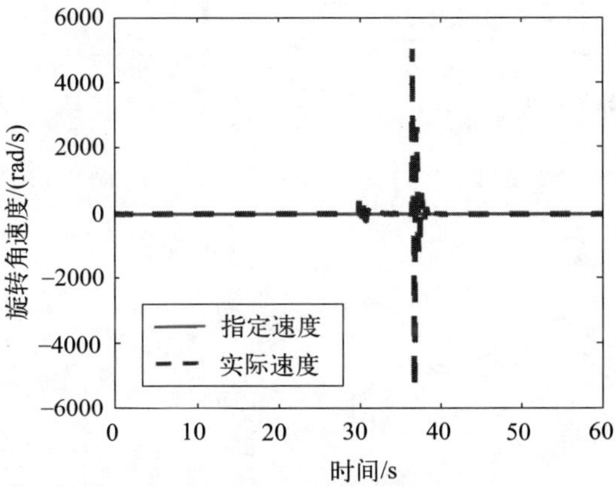

图 8-40　旋转角速度跟踪

采用文献［23］的控制器，在主被动训练循环切换路径上的轨迹跟踪曲线如图 8-35 ～图 8-37 所示。显然，ODW 可以在第 15s 实现从被动训练到主动训练的直接转换。然而，在第 30s 从主动训练切换到被动训练的过程中，产生了强烈的振荡，甚至导致切换后的被动训练过程产生较大的跟踪误差。图 8-38 ～图 8-40 给出了主被动训练循环切换路径上的速度跟踪曲线。由图可知，采用文献［23］的控制器时，ODW 仅在被动训练切换到主动训练时才能实现速度跟踪，从主动训练切换到被动训练的运动速度波动非常大，这对康复者的安全构成了危险。可以看出，文献［23］的控制器不能实现 ODW 系统的主被动康复训练循环切换。

为了进一步表明本节所提控制方法的优越性，与文献［24］进行了仿真对比。文献［24］提出了一种有限时间扰动力观测方法，并实现了被动训练模式下的康复运动。采用文献［24］的控制器跟踪本节的训练轨迹和运动速度，仿真结果如图 8-41 ～图 8-44 所示。

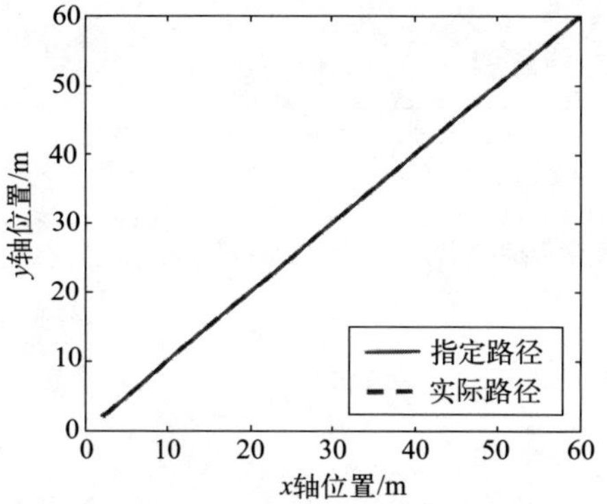

图 8-41　路径跟踪

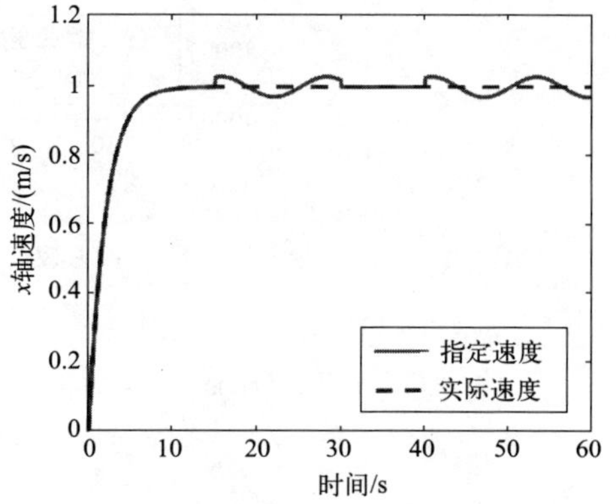

图 8-42　x 轴速度跟踪

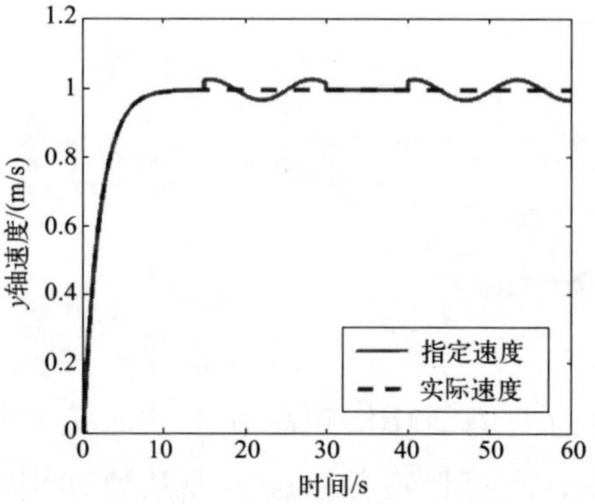

图 8-43　y 轴速度跟踪

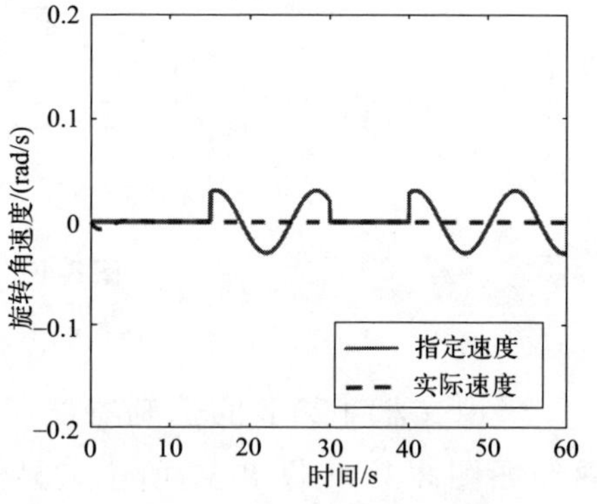

图 8-44　旋转角速度跟踪

图 8-41 描述了路径跟踪曲线，表明 ODW 实现了稳定的路径跟踪。文献［24］的控制器有效地抑制了不确定环境对步行训练的影响。速度跟踪曲线如图 8-42 ～图 8-44 所示。显然，ODW 的实际运动速度不能适应主动阶段的指定速度，说明文献［24］的方法只能在被动训练阶段实现速度跟踪，无法在整

个切换训练过程中实现人机速度协调运动。由此可见，本节提出的主被动训练循环跟踪控制方案对于提高康复训练的有效性具有重要意义。

为了进一步说明所提方法的优越性，在系统其他参数保持不变的情况下，将本节提出的控制器应用于文献［24］中描述的仿真场景。由于在主被动训练循环切换控制方法中，其切换时间可以根据康复者的实际情况进行设定，因此利用切换训练时间将提出的控制方法应用于文献［24］的被动训练模式，仿真结果如图 8-45 ～图 8-48 所示。

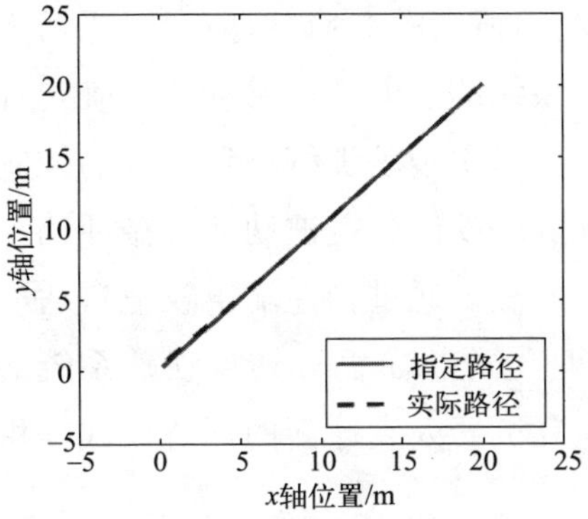

图 8-45　路径跟踪

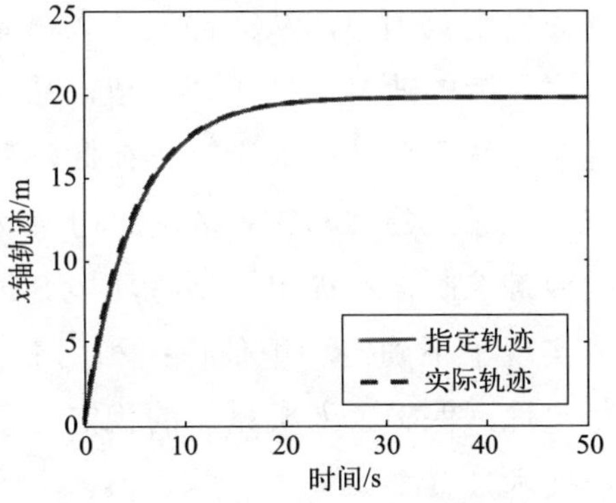

图 8-46　x 轴轨迹跟踪

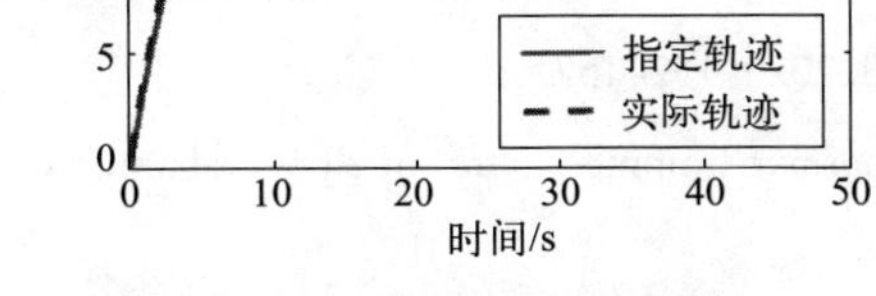

图 8-47　y 轴轨迹跟踪

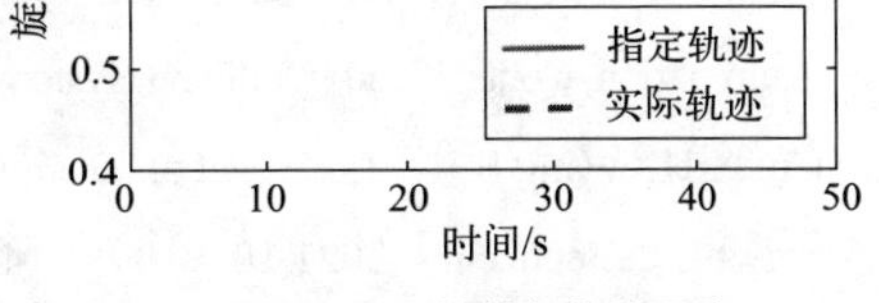

图 8-48　旋转角轨迹跟踪

图 8-45 ～图 8-48 给出了 ODW 系统的路径跟踪和轨迹跟踪曲线。由图可知，提出的控制器补偿了内部扰动力对人机系统运动的影响，获得了较好的跟踪性能。虽然本节提出的方法是一种在主被动训练之间切换的跟踪控制策略，但通过设置切换训练信号 $\sigma(t)$ ，提出的控制器在被动训练场景中仍然得到了成

功应用。由此得出，该方法不仅在主被动训练循环切换模式下有效，而且在被动模式下也有效，进一步表明了该设计方法的优越性。

8.3 本章小结

本章研究了康复机器人系统被动训练和主动训练的切换问题，提出了被动训练直接切换主动训练的控制方法。在被动训练阶段，机器人的速度被限制在安全范围内，从而提高了人机系统的安全性；在主动训练阶段，机器人与康复者的速度保持协调一致，从而提高了系统的智能性，并补偿不确定环境对系统跟踪性能的影响。在此基础上，提出了主被动训练循环切换的控制方法。通过建立 ODW 系统的切换动力学模型，设计了主被动训练循环切换的跟踪控制器；提出了训练环境 SSCN 估计方法，通过构建输出权值自适应律实现了不确定环境估计；利用 Lyapunov 理论分析了循环切换误差系统的稳定性，保障了人机系统的稳定运动，为康复机器人设计新的训练模式提供了技术方案。

参考文献

[1] Li X, Zhang X, Li X, et al. BEAR-H：An intelligent bilateral exoskeletal assistive robot for smart rehabilitation [J]. IEEE Robotics & Automation Magazine, 2022, 29（3）:34-46.

[2] Masengo G, Zhang X D, Yin G, et al. A design of lower limb rehabilitation robot and its control for passive training [C]//Proceedings of 10th IEEE International Conference on Cyber Technology in Automation, Control, and Intelligent Systems.IEEE, 2020: 152- 157.

[3] Cui X H，Wang B R，Lu H，et al. Design and passive training control of elbow rehabilitation robot [J]. Electronics, 2021,10（10）：1147.

[4] Zeng X F, Zhu G L, Zhang M M, et al. Reviewing clinical effectiveness of active training strategies of platform-based ankle rehabilitation robots [J]. Journal of Healthcare Engineering, 2018: 1-13.

[5] Stegall P, Zanotto D, Agrawal S K. Variable damping force tunnel for gait training using ALEX III [J]. IEEE Robotics and Automation Letters, 2017, 2（3）: 1495-1501.

[6] Ohnuma T, Lee G, Chong N Y. Particle filter based feedback control of JAIST active robotic

walker [J]. IEEE International Symposium on Robot and Human Interactive Communication, 2011：264-269.

[7] Kim J Y, Kim J J, Park K. Gait training algorithm of an end-effector typed hybrid walking rehabilitation robot [J]. International Journal of Precision Engineering and Manufacturing, 2019, 20（10）:1767-1775.

[8] Kim J Y, Kim J Y, Kim H S, et al. Development and evaluation of a hybrid walking rehabilitation robot，DDgo pro [J]. International Journal of Precision Engineering and Manufacturing, 2020, 21（11）: 2105-2115.

[9] Sun P, Shan R, Wang S Y. An intelligent rehabilitation robot with passive and active direct switching training: improving intelligence and security of human-robot interaction systems [J]. IEEE Robotics & Automation Magazine, 2023, 30（1）: 72-83.

[10] Liu Q, Liu D, Meng W, et al. Fuzzy sliding mode control of a multi-DOF parallel robot in rehabilitation environment [J]. International Journal of Humanoid Robotics, 2014, 11（1）:1223-1251.

[11] Meng W, Xie S Q, Liu Q, et al. Robust iterative feedback tuning control of a compliant rehabilitation robot for repetitive ankle training [J]. IEEE/ASME Transactions on Mechatronics, 2017, 22（1）:173-184.

[12] He W, Ge S S, Li Y, et al. Neural network control of a rehabilitation robot by state and output feedback [J]. Journal of Intelligent & Robotic Systems, 2015, 80（1）:15-31.

[13] Eich H J, Mach H, Werner C，et al. Aerobic treadmill plus bobath walking training improves walking in subacute stroke: A randomized controlled trial [J]. Clinical Rehabilitation, 2004, 18（6）: 640-651.

[14] Ivey F M. Task-oriented treadmill exercise training in chronic hemiparetic stroke [J]. Journal of Rehabilitation Research & Development, 2008, 45（2）: 249-259.

[15] Meng W, Liu Q, Zhou Z D， et al. Recent development of mechanisms and control strategies for robot assisted lower limb rehabilitation [J]. Mechatronics, 2015, 31: 132-145.

[16] Lum P S, Burgar C G, Shor P C. Evidence for improved muscle activation patterns after retraining of reaching movements with the MIME robotic system in subjects with post-stroke hemiparesis [J]. IEEE Transactions on Neural Systems and Rehabilitation Engineering, 2004, 12（2）: 186-194.

[17] Takahashi K, Ogata T, Nakanishi J. Dynamic motion learning for multi-DOF flexible-joint robots using active–passive motor babblingth-rough deep learning [J]. Advanced Robotics, 2017, 31（18）: 1002-1015.

[18] Veneman J F, Kruidhof R, Hekman E E G, et al. Design and evaluation of the LOPES exoskeleton robot for interactive gait rehabilitation [J]. IEEE Transactions on Neural Systems and Rehabilitation Engineering, 2007, 15（3）: 379-386.

[19] Sun P, Zhou P, Wang S Y, et al. Tracking control with active and passive training cycle switching for rehabilitation training walker [J]. Robotics and Autonomous Systems, 2025, 185: 104887.

[20] Chang H B, Sun P, Wang S Y. Output tracking control for an omnidirectional rehabilitative training walker with incomplete measurements and random parameters [J]. International Journal of Systems Science, 2017, 48（12）: 2509-2521.

[21] Tayebi A. Adaptive iterative learning control for robot manipulators [J]. Automatica, 2004, 40（7）: 1195-1203.

[22] Sun P, Wang S Y, Shan R. Finite-time tracking control with velocity constraints for the stochastic rehabilitative training walker systems considering different rehabilitee masses [J]. Nonlinear Dynamics, 2021, 106（4）: 3285-3304.

[23] Sun P, Wang S Y. Redundant input guaranteed cost non-fragile tracking control for omnidirectional rehabilitative training walker [J]. International Journal of Control, Automation and Systems, 2015, 13（2）: 454-462.

[24] Sun P, Shan R, Wang S Y, et al. Finite-time compensation control with dead-zone estimation for a rehabilitative walker considering internal disturbance forces [J]. ISA Transactions, 2024, 152: 256-268.